Knaur

Vollständige Taschenbuchausgabe 1989
Droemersche Verlagsanstalt Th. Knaur Nachf., München
Lizenzausgabe mit freundlicher Genehmigung der NEFF-Edition
im Diana Verlag, Zürich

Aus dem Ungarischen übersetzt und bearbeitet von
J. P. Toth und A. Luther
Titel der Originalausgabe »Mégis mozog a föld«
Umschlaggestaltung Manfred Waller
Umschlagfoto AKG, Berlin
Druck und Bindung Ebner Ulm
Printed in Germany 5 4 3 2 1
ISBN 3-426-01747-4

Eure Behauptungen über das spezifische Gewicht des Eises überaus neu und anregend finden, geben wir Euch den Auftrag, über das eben Dargelegte ein Buch zu schreiben. Wir sehen der Vollendung dieses Werkes mit Spannung entgegen, Eurem Scharfsinn sprechen wir aber heute bereits unsere Anerkennung aus.«

Die Tafel wurde aufgehoben und die Gesellschaft begab sich in einen Nebensaal. Hier setzte sich der Kardinal Barberini sogleich neben Galilei. Er bekundete dem Hofastronomen auf jede erdenkliche Art seine huldvolle Geneigtheit, erkundigte sich nach Galileis sonstigen Forschungen, und dabei kam die Rede selbstverständlich auf das Cannocchiale. Die Gäste traten in der linden Septembernacht hinaus auf den Balkon und betrachteten durch das Fernrohr die Sterne, vor allem natürlich die Medici-Sterne. Dabei erwähnte der Großherzog, daß sich mit diesen Sternen zurzeit eine kirchliche Kommission befasse, weil Messer Galilei, der die Absicht habe, mit neuen, großartigen Erkenntnissen hervorzutreten, auch auf die Zustimmung der Kirche Wert legte. Der Kardinal Barberini klopfte daraufhin dem Astronomen auf die Schulter.

»Macte puer, wie der Lateiner sagt. Unbeirrbar vorwärts! Ihr dürft meiner Hilfe und Unterstützung dabei stets versichert sein.«

Beim Abschied wies er noch einmal auf seine vorbehaltlose Gönnerschaft hin. Galilei ging mit der Überzeugung nach Hause, daß er in diesem Kardinal einen unschätzbaren Förderer gefunden habe.

Er hatte die Absicht, ihn nochmals zu besuchen und sich mit ihm zu unterhalten. Doch daraus wurde nichts, weil ihn wieder seine alte Krankheit heimsuchte. Von Rheumatismus gequält, mußte er seine Himmelsbeobachtungen vom Bett aus machen. Der Arzt besuchte ihn täglich, ohne seine Schmerzen lindern zu können, und der kranke Galilei hatte für ihn nur zornige Geringschätzung übrig. Seit jener Zeit, da er in Pisa die medizinischen Vorlesungen schwänzte, hielt seine unüberwindliche Abneigung gegen die ärztliche Wissenschaft unverändert an. Er verabscheute die Ärzte, weil sie nicht mehr verstanden als die Kurpfuscher, außer daß sie etwas geschickter zur Ader lassen konnten. Bei diesen Gedanken entsann er sich immer wieder seines längst verstorbenen Vaters. Er hätte ihn am liebsten aus dem Grabe geholt, um ihm zu sagen: »Siehe, du hattest doch nicht recht! Jetzt könntest du dich im Weltruhm deines Sohnes sonnen!«

Aber bald sollte er darüber belehrt werden, daß es mit dem Ruhm die gleiche Bewandtnis hat wie mit allen Dingen dieser Welt: es ist nicht alles Gold, was glänzt. Wenn er nach seiner Romreise die Auffassung gewonnen hatte, daß die Kirche ihn unterstützte und somit allen Angriffen vorgebeugt war, mußte er erfahren, daß die Ruhepause nach Sizzis Pamphlet lediglich die Stille vor dem Sturm gewesen war; denn er wurde mit seinen Lehren zum Zielpunkt neuer Angriffe.

Das erste Warnungszeichen erhielt er aus Rom von seinem Freunde

Cigoli, der ihm berichtete, was sich in Galileis unmittelbarer Nähe, im Palast des Bischofs Marcimedici gegen ihn zusammenbraute. Anscheinend hegte der Bischof noch aus der Paduaner Zeit eine lebhafte Abneigung gegen Galilei und spann Ränke gegen ihn. Aus dem sonst sehr bald vergessenen Buche Sizzis griff er den Satz heraus, daß Galileis Lehren der Heiligen Schrift widersprächen und stellte seinen Geistlichen immer wieder vor, wie angebracht es wäre, wenn ein Prediger von der Kanzel herab diese Frage behandelte. Ja, er hatte sogar, wie Cigoli von zuständiger Seite erfuhr, einen unterstellten Priester offen dazu aufgefordert; doch dieser Geistliche hatte abgelehnt. Immerhin war man vor einem Angriff nicht sicher: aufgeschoben war nicht aufgehoben!

Dazu gesellten sich neue Schwierigkeiten. Sobald Galileo sich so weit erholt hatte, um wieder aufzustehen, beeilte er sich, das vom Herrscher gewünschte Werk zu schreiben. Es wurde auch ohne Verzögerung gedruckt. Doch als er das erste Exemplar dem Großherzog voll Freude überreichen wollte, ließ man ihn nicht vor; denn jetzt war der Herzog erkrankt. Es war keine leichte Erkrankung und die Ärzte wußten sich darauf keinen Reim zu machen. Ein zehrendes Fieber hatte ihn befallen, er klagte über fast unerträgliche Kopfschmerzen und Übelkeit. Die gelehrten Doktoren mochten was immer unternehmen, sie fanden kein organisches Leiden: Lunge, Herz, Nieren, Galle funktionierten einwandfrei. Doch der Kranke quälte sich; er befand sich abwechselnd besser oder schlechter, stand zwischendurch auf, um sich noch kränker wieder ins Bett zu legen. Diese Krankheit verdüsterte auch Galileis Stimmung. Er bangte um das Leben des geliebten jungen Herrschers und war in seinem Arbeitseifer wie gelähmt. Was ihm Sagredo damals in dem bewußten Briefe über das Treiben am Hofe prophezeit, fiel ihm jetzt wieder ein. Sein fürstlicher Gönner brauchte nur zu kränkeln — und schon fehlte ihm jedweder Schild der Sicherheit!

Und gerade diesmal hatte er von dem Großherzog höchste Anerkennung erwartet. War doch sein kleines Werk auch in seinen Augen aufs beste gelungen. Er wußte, daß es neu in der Beweisführung und bahnbrechend war. Er hatte die ganze Frage so behandelt, daß sich sein längst geprägtes physikalisches Fachwort ‚momentum' vortrefflich einfügte. Das Problem eines ins Wasser gesetzten Körpers hatte er vereinfacht und mit dem Problem der Wärme in eins gesetzt. Er behandelte die Frage des Gleichgewichts und erklärte, daß ein ins Wasser getauchter Gegenstand und die Menge des von ihm verdrängten Wassers im selben Verhältnis zueinander stünden wie die beiden Schalen einer Waage. Der Gedanke stimmte ihn schon allein glücklich, wenn er sich vorstellte, welches Wohlgefallen der Großherzog bekunden würde, besonders wenn er ihm darlegte, wie kühn und neuartig die Behandlung des Themas sei und welch großen Fortschritt es für die Mechanik bedeutete. Diese Freude war ihm nun vergällt. Statt dessen folgte unmittelbar auf die Veröffentlichung des Buches ein haßerfüllter Angriff. »Die Meinungen eines unbekannten Akademikers« — unter diesem Titel widmete ein anonymer Verfasser der Großherzogin Maria Magdalena seine Schrift.

Schon am nächsten Tag erfuhr Galileo, wer ihm diesen Streich versetzt hatte: Graf d'Elzi, der Gouverneur der Pisaner Universität, ein verknöcherter Peripatetiker, und überdies Galileis persönlicher Feind, weil er es nicht verwinden konnte, daß man ihn bei Galileis Wahl nicht zugezogen hatte.

D'Elzis Streitschrift erwies sich als minderwertiges, heimtückisches, unklares Elaborat voller Widersprüche. Galileo wollte auf eine Erwiderung verzichten, dafür aber um eine Audienz bei der Großherzogin bitten. Er mußte sich lange Zeit gedulden. Doch diese Wartefrist war der Fürstin nicht zu verargen, da sie beinahe Tag und Nacht am Krankenlager des Großherzogs verbrachte. Endlich durfte er vor der Großherzogin erscheinen und begann sofort zu erklären, wieso der anonyme Angreifer im Unrecht wäre. Doch er hatte zu den Gegenbeweisen kaum angesetzt, als ihn die Großherzogin schon mit einigen Bemerkungen unterbrach, aus denen eindeutig erhellte, daß sie Galileis Schrift ebensowenig verstand wie jene Gegenschrift, die ihr gewidmet war. Sie ließ es bei einem Bedauern darüber bewenden, daß ihre Zeit sehr knapp bemessen sei und versicherte Galilei liebenswürdig ihrer Gunst.

Hier war mit keiner Unterstützung zu rechnen, das erkannte Galilei. Da erschien schon eine zweite gegnerische Schrift. Der Verfasser war Coresio, Professor für griechische Sprache an der Universität zu Pisa, gleichfalls ein Peripatetiker. Er verschwieg seinen Namen nicht und widmete sein Werk dem jüngeren Bruder des Herrschers, dem Herzog Francesco. Auch der zweite Angriff ließ Sachlichkeit und Fachkenntnisse vermissen, dafür strotzte er von persönlichen Verunglimpfungen. Darauf hielt sich Galilei zu einer Erwiderung verpflichtet und beauftragte seinen ehemaligen Schüler Castelli, der jetzt als Professor in Pisa wirkte, eine geeignete Erwiderung zu schreiben. Der unglückselige Angreifer geriet jedoch vor dieser Entgegnung in beträchtliche Schwierigkeiten. Es kam nämlich durch Zufall heraus, daß er griechisch-katholischen Glaubens war, obgleich er in der Hierarchie der römisch-katholischen Kirche eine Würde bekleidete. Er wurde sofort abgesetzt und Galilei und Castelli konnten sich eine Antwort sparen. Schon zeigte sich aber ein neuer Angreifer namens Nozzoloni auf dem Plan; aber nicht mit einem Buch. Er richtete eine Denkschrift an den Bischof von Florenz, in der dem Hofmathematiker Galileo Galilei zahllose Irrtümer nachgewiesen wurden, da er sich erkühnte, den göttlichen und unsterblichen Aristoteles anzugreifen. Dann kritisierten die Gelehrten Lodovico delle Colombe und Vincenzo di Grazia seine Theorie der Wasserverdrängung. Und dann wurden die gehässigen Streitschriften Legion.

Galilei riß die Geduld, er setzte sich hin und schrieb einer ganzen Reihe von Angreifern Entgegnungen; allerdings nicht unter eigenem Namen, sondern unter dem Castellis. Das war bequemer und entsprach besser seiner Würde.

Viele Wochen saß er über dieser Arbeit. Anfänglich hatte er lediglich an eine kurze Erwiderung gedacht, doch dann erwärmte ihn sein Thema und er trug die Richtigkeit seiner Gedanken mit wachsendem, hinreißendem Schwung vor. Castelli weilte während seiner Ferien meist bei seinem alten Lehrer, so daß sie das Werk sehr wohl als ihre gemeinsame geistige Arbeit ansprechen durften. Jedenfalls entstammten besonders schlagende Gegengründe und beißende Ironie gegenüber den Unwissenden immer der Feder Galileis. Sein Gänsekiel flog förmlich über die Blätter. Zehn, zwanzig Seiten schrieb er in einem Zuge, um sie hinterher voll zufriedener Genugtuung dem Freund und Mitarbeiter zu zeigen. Das Werk wuchs und aus einer Streitschrift entstand eine ernste, grundlegende Arbeit.

Doch diese mannigfachen, mehr oder weniger böswilligen Angriffe waren dennoch nur das Vorspiel einer weit größeren Unannehmlichkeit. Zu Galileis brieflichen Freunden und Anhängern zählte auch der Bürgermeister von Augsburg, Markus Welser, der — nach den Briefen zu schließen — ein sehr gebildeter und selbständig denkender Gelehrter war, der Galileis wissenschaftlichen Ansichten beipflichtete. Jetzt teilte er ihm mit, jemand hätte an der Sonne Flecken entdeckt und Welser wollte dazu Galileis Meinung einholen. Galilei schnellte von seinem Stuhle hoch, als hätte ihn eine Schlange gebissen, denn er hatte tatsächlich etwas ungemein Wichtiges vergessen: rechtzeitig festzustellen, daß er es war, der die Sonnenflecken entdeckt und sie früher schon oft beobachtet hatte. Er hätte diese Entdeckung gar nicht übereilt veröffentlichen müssen, auch in diesem Falle hätte es genügt, ebenso vorzugehen wie seinerzeit bei Saturn. Und jetzt tauchte plötzlich einer auf und konnte ihm den Ruhm des Entdeckers im Handumdrehen streitig machen!

Heftige Erregung trieb ihm das Blut zu Kopf. Welser hatte seinem Schreiben mehrere Briefe des Unbekannten an ihn beigeschlossen; sie waren alle mit dem Decknamen ‚Apelles' unterzeichnet und boten über die Sonnenflecken tatsächlich Aufschluß. Den Briefen war zu entnehmen, daß ihr Verfasser ein hervorragender Astronom und Fachgelehrter war, der allerdings Peripatetiker sein mußte, da er diese Erscheinung mit einer aristotelischen Erklärung versah. Er führte seine Beobachtungen eingehend an, ohne jedoch einen Hinweis auf eine Person oder seinen Wohnort zu bieten. Diese Anonymität steigerte nur noch Galileis Erregung, da er es mit einem Widerpart zu tun hatte, der sich in völliges Dunkel hüllte.

Eine Zeitlang schob Galileo die Antwort an den Augsburger Bürgermeister auf, unschlüssig, wie er sich verhalten solle. Seine Beobachtungen waren noch nicht so weit gediehen, daß er schlagartig mit einem

Werk darüber an die Öffentlichkeit treten konnte. Zu sehr hatte seine Erwiderung gegen Colombe seine Zeit beansprucht. Er besaß nicht einmal die Muße, um seine neuen Beobachtungen zu ordnen, viel weniger konnte er jetzt ein Buch schreiben. Mit den Trabanten des Jupiter, mit dem Mond, mit dem Saturn und der Venus beschäftigte er sich in den Nächten. Sollte er etwa wieder ein geheimes Kennwort aussenden, um es später öffentlich zu deuten...? Unmöglich! Welser konnte ebenso wie der geheimnisvolle Apelles zu Recht behaupten, Galilei habe es sich leicht gemacht; zuerst aus Augsburg einen Brief empfangen, unverzüglich die Sonne beobachten, sich von der Stichhältigkeit dieser Beobachtungen überzeugen und sich dann das Entdeckerrecht durch ein Schlüsselwort sichern!

Endlich zwang er sich dazu, die Antwort mit aller Muße zu überlegen. Er teilte Welser mit, daß er die Sonnenflecken bereits vor eineinhalb Jahren festgestellt, ja, sie sogar im vergangenen Sommer in Rom mehreren kirchlichen und weltlichen Persönlichkeiten gezeigt habe und daß er sich ebenso schon mit der wissenschaftlichen Auslegung des Problems befasse. Apelles, der diese Sonnenflecken als Planeten deutete, die sich vor der Sonne bewegten, sei im Unrecht; er behandle dieses Problem so, wie die Peripatetiker zur Astronomie im allgemeinen Stellung nehmen: Apelles tüftelte alles Mögliche und Unmögliche aus, damit die Lehre von der Unveränderlichkeit des Sternenhimmels und der Vollkommenheit der Planeten nicht erschüttert werde. Nein, auch die Sonne sei nicht vollkommen! Diese Flecken zeigten sich auf der Sonne wie die Gebirgsketten auf dem Mond. Die Beobachtung jedoch, daß diese Flecken sich fortbewegten, führe zwangsläufig zur Erkenntnis, daß die Sonne sich um ihre eigene Achse drehe! Diese Achse stünde senkrecht auf der Fläche der Ekliptik und zeige unveränderlich auf einen und denselben Punkt im Weltall. Die Sonne dreht sich binnen einem Monat um ihre Achse, das heißt also, daß ein Tag auf der Sonne einem Monat auf der Erde entspräche. Galilei war es bewußt, daß Welser diesen langen Brief, der einer astronomischen Studienschrift gleichkam, nicht geheimhalten werde. Eine Veröffentlichung aber kam seinem offenen Bekenntnis zu Kopernikus gleich. Er bedachte sich noch einmal und schickte den Brief trotzdem ab. Die Würfel waren gefallen! Früher zwar, als er beabsichtigt hatte, aber damit war die Entscheidung da!

Daheim mehrte sich unterdes die Schar seiner Feinde zusehends. Die Anhänger des Aristoteles, die sich in ihrer wissenschaftlichen Existenz bedroht sahen, ließen Angriff auf Angriff gegen ihn folgen. Der Großherzog lag krank und im Palast des Florentiner Bischofs bildete sich ein verschworener Klüngel, der sich unablässig mit Galileis Person und Wirken beschäftigte. Als einziger Ausweg empfahl sich deshalb, die Zustimmung der Kirche oder wenigstens eines hohen Würdenträgers im voraus zu gewinnen, damit man sich schlimmstenfalls auf ihn berufen konnte. Deshalb zog Galilei genaue Erkundigungen ein, wer unter den höchsten Geistlichen Roms zu den maßgebenden Gelehrten der Theologie rechnete. Die meisten nannten ihm den Namen des Kardinals Conti. Das schien ihm verheißungsvoll, denn diesem Kardinal war er öfters begegnet und hatte jedesmal mit ihm eine längere Unterhaltung geführt. So bat er ihn brieflich, sein sachverständiges Gutachten zu erteilen, ob die Lehre des Kopernikus in Widerspruch zur Heiligen Schrift stehe.

Die Antwort erfolgte sehr schnell, fast zu eilig, um gründlich und erschöpfend heißen zu können. Der Kardinal legte dem Mathematiker dar, daß die Heilige Schrift an keiner Stelle die Unveränderlichkeit des Sternenhimmels lehre, daher in diesem Punkt nicht peripatetisch sei. Man dürfe sogar annehmen, daß die Väter der Kirche den Sternenhimmel eher als veränderlich ansehen würden und es mithin nicht leugneten, daß die Wissenschaft immer neue Erscheinungen am Himmel entdeckte. Diesbezüglich begegne daher die Lehre des Kopernikus keiner grundsätzlichen kirchlichen Ablehnung. Bei der Frage einer Erdbewegung müsse man zweierlei Bewegungen unterscheiden: Kopernikus behaupte, daß sich die Erde einmal um ihre eigene Achse drehe. Das widerspreche der Bibel nicht. Es stimme mit der Heiligen Schrift weniger überein, wenn er die Bewegung der Erde um die Sonne lehre. Schließlich könne man auch ins Treffen führen, daß der Allmächtige die Bibel zum Gebrauch für das niedere Volk geschaffen habe. Sie rede also die schlichte Sprache des Volkes und ihre einzelnen Darlegungen seien auch in diesem Sinne zu verstehen. Doch diese Erklärung sei zweischneidig und gefährlich und man dürfe dieses Argument nur im äußersten Notfall verwenden. Unzweifelhaft hätten sich kirchliche Gelehrte schon zu Pythagoras bekannt und sich gegen Aristoteles gestellt, indem sie die Meinung vertraten, daß sich nicht die Sonne um die Erde, sondern die Erde um die Sonne bewege; beispielsweise der spanische Geistliche Diego Zuñiga in einer Abhandlung über das Buch Josua, in dem erzählt wird, wie Josua ‚die Sonne anhielt'. In diesem Werk hätte Zuñiga eine Auslegung geboten, die der des Kopernikus sehr nahekomme...

Es war schwierig, dieses theologische Gutachten eindeutig zu verstehen. Der vorsichtige Kardinal hatte die wesentliche Frage weder bejaht noch verneint. ‚Stimmt weniger überein', schrieb er. ‚Ist hinwiederum zweifelsfrei', stellte er gleichzeitig fest. Der hitzige Streit aber nahm seinen Fortgang. Einer der Gegner hielt es für zweckmäßig, den Kardinal Bellarmin in seiner Gunst für Galilei zu erschüttern und sandte ihm alle Streit- und Schmähschriften gegen Galilei. Der Kardinal Bellarmin fragte durch seinen Sekretär Gallanzoni in Florenz an, wie sich Galilei zu diesen Beweisen äußere. Galilei antwortete, verlor dabei aber schließlich die Geduld und bezeichnete Colombe als ein ‚gewaltiges Rindvieh'.

Galilei fühlte sich wie ein Keiler, den die Meute zähnefletschender

Hunde von allen Seiten umlauert. Wütend teilte er bald nach einer, bald nach der anderen Seite Hiebe aus. Doch der Hunde waren zuviele und er kämpfte ohne jeden Beistand. Auf den Großherzog, der mehr leidend als gesund war, durfte er nicht rechnen. Belisario Vinta, der Kanzler, kränkelte ebenfalls, seine Erdentage schienen gezählt, und Galilei konnte ihn nicht noch mit seinen Sorgen behelligen. Die Tochter Virginia, deren liebende Güte ihn oft seine Sorgen vergessen ließ, durfte er nach den strengen Ordensregeln nur selten besuchen. Zu den Landuccis ging er lieber nicht, da dort jedesmal der Teufel los war. Zudem langte aus Rom die betrübliche Nachricht ein: Clavius, der liebenswerte Greis, der ihm stets so viel Freundlichkeit erwiesen, war sanft entschlafen.

Die Vereinsamung machte Galileo reizbar und eigensinnig und trieb ihn zu unüberlegten Handlungen. So beschloß er plötzlich, unbekümmert um alle Folgen, sich öffentlich zu Kopernikus zu bekennen. Er wollte sowieso nachweisen, daß das Vorrecht der ersten Entdeckung der Sonnenflecken ihm gebühre. So setzte er sich an den Schreibtisch und schrieb alles nieder, was ihm über die Sonnenflecken bekannt war. Nach einer Abmachung mit dem Fürsten Cesi sollte sein Werk in der Akademie zu Rom erscheinen und so sammelte er seine an den Bürgermeister von Augsburg gerichteten Briefe, von denen er eine Abschrift besaß, fügte die Briefe des anonymen Apelles hinzu, berief sich auf einzelne Zeugen und hob hervor, daß er über diese Sonnenflecken in Rom bedeutend früher gesprochen habe, lange bevor er etwas von den Beobachtungen des Apelles erfahren. So schrieb er einen dickleibigen Band, in dem er nachwies, daß der anonyme Apelles die Sonnenflecken in einer ganz unzutreffenden, peripatetischen Erklärung deutete. Aber ebenso einwandfrei ergab sich, daß Galilei selbst dabei dem kopernikanischen System den Vorzug gab. Die Lincei-Akademie stattete das Werk sehr schön aus und veröffentlichte vor den Titelangaben ein Bildnis des Verfassers.

Als Galilei endlich das Werk in Händen hielt, konnte er sich daran nicht satt sehen. Immer wieder blätterte er darin; er hätte ganze Abschnitte, Zeile für Zeile, Wort für Wort, auswendig aufsagen können, und zuletzt schlug er immer wieder die Seite mit seinem Bildnis auf. Mit einer begeisterten Freude betrachtete er es, nachsinnend, wieso er trotz seines vorgerückten Alters sich soviel von einem kindlichen Gemüt bewahrt hatte. Dann beschäftigte er sich wieder mit dem Inhalt und war erst recht zufrieden. Nichts von jenem ätzenden Ton, den er Colombo und seinesgleichen gegenüber angeschlagen hatte. Diesen Klüngel hatte er in seinem Zorn einfach als Esel abgetan. Doch der anonyme Apelles, ein kluger Kopf, ein gebildetes astronomisches Gehirn, konnte einen anderen Ton beanspruchen. Von der ersten bis zur letzten Zeile begegnete er dem Anonymus mit größter Hochachtung; beinahe entschuldigte er sich, daß er eine entgegengesetzte Meinung vertrat. Von der Lehre des Kopernikus aber rückte er nicht um Haaresbreite ab. Es stimmte schon, die Sonne dreht sich an einem Punkt feststehend mit ihrem fleckigen strahlenden Körper um die eigene Achse als Mittelpunkt, und die Planeten, zusammen mit der kleinen Erde, umkreisen sie wie Höflinge den Fürsten.

Er empfand ein befreiendes und wohltuendes Gefühl. Endlich hatte er sich offen zur Wahrheit gestellt! Fast zwanzig Jahre hatte er gezögert, während Kepler in seinen Schriften unablässig für Kopernikus eingetreten war: er hatte abgewartet und die Beweise zusammengesucht und seinen Geist beobachtet wie ein Bienenzüchter den Bienenstock! Wann endlich war in den Waben Honig? Nun hatte er es erreicht! Dank dem Fernrohr hatte er ungemein wichtige Beobachtungen gemacht, die ihm ausreichende Beweise lieferten: Die neuentdeckten Himmelswunder des Jupiter, des Mondes, der Venus, des Saturn, der Milchstraße, der Sonne paßten so vortrefflich in die neue Weltordnung wie der einzige vorhandene Schlüssel in ein geheimes Türschloß. Jetzt hatte er noch das Urteil der Kirche dazu abzuwarten. Deshalb führte er gewissenhaft eine Liste all jener Personen, denen er ein Exemplar des Werkes schickte. Von den angesehensten Kirchenmännern, die ihm seinerzeit in Rom Wohlwollen und Güte bezeugt, vergaß er keinen und übermittelte sein Werk auch dem Kardinal Barberini.

Bei jedem Ausgang führte er ein Exemplar dieses Buches mit sich. Wenn er einen Bekannten traf, holte er es hervor, gab es ihm in die Hand und beobachtete mit kindlicher Freude, wie dieser die Seite mit seinem Bild aufblätterte. Und dann gab es einen Menschen, demgegenüber ihn sein Buch mit Stolz und Freude erfüllte, obwohl dieser kein Wort davon verstand. Es war sein kleiner Sohn. Vincenzo hatte eben sein sechstes Lebensjahr vollendet, und es war nicht mehr unbedingt erforderlich, daß er in der Pflege seiner Mutter verblieb. Ein guter Bekannter brachte den Knaben von Padua nach Florenz. Marina widersetzte sich der Trennung gar nicht und schickte gleich seine Habseligkeiten mit, um zu zeigen, daß ihre mütterliche Fürsorge jeder Kritik begegnen konnte. Allerdings gab sie dem Kind keinen Brief an ihn mit, nicht einmal einen kurzen Gruß. Galilei empfand das schmerzlich; einige freundliche Worte hätten ihn jetzt, da der letzte Faden zwischen ihnen beiden zerriß, gefreut. Aber er verwand auch diese Enttäuschung. Den Knaben brachte er bei Landuccis unter, und sooft es anging, holte er ihn zu einem gemeinsamen Spaziergang ab. Hand in Hand gingen Vater und Sohn plaudernd am Ufer des Arno entlang. Vincenzo pflegte dabei den Vater in seiner erregten Neugierde mit unzähligen Fragen zu bestürmen, meistens ohne eine Antwort abzuwarten, sondern gleich wieder neue Fragen aufwerfend. Galilei antwortete ihm beglückt. Er sah in diesem Kinde sein Ebenbild; versuchte sich in seine eigene Kindheit zurückzuversetzen, um seinen damaligen Verstand mit dem des Sohnes zu vergleichen. Ob der Sohn wohl dereinst die gleiche Begabung entfalten würde wie sein Vater? Er bemühte sich, zu erfahren, womit sich die kindliche Seele beschäftigte und wie scharf sein Verstand sei. Aber der kleine Schädel verriet ihm nichts. Vincenzo zeigte sich wie alle sechsjährigen Kinder.

Manchmal bedauerte Galilei, daß sein Sohn nicht älter war, um an den glanzvollen Erfolgen seines Vaters teilzunehmen. Sein Buch ‚Geschichte und Erklärung der Sonnenflecken' fand lebhaften Widerhall. Agucchia, einer der bedeutendsten Würdenträger aus der Umgebung des Papstes, beehrte Galilei durch Vermittlung des Fürsten Cesi mit einem begeisterten Brief. Er vertrat darin die Auffassung, daß diese Lehrmeinungen wegen ihrer Neuartigkeit und auch aus Neid gegen die Person des Verfassers wohl viele Feinde in Harnisch brächten; früher oder später aber würden diese Ideen die Zustimmung der ganzen Welt finden. Mit einem noch eindrucksvolleren Briefe meldete sich der Kardinal Maffeo Barberini. In seiner Herzensfreude schrieb er zu Ehren des berühmten Gelehrten eine Ode:

Nach außenhin Gleißendes glänzt im
Innern nicht gleich:
Dunkle Stellen birgt auch die Sonne.
Du nur, Galilei,
Hast sie gesehen mit deiner Kunst!

Mit diesem Schreiben hastete Galilei sogleich zu dem großherzoglichen Palazzo. Er wollte in seiner überschäumenden Freude eine dringende Audienz erbitten, noch atemlos dem Herrscher die errungenen Erfolge zu Füßen legen. Doch der Hofkämmerer wies ihn ab:

»Seine Hoheit sind zu sehr erschüttert und können jetzt niemanden empfangen. Seine Hoheit haben sich eingeschlossen, gleich nach der Rückkehr vom Besuch des Kranken.«

»Welches Kranken?«

»Das wissen Euer Gnaden nicht? Der Kanzler Vinta liegt im Sterben.«

Atemlos eilte nun Galilei zum Palast Vintas. Dort schlich man auf Zehenspitzen. Niemandem, der sich nach dem Befinden des Kranken erkundigte, gewährte man Einlaß. Als Galileo endlich jemanden im Treppenhaus abfing, erklärte ihm dieser, daß der Zustand des Kranken unverändert schlecht sei.

»Was sagen denn die Ärzte? Was fehlt ihm?«

»Sie wissen nur soviel, daß er an einer inneren Krankheit leidet.«

Der alte Kanzler kämpfte lange mit dem Tode. Noch auf dem Sterbelager war er unablässig beschäftigt, nahm bis zum letzten Atemzug die Meldungen seiner Sekretäre entgegen, diktierte die Briefe und erstattete dem Großherzog bei dessen wiederholten Besuchen Bericht. Galilei sollte ihn nicht mehr sehen. An einem Herbstmorgen hörte er nach dem Erwachen, daß Vinta in der Nacht ausgerungen hatte.

Der Großherzog ordnete an, daß Toskana bei den Leichenfeierlichkeiten eines seiner größten Söhne den gebührenden Prunk entfaltete. In der Kirche Santa Croce wurde der Verblichene zur ewigen Ruhe bestattet. Zwei Wochen später las man dort für sein Seelenheil eine Totenmesse, die der Bischof Marcimedici persönlich zelebrierte. Auch Galilei hatte Zutritt erhalten; in den letzten Reihen der Hofbeamten wies man ihm einen Platz an. Von dort betrachtete er seinen Fürsten, der nur noch ein Schatten seiner selbst war. Das ununterbrochene Fieber hatte Cosimo fast zum Skelett abgezehrt. Dunkle Schatten lagen um seine Augen, die große Nase ragte unnatürlich aus dem durchscheinenden schmalen Gesicht. Man mußte befürchten, daß er, noch jung an Jahren, ins Grab sinken würde. Was sollte dann aus dem Hofmathematiker werden? Der Thronfolger Prinz Fernando war jetzt drei Jahre alt.

Zum Abschluß der Totenfeier segnete der Bischof den Großherzog. Sein Blick begegnete dem Galileis. Dunkler, unauslöschlicher Haß glomm ihm aus den Augen des Bischofs entgegen, ein Haß, der unablässig auf seine Vernichtung sinnen würde.

XIII

Auf die Dauer konnte nicht unbekannt bleiben, wer sich hinter dem geheimnisvollen Pseudonym ‚Apelles' verbarg. Bürgermeister Welser hatte es nicht verraten, aber auf Umwegen kam es Galilei zu Ohren, daß der Beobachter der Sonnenflecken niemand anderer war als der deutsche Jesuitenpater Christoph Scheiner, Professor der Astronomie an der Universität zu Ingolstadt. Er galt als berühmter Gelehrter, wodurch auch die außerordentliche Sachkenntnis erklärlich wurde, mit der er, allerdings auf peripatetischer Grundlage, die zur Debatte stehende Frage behandelt hatte. Auch wurde nunmehr verständlich, warum er unter einem Pseudonym schrieb: wegen der strengen Gesetze seines Ordens, außer wenn er hierzu eine ausdrückliche Genehmigung erhält; und anscheinend hatte Scheiner diese in einer so kurzen Zeit nicht erlangen können. Galilei erfuhr auch, daß ihm der Pater seine in Rom erschienene Gegenschrift durchaus nicht verübelte. Scheiner war ein aufrichtiger Mensch, ein ernster Wissenschafter und betrachtete die ganze Fehde als streng wissenschaftliche Diskussion, in der die Gegner einander hochschätzen konnten und sollten.

Dessen blieben sich aber nur die beiden Wortführer in diesem Streit bewußt. In den Kreisen der Florentiner Geistlichkeit wurde ebenfalls das Pseudonym des Ingolstädter Jesuiten gelüftet. Der Hofmathematiker also, den schon Sizzi als Gegner der Heiligen Schrift gekennzeichnet hatte, erdreistete sich jetzt, einen Jesuiten anzugreifen. Galilei fühlte ganz deutlich, wie sich das Gift übler Nachrede aus der nächsten Umgebung des Bischofs langsam auch in den Reihen des niederen Klerus verbreitete. Geistliche aus Florenz, zu denen er früher in freundschaftlichem Verhältnis gestanden, wurden mit einem Male merklich kühler und zogen sich schließlich von ihm zurück. Das war Galilei im höchsten Maße unbehaglich, sehnte er sich doch ständig nach Freundschaft und Liebe. Aber er konnte auf der Straße nicht gut jeden Geistlichen ansprechen und ihm erklären, daß zwischen ihm und dem Ingolstädter Jesuiten keine persönliche Feindschaft bestünde, sondern daß sie, dank der Vermittlung des Bürgermeisters von Augsburg, lediglich in der höflichsten und achtungsvollsten Weise ihre Meinungen getauscht hätten. Er tröstete sich aber damit, daß er die Geistlichkeit in corpore sowieso nie für sich gewinnen würde. Wichtig war nur, mit den Großen der Kirche in gutem Einvernehmen zu bleiben. Der Kardinal Barberini hatte auf ihn eine Ode verfaßt, der Kardinal Bellarmin hatte ihm ein Schriftstück über die Richtigkeit seiner Entdeckungen ausfertigen lassen, der päpstliche Sekretär hatte sich für seine Lehren aufgeschlossen gezeigt, ja, sogar Papst Paul selbst hatte ihn seiner Unterstützung versichert. Deshalb nahm er sich vor, nachdem er mit seinem Werk über die Sonnenflecken ein erstes Bekenntnis zu Kopernikus abgelegt, seine Beobachtungen sorgsam weiterzusammeln, neue und überzeugende Beweise zu suchen, und wenn ihm die gesammelten Unterlagen zur Veröffentlichung reif erschienen, in einem großen und eingehenden Werk seine Weltanschauung darzulegen, nicht mehr die Kopernikus' oder Keplers, sondern seine eigene: das Galileische Weltbild, das neue florentinische Almagest. Möglich, daß er schon in zwei Jahren so weit wäre, vielleicht aber erst in zwölf Jahren. Schließlich spielen bei der Arbeit des Denkens und Forschens auch Glück und Zufall eine große Rolle. Die Idee, und zwar meist die entscheidende, epochemachende Idee ist sehr oft ein Geschenk des Zufalls, und diese geistige Empfängnis hängt nicht immer von dem Denkenden selbst ab. Während er also das Material für sein großes Werk sammelte, würde er zugleich auch seinen anderen Arbeiten nachgehen. In den verschiedenen Fächern seines Schreibtisches lagen zahlreiche, erst angefangene oder noch nicht abgeschlossene Manuskripte mit wissenschaftlichen Untersuchungen über die Messung der Wärme, über die Bewegung, den Magnetismus, das Gewicht der Luft, über den Lichtstrahl und andere Forschungsaufgaben. Er brauchte nur Zeit, alles der Reihe nach vorzunehmen.

Aber keine dieser Arbeiten holte er hervor, sondern begann etwas ganz Neues, wozu ihn sein Briefwechsel mit Sagredo angeregt hatte. Sagredo, dessen scharfer und mißtrauischer Verstand einer ätzenden, sich in eine Zinkplatte einfressenden Säure glich, warf im Zusammenhang mit der Mode, Horoskope zu stellen, eine bemerkenswerte Frage auf. In Aleppo hatte irgendein orientalischer Würdenträger bei einem Astrologen das Horoskop des Großmoguls Akbar bestellt, konnte aber die Geburtsdaten des Großmoguls nur unvollständig angeben. Bloß die Zeit wußte er genau: eintausendfünfhunderteinundachtzig, dreizehnter Juli, abends ein Viertel nach sechs Uhr. Über dem Ort war er sich nicht ganz im klaren: der Großmogul war entweder in Malakka oder auf der Insel Borneo geboren. Sagredo hatte seine Stellung in Aleppo aufgegeben und beschäftigte sich nun mangels anderer Aufgaben mit folgenden Gedanken: wenn es nämlich in Malakka ein Viertel nach sechs Uhr ist, dann ist es auf der Insel Borneo ein Viertel nach sieben. Aus der Feststellung solcher Zeitunterschiede zog Sagredo allerlei komplizierte Folgerungen eines wissenschaftlichen Laien, zu deren Lösung jedoch gewisse Vorkenntnisse erforderlich waren.

Galilei befaßte sich gern mit den ihm vorgelegten Fragen und verfaßte für den Freund eine förmliche Abhandlung über die Funktion des Meridians. Dadurch wurde aber seine Aufmerksamkeit auf die Längen- und Breitengrade der Erde gelenkt. Da hatte er plötzlich einen Einfall, der ihn um so mehr erschütterte, als er ihn zu Ende dachte.

»Es hängt von mir ab«, sagte er, bebend vor der ungeheuren Tragweite dieses Gedankens, »welche seefahrende Nation ich zur Herrin der Weltmeere mache.«

Es war ihm nämlich eingefallen, daß seit Menschengedenken die größte Sorge aller Schiffer auf hoher See die richtige Orientierung ist. Ihr Leben und ihre Sicherheit hängen davon ab, daß sie – ringsum nur Wasser und darüber der Sternenhimmel – bestimmen können, an welchem Punkt der Erdkugel sie sich im gegebenen Augenblick befinden. Die Bestimmung der Breitengrade hatte auch den Alten schon keinerlei Schwierigkeiten bereitet, um so mehr aber die der Längengrade. Mit Hilfe der Eklipsen des Mondes konnte man allenfalls eine annähernde Berechnung vornehmen, aber auch dazu bot sich nicht immer Gelegenheit. Galilei fiel ein: vielleicht waren die Planeten des Jupiter für diese Berechnung geeignet. Sofort stellte er seine Berechnungen an und sie bewiesen die Richtigkeit seiner Annahme. Durch diese Entdeckung konnte er einem Lande, das über Seestreitkräfte verfügte, ungeheure Vorteile verschaffen. Für die Kriegsflotte bedeutete die Anwendung dieser neuartigen Gradbestimmung einen entscheidenden Vorsprung, für die Handelsschiffahrt gesteigerte Sicherheit.

Während er seine Berechnungen überprüfte, schoß ihm der Gedanke durch den Kopf: was würde jetzt geschehen, wenn er den Lehrstuhl des Bo nicht verlassen hätte? Schon morgen würde er in Venedig um eine Audienz bei dem neuen Dogen, Antonio Memmo, ansuchen, in deren Verlauf das Staatsoberhaupt der Markusrepublik ihm als Kaufpreis für seine Entdeckung jede geforderte Summe bewilligte. Zweifelsfrei würde Serenissima mit beiden Händen nach dieser Entdeckung greifen. Aber schon schüttelte er den Kopf. Er dachte an sein Vaterland, und sein Herz glühte heiß auf. Geld hatte ihn nie verlocken können. Seine Schulden an die Schwäger waren getilgt, auch Bartoluzzi hatte sein Geld erhalten, Marina war verheiratet. Dazu reichte sein Einkommen, um seine Kinder und die Mutter zu ernähren; er selbst besaß alles, was er in seiner Anspruchslosigkeit brauchte. Wozu also ein Vermögen? Höchstens so viel, um seinem Sohn etwas zu hinterlassen oder seine Töchter zu verheiraten, wenn sie keine Nonnen wurden.

Am anderen Tage meldete er dem Hofmarschall, daß er dem Herrscher einen hochwichtigen Bericht zu erstatten habe. Cosimo wußte, daß eine Audienz, die sein Hofastronom als wichtig bezeichnete, es auch wirklich war, und gewährte sie am selben Tage.

»Leider kann ich Euch jetzt nur selten empfangen, Messer Galilei, aber Ihr dürft überzeugt sein, daß ich Euch deswegen nicht minder zugetan bin.«

»Dieses Bewußtsein verleiht mir stets neue Kraft für meine Arbeit, Hoheit.«

»Ja, laßt Euch durch nichts beirren! Von den Herren in Pisa kann Euch keiner das Wasser reichen. Dieser Pater Boscaglia, der Professor der Physik und Liebling des Grafen d'Elzi, war zum Beispiel vorige Woche zum Vortrag bei mir und hat mich außerordentlich gelangweilt. Wenn ich an den wissenschaftlichen Rang meines Großherzogtums denke, so seid Ihr mein Maßstab.«

Die Vorschriften des Hofes außeracht lassend, ergriff Galilei die Hand des Herrschers, um sie dankbar zu küssen.

»Nun wollen wir einmal hören, was Ihr heute Neues zu berichten habt.«

Galilei erklärte dem Großherzog seine Entdeckung; man sah ihm deutlich an, daß er die weltweite Bedeutung dieser Frage sofort richtig einschätzte. Galilei schloß seine knappen Ausführungen mit den Worten:

»Es ist selbstverständlich, daß ich diese bedeutende Entdeckung vor allem meinem Vaterlande anbiete.«

»Und wir beide werden dabei auf unsere Rechnung kommen, Messer Galilei«, entgegnete der Großherzog lebhaft. »Toskana verfügt über keine so große Kriegsflotte, daß es staatsnotwendig wäre, diese Entdeckung nur für uns allein zu beanspruchen. Abgesehen davon, daß unsere Segler diese Erfindung benützen werden, wollen wir sie einem fremden Staate verkaufen. Dabei erziele ich einen bedeutsamen Gewinn; denn für meine Außenpolitik ist es nicht gleichgültig, welchem Lande ich sie anbiete. Ich verpflichte den Staat, dem ich sie anbiete.«

»Venedig«, sagte Galilei sofort.

»Diesem Lande am wenigsten, mein Lieber. Es liegt nicht in meinem Vorteil, Serenissimas Schiffahrt zu fördern, im Gegenteil! Nein, wir werden sie den Spaniern anbieten.«

Galilei staunte. Seit dem Tode des Großherzogs Francesco und seiner Gemahlin Bianca hatte Vinta die Stadt Florenz mit sicherer Hand aus dem spanischen Interessenkreis in den französischen übergeleitet. Das war sogar denen sattsam bekannt, die sich so wenig um Politik kümmerten wie Galilei. Hatte sich nach Vintas Tode der politische Kurs seither wieder geändert? Ob sich darin der Einfluß der habsburgischen Großherzogin mit ihrer Vorliebe für Spanien geltend machte? Galilei wagte aber keine Bemerkung, sondern wartete schweigend.

»Überlaßt das Ganze nur mir«, erklärte der Großherzog. »Faßt Eure Entdeckung schriftlich ab und gebt mir die Aufzeichnungen! Ich werde alles auf diplomatischem Wege erledigen. Auch verhandeln werde ich selbst, denn Ihr versteht davon nichts. Meiner Familie liegt das Herausschlagen geschäftlicher Vorteile im Blut. Das Geld bekommt Ihr, den politischen Ertrag der Unterhandlungen ich und mein Staat, zu dessen Gunsten ich Eure Entdeckung hiermit beschlagnahme. Von Euch verlange ich strengste Geheimhaltung. Im übrigen hoffe ich, daß es Euch gut geht.«

»Ich kann mich nicht beklagen, Hoheit.«

»Das schließe ich aus den Beschwerden, die ich eine nach der anderen über Euch erhalte. Mich langweilt es schon, sie Euch auch nur vorzulegen. Meine durchlauchtigste Mutter erhält sie ebenfalls in Hülle und Fülle. Wir legen sie meistens ungelesen zu den Akten ins Archiv. Sie sind sowieso alle gleich: man beschuldigt Euch, ein Feind der Wissenschaft und der Kirche zu sein. Aber ich sehe, Gott sei Dank, viel weiter. Kümmert Euch nicht darum! Für heute seid Ihr in Gnaden entlassen.«

Galilei ging nach Hause und brachte sogleich seine Gedanken darüber zu Papier, wie ein Schiffer auf offenem Meere vermittels der Planeten des Jupiter bestimmen kann, wo er sich befindet. Diese kurze Denkschrift übergab er in einem versiegelten Umschlag dem Sekretariat des Großherzogs. Dann hörte er eine geraume Weile in dieser Sache gar nichts. Erst nach Wochen teilte ihm der Großherzog beiläufig mit, ein französischer Gelehrter habe der spanischen Regierung zur selben Zeit ein anderes Orientierungssystem empfohlen. Die spanische Regierung müßte nunmehr zuerst Sachverständige befragen.

Dann ließ Galileo die Angelegenheit wieder längere Zeit auf sich beruhen, da der Hof für einige Wochen nach Pisa übersiedelte, ohne daß man es für notwendig befand, ihn einzuladen. Auch kränkelte er wieder. Zudem war er im Augenblick mit Zukunftssorgen um seine Töchter beschäftigt. Da er bei dem Kardinal del Monte nicht hatte durchsetzen können, daß auch Livia in dasselbe Kloster, in dem sich Virginia aufhielt, aufgenommen würde, hatte er sich an den Kardinal Bandini gewandt, den er gleichfalls gut kannte. Der hatte entweder am päpstlichen Hofe größeren Einfluß oder kümmerte sich mehr um die ganze Angelegenheit — kurzum, Rom erteilte die Erlaubnis, daß beide Töchter gemeinsam erzogen werden dürften. Der Kardinal hatte sogar das Kloster bestimmt, wo die beiden Mädchen als Novizen untergebracht werden sollten: das Klarissenkloster San Matteo, wo zufällig die Schwester des ehemaligen Kanzlers Vinta Äbtissin war.

Der große Wagen, der den Vater und die beiden Mädchen mit ihren Habseligkeiten beförderte, konnte im Oktober auf dem regendurchweichten Boden nur schwer vorwärtskommen.

»Wann erhalten wir die Nonnentracht?« erkundigte sich Livia.

»Das weiß ich nicht, mein Kind. Das wird die Mutter Äbtissin schon bestimmen.«

»Aber Virginia doch wohl nicht früher als ich?«

»Auch das weiß ich nicht, mein Kind. Virginia ist dreizehn Jahre alt, du erst zwölf. Aber ich will die Frau Äbtissin bitten, euch zu gleicher Zeit einzukleiden.«

Endlich erreichten sie das Gebäude und zogen an der Glocke. Eine Schwester öffnete und ließ sie bis zu einem überdachten Tor eintreten, das die Aufschrift ‚Klausur' trug; dessen Schwelle durfte der Vater nicht überschreiten. Eine kleine Weile später erschien die Äbtissin, übernahm die Sachen der Kinder, besprach mit dem Vater die finanziellen Fragen und stellte in Aussicht, daß jede der beiden Schwestern geweiht würde, sobald sie ihr sechzehntes Lebensjahr vollendet habe. Darauf begann Livia zu weinen, weil damit Virginia ein ganzes Jahr vor ihr eine geweihte Nonne sein würde.

»Neid ziemt sich nicht für eine Braut Christi, meine Tochter«, ermahnte sie der Vater.

»Laßt nur, Euer Gnaden«, sagte die Äbtissin, »sie wird schon in sich gehen. Nehmt jetzt Abschied von eurem Vater, liebe Kinder!«

Livia war schnell damit fertig; sie küßte dem Vater die Hand, machte einen artigen Knicks und trat zur Seite. Virginia jedoch umschlang den Hals des Vaters, drückte ihr Gesicht an seine Wangen und schmiegte sich immer fester an ihn. Sie weinte nicht laut, aber die Tränen flossen aus ihren Augen in den Bart des Vaters. Und plötzlich merkte Galilei, daß auch seine Augen feucht wurden. Als seine Töchter in der ‚Klausur' verschwunden waren, ließ er sich in die Klosterkirche führen, um zu beten. Es war kein überlegtes, wortreiches Gebet, das er zu Gott sandte, er hob nur seine tränenfeuchten Augen auf und befahl seine Seele dem Herrgott.

‚Allmächtiger', dachte er ergriffen und mit übervollem Herzen, ‚ich bin ein schwacher, sündiger Mensch. Ich weiß wohl, daß ich eitel und ruhmsüchtig bin, daß ich meine genußsüchtige Natur nicht zähmen kann, daß ich oft mehr trinke als erforderlich und daß ich mich nicht scheue, unwürdige Abenteuer zu suchen. Aber du weißt, daß ich im Grunde meines Herzens nicht schlecht bin. Im Grunde meiner Seele bin ich ein Kind wie jene, die ich dir jetzt gab. Ich bitte dich, laß sie bei dir Ruhe und Frieden finden und halte auch über mir deine schützende Hand, weil ich trotz meiner Fehler an dich glaube. Ich ahne dich in der Offenbarung einer wunderreichen Welt, die du mich erforschen läßt. Mein Gott, du siehst in mein Herz, und weißt, wie heiß und treu ich dich liebe.

Dann verweilte er noch in dem Kirchlein, bis sich der Abschiedsschmerz etwas gelegt hatte. Er trocknete sich die Augen und ging zum Wagen. Lange noch sah er vom Abhang des Giullari auf das einsame Gebäude zurück und stellte sich die beiden Mädchen vor, wie sie ihre Sachen jetzt in den Schrank der gemeinsamen Zelle legten.

Wieder daheim in der Stadt, fuhr er in seinen gewohnten Beschäftigungen fort. Die Beantwortung unzähliger Briefe raubte ihm viele Stunden des Tages, und nachts hielt ihn der Sternenhimmel wach. Auch hatte er umziehen müssen, da Salviati nach Spanien übersiedelte. Der Großherzog ließ ihm eine vorläufige Wohnung in einer der Medici-Villen anweisen, von denen so viele am linken Ufer des Arno standen. Der Großherzog selbst hielt sich mit dem ganzen Hofstaat noch immer in Pisa auf. Von dort erhielt Galilei an einem Dezembertage von Castelli einen Brief, der ihn zu tiefem Nachdenken veranlaßte und eine längst keimende Idee reifen ließ.

In Pisa hatte der Hof einigen Universitätsprofessoren ein Abendessen gegeben; unter anderen waren Pater Castelli, der Astronom, und Pater Boscaglia, der Physiker, geladen. Das Gespräch kam auf die Medici-Sterne. Die Großherzogin-Mutter wandte sich an Boscaglia und fragte ihn als den eingefleischtesten Peripatetiker, ob denn die Anhänger des Aristoteles die neuen Sterne nunmehr anerkannten. Boscaglia erwiderte ausweichend. Da benutzte Castelli die Gelegenheit, um begeistert diese bedeutsame Entdeckung seines Meisters zu rühmen. Während seiner Rede bemerkte er aber, daß Boscaglia der neben ihm sitzenden Großherzogin-Mutter etwas zuflüsterte. Nach Aufhebung der Tafel verabschiedete sich Castelli. Kaum hatte er sich jedoch einige Schritte vom Palast entfernt, als ein Diener hinter ihm hergerannt kam und ihn umzukehren bat. Man führte ihn in die Wohnräume der Großherzogin, und dort sah er verwundert, daß die Tischgesellschaft noch vollzählig beisammen war. Jetzt stellte sich heraus, was Boscaglia der Großherzogin-Mutter Christina während des Abendessens ins Ohr geflüstert hatte: daß nämlich die kopernikanischen Ansichten Galileis den Lehren der Kirche widersprächen. Die Großherzogin-Mutter forderte deshalb Castelli als Galilei-Schüler auf, sich darüber zu äußern.

»Ich bitte um Vergebung, Hoheit«, erwiderte Castelli, »ich bin Geistlicher und möchte die Heilige Schrift in keinerlei wissenschaftliche Dispute einbeziehen.«

»Boscaglia ist ja auch Geistlicher«, entgegnete Christina, »das hat also nichts zu bedeuten. Man beschäftigt sich in letzter Zeit so viel mit dieser Frage, daß ich endlich Klarheit haben möchte. Widersprechen die Lehren unseres Hofastronomen der Bibel oder nicht?«

Castelli fügte sich und ging zu einer theologischen Erörterung der Frage über. Er zählte sämtliche Stellen der Bibel auf, die in Betracht kamen, und bemühte sich, nachzuweisen, daß die kopernikanische Lehre ihnen nicht widersprach. Christina führte einen Gegenbeweis nach dem anderen ins Treffen; Gegenbeweise, die sie von sich aus nie hätte finden können. Ihr Bestreben war offensichtlich, alle diese Fragen vor Boscaglia zu klären. Dieser warf kein einziges Wort in die Auseinandersetzung. Er fühlte sich dabei unbehaglich, insbesondere als er sah, daß der Großherzog und seine Gemahlin offensichtlich Castelli und somit auch dessen Meister recht gaben.

Über diesen Vorfall von Castelli in allen Einzelheiten unterrichtet, überlegte Galilei lange hin und her. Was zu sagen war, hatte Castelli gesagt, und die Mitglieder des Herrscherhauses hatten seine Partei ergriffen. Er brauchte die ganze Geschichte einfach zur Kenntnis zu nehmen. Aber nur dieses Briefes von Castelli hatte es noch bedurft, um ihn endlich zu bewegen, sich zur brennendsten Frage seiner Zeit zu äußern: er wollte das Verhältnis von Glauben und Wissen beleuchten. Hatte er schon einmal den ersten Schritt getan, so mußte er auch den zweiten tun. Tagelang sann er nach. Schließlich entschloß er sich, seine Meinung in Form eines Briefes an Castelli niederzulegen. Castelli würde ihn schon allen Personen zu lesen geben, die ihn lesen sollten. Er ging mit dem Vorsatz an die Arbeit, jeden Satz dreimal zu überlegen und sich möglichst kurz zu fassen, seiner Feder diesmal also nicht wie sonst freien Lauf zu lassen. Nach einer knappen Einleitung schrieb er folgendes:

»Die Ausführungen Eurer Hochwürden gaben mir Gelegenheit, über den ganzen Fragenkomplex nachzudenken: kann und darf man überhaupt die Heilige Schrift in naturwissenschaftliche Diskussionen einbeziehen? Ferner, was ist von der Stelle des Buches Josua zu halten, die Ihre Hoheit, die Großherzogin-Mutter, als Beweis gegen die doppelte Bewegung der Erde und die Unbeweglichkeit der Sonne anführte?

Diese Bemerkung Ihrer Hoheit der Großherzogin-Mutter finde ich sehr treffend. Euer Hochwürden haben darauf sehr richtig erwidert, daß die Heilige Schrift nicht lügen und irren könne, daß ihre Sätze vollkommene und unverletzliche Wahrheiten seien. Aber ich hätte noch hinzugefügt: wenn auch die Heilige Schrift nicht irren kann, so sind ihre Deuter und Ausleger nicht frei vom Vorurteil. Der schwerste, leider auch häufigste Irrtum der Ausleger ist das Festhalten am wortwörtlichen Sinn einzelner Sätze der Heiligen Schrift. Daraus können sich nicht nur allerlei Widersprüche ergeben, sondern auch Gotteslästerungen und Ketzereien. Wollte man die Bibel immer genau nach ihrem Wortlaut erläutern, so müßte man Gott Hände, Füße, Ohren, ebenso menschliche Empfindungen wie Zorn, Rache, Haß, ja auch Vergeßlichkeit und Unkenntnis der Zukunft zuschreiben. In der Heiligen Schrift kann man viel Behauptungen finden, die bei wortwörtlicher Deutung von der Wahrheit abweichen, aber sie sind so gefaßt, weil die heiligen Schreiber sich den Verstandeskräften des gemeinen Mannes anpassen mußten. Es ist daher notwendig, daß die wenigen und wahrhaft Weisen den inneren Sinn solcher Sätze herausschälen. Da die Heilige Schrift an vielen Stellen eine solche sinngemäße Auslegung geradezu erheischt, so dünkt mich, es sei der Heiligen Schrift in mathematischen Diskussionen der letzte Platz einzuräumen. Denn sowohl die Heilige Schrift wie die Natur kommen beide vom göttlichen Worte her: die Bibel als vom Heiligen Geist inspiriert, das Universum als die Ausführung der göttlichen Befehle; in der Heiligen Schrift war es nun notwendig, sich dem Verständnis der Mehrzahl anzupassen und vieles zu sagen, was scheinbar der absoluten Wahrheit widerspricht; die Natur hingegen ist unerbittlich und unveränderlich, unbekümmert, ob ihr verborgenes Wirken dem menschlichen Verstand faßlich ist oder nicht. Daraus folgt, daß keine Erscheinung und kein Gesetz der Natur, die sich entweder aus unmittelbarer Erfahrung oder durch logische Beweisführung ergeben, einzig und allein aus Rücksicht auf verschiedene Deutungen der Heiligen Schrift bezweifelt werden können. Wer wagte es, zu behaupten, daß die Heilige Schrift, wenn sie zufällig von der Erde, der Sonne oder anderen Teilen der Schöpfung redete, sich strengstens an eine wissenschaftliche Ausdrucksweise gehalten hätte, auch wenn es sich um Dinge handelte, die mit den wesentlichen Absichten der Heiligen Schrift nichts zu tun haben? Wenn es also zweifelsfrei feststeht, daß zwei Wahrheiten einander niemals widersprechen können, so ist es Aufgabe der weisen Ausleger der Bibel, den wahren Sinn der Schriftstellen zu ergründen und ihn mit den Erkenntnissen in Einklang zu bringen, die sich durch den Augenschein oder durch schlüssige Beweise als gewiß ergeben. Weil nun die Heilige Schrift, obwohl vom Heiligen Geiste diktiert, aus den oben angeführten Ursachen an vielen Stellen eine andere Auslegung fordert, als der Wortlaut besagt,. sollte man niemanden zur Annahme naturwissenschaftlicher Aussagen der Bibel zwingen, auf daß man nicht Behauptungen für heilsnotwendig halte, die durch die sinnliche Beobachtung und entscheidende Argumente einmal widerlegt werden könnten. Wer will dem menschlichen Geist Grenzen ziehen? Wer wagt zu behaupten, daß alles, was in der Welt ergründet werden könnte, bereits bekannt sei? Deshalb wäre es vielleicht das beste, zu den Glaubensartikeln, die das Heil und die Ordnung der heiligen Religion betreffen, ohne Notwendigkeit nicht noch andere Forderungen hinzuzusetzen — besonders wenn dies Verlangen von Personen ausgeht, von denen wir nicht wissen, ob sie unter göttlicher Eingebung sprechen, bei denen wir aber klar erkennen, daß sie jener Fähigkeiten entbehren, die zum Verständnis einer streng wissenschaftlichen Beweisführung gehören.

Ich nehme an, die Autorität der Heiligen Schrift habe den Zweck, die Menschen von jenen Wahrheiten zu überzeugen, welche für das Seelenheil notwendig sind und die — jede menschliche Urteilskraft völlig übersteigend — durch keine Wissenschaft, sondern allein durch die Offenbarung des Heiligen Geistes sich Glaubwürdigkeit verschaffen.

Daß aber dieser selbe Gott, der uns mit Sinnen, Verstand und Urteilsvermögen ausgestattet hat, uns deren Anwendung nicht erlaubt, sondern Kenntnisse, die wir doch mittels unserer natürlichen Fähigkeiten erlangen können, auf einem anderen Wege vermitteln will — das bin ich wohl nicht verpflichtet zu glauben; hauptsächlich nicht bezüglich jener Wissenschaften, von denen in der Heiligen Schrift nur zerstreute Äußerungen enthalten sind. Und das ist gerade bei der Astronomie der Fall, von welcher in der Bibel so wenig die Rede ist, daß nicht einmal alle Planeten genannt sind. Die Heilige Schrift hat die Planeten nicht aufgezählt! Wenn es aber die Absicht der Evangelisten gewesen wäre, das Volk die Gesetze der Bewegungen der Himmelskörper zu lehren, hätten sie sich schwerlich begnügt, von den Sternen so wenig auszusagen.

Euer Hochwürden können also sehen, wie unrichtig jene verfahren, die sich nicht in theologischen, sondern in naturwissenschaftlichen Disputationen auf einzelne, zusammenhanglose Sätze der Heiligen Schrift berufen. Wenn diese scheinbar so frommen Gelehrten tatsächlich überzeugt sind, als Verkünder unbedingter, wissenschaftlicher Wahrheit aufzutreten und sich ihren Feinden so überlegen fühlen, warum bedienen sie sich dann nicht der Waffen der Naturwissenschaft? Warum kommen jene so zum Turnier, daß sie statt dieser Waffen jenes furchterregende Schwert der Theologie schwingen, dessen bloßer Anblick den geschicktesten und geübtesten Kämpen verwirrt? Ich will Euch sagen, warum: weil die Peripatetiker sich schon im voraus besiegt fühlen und sich nicht genügend Kraft zutrauen, dem Ansturm des Gegners standzuhalten und daher bestrebt sind, diesen möglichst nicht zu nahe an sich heranzulassen. Wer aber die Wahrheit auf seiner Seite hat, ist immer im Vorteil; und da sich zwei Wahrheiten niemals widersprechen können, brauchen wir uns vor keinem Angriff zu fürchten, von wo er auch kommen mag. Wir brauchen nur Gelegenheit zum Reden und verständnisvolle Menschen in der Debatte, nicht aber Gegner, die von Leidenschaften und Herrschsucht völlig verblendet sind.

Zur Bekräftigung alles dessen wollen wir einmal zur Erörterung der bekannten Stelle im Buche Josua schreiten: der Gegner behauptet, die Worte der Heiligen Schrift buchstäblich auslegen zu müssen: Gott habe also demnach die Sonne wirklich auf Josuas Gebet hin in ihrem Laufe aufgehalten, um auf diese Weise den Tag zu verlängern und Josua den Sieg zu schenken. Indem ich dem Gegner nach wie vor das Recht einräume, die Schrift sinngemäß zu deuten, erkläre ich, daß diese Stelle der Heiligen Schrift die Unrichtigkeit des aristotelischen und ptolemäischen Systems klar erweist, wohingegen das kopernikanische System damit durchaus im Einklang steht.

1. Ich frage den Gegner, wie vielerlei Bewegungen die Sonne nach seiner Kenntnis habe. Er wird erwidern: eine doppelte. Jährlich von West nach Ost und täglich von Ost nach West.

2. Nun frage ich, ob diese Doppelbewegung nach zwei entgegengesetzten Richtungen die Sonne selbst vollführt? Er wird nach ptolemäischer Auffassung erwidern: nein; nur die jährliche Umdrehung ist als Eigenbewegung der Sonne anzusehen, die andere aber, die vierundzwanzigstündige, rührt vom ‚primum mobile' her, das die Sonne samt dem ganzen Weltgebäude in vierundzwanzig Stunden um die Erde herumtreibt, wodurch Tag und Nacht entstehen.
3. Ich frage schließlich, welche Bewegung den Wechsel von Tag und Nacht verursacht? Er wird erwidern: das ‚primum mobile'. Die Eigenbewegung der Sonne verursacht den Wechsel der Jahreszeiten.

Wenn aber nach Ptolemäus Tag und Nacht nicht durch die Bewegung der Sonne, sondern durch das ‚primum mobile' verursacht werden, wer sollte da nicht einsehen, daß Gott nicht der Sonne, sondern dem ‚primum mobile' hätte Stillstand gebieten müssen, wenn er den Tag verlängern wollte? Und welcher vernünftige Mensch sollte nicht einsehen, daß Gott, indem er der Sonne Stillstand gebot, dadurch nicht den Tag verlängert, sondern verkürzt haben würde? Denn die eigene Bewegung der Sonne und die des ‚primum mobile' sind ja einander diametral entgegengesetzt. Nach den Lehren des Aristoteles und Ptolemäus wäre es also unsinnig, die Sonne anzuhalten, um dadurch den Tag zu verlängern. Nach der Heiligen Schrift ist das aber geschehen. Es ist also offenbar, daß entweder die Lehren des Ptolemäus falsch sind, oder man von der wortwörtlichen Auslegung der Heiligen Schrift abweichen muß und behaupten, Gott habe nicht die Sonne, sondern das ‚primum mobile' angehalten. Die Heilige Schrift aber hat sich dem Fassungsvermögen jener angepaßt, die kaum fähig sind, den Auf- und Niedergang der Sonne wissenschaftlich zu begreifen, indem sie genau das Gegenteil von dem sagt, was sie zu wissenschaftlich gebildeten Männern gesprochen haben würde.

Hinzufügen muß ich noch einen weiteren Gedanken: es ist nicht anzunehmen, daß Gott nur die Sonne angehalten und den anderen Planeten ihre freie Bewegung belassen hätte; denn damit würde er grundlos die Ordnung des Weltalls gestört, das Verhältnis und den Stand der Planeten zur Sonne, das ganze System und den Lauf der Natur vollkommen durcheinandergebracht haben. Glaubwürdig scheint mir hingegen, daß er dem ganzen Kosmos eine zeitweilige Ruhe geboten, nach deren Ablauf alle Himmelskörper, ohne Störung und Änderung ihrer gegenseitigen Verhältnisse, wieder zu kreisen begonnen haben.

Selbst wenn man sich also darauf versteift, daß die Heilige Schrift wörtlich auszulegen sei, ist die Annahme einer neuen Weltordnung erforderlich, die sich dieser buchstäblichen Auslegung genauestens anpaßt. Das ist auch geschehen. Ich habe entdeckt und klar bewiesen, daß die Sonne sich um ihre eigene Achse dreht, diese Bewegung ungefähr innerhalb eines Monats vollführt, und zwar auf dieselbe Art wie die anderen Planeten. Es ist viel wahrscheinlicher, die Sonne, diese größte Schöpfung der Natur, als das Herz des Kosmos zu betrachten; denn man könnte annehmen, daß sie ebenso, wie sie Licht spendet, zugleich auch allen um sie kreisenden Sternen die Bewegung verleiht; und wenn man mit Kopernikus annimmt, daß auch die Erde sich dreht, und zwar wenigstens täglich einmal um ihre eigene Achse, dann kann jedermann leicht einsehen, daß es freilich genügt, die Sonne anzuhalten, um den Tag zu verlängern und damit zugleich das ganze Weltsystem zum Stehen zu bringen. So sagt das ja auch die Heilige Schrift. Demnach läßt sich ohne Leugnung der Naturgesetze und ohne Entstellung der Worte der Heiligen Schrift beweisen, daß durch das Anhalten der Sonne der Tag verlängert werden kann.«

Es wurde später Abend, ehe er mit seiner Arbeit fertig war. Er las sie noch einmal durch und war zufrieden. Rasch zeichnete er noch die verschiedenen Phasen der Himmelskörper in seinen astronomischen Kalender ein und legte sich endlich zur Ruhe. Am andern Morgen schlug er erstaunt die Augen auf: er hatte von Cremonini geträumt. Warum hatte ihn wohl gerade dieser Traum heimgesucht? Weil Cremonini, der verstockteste aller Peripatetiker, sein ganzes Leben lang streng das Prinzip verfolgt hatte, daß man die Naturwissenschaften sorgfältig von der Theologie trennen müsse. Dieser Weisheit wegen hatte Galilei seinen Widersacher Cremonini immer hochgeschätzt – und jetzt? Jetzt ging er, Galileo Galilei, im zweiten Teil seines Briefes auf das ein, was er im ersten Teil verdammte! Er stand mitten in der Theologie. Er verließ sein eigenes Gebiet und betrat das feindliche. War das richtig? Würde das gut enden?

Lange zögerte er, in tiefe Gedanken versunken. Seine Stirn legte sich in sorgenvolle Falten. Dann aber zuckte er mit den Achseln. Er fühlte die Kraft in sich, in jeder Debatte jedem Menschen gegenüber seinen Mann zu stehen und verließ sich voll und ganz auf seinen Verstand. Er hielt niemanden für einen schnelleren und schärferen Denker als sich selbst. Außerdem war er felsenfest von seinem Recht überzeugt. Wenn man ihn also mit aller Macht auf die Kampfstätte der Theologie zerren wollte, so würde er auch dort jedermann Widerpart bieten. Die Heilige Schrift konnte ihm nur recht geben, und die weisesten Autoritäten der Kirche würde er noch überzeugen! Er schickte den Brief an Castelli ab und mußte sich sofort wieder ins Bett legen, weil seine Gelenke abermals unsäglich schmerzten.

XIV

Monatelang hütete er wieder unter entsetzlichen Qualen das Bett. In den Kissen stöhnend beging er seinen fünfzigsten Geburtstag. Oft überfielen ihn jetzt Gedanken an den Tod – sie kamen über ihn wider

Willen, denn er haßte die Vorstellung, einmal in ein dunkles Nichts zu stürzen; sie lastete wie ein unerbittlich grausamer Alpdruck auf ihm. Wenn sein Gehirn nachts übererregt und fieberhaft wie eine verwunschene Mühle arbeitete, schrie er in seine dunkle Einsamkeit: Nein, nein! Er wollte leben, noch lange, ewig! Das Leben war voller Schönheit und Güte, sogar für den in seinem Pfühl wimmernden Kranken; denn immer noch konnte er schmackhafte Speisen genießerisch kosten und zartblumige Weine in kleinen Schlucken trinken. Ja, es erfüllte ihn bereits mit einer zärtlichen Freude, nur einen Blick aus dem Fenster auf die Türme der geliebten Heimatstadt zu tun. Mehr als einmal wurde er an die Bemerkung Fra Paolos gemahnt: ‚Wer das Leben so sehr liebt wie Ihr, der taugt nicht zum Märtyrer.'

‚Ich will auch keiner werden', begehrte eine innere Stimme in ihm auf. ‚Ich will leben für meine Arbeit, ich will meinen großen Gedanken zum Sieg führen und den Triumph bis zur Neige auskosten!'

Während er so in dem gepolsterten Gefängnis mit sich rang, wandte sich aus einem wirklichen Gefängnis ein sonderbarer Mensch an ihn: Campanella, ein Dominikaner, der wegen seines aufrührerischen Geistes vier Kirchenprozesse über sich ergehen lassen mußte. Gemeinsam mit Giordano Bruno hatte er in den Kerkern des Vatikans geschmachtet und war nur um Haaresbreite dem Scheiterhaufen entronnen. Aber dennoch gab er keine Ruhe. In Stilo, einem kleinen Ort seiner Heimatlandschaft Kalabrien, wollte er insgeheim einen neuen Staat gründen; doch die Verschwörung wurde verraten, seine Parteigänger geköpft und er selbst entging dem Halsgericht lediglich dadurch, daß er den Geisteskranken spielte. Die neapolitanisch-spanische Regierung wußte mit ihm nichts anzufangen und verurteilte ihn zu lebenslänglichem Kerker. Dort schrieb der angeblich irrsinnige Utopist und Träumer seine metaphysischen und politischen Werke und ließ auf den Papst und die weltlichen Herrscher eine Flut von Weltverbesserungsplänen los. So beabsichtigte er etwa einen Sonnenstaat zu gründen, ein seltsames Projekt mit gemeinsamem Besitz der Bürger, das unter der straffen, aber selbstlosen Führung großer Geister stehen sollte. Aus vielen Gedankengängen seiner zahlreichen Bücher sprühten Funken eines verkommenen Genies. Manche seiner knappen, philosophischen Leitsprüche ließen sich in wissenschaftlichen Auseinandersetzungen gut anbringen. So erklärte er zum Beispiel: ‚Wissen ist soviel wie Sein', oder: ‚Drei Dinge sind in dieser Welt selbstgewiß: unser eigenes Sein, unser eigenes Bewußtsein und unser eigener Wille.'

Als besitze der Mönch mit seinen Weltträumen eine hellseherische Gabe für Galileis Zustand, schrieb er ihm jetzt aus seinem neapolitanischen Kerker, daß er ein großes Werk vollenden wolle: er werde den Beweis erbringen, daß sowohl das Alte wie das Neue Testament die Auffassung des Kopernikus unterstützten. Er schrieb:

»Alle Gelehrten der Welt empfangen aus Eurer Feder das Richtmaß ihres Denkens; denn ohne eine logische Weltordnung ist wissenschaftliche Arbeit unmöglich. Alle bisherigen Erkenntnisse sind wankend und zweifelhaft geworden. So bitte ich Euch inständig, stellt alle übrigen Arbeitspläne zurück und befaßt Euch ausschließlich mit der Abrundung des neuen Weltsystems; Ihr könnt nicht wissen, ob Euch nicht vielleicht schon morgen der Tod abberuft!«

»Der Teufel soll dich holen!« brummte Galilei. »Ich werde mich hüten, schon morgen zu sterben.«

Er empfand geradezu Zorn gegen diesen seltsamen Dominikaner, der schon seit sechzehn Jahren sorglos und in blühender Gesundheit in seinem Kerker lebte, sich sehr wohl fühlte und ihm jetzt ein — »Memento mori!« zurief.

Unvermutet ließ auch der längst in Vergessenheit geratene Simon Mayr wieder etwas von sich hören und mahnte dadurch den kranken Gelehrten an die Entdeckung der Jupiter-Trabanten. Nach dem Capra-Skandal war er mit seinem Spießgesellen aus Padua spurlos verschwunden. Von Capra erzählte das Gerücht, er habe sich nach Mailand zurückgezogen. Nun also gab Mayr wieder ein Lebenszeichen. Er hatte unter dem Titel ‚Mundus Jovialis' ein Buch über seine Entdeckung der Jupiter-Planeten veröffentlicht. Galilei traute seinen Augen nicht, als er das Werk las. Die vor nichts zurückschreckende Unverschämtheit beeindruckte ihn beinahe. So wie sie seinerzeit den Zirkel entwendeten und Galilei obendrein des Plagiats bezichtigten, hatte ihm Mayr jetzt die Medici-Sterne gestohlen und würde Galilei ohne Zweifel wieder des Plagiats verdächtigen, wenn er sich dagegen verwahrte. Das Buch prahlte mit genauen Angaben und bemühte sich, die Entdeckung der neuen Sterne recht aufregend darzustellen. Galilei vermochte nur staunend den Kopf zu schütteln. Er war des Kampfes müde und krank. Das Buch flog in eine Ecke. Diesen neuen, einzigartigen Fall herausfordernder Dreistigkeit, die man keinem Menschen zugetraut hätte, betrachtete er jetzt gleichsam wie ein Mirakel der Natur, das ihn persönlich gar nichts anging. Die Entscheidung über eine Antwort verschob er bis zu dem ungewissen Zeitpunkt seiner Genesung.

Nie zuvor hatte ihm die Krankheit so arg zugesetzt. Inzwischen nahte auch der Tag, daß seine Töchter im Kloster unter den üblichen Feierlichkeiten den Schleier empfangen sollten. Galilei schrieb ihnen, daß er unbedingt zugegen sein möchte. Mit den Mädchen hatte er viele Sorgen durchgemacht. Virginia kränkelte häufig. Sie litt an Zahngeschwüren, die nacheinander aufbrachen. Monatelang trug sie einen Verband um das geschwollene Gesicht; auch der jüngeren Schwester ging es nicht zum besten. Galilei schickte seinen eigenen Arzt ins Kloster und dieser übermittelte Nachrichten der kranken Kinder an den erkrankten Vater. Zugleich berichtete er auch von der Äbtissin, daß sie, ungeduldig, mit der Einkleidung der Mädchen nicht länger zuwarten wolle. Zuletzt empfingen Virginia und Livia die Weihen, ohne daß der Vater an dem Festtage teilgenommen hätte, wie im übrigen auch niemand aus der Verwandtschaft zugegen war: der Großmutter hatte man die Weihe verheimlicht, weil man befürchtete, sie könnte im Kloster gar noch ein Wutgeschrei anstimmen, und so blieben auch die Landuccis fern.

Endlich, im Spätsommer, war der Kranke imstande, das Bett zu verlassen und mußte erst wieder gehen lernen: drei Schritte bis zum Tisch und zurück zum Bett. Dann ging er, auf seinen Sohn gestützt, in den Garten und mußte sich dort in einem Schwächeanfall gleich hinsetzen. Allmählich nur kehrten seine Kräfte wieder und nach einer geraumen Weile erst durfte er wieder auf die Straße gehen. Wer ihm begegnete, erkannte den nach langen Fiebermonaten hohlwangigen und abgemagerten Mann, der sich mühsam dahinschleppte, kaum wieder. Noch immer konnte er den Fußweg in das Kloster Arcetri zu den Töchtern nicht wagen. So stellte ihm der Hof eine Sänfte dafür. Er nahm auch Vincenzo mit und dank einer besonderen Erlaubnis der Äbtissin durften sie einen ganzen Nachmittag gemeinsam mit den Mädchen verbringen. Vincenzo stöberte die Hühner im Klostergarten auf, zerbrach eine Fensterscheibe, knickte den schönsten Zweig eines jungen Obstbaumes. Obwohl er für jede Missetat von seinem Vater eine schallende Ohrfeige empfing, hatte er nach fünf Minuten brüllenden Wehgeschreis alle Ermahnungen wieder vergessen, tollte weiter umher und fühlte sich glücklich. Livia zeigte sich wortkarg und verdrossen, saß stumm neben der Schwester und ihrem Vater, zupfte unruhig an den Falten ihres Gewandes und hätte um keinen Preis der Welt gelächelt. »Sie ist immer so«, sagten die Klarissen. Trotz ihres Verbandes und der Zahnschmerzen zeigte sich Virginia lebhaft und liebenswürdig. Sie erzählte fröhlich ihre kleinen Erlebnisse im Kloster, schmückte sie in schalkhafter Heiterkeit aus und offenbarte bei jeder Gelegenheit ihr sonniges Gemüt.

»Ich könnte mir das Kloster ohne Virginia gar nicht mehr vorstellen«, sagte die Äbtissin zu Galilei, »ich wäre in meinem Tun geradezu gelähmt, wenn ich sie nicht an meiner Seite wüßte.«

»Ein liebenswertes Geschöpf ist sie!« stimmte der Vater zu.

»Mehr als das, eine kleine Heilige! Als stammte sie gar nicht von irdischen Eltern. Sie ist von einer reinen Frömmigkeit erfüllt, wie ich sie bei Erwachsenen selten antraf. Ich weiß gar nicht, woher sie das hat ... Oh, verzeiht, ich wollte Euer Gnaden nicht beleidigen ...«

»Ihr habt mich nicht beleidigt, hochwürdige Frau Äbtissin, doch warum haltet Ihr mich nicht für einen gläubigen Menschen?«

»Seid nicht ungehalten ... aber man erzählt so allerlei ... ich glaube es natürlich nicht ..., daß Ihr die Heilige Schrift leugnet ... ja, dann hörte ich auch ..., daß Ihr an den Allmächtigen nicht so glaubt, wie es uns gelehrt wird. Vergebt, es ist wohl alles dummes Geschwätz, doch da Ihr selbst darauf zu sprechen kamt, wollte ich es Euch nicht verhehlen ...«

Galilei lachte und versicherte der Äbtissin, daß er an Gott ebenso glaube wie sie selbst. Doch als er mit dem Sohn von diesem Ausflug heimkehrte, überdachte er ihre Worte in seiner Sänfte. Wie konnte man nur diese nichtsnutzigen Gerüchte zum Schweigen bringen? Er hätte sich am liebsten auf den Domplatz gestellt und dem Volk eine Ansprache gehalten. Er hatte ein Gefühl, als ob sich beim Gehen unsichtbare Schlingpflanzen, giftige ekelhafte Algen um seine Füße legten; je heftiger er sich zu befreien trachtete, um so hoffnungsloser verstrickte er sich. Wenn er auf der Gasse einem Priester begegnete, empfand er instinktiv dessen Haß. ‚Ich müßte ihn eigentlich ansprechen und ihm begreiflich zu machen versuchen, daß er sich irrt', kam es wohl Galileo zu Sinn. Doch dann empfand er Hemmungen und der Geistliche wandte sich im Vorübergehen mit starrem Gesicht ab.

An einem Adventsonntag besuchte ihn in den Vormittagsstunden sein Schwager Landucci. Der Schwager war bei ihm ebenso selten zu Gast wie Galileo im Hause Landucci. Es mußten ihn demnach ernste Gründe hergeführt haben. Sein verstörtes Gesicht verriet Erregung.

»Galileo, es ist etwas sehr Unangenehmes vorgefallen. Der Stadtklatsch hat sich deiner und unserer bemächtigt und das ist für die Familie unleugbar peinlich. Mein Vater war Gesandter in Rom und ich bin es seinem Ruf schuldig, daß ich unseren Namen in Ehren halte. Sieh zu, daß du dieser üblen Nachrede ein Ende setzt. Meine Frau weint vor Scham und wollte auch nicht hierher mitkommen.«

»Warum? Was ist geschehen?«

»Du bist von der Kanzel herab angegriffen worden. Eben komme ich aus der Santa Maria Novella, wo wir jeden Sonntag die Messe hören. Caccini, der Dominikanerpater, hat gepredigt und alle Kirchenbesucher starrten nur auf uns. Ich dachte vor Scham zu versinken.«

»Was hat er denn gesagt? Hat er meinen Namen erwähnt?«

»Selbstverständlich. Freilich muß man zugeben, daß er seine Worte sehr geschickt gesetzt hat. Er legte seiner Strafpredigt zwei Schriftworte zugrunde, nämlich eine Perikope aus dem Buche Josua und eine aus der Apostelgeschichte. Er sagte: ‚Ihr Männer von Galiläa, was stehet ihr und sehet gegen den Himmel?'«

»Ein geistreiches Wortspiel! Was hat er dazu erläutert?«

»Er ist über dich losgezogen, wohl eine gute halbe Stunde lang: du lehrtest über die Bewegung der Sonne und der Erde das Gegenteil dessen, was die Bibel verkündet. Mit deiner Gottlosigkeit, die du in Florenz aussätest, streiftest du an Ketzerei. Die Kirche war voll und die Leute hörten totenstill und andächtig zu. Voll Ingrimm wetterte der Prediger und schlug mit der Faust auf die Kanzel. Niemand dürfe sich anmaßen, die Bibel anders als die Kirchenväter auszulegen. Zum Schluß übergoß er die Mathematiker mit seinem Zorn und erklärte, die Mathematik sei eine Erfindung des Teufels und man müsse diese Mathematiker aus jedem Lande austreiben, weil sie die Urheber der

Ketzerei seien. Lieber Schwager, ich flehe dich an, damit ist nicht mehr zu spaßen. Ich bin dir in deinem Tun und Treiben niemals nahegetreten, aber mein Vater war Gesandter und jetzt, da die Ehre der Familie...«

Galilei winkte ab und holte tief Atem, um seinem Schwager kräftig die Meinung zu sagen; doch dazu kam er nicht, weil ein Hoflakai eintrat.

»Ihre Durchlauchtigste Hoheit, die Großherzogin-Mutter, läßt Euer Gnaden bestellen, daß sich Euer Gnaden ohne Säumen zu Ihrer Hoheit verfügen möchten.«

Galilei verabschiedete sich in seiner Hast nicht einmal von dem Schwager, ergriff sein Samtbarett und eilte nach dem Poggio Imperiale. Keuchend langte er an, weil der Weg sehr steil war. Er wurde sofort angemeldet. Die Großherzogin Christina kam sogar dem Gruß ihres Hofgelehrten zuvor.

»Messer Galilei«, sagte sie kühl und bestimmt, »zweifellos hat man Euch von der Predigt des Vormittags berichtet. Ja? Also, das hat uns bis jetzt gerade noch gefehlt, daß unser Hofmathematiker von der Kanzel herab der Ketzerei geziehen wird! Mit Seiner Hoheit, meinem Sohne, habe ich darüber noch gar nicht gesprochen, da er unpäßlich ist, aber sicherlich wird auch ihm diese neueste Wendung mit Euch sehr nahegehen. Ich klage Euch nicht an, ich mache keine Vorwürfe, aber es wäre an der Zeit, daß Ihr einen passenden Schritt unternehmen würdet!«

»Hoheit«, stammelte Galilei wie vernichtet, »ich vermag nichts anderes zu tun, als ein guter Katholik zu sein, mich an die Heilige Schrift zu halten und meinen Studien nachzugehen. Geruht zu verfügen, welche Schritte ich unternehmen soll. Ich werde die Befehle Eurer Hoheit gehorsamst entgegennehmen.«

»Darum geht es ja eben! Woher soll ich wissen, was Ihr am besten tun sollt? Ich weiß soviel, daß mich und auch Seine Hoheit, den Großherzog, diese mißliche Entwicklung, Josua, die Bibel, die vielen Anzeigen und ich weiß nicht was sonst, allmählich beunruhigen. Aber jetzt wäre es hoch an der Zeit, Eure Stellung zu klären. Dieses und weiter nichts wollte ich Euch mitteilen.«

Zum Zeichen ihrer Huld reichte ihm die Großherzogin-Mutter die Hand zum Kuß. Mit wankenden Schritten eilte Galilei sogleich zu Picchena, der als Nachfolger Vintas das Kanzleramt innehatte. Auch dieser empfing ihn sogleich, da er ebenfalls von der Predigt vernommen hatte.

»Was soll ich tun?« fragte Galilei mit bebender Stimme. »Soll ich diesen Pfaffen in Stücke reißen? Ich weiß noch nicht einmal, was er beabsichtigt und was hinter den Umtrieben steckt.«

»Ich weiß es sehr gut. Caccini wurde erst kürzlich von Bologna hierher versetzt, weil er auch dort von der Kanzel unliebsames Aufsehen erregte. Er mußte sich hinterher entschuldigen und kurz darauf wurde er in das Kloster San Marco beordert.«

»Nach San Marco«, fragte Galilei zähneknirschend, »zu den Engeln des Fra Angelico? Wie kann man diesen Heimtücker in die Wandelgänge des Klosters hineinlassen? Wie soll ich mich wehren? Wie soll ich mir von ihm Genugtuung verschaffen? Es geht wirklich schon um Kopf und Kragen. Die Großherzogin-Mutter ließ mich bereits zu sich rufen. Eines schönen Tages mag auch der Großherzog diese vielen Zänkereien satt bekommen und dann kann ich wieder in der Fremde von Ort zu Ort wandern.«

»Das braucht Ihr nicht zu befürchten. Der Großherzog ist Euch aufrichtig gewogen und wird Euch niemals im Stich lassen. Darüber haben wir oft genug gesprochen und es mangelt an dieser Unterstützung nicht. Aber die unerquicklichen Zusammenstöße mit kirchlichen Vertretern lassen sich nicht leugnen. Ist Euch noch niemals der Gedanke gekommen, daß jemand Euch bei der Inquisition anzeigen könnte?«

Galilei fuhr erschrocken zurück:

»Mich?«

»Freilich. Es nimmt mich beinahe wunder, daß es noch nicht geschah. Ich empfehle Euch, diesen Vorfall nicht weiter zu berühren; wahrt Schweigen und laßt für eine Weile die Sonne Sonne und die Erde Erde sein. Befaßt Euch mit anderen Fragen! Sobald sich dieser erste Sturm gelegt hat, mögt Ihr von neuem beginnen. Achtet mir aber wohl auf die Pfaffen! Im übrigen scheint Ihr gar nicht zu ahnen, was für eine furchtbare Macht dieses Santo Officio ist. Ich brauche nicht zu betonen, daß Ihr auf mich immer rechnen könnt.«

Mit hämmernden Schläfen verabschiedete sich Galilei vom Kanzler. Er schlich nach Hause, schloß sich ein, bemüht, alles ruhig zu überlegen. Sollte Caccini ohne Antwort bleiben? Unmöglich? Sobald die Feinde seines Rückzuges gewahr würden, würde man ihn noch rücksichtsloser bedrängen. Doch auch um der Selbstachtung willen konnte er die Lehre des Kopernikus, mit der er sich eben erst an die Öffentlichkeit gewagt, nicht widerrufen. Ruhelos durchmaß er sein Zimmer und sog unablässig an seiner Pfeife.

Nachdem er sich einigermaßen beruhigt hatte, beschloß er, an die Großherzogin eine Denkschrift zu richten. Sie sollte nicht nur zur Aufklärung für Fachgelehrte dienen. Die Denkschrift sollte genau dartun, daß gerade er der Heiligen Schrift die Treue hielt, während sich seine Gegner in Gegensatz zur Bibel stellten. Er nahm sich auch vor, unter seinen Gönnern zu Rom möglichst einen vornehmen Dominikaner zu bitten, daß man Caccini Schweigen gebieten möge.

Er griff alsbald zur Feder und arbeitete bis in die Nacht an der Denkschrift und einigen Briefen. Bereits einige Tage später hielt er aus Rom eine Antwort in Händen; sie stammte von Pater Maraffi, einem der angesehensten Oberen der Dominikaner, dessen kopernikanische Überzeugung Galileo wohl kannte. ‚Dieser empörende Auftritt hat mich sehr verdrossen‘, schrieb der Pater, ‚um so mehr, als ihn einer meiner

Ordensbrüder verursacht hat.' Er schalt heftig über Caccini, doch sein Eintreten für Galilei oder eine Genugtuung konnte er ihm nicht in Aussicht stellen.

Auch andere Briefe, liebenswürdig und gönnerhaft aufgesetzt, erreichten ihn. Sogar in Florenz schlug die Stimmung um. Bekannte suchten ihn auf, andere bekundeten brieflich ihre Anteilnahme. So tröstete man, feierte ihn und sprach ihm guten Mut zu.

Aber diese günstige Stimmung währte nur kurze Zeit. Der Großherzog selbst machte Galilei aufmerksam, daß sich gegen ihn insgeheim ein neuer Schlag vorbereitete. Er empfing seinen Hofmathematiker in Audienz und redete so leise mit ihm, daß selbst die Türwache nichts erlauschen konnte.

»Ganz im Vertrauen möchte ich Euch folgendes mitteilen: Eine nicht zu nennende, geistliche Persönlichkeit hat den Beichtvater meiner erlauchten Mutter gefragt, ob Ihr den bewußten Brief an Euren Schüler Castelli nicht auch der Großherzogin-Mutter vorgelegt hättet.«

»Ich habe ihn lediglich an Castelli gesandt.«

»Ich aber argwöhne etwas und möchte Eure Aufmerksamkeit wachrufen. Wer besitzt das Original dieses Briefes?«

»Castelli.«

»Fordert diesen Brief, ganz gleich, unter welchem Vorwand, zurück. Unsere jetzige Unterredung dürft Ihr dabei keineswegs erwähnen. Ich, der viel jüngere, aber ein Medici, will Euch sagen: es schadet wenig, wenn Abschriften solcher Briefe in der ganzen Welt frei herumflattern; denn eine Abschrift ist niemals eine unanfechtbare Urkunde. Das unterzeichnete Original jedoch sollte bei Euch daheim unter sicherem Verschluß liegen!«

Galilei begriff das alles nicht. Welche Absicht konnte man mit diesem Brief hegen? Als Zeugnis gegen ihn verwenden? Nicht denkbar! Was darin behauptet wurde, konnte er ja im Gegenteil selbst vor dem Heiligen Vater vertreten. Unbewußt empfand er jedoch eine drohende Gefahr. Deshalb erbat er sich den Brief von Castelli unter einem harmlosen Vorwand zurück und erhielt ihn ohne Säumen. Wenige Tage hernach schrieb ihm Castelli, daß der Bischof von Pisa, Bonciani, ihn zu sich bestellt und ihm Vorwürfe gemacht habe, daß er Kopernikaner sei. Nachdrücklich habe er ihm nahegelegt, diese der Heiligen Schrift widersprechenden Anschauungen fahren zu lassen, wenn er als Geistlicher in der Hierarchie aufsteigen wolle, wie es dem Angehörigen eines gräflichen Geschlechtes zukomme. Bescheiden, aber beharrlich, habe er, Castelli, daran festgehalten, daß Kopernikus der Heiligen Schrift in keinem Punkt widerstreite. Darauf habe der Bischof die Unterredung auf Galilei gelenkt und ihm wiederum dringend angeraten, auch von Galileis untragbaren Ansichten abzurücken. Er, der Bischof, traue es sich ohne weiteres zu, Galilei zu bekehren, sobald er nur in dessen Beweisführung Einblick nähme.

»Er schrieb dir doch einen Brief«, hatte der Bischof beiläufig zu Castelli gesagt, »in dem seine Beweise angeführt sind.«

»Ja, ich besitze auch eine Abschrift des Briefes und kann sie vorlegen.«

»Ach nein. Abschriften sind oft fehlerhaft. Ich will das Original sehen. Im Besitz der Urschrift kann ich Galilei Satz für Satz nachweisen, daß er im Unrecht ist.«

Damit verabschiedete der Bischof Castelli und dieser berichtete getreulich und ungesäumt alles seinem Lehrer und bat um das Original des Briefes. Galilei erblaßte, als er diese Mitteilung seines Schülers las. Castelli war ein hochbegabter Mathematiker, aber ein überaus vertrauensseliger und harmloser Mensch, der diese Falle einfach nicht merkte. Unmißverständlich lag zu Tage, warum sich der Bischof von Pisa unter dem Vorwand einer authentischen Auseinandersetzung das Original des Briefes beschaffen wollte. So hatte die Warnung des Großherzogs auf einer genauen Kenntnis der Sachlage beruht; jemand wollte sich aus eindeutigen Gründen und zu recht heimtückischen Zwecken das Original des Briefes verschaffen!

Galilei zögerte die Antwort hinaus und ließ Castelli warten. Erst nach einer längeren Frist sandte er ihm eine eigenhändige Abschrift des Briefes, ohne diese jedoch zu unterzeichnen. Nunmehr bemühte er sich mit allem Eifer in seinem Briefwechsel mit Rom um eine Rückendeckung durch die Vatikanstadt, nachdem das kopernikanische Problem inzwischen zu einer theologischen Streitfrage geworden war.

Doch es wurde ihm aus Rom kein günstiger Bescheid. Fürst Cesi schrieb ihm, daß der Kardinal Bellarmin, der einst so geneigt gewesen war, die Beobachtungen des ‚Sidereus Nuntius' zu bestätigen, unvermutet die Auffassung vertreten habe, daß das Josua-Kapitel doch eine bedenkliche Angelegenheit wäre und in seinen Augen die Lehre des Kopernikus der Bibel unbedingt widerspreche. Aus Monsignores unbegreiflichem Gesinnungswechsel glaubte der Fürst folgern zu müssen, daß Galilei in Bellarmin keine Stütze mehr habe. Hochgestellte Größen der Hierarchie, die sich einst Galilei gegenüber ausnehmend liebenswürdig gezeigt, ihn als großen Gelehrten gefeiert und an ihre Tafel geladen hatten, wurden jetzt mit einem Male sehr zurückhaltend. Es gab Herren, die seine Briefe überhaupt nicht beantworteten.

Um diese Zeit etwa veröffentlichte ein Geistlicher mit Namen Foscarini, der zu den treuesten Anhängern Galileis zählte, in Rom eine Verteidigungsschrift der kopernikanischen Weltlehre. Diese Veröffentlichung rückte die heikle theologische Auseinandersetzung nur noch mehr in das Licht der Öffentlichkeit. Mehrere Stimmen prophezeiten, daß Foscarini Schwierigkeiten haben werde. Endlich traf aus Rom eine Mitteilung ein, die Inquisition würde über Anregung unbekannter Persönlichkeiten das Werk des Kopernikus erneut überprüfen und wohl auf den Index setzen. Galilei wurde immer unruhiger; er war überreizt und vollkommen verstört. Einem gehetzten Wild gleich, erwartete er in jedem Augenblick einen entscheidenden Schlag; bloß wußte er noch nicht, wer dazu ausholen würde. Allmählich hielt er diesem aufreibenden Kampf im Dunkeln nicht mehr stand. Eines Abends schlich ein junger Nobile, Attavante, den er vom Hofe her flüchtig kannte, in sein Gemach. Er kam zu einer ungewohnt späten Stunde, wie ein Dieb, und blickte ängstlich um sich.

»Es ist niemand hier, Ihr könnt Euch unbesorgt aussprechen.«

»Euer Gnaden, ich wurde Euretwegen verhört. Ich habe lange mit mir gerungen, ob ich überhaupt kommen sollte; doch schließlich habe ich mich — Ihr seht es — dazu entschlossen.«

»Bitte, redet, ich bin ganz Ohr!«

»Ich will Euch zum besseren Verständnis alles der Reihe nach berichten. Es war noch im Frühjahr und ich ging mit dem Dominikanerpater Ximenes im Garten der Santa Maria Novella spazieren. Kennt Ihr etwa diesen Pater Ximenes? Diesen Spanier ...«

»Er ist mir unbekannt.«

»Es ist auch nebensächlich. Jedenfalls debattierten wir über theologische Fragen, hauptsächlich das Sein Gottes betreffend. Ich führte eine Zahl von Einwänden, wie sie die Atheisten vertreten, an, um von Pater Ximenes Gegenbeweise zu hören. Als ich mich nach dieser Unterredung von ihm verabschiedete, fiel mir auf, daß es hinter mir im Gebüsch raschelte. Ich wandte mich augenblicks um und konnte gerade noch Pater Caccini fortschleichen sehen, der Euch doch von der Kanzel angefeindet hat. Ich begriff sogleich, daß er unser Gespräch belauscht hatte, hielt den Umstand jedoch für bedeutungslos; ich vergaß sogar meine Beobachtung. Nun erhielt ich gestern eine Vorladung, mich an einem ganz bestimmten Ort einzufinden.«

»Wo?«

»Euer Gnaden, erspart mir die Antwort! Ich habe auf die Heilige Schrift geschworen, niemandem etwas zu verraten. Ohnehin habe ich mein Gelöbnis halb und halb gebrochen. Dringt also, ich flehe Euch an, nicht weiter in mich!«

»Gut, ich dringe nicht in Euch. Erzählt weiter!«

»Ich folgte dieser Vorladung und wurde verhört. Zu meiner größten Verblüffung befragte man mich, ob ich jene gottlosen Lehrmeinungen, über die ich mit Pater Ximenes debattiert, von Euch übernommen hätte.«

»Von mir?«

»Ja, ich war tatsächlich erstaunt. Ich habe zu Protokoll gegeben, daß ich mit Euer Gnaden niemals über theologische Fragen gesprochen habe. Zu meinem größten Bedauern sei mir nur ein oder zweimal Gelegenheit geboten worden, mit Euer Gnaden eine Unterhaltung zu führen. In dem Zwiegespräch mit Pater Ximenes sei Euer Name überhaupt nicht erwähnt worden. Ich konnte mehr nicht aussagen. Das war ein Erlebnis;

soviel traue ich mich, zu berichten. Euer Gnaden, dieses Gespräch erleichtert mein Herz, weil ich das Gefühl habe, daß gegen Euch etwas im Gange ist. Jetzt muß ich gehen. Und schwört mir noch, daß Ihr mich niemandem verratet!«

Galilei dachte nach.

»Ich möchte ohne Nennung Eures Namens und den des Pater Ximenes dem Großherzog Bericht geben. Seid Ihr damit einverstanden?«

»Wenn es sein muß.«

»Es muß sein! Um meinetwillen. Ich werde zu niemandem sonst ein Wort darüber verlauten lassen und danke Euch aufrichtig für Euren Besuch.«

Attavante stahl sich wieder in die Nacht hinaus.

Nach kurzem Schlaf hastete Galilei in aller Frühe zum Großherzog. Er berichtete von dem geheimnisvollen Besuch in allen Einzelheiten; die Namen verschwieg er, seinem Versprechen gemäß. Cosimo hörte aufmerksam zu und sagte kopfnickend:

»Das Geheimnis ist einfach zu lösen. Jemand hat Euch bei der Inquisition angezeigt und die Beweisaufnahme hat bereits begonnen. Dieser junge Mann, der Euch aufsuchte, wurde selbstverständlich durch einen Eid zur Geheimhaltung verpflichtet. Doch auch ohne ein solches Gelöbnis schweigt jeder, der halbwegs nüchtern denkt.«

»Eure Hoheit, weshalb denn hat man mich angezeigt? Habe ich etwas verbrochen?«

»Sicherlich das alte Lied: Eure Lehre steht im Widerspruch zur Bibel. Diese dunkle Macht ist lückenlos ausgebaut. Vor ihrer Kunst, zu schweigen und andere zum Schweigen zu bringen, überläuft es einen kalt. Die ganze Welt haben sie so in ihre Netze eingefangen — eine fürchterliche Macht! Seid auf der Hut!«

»Was ist Euer Rat, Hoheit?«

»Reist, ohne einen Tag zu verlieren, sogleich nach Rom. Dort vermögt Ihr mehr zu erfahren und könntet unter Umständen den Papst um eine Audienz bitten. Mein derzeitiger Gesandter Guicciardini verfügt im Vatikan über einen beträchtlichen Einfluß. Briefe, Geld, Sänfte und Lakaien stelle ich Euch zur Verfügung. Alles übrige besprecht mit Picchena. Reist sobald als möglich und habt keine Sorge; Euch kann nichts geschehen. Notfalls schreibe ich selbst an den Papst. Ich werde Euch nicht im Stich lassen!«

»Eure Hoheit, ich kann beim besten Willen nicht schon morgen aufbrechen. Ich hatte kürzlich einen überaus wichtigen Einfall, den ich vorher noch ausarbeiten muß. Ich habe einen neuen Beweis für Kopernikus gefunden: die Entstehung von Ebbe und Flut.«

»Darauf bin ich gespannt. Wollt Ihr mir das kurz erklären?«

»Natürlich, Eure Hoheit, in einem Satz. Eure Hoheit mögen sich vorstellen: ich stoße ein mit Wasser gefülltes Gefäß plötzlich in eine gewisse Richtung. Was geschieht mit der Wasseroberfläche in dem

Gefäß? — Es ist ein neuer Beweis, daß sich die Erde bewegt! Ich möchte diese Theorie bereits ausgearbeitet nach Rom mitnehmen.«

»Das klingt einleuchtend; ich verstehe, Dennoch müßt Ihr Euch beeilen! Im übrigen mögt Ihr in Rom meinen jüngeren Bruder, den Herzog Carlo antreffen, der vor kurzem den Kardinalshut empfing. Nach alter Überlieferung muß er jetzt mit prunkvollem Gefolge im Vatikan einziehen, um sich für die neue Würde zu bedanken. Vielleicht kann er Euch Beistand geben. Verliert bloß keine Zeit, es drängt!«

In aller Eile arbeitete Galilei seine These über Flut und Ebbe aus. Mit der Handschrift in der Tasche brach er an einem Novembertag bei strömendem Regen nach der Ewigen Stadt auf.

XV

Der neue Gesandte Toskanas in Rom, Guicciardini, hatte seinen Wohnsitz in der Medici-Villa oberhalb der Trinitatiskirche. Dort stellte man auch für Galilei Zimmer bereit. Dem Gesandten merkte man deutlich an, wie fremd und verständnislos er seinem Gast entgegentrat. Als Galilei ihm erzählte, daß der Zweck seines römischen Aufenthalts sei, einem etwaigen Inquisitionsverfahren zuvorzukommen, fuhr er wie von der Tarantel gestochen in die Höhe, als hätte er feststellen müssen, daß er einen Leprakranken in sein Haus aufgenommen. Aber auf dem Tisch dort lag der eigenhändig geschriebene Brief des Großherzogs, in dem für den Gelehrten Wohnung, Bedienung und ein Schreiber verlangt wurden. Guicciardini zog die Augenbrauen hoch und hob die Schultern. Wenn es dem Herrscher so beliebte, sollte es ihm recht sein. Kaum aber war Galilei mit dem Auspacken fertig, suchte ihn der Gesandte sogleich wieder auf, um mit ihm über den ‚modus procedendi' zu sprechen.

»Habt Ihr eine Mahnung oder eine Ladung vom Heiligen Officium erhalten?«

»Nein. Meine letzte amtliche Fühlungnahme mit der Kirche bestand darin, daß eine vielköpfige kirchliche Kommission auf das Geheiß des Kardinals Bellarmin hin meine astronomischen Beobachtungen untersucht und bestätigt hat.«

»Dann ist es am besten, so zu tun, als wüßtet Ihr von der Inquisition nichts. Ihr dürft sie niemals erwähnen, Euch nirgends nach ihr erkundigen. Seid dessen eingedenk!«

»Was soll ich also tun?«

»Geht möglichst viel in Gesellschaft und sucht die Bekanntschaft von jedermann. Tragt eine harmlose Miene zur Schau, macht hier und da Besuche, unterhaltet Euch mit den Leuten und seht zu, daß Ihr möglichst viele Verbindungen anknüpft. Entkräftet im Gespräch durch geschickte Einflechtungen die Vorwürfe, die man gegen Euch erhebt.

Betont, was für ein guter Katholik Ihr seid, wie streng Ihr die Dogmen achtet, und daß Ihr Euch mit den Feinden der Kirche nicht einmal in ein Gespäch einlassen würdet.«

»Das letzte kann ich schwerlich behaupten; denn Fra Paolo Sarpi ist mein guter Freund. Außerdem stehe ich mit dem Bürgermeister von Augsburg und dem Astronomen Kepler, beides Protestanten, in freundschaftlichem Briefwechsel.«

»Schon gut«, entgegnete der Gesandte gereizt, »aber ist es nötig, das auszuposaunen? Übergeht dergleichen einfach mit Stillschweigen. Was niemand weiß, macht niemandem heiß. Laßt Euch vor allem nicht in theologische Debatten ein!«

»Verzeiht, ich bin doch eigens hergekommen, um zu beweisen, daß meine Lehre in keinerlei Gegensatz zur Heiligen Schrift steht.«

»Aber sprecht doch jetzt nicht von Euren Lehren! Laßt diese Lehren gefälligst beiseite! Zeigt Euch als guter Katholik, als treuer Sohn der Kirche. Sollte Euch die Inquisition dann offiziell vorladen, wascht Eure Hände in Unschuld und benennt als Zeugen alle die Kardinäle, mit denen Ihr bis dahin gesprochen habt. So muß man das einfädeln! Dann mag später auch wieder von der Wissenschaft die Rede sein. Obwohl ich wirklich nicht einsehe, warum Ihr Euch mit Fragen befaßt, die Euch Unheil bringen können. Entwerft doch Kriegsmaschinen, oder denkt Euch neue Methoden der Landesaufnahme aus und was weiß ich sonst noch alles. Eure Wissenschaft hat doch wahrhaft neutrale Gebiete genug.«

»Was«, schrie Galilei, »ich soll meine Weltordnung verleugnen? Das Gedankengebäude, das ich für die ganze Menschheit aufzubauen im Begriff stehe, soll ich selbst wieder einreißen?«

Der Gesandte zuckte die Schultern und erwiderte spöttisch, indem er sich erhob:

»Ich glaube, daß die Sterne abends genau so jede Nacht scheinen werden, wenn Ihr sie eine Weile nicht durch Euer Teleskop aufs Korn nehmt. Ich habe Euch meinen Rat jedenfalls gegeben, und empfehle Euch nochmals nachdrücklich, ihn zu beherzigen. Was fehlt übrigens Eurer linken Hand?«

»Ich habe Gelenkrheumatismus, der immer wieder auftritt. Aber im Augenblick sind die Schmerzen erträglich.«

»Und mit einem solchen Leiden kommt Ihr mitten im November nach Rom? Wißt Ihr denn nicht, daß in ganz Italien hier die Luft am ungesündesten ist? Seht Euch einmal Eure Hand eine Woche später an. Ich kann mich übrigens des Eindrucks nicht erwehren, daß diese römische Reise jetzt ... Aber lassen wir das, mich geht es ja nichts an. Wenn Ihr irgend etwas braucht, so ruft bitte den Haushofmeister. Auf Wiedersehen.«

Zornig sah Galilei dem Hausherrn nach. Was denkt sich denn so ein Diplomat überhaupt von der neuen astronomischen Weltordnung? Was hätte Euklid gesagt, wenn man ihm geraten hätte, die Geometrie aufzugeben? Oder der Paduaner Livius, hätte man ihm mitten in seiner Geschichtsschreibung zu verstehen gegeben: jetzt sei es genug, er möge damit aufhören? Laien sollte man einfach nicht erlauben, in den Fachwissenschaften dreinzureden. Bei diesem Gedanken fiel ihm sofort ein, daß er selbst in das Gebiet der Theologie eindrang, obwohl er hier bestimmt ein Laie war. Das stimmte ihn nur noch zorniger. Außerdem schmerzte ihn jetzt die Hand wieder empfindlich. Die ganze Angelegenheit schien einen schlechten Anfang zu nehmen. Er grollte innerlich wie ein Märzgewitter; dem Diener, der im Zimmer herumhantierte und etwas fallen ließ, gab er eine Ohrfeige, schenkte ihm aber gleich darauf ein Goldstück.

Sein erster Weg führte ihn zum Fürsten Cesi. Er fand ihn in tiefes Schwarz gekleidet; Cesis Gemahlin, Artemisia Colonna, war gestorben. Die Trauer trug der Fürst aber nur äußerlich; auf Beileidserklärungen erwiderte er, daß er bald wieder heiraten werde. Dann aber war er gleich bei der Sache.

»Ich möchte Euch bitten, und sämtliche Luchse der Akademie stimmen in diesem Punkt mit mir überein, Euch in theologischen Fragen aber auch wirklich mit gar niemandem einzulassen. Nichts brächte Euch größeren Schaden als das. Und wir Akademiker müssen gleichfalls auf unserer Hut sein. Das Gerücht behauptet, wir seien Gegner der Peripatetiker. Nicht zu Unrecht! Da aber die Kirchenleuchten fast alle Peripatetiker sind, würden wir mit theologischen Debatten nur den Anschein einer Gegnerschaft zur Kirche erwecken. Das ist nicht wünschenswert. Außerdem habe ich den Eindruck — möglicherweise ist es nur eine Einbildung —, daß gegen Euch ... daß man Euch ... mit einem Wort, es wäre klug, ein wenig auf die Inquisition zu achten.«

»Diesen Eindruck habe ich auch, aber worauf begründet sich die Vermutung Eurer Durchlaucht?«

»Sobald von Euch die Rede ist, verhalten sich sofort sämtliche Kardinäle sehr zugeknöpft. Das ist alles. Immerhin bedeutet das nichts Gutes. Etwas Bestimmtes kann man freilich nicht erfahren. Die unermeßliche Macht des Heiligen Offiziums liegt ja gerade darin, daß alle, die ihm angehören, wie das Grab schweigen.«

»Was ratet Ihr mir also zu tun?«

»Pflegt Eure Verbindungen und betont Eure katholische Gläubigkeit ...«

Kurzum, Cesi gab ihm genau den gleichen Rat wie der Gesandte, mit fast denselben Worten. Auch darin stimmten die beiden überein, daß man die Einrichtung der Inquisition mit keiner Silbe erwähnen dürfe.

»Aber man wird doch noch erfahren können, wer die führenden Mitglieder der Inquisition sind? Ich würde sie aufsuchen, ohne von der Inquisition zu sprechen.«

»Ich weiß nicht genau, wer sie sind. Mir ist die Zusammensetzung des Santo Officio unbekannt. Ich weiß nur, daß der Präsident der Index-Kommission der französische Kardinal Saint-Cécil ist, weil ich wegen verschiedener Veröffentlichungen unserer Akademie mit ihm gesprochen habe. Ich weiß ferner, daß dieser Kommission der Kardinal Bellarmin angehört. Und ich weiß, daß sie Mitglieder zählt, die kein Urteil sprechen, sondern nur theologische Gutachten abgeben. So einer ist zum Beispiel der Kardinal Gaetani. Nein, fragt nicht weiter, ich bitte Euch inständig, laßt diese Dinge auf sich beruhen!«

Vom Fürsten begab sich Galilei zu Pater Grienberger in das Jesuitenkollegium, wo er sich einst mit dem aufrechten und lieben Pater Clavius so gut und vertraulich verständigen konnte, obwohl ihre Meinungen sehr voneinander abwichen. Den Platz des alten Herrn hatte der unentwegt lächelnde Tiroler eingenommen. Seinen Ratgebern gehorsam, sprach Galilei mit ihm weder von der Inquisition noch vom Buche Josua, sondern entwickelte ihm seine Theorie von Flut und Ebbe als Beweis für die Bewegung der Erde. Lange debattierten sie miteinander. Dann brachte er das Gespräch auf den Jesuitenpater Scheiner und dessen Theorie von den Sonnenflecken. Galilei beklagte, daß ihn die Jesuiten für ihren Feind hielten, obwohl ihm nichts ferner liege. In herzlicher Freundschaft schieden die beiden voneinander. Auf der Straße blieb Galilei in gereizter Ungeduld stehen. Wohin sollte er sich wenden? Was beginnen? Wo den Hebel ansetzen? Ihm war, als stünde er am Fuß eines riesigen düsteren Gebäudes mit himmelragenden Mauern, ohne Fenster und Tore, wobei seine Rettung davon abhing, daß er unter allen Umständen da hineingelangte ...

Zu Hause legte er sich als Gedächtnisstütze eine Liste derjenigen Personen an, die er besuchen wollte. Seine Taschen waren voll von Empfehlungsbriefen des Großherzogs. In langer Reihe folgten einander die Namen, angefangen mit dem Grafen Querenghi, den er von Padua her noch gut kannte, über die Kardinäle del Monte und Orsini bis zu dem Dominikaner Maraffi. Gewissenhaft achtete er bei diesen Besuchen auf jedes seiner Worte, auf jede noch so belanglos erscheinende Kleinigkeit. Seine Gedanken arbeiteten fieberhaft. Die Inquisition und die Heilige Schrift zu erwähnen, war ihm untersagt; er beschränkte sich also darauf, die wissenschaftliche Unhaltbarkeit der Thesen seiner Feinde nachzuweisen und ihre unsachlichen Beschuldigungen zu entkräften, indem er betonte, daß er eigens deswegen hierher in die Ewige Stadt gekommen sei, um ein offenes Bekenntnis zum Katholizismus abzulegen und gleichzeitig den Fachleuten in ihrer Sprache, den Laien in der des Alltags zu erklären, daß seine Behauptungen klar, verständlich und richtig seien.

Anfangs ließ sich alles recht gut an. Es fanden sich Leute, die zustimmend nickten, obgleich sie von seiner ganzen Rede kein Wort verstanden. Es gab andere, denen das Neue und Besondere an dieser kopernikanisch-galileischen Weltkonzeption gefiel. Viele widersprachen ihm auch heftig, aber wohl mehr in bezug auf Kopernikus als auf seine eigene Person. Doch gerade in dieser Hinsicht wollte Galilei ja alle Zweifel geklärt wissen. Was spielte sich im geheimen um ihn ab? Wie ein eifersüchtiger Liebhaber seine turmhohen, kniffligen Beweise aus den unscheinbarsten Anzeichen aufbaut, so war auch er bestrebt, ohne handfeste Beweise ein phantastisches Gedankengebäude der Möglichkeiten aufzubauen. Manchmal gelang es ihm, sich selbst weiszumachen, daß es alle bedrohlichen Anzeichen nur in seiner Einbildung gab. Er stand im Mittelpunkt einer wissenschaftlichen Kontroverse, seine Gegner waren eben wütend, daß sie ihm nicht beikommen konnten, und damit basta! Die Machenschaften des Bischofs von Pisa und Castellis Brief waren vielleicht ohne Belang. Es war doch durchaus denkbar, daß der Bischof den Originaltext nur einsehen wollte, um zu einem offiziellen Schriftstück Stellung zu nehmen. Nachdem er aber erkannt, daß er mit der Beweisführung nicht fertig wurde, ließ er die Beschwerde fallen. Selbst das geheimnisvolle Erscheinen Attavantes bewies noch nichts. Es war doch auch leicht vorstellbar, daß dem Bischof Marcimedici irgendein Gerücht zu Ohren gekommen war; daraufhin ließ man den jungen Mann in den Bischofspalast kommen, verhörte ihn, und nach der Feststellung, daß er nichts Wesentliches mitzuteilen hatte, hieß man ihn schwören, über die ganze Angelegenheit zu schweigen. Der junge Nobile hatte sich mit seiner überhitzten Phantasie eine Schauergeschichte ausgemalt und schlug einen blinden Alarm. Am Ende war die ganze römische Reise überflüssig? Wenn er aber nun schon einmal hier war, wollte er sich wenigstens ein bißchen in der Stadt umsehen und dann noch nach Neapel reisen; denn er wünschte schon lange, diese Stadt kennenzulernen. Unterwegs gedachte er, auf eine inständige Bitte seiner Tochter Virginia, den berühmten Wallfahrtsort Loreto zu besuchen.

Je lügnerischer er sich aber so beschwichtigte, desto kühler überlegte er nach der anderen Seite hin. Was würde geschehen, wenn die Inquisition im geheimen doch ein Verfahren gegen ihn eingeleitet hatte? Dann konnte sich alles auch so abgespielt haben: der Bischof von Pisa erhielt den Befehl, sofort die Originalschrift seines Briefes zu beschaffen, damit die Inquisition einen unwiderlegbaren Beweis in Händen hatte. Um Anklagenmaterial gegen ihn zu sammeln, verhörte man Zeugen, vielleicht zehn, vielleicht auch zwanzig, er aber wußte nur von einem einzigen; denn alle anderen verrieten nichts. Und während er nachsann, sprach man vielleicht in irgendeinem Saale irgendeines Klosters gerade in dieser Minute von ihm und beschloß womöglich gerade jetzt, Galileo Galilei in die Engelsburg einzuliefern.

Von solcher Ungewißheit gepeinigt, machte er in gereizter Stimmung einen Besuch nach dem anderen, wie ein gejagtes Wild, das selbst ein unsichtbares Phantom verfolgt. Und wie ein eifersüchtiger Liebhaber, der die Spannung nicht länger ertragen kann und sich danach sehnt, zu erfahren, ob man ihn wirklich betrogen habe, so sehnte auch er die Gewißheit herbei, ob gegen ihn tatsächlich etwas im Gange war; denn selbst die grausamste, vernichtendste Wahrheit schien weniger schlimm als dieses ewige Hangen und Bangen.

Schließlich gelang es ihm doch, von dem Kardinal Bellarmin gewisse Aufschlüsse zu erhalten, nachdem dieser allmächtige Kirchenfürst es bereits zweimal abgelehnt hatte, ihn zu empfangen. Sofort lenkte Galilei die Unterhaltung auf die brennende kopernikanische Frage.

»Laßt die Finger davon«, mahnte der Kardinal. »Solche Lehren stehen im Widerspruch zu den kirchlichen.«

»Monsignore, ich bin von der Wahrheit dieser Lehren überzeugt. Zugleich aber auch davon, daß sie dem Geiste der Kirche mehr entspricht als Aristoteles. Ich habe mir jedoch vorgenommen, mich in keinerlei theologische Diskussionen einzulassen, und deshalb kann ich Euer Gnaden leider auch nicht auseinandersetzen, inwiefern Kopernikus und die Heilige Schrift ein und dasselbe besagen.«

»Es wäre auch unnütz, wenn Ihr Euch in die Theologie einlassen wolltet. Das ist Aufgabe der Theologen, die sich mit dieser Frage sowieso befassen werden, und zwar aus zweierlei Gründen: der eine ist Foscarinis offener Brief, der zweite eine Beschwerde aus Florenz.«

»Aus Florenz, Monsignore? Was für eine Beschwerde ist aus Florenz gekommen?«

»Leute, denen die Belange unseres heiligen Glaubens am Herzen liegen, haben Klage gegen die Anhänger Eurer Lehre erhoben, weil diese der Kirche zum Schaden gereiche. Diese Frage muß also untersucht werden.«

»Gestattet Ihr mir, einige Fragen zu stellen?«

»Das hängt von der Art Eurer Fragen ab.«

»Hat man gegen meine Person Klage erhoben? Und zu welcher Behörde ist die Klage gelangt?«

Der Kardinal überhörte die zweite Frage. Er antwortete nur auf die erste.

»Ich wiederhole, daß die Klage gegen die Anhänger Eurer Lehre erhoben wurde; oder, wenn es Euch so besser gefällt, gegen die Anhänger des Kopernikus. Von Eurer Person ist dabei überhaupt keine Rede. Ihr dürft wegen Eurer Person vollständig beruhigt sein. Aber, wie gesagt, laßt ab von dieser Lehre! Das ist mein wohlgemeinter Rat, und nun liegt es an Euch, ihn zu befolgen. Jetzt will ich Euch aber nicht länger aufhalten, denn ich muß zu Unserem Herrn.«

‚Unser Herr' war der Papst. Die hohen Geistlichen in Rom pflegten sich dieses Ausdruckes zu bedienen, wenn sie von Paul V. sprachen. Galilei verabschiedete sich mit einer ehrfürchtigen Verbeugung. Endlich gewann er Klarheit! Aus Florenz hatte also jemand gegen seine Anhänger Beschwerde geführt, und zwar offensichtlich von einer Stelle, von der Bellarmin es erfahren konnte. Vielleicht also doch bei der Inquisition?

Bei dem Dominikaner Maraffi erfuhr er wiederum etwas Neues, nämlich: daß Caccini, der ihn von der Kanzel herunter beschimpft hatte, sich in Rom aufhalte. Freilich, Maraffis Klosterbrüder wußten nur so viel, daß Caccini auf höheren Befehl hierhergekommen sei. ‚Ein weiterer Baustein zum Gebäude meiner Vermutungen', dachte Galileo. Eine ganze Festung hätte er errichten müssen und hatte bisher doch nur einzelne solcher Steine. Aber bald kam wieder ein neuer dazu: Pater Lorini, ein Geistlicher aus Florenz, der gleichfalls öffentlich gegen die kopernikanische Lehre gesprochen hatte, weilte ebenfalls in Rom. Was machte der hier? Langsam, ganz langsam lichtete sich das Dunkel. Es war doch sehr zweckdienlich gewesen, hierherzukommen! Zahlreiche hohe Geistliche, die Galilei erst nach langem Hin und Her und dann auch nur auf die Fürsprache Dritter hin zu empfangen geneigt waren, verhielten sich ihm gegenüber zuerst sehr steif und feindselig. Sobald er aber von seinem überzeugten Katholizismus sprach und auch seine beiden Töchter, die Nonnen, nicht zu erwähnen vergaß, wandelte sich der kühle Ton schnell. Bei mehr als einem konnte er einen Wechsel in den Mienen beobachten, der beredter als alle Worte sagte: ‚Du bist ja ganz anders, als man dich hinstellt.'

Da gewann er Mut, setzte seine Besuche fort und sprach nun nicht mehr über wissenschaftliche Fragen, sondern klagte nur über die Verleumdungen, mit denen man ihn vernichten wollte. Bei diesem zweiten Rundgang sah er frohlockend die Wirkung seiner ersten Besuche. Ganz anders empfing man ihn diesmal: man tröstete und beruhigte ihn. Von fünf Kardinälen hörte er nacheinander an ein und demselben Tage, daß er nichts zu befürchten habe, die Mächtigen der Kirche seien sich längst darüber im klaren, daß die Gerüchte über seinen Atheismus nichts anderes darstellten als üble Erfindungen solcher, die in erbitterten wissenschaftlichen Disputen nicht sachlich zu bleiben vermochten. Was er jetzt zu hören bekam, klang, als ob das ohne sein Wissen eingeleitete Geheimverfahren zu dem Ergebnis geführt habe, daß an seiner Rechtgläubigkeit nicht zu zweifeln sei. Galileo begann aufzuatmen und sich damit abzufinden, daß er wohl niemals erfahren würde, was sich hinter verschlossenen Türen abgespielt hatte, aber daß er auch allem Anschein nach für seine Person nichts zu fürchten brauche.

Gleich wurde sein leidenschaftlicher Widerspruchsgeist wieder zu neuer Glut entfacht, da er sich außer Gefahr wähnte. Seine römischen Bekannten luden ihn wieder ein, wie zu Zeiten seiner größten Triumphe. Und bei diesen Zusammenkünften begann er unverzüglich und vorsätzlich für Kopernikus einzutreten. Immer fanden sich einer oder zwei, die ihm beipflichteten, und zehn, die ihm hartnäckig widersprachen. Er konnte debattieren! Nichts verstand er so gut! Er riß die Führung sofort an sich. Sein Grundsatz im rhetorischen Kampf lautete:

Angriff ist die beste Verteidigung. Seine unvergleichliche Redegewandtheit und sein köstlicher Humor führten immer zum vollen Sieg. Er schwelgte in Erfolgen. Und immer wieder mußte er von neuem erfahren, woran ihn dreißig lange Jahre noch immer nicht gewöhnen konnten: Gegner, die sich überzeugen lassen, sind recht selten. Selbst wenn sie unter der Last unwiderlegbarer Beweise förmlich zusammenbrachen, wollten sich die meisten nicht geschlagen geben. Wen er mit seinen Argumenten vollständig zum Schweigen gezwungen hatte, der sagte zunächst nichts mehr. Aber drei Tage später, wenn man sich zufällig in einem anderen gastlichen Hause traf, begann der Gegner dreist und hartnäckig die schon einmal widerlegten Behauptungen von neuem aufzustellen. Galileo aber wurde nicht müde. Vieles hätte ihn erschöpfen können, nicht aber die Debatten am gastlichen Tische. Er fühlte sich dabei wie der Fisch im Wasser, wie die Möwe in der Luft. Er ließ seinen scharfen Verstand glänzen, seinem gutmütigen Spott und seiner ausgelassenen Laune die Zügel schießen. Mit seltenem Geschick ordnete er blitzschnell die schwierigsten Sätze in seinem Gehirn, goß sie in vollendeter Form um und überrumpelte alle mit seiner unwiderstehlichen Dialektik. Zu zehnt begannen sie die Debatte, zum Schluß sprach aber immer nur er allein. In seinem mitreißenden Vortrag, in seinen ausdrucksvollen Gesten, in den feinen und allerfeinsten Übergängen der Betonung bekundete sich der geborene Schauspieler. Und sehr häufig kam es vor, daß man ihm, wie bei Schauspielern, lauten Beifall spendete.

Während er nach der vollkommenen Wiederherstellung seines persönlichen Rufes auch seine wissenschaftliche Stellung festigte und seine Weltordnung einem begeisterten Herold gleich verkündete, wurde ihm noch eine persönliche Genugtuung zuteil: Caccini besuchte ihn in der Villa Medici. Galilei wußte sich vor Verwunderung kaum zu fassen, als der Diener mittags um zwei Uhr, unmittelbar nach dem Essen, diesen Mann meldete.

Mit aalglatten Bewegungen trat ein Mönch bei ihm ein. Sogleich erinnerte er sich, diesem Pfaffen in Florenz öfters begegnet zu sein, ohne zu wissen, wen er vor sich hatte. Damals schon, auf den ersten Blick, hatte Caccini keinen guten Eindruck auf ihn gemacht. Jetzt, da der Geistliche immer wieder mit tiefen Verbeugungen vor ihm dienerte, seine Hände ineinander knetete, seinem Gegenüber nicht ein einziges Mal offen in die Augen sah, verspürte Galilei einen noch viel heftigeren Widerwillen gegen ihn. Plötzlich fielen ihm jene frommen, gütigen Priester ein, denen er in seinem Leben aufrichtig zugetan gewesen. Mit denen verglich er in Gedanken diesen hinterlistigen, falschen, kriecherischen Menschen, den er am liebsten an der Brust gepackt hätte. Aber er beherrschte sich. Wenn jemals, so war es in seiner gegenwärtigen Lage mehr als angebracht, einem Geistlichen gegenüber nicht grob zu sein.

»Ich bin gekommen«, sagte der Mönch mit salbungsvoller Stimme, beharrlich an Galilei vorbeisehend, »um Euch feierlich und gehorsam um Vergebung zu bitten.«

»Ich danke. Euch sei verziehen!«

»Seit meiner eifernden Predigt, zu der mich meine flammende Glaubensbegeisterung hinriß, habe ich mich davon überzeugt, daß Euer Gnaden ein eifriger und treuer Sohn der Kirche sind. Dies haben mir mehrere hohe Würdenträger unserer Kirche hier in Rom versichert. Ich bin also gekommen, um mich zu jedweder Genugtuung bereit zu erklären.«

Galilei betrachtete den Reumütigen aufmerksam. Sogar in dessen Demütigung bekundete sich eine widerwärtige, selbstgefällige, süßliche Eitelkeit. Auch sein Gegenüber war ein Schauspieler, aber ein schlechter. Seinem Gang nach Canossa, das merkte man deutlich, fehlte die Überzeugung. Doch warum war er überhaupt gekommen?

»Ich danke«, entgegnete Galilei, »aber auf dem Gebiete der Wissenschaft kann ich von Euer Hochwürden keine Genugtuung bekommen. Und was das Kirchliche anbelangt, so ist mir bereits Gerechtigkeit widerfahren.«

»An das wissenschaftliche Gebiet habe ich auch gar nicht gedacht, Euer Gnaden. In dieser Hinsicht schließe ich mich der Meinung des Monsignore Bellarmin an, der diese Lehre für irrig hält. Ich dachte an eine menschliche Genugtuung. Ich bitte hiermit um Verzeihung. Aber es wäre ungerecht, wenn Ihr nur mich mit Eurem Zorn straftet. Es gibt Fälle, wo dieser oder jener, der die Verantwortung für andere trägt, nicht reden kann.«

»Wen meint Ihr, Padre Caccini? Sprecht offen und macht keine dunklen Andeutungen!«

»Euer Gnaden haben vollkommen recht. Die Anspielung will ich hiermit zurückziehen. Möge diese Angelegenheit für ewig begraben sein. Mein Fehler ist aber trotzdem geringer als zum Beispiel der meines Ordensbruders Lorini. Ich habe in unserer gemeinsamen Heimatstadt nur die fromme Herde vor verderblichen Lehren schützen wollen. Er aber hat sich nach Rom an die geistlichen Oberhirten gewendet, dabei diese Lehren in einer Weise entstellend, die Euer Gnaden nur schädlich sein kann.«

Galilei fuhr hoch.

»Lorini hat mich angezeigt? Während Ihr von der Kanzel gegen mich gewettert habt, spielte er den Angeber? Gut ausgedacht! Aber warum, weshalb? Bin ich denn jemals einem von Euch zu nahe getreten?«

»Um des Glaubens willen und ganz im Sinne unserer Gelübde handelten wir, Euer Gnaden.«

»Gut, also für den Glauben. Mag sein. Und wo hat mich dieser Lorini angezeigt? Bei der Inquisition? Darauf antwortet mir, ich bitte

Euch inständig! Ihr erwidert nichts? Also doch! Das hätte Euch wohl so gepaßt, wenn man mich bei lebendigem Leib verbrannt hätte, wie?«

»Verzeihung, ich habe nicht behauptet, daß er sich mit seiner Anzeige ans Heilige Offizium gewandt habe.«

Galilei blickte den Pater schweigend an und holte tief Atem. Jetzt wurde endlich alles klar, die bedrückenden Schatten, die lange sein Gemüt umdüstert hatten, wichen. – Niemand anderer als der Bischof von Florenz, sein einstiger Schüler, hatte diese beiden aufgewiegelt! Caccinis Predigt und Lorinis Denunziation sollten ihn – Galilei – in den Geruch eines Gottesleugners und Ketzers bringen. Das Santo Officio hatte das Verfahren eingeleitet und Beweise angefordert. Der Bischof von Pisa war bestrebt gewesen, den Originalbrief zu beschaffen. Zeugen waren verhört worden: Ximenes, dessen Ordensbruder, und Attavante. Das Verfahren war jedoch im Sande verlaufen; denn inzwischen war er selbst nach Rom gekommen und hatte hier an Ort und Stelle einen ausgezeichneten persönlichen Eindruck gemacht. Das Verfahren war abgeschlossen. Und nun saß einer von seinen Verleumdern vor ihm.

»Es ist gut, ich will nicht in Euch dringen, Padre Caccini. Aber sagt mir doch aufrichtig und unter vier Augen: was wollt Ihr noch von mir?«

Die Unterhaltung wurde unterbrochen. Fürst Cesi trat mit zwei ‚Luchsen' ein. Galilei bot ihnen Platz an, stellte Caccini vor und ließ Wein kommen. Sogleich entstand ein lebhafter Gedankenaustausch, an dem sich zu Galileis größter Verwunderung Caccini am lebhaftesten beteiligte, indem er Kopernikus scharf verurteilte. Aus der peripatetischen Rumpelkammer tischte er jedoch so alte Argumente auf, daß sogar Cesi diese leicht widerlegen konnte. Währenddessen ließ Galilei den Geistlichen nicht aus den Augen. Er betrachtete prüfend dessen Schädel, der Verstocktheit verriet, und seine weibischen, den Eindruck der Falschheit erweckenden Hände. Scharf beobachtete er auch Caccinis Art zu reden. ‚Ein beschränkter Mensch und bösartig. Eine kleinliche, schlechte Seele.' So lautete das Ergebnis seiner Überlegung. ‚Und so ein Wicht kann unter Umständen einen weltberühmten Gelehrten zu Fall bringen, von dessen Lehren er nicht die geringste Ahnung hat. Was mag ihn bloß dazu getrieben haben? – Gewiß der Ehrgeiz, vielleicht einmal Prälat zu werden.'

Cesi ging, Caccini blieb. In leierndem Ton begann er von neuem:

»Jetzt, wo keiner von uns mehr Groll gegen den anderen hegt, erlaubt mir bitte, daß ich mich nunmehr als Seelsorger an Euch wende. Laßt ab von dieser neuen Weltanschauung!«

»Zum Teufel!« rief Galilei ärgerlich. »Was denn noch?«

»Mögen Euer Gnaden doch in Betracht ziehen, daß der Kirche diese Lehre nicht zusagt. Schließlich muß Euch ja Euer Seelenheil, das Ihr einzig und allein durch Vermittlung der Kirche erhalten könnt, wichtiger sein als hunderttausend solcher hypothetischer Behauptungen. Ich bitte Euch bei Christi sieben Wunden, denkt einmal hierüber nach!«

»Ich danke Euch für den guten Rat, aber darüber habe ich schon länger als fünfundzwanzig Jahre nachgedacht. Die neue Anschauung, die ich von der ganzen Welt anerkennen lassen will, soll doch nur der Kirche zum Ruhme gereichen.«

»Diese protestantische Erfindung?«

»Wieso protestantisch? Meines Wissens war Pythagoras kein Protestant. Und Kopernikus war ein Domherr in Thorn und hat sein Werk dem Papst Paul III. gewidmet, der diese Zuneigung anzunehmen geruhte. Beenden wir das Gespräch, Hochwürden!«

Aber Caccini ließ nicht locker. Er blieb hartnäckig sitzen wie ein Missionar bei den Wilden. Als er endlich fortgegangen war, eilte Galilei sogleich zu dem florentinischen Gesandten. Er erzählte ihm, daß seine Angelegenheit nunmehr vollkommen in Ordnung sei. Auch die unerwartete Genugtuung hätte er erhalten, daß ihn Caccini um Verzeihung gebeten habe.

»Um zwei Uhr kam er und erst um sechs Uhr verließ er mich wieder, aber ich habe es überstanden. Exzellenz werden nun wohl einsehen, wie gut es war, daß ich nach Rom gekommen bin. Haben Exzellenz schon einmal gesehen, was geschieht, wenn man inmitten von Ruinen einen großen Stein von seinem Platze rollt? In Scharen flüchten die Würmer und Käfer, die bis dahin unter dem Schutze dieses Steins ausgezeichnet lebten, das Sonnenlicht aber nicht vertragen können. So ähnlich ist es hier gewesen.«

»Das freut mich außerordentlich«, erwiderte Guicciardini, »wann reisen Euer Gnaden?«

»Ich? Ich denke gar nicht daran, abzureisen. Jetzt muß ich erst hierbleiben. Denn jetzt geht es um etwas Wichtigeres als um meine persönlichen Mißhelligkeiten. Nun heißt es, Kopernikus zu seinem Recht verhelfen! Eure Exzellenz müssen nämlich wissen, daß dieser Lorini geschickterweise nicht mich, sondern die ‚Galileisten' bei der Inquisition angezeigt hat — meine Anhänger. Lorini will die Kirche zur Verdammung dieser Lehre bewegen; damit wäre auch mir der Boden unter den Füßen weggezogen, und dann fiele es ihm leicht, mit mir fertig zu werden. Aber so einfach, wie er sich das denkt, wird er das nicht erreichen! Morgen beginne ich meine Besuche von neuem, diesmal Kopernikus zuliebe.«

Der Miene des Gesandten war anzumerken, daß er seine Ungeduld nur schwer verbergen konnte.

»Ihr seid wahrlich kein leicht zu behandelnder Mensch! Es tut nicht gut, so heftig und ungestüm zu sein. Aber ich will Euch nicht dreinreden. Wie lange Euch dieses Haus, welches nicht das meine ist, noch beherbergen wird, darüber beschließt der Großherzog.«

»Ihr seht mich nicht gern unter diesem Dach?«

»Eure Gesellschaft erfreut mich sehr. Aber es geht mir auf die Nerven, mit anzusehen, wie unüberlegt Ihr seid. Was bezweckt Ihr mit dieser neuen Weltordnung? Wozu soll sie nützen? Kaum seid Ihr aus den Schwierigkeiten heraus, stürzt Ihr Euch kopfüber wieder hinein. Macht, was Ihr wollt, ich gebe Euch keinen Rat mehr.«

Der Gesandte wandte sich seinen Schriftstücken zu und deutete hierdurch an, daß er die Unterredung beendet wissen wollte. Galilei zog die Schultern hoch und begab sich in seine Wohnräume zurück, um seinem Schreiber Briefe zu diktieren. Anderntags setzte er, wie angekündigt, seine Besuche fort. Vor allem wollte er bei dem Kardinal Gaetani vorsprechen, von dem er wußte, daß er einer der Qualificatori des Santo Officio war. Bis jetzt hatte dieser stets eine Möglichkeit gefunden, ihm aus dem Wege zu gehen. Diesmal aber empfing er ihn.

Galileo war also in der Höhle des Löwen, das heißt: in den Amtsräumen der Inquisition! Das Sanctum Officium war im Ordenshaus der Dominikaner untergebracht, neben der Kirche Santa Maria sopra Minerva, jenseits der Via Lata. Eine mächtige Insel inmitten vieler kleiner Gebäude war dieses Ordenshaus. Nur die große geschwungene Kuppel des Pantheons konnte sich mit ihm messen .Es war ein unregelmäßig gebauter, mächtiger Steinkoloß, der mit seiner Wucht den weltweiten Einfluß des Ordens recht sinnfällig machen sollte. Die Dominikaner der ganzen Welt hatten sich hier ein eigenes Machtzentrum in der Hauptstadt der Christenheit errichtet. Aber Ehrfurcht, keineswegs Furcht, konnte dieser große Gebäudekomplex erwecken. Seine schöne Kirche war stimmungsvoll und erwärmte im wahrsten Sinne des Wortes die Seele des Besuchers. In einer kleinen Seitenkapelle ruhte die Heilige Katharina von Siena in einem Glassarge, und geheimnisvoll ermahnte diese in Prunk gehüllte heilige Reliquie den Einkehrenden zu noch gedämpfterem Flüstern. Mit schlürfenden Schritten huschte der Küster über die Steinfliesen und machte sich mit einem langstieligen Kerzenlöscher an den Altarkerzen zu schaffen, beugte an die fünfmal seine Knie und bekreuzigte sich, sooft er vor dem Tabernakel der Heiligen Hostie vorüberging. Eine idyllische, andächtige Stimmung löste diese Kirche der Inquisition aus, nicht Schrecken und Grauen. Und in den Stockwerken des jenseitigen Flügels, wo sich die Amtsräume des Santo Officio aneinanderreihten, lachte die Frühlingssonne anheimelnd durch die breiten Fenster der Gänge. Fratres kamen und gingen mit Aktenstößen oder Holzscheiten für den Kamin unter dem Arm. Der Bau schien eher eine bischöfliche Residenz, ein vornehmes kirchliches Institut zu sein, als das hochnotpeinliche Gerichtsgebäude für Unglückliche, die auf dem Scheiterhaufen unter furchtbaren Qualen enden sollten.

Der Kardinal Gaetani empfing den Besucher äußerst zuvorkommend. Er beglückwünschte Galilei, daß es — wie man allgemein berichte — ihm gelungen sei, sich zu rechtfertigen. Dann fragte er sehr liebenswürdig, in welcher Weise er dem weltberühmten Gelehrten behilflich sein könne.

»Ich verwende mich gewissermaßen für einen längst verstorbenen deutschen Domherrn, Monsignore, und möchte mich erkundigen, ob sich dieses hohe Amt hier mit den Lehren des Kopernikus und seiner Anhänger beschäftigt.«

»Womit sich das Santo Officio befaßt, darüber Auskunft zu geben, steht nicht in meiner Macht. Doch für die kopernikanische Frage habe ich etwas übrig und habe gelesen, was ich diesbezüglich Lesenswertes fand. Doch ich hänge an den alten, bewährten Lehren. Da Ihr nun schon einmal hier seid, so nennt mir wenigstens einen unparteiischen Sachverständigen.«

»Campanella«, entgegnete Galilei ohne Zögern.

»Hm, Campanella, der sitzt im Kerker von Neapel. Aber es wäre vielleicht gar kein so übler Gedanke, mich außeramtlich bei ihm zu erkundigen. Ich danke Euch für den Hinweis. Und wie ist es um Eure Gesundheit bestellt? Wollt Ihr nicht eine Pfeife rauchen?«

Eine längere förmliche Unterhaltung über vollkommen belanglose Dinge schloß sich an. Galilei kam wiederholt auf Kopernikus zu sprechen, er berührte auch die Angelegenheit Foscarinis, aber der Kardinal wich gewandt jeder heiklen Frage aus, indem er sich nach den florentinischen Weinsorten erkundigte. Galilei konnte nicht einmal in Erfahrung bringen, wann eine Beratung über diese grundsätzlichen Fragen stattfinden würde und wer sich mit ihnen befasse.

Von Gaetani ging Galilei zum Kardinal Orsini, den er sich als einen der wichtigsten Männer bis zuletzt aufgespart hatte. Orsini war dem Hofe von Florenz verpflichtet, andererseits erfreute er sich einer besonderen Beliebtheit bei Papst Paul. Ein warmherzig gehaltenes Empfehlungsschreiben des Großherzogs Cosimo an den Kardinal konnte Galilei vorzeigen.

»Monsignore«, sagte er zu dem beweglichen, heiteren, lebensklugen, zierlichen Greis, »ich bin gekommen, um Eure Unterstützung zu erbitten in einer höchst wichtigen Angelegenheit.«

»Laßt hören, mein Lieber, laßt hören!«

»Mit der langen Geschichte der vorangegangenen Ereignisse will ich Euch gar nicht langweilen. Der Kern der Sache ist, daß eine grundsätzliche astronomische Frage vor einem kirchlichen Plenum beraten werden soll. Ich weiß nur nicht, vor welche Behörde der Kirche sie gelangen wird. Aber ganz gleich. Das entscheidende Wort wird sowieso Seine Heiligkeit sprechen ...«

»Einen Augenblick, mein Lieber, wie lautet denn diese grundsätzliche astronomische Frage genau?«

»Ob sich die Sonne um die Erde oder die Erde um die Sonne dreht.«

Der Kardinal Orsini lachte.

»Ist denn das nicht ganz gleichgültig? Seht doch hinunter auf die Straße, welch lenzliches Knospen und Blühen! Mein Gott, mit was für unnützen Sachen beschäftigen sich die Menschen, statt dem Allmächtigen für diese wunderbare Welt dankbar zu sein! Nun?«

»Ich behaupte, daß sich die Erde um die Sonne bewegt. Seiner Heiligkeit kann es doch wirklich einerlei sein, welcher Himmelskörper sich um den anderen bewegt. Meine Bitte lautet also: möchtet Ihr die Güte haben, den Heiligen Vater zu bestimmen, daß er nicht meinen Gegnern, sondern mir recht gibt. Seine Heiligkeit möchte so gnädig sein, durch irgendeinen Erlaß zu erklären, daß sich die Erde um die Sonne dreht.«

»Das ist alles? Herzlich gern! Morgen ist zufällig Sitzung. Ich werde Unseren Herrn entsprechend aufmerksam machen. Kommt morgen nachmittag, ich will Euch dann den Erfolg berichten.«

Noch beim Abschied schüttelte der kleine, weißhaarige Alte mit nachsichtigem Lächeln das Haupt: was für eine Kinderei, daß erwachsene Menschen solche Kleinigkeiten zum Problem machen!

Als Guicciardini hörte, daß Galilei den Kardinal Orsini um seinen Einfluß beim Papst gebeten habe, versuchte er seinen Ärger nicht mehr zu verbergen. Er schlug vor Erregung auf den Tisch.

»Messer Galilei, Ihr macht doch die größten Dummheiten! Schon Eure fixe Idee, daß Ihr in dieser Stadt ganz allein die Hartnäckigkeit der Priester brechen wollt, läßt einem die Haare zu Berge stehen. Warum rührt Ihr bloß diese Sachen immer wieder von neuem auf? Warum geht Ihr mit Euren Siebensachen nicht brav nach Hause, nach Florenz, und wartet dort ab, bis sich die Kirche entschieden hat? Vielleicht läßt man die ganze Streitfrage einschlafen, und die Kirche fällt gar keine Entscheidung? Ihr könntet dann Eure wissenschaftliche Auseinandersetzung unbehelligt weiterführen; aber nein, Ihr hört einfach auf kein vernünftiges Wort. Jetzt habt Ihr wieder einmal einen unheilvollen Fehler begangen!«

»Wieso?«

»Hättet Ihr mich vorher gefragt, ich hätte Euch sagen können, daß Papst Paul in Fragen der Naturwissenschaft vollkommen unbewandert ist und ihn jede Frage dieser Art reizbar macht und verärgert. Am päpstlichen Hofe ist es Sitte, daß die Kardinäle mit ihrer Unwissenheit in naturwissenschaftlichen Dingen prahlen; denn das hört der Papst gerne. Und jetzt hetzt Ihr den alten Orsini mit solch einer wissenschaftlichen Frage auf ihn? Da steht einem doch der Verstand still! Warum beschwört Ihr Euer Unglück mutwillig herauf?«

»Von einem Unheil kann hier gar keine Rede sein. Mir wird nicht das geringste geschehen. Aber ich kämpfe, weil ich siegen will.«

»Ihr ganz allein wollt gegen Rom siegen?«

»Ich bin nicht allein. Die Wahrheit ist mit mir. Die Wahrheit ist stärker als Rom.«

Guicciardini hob seine Hand gegen den Himmel.

»Allmächtiger Gott dort oben, hörst du das? Und stürzt denn das ganze Haus nicht ein, wenn ein erwachsener Mensch derartiges über die Lippen bringt? Ich verstehe mich selbst nicht, Messer Galilei, warum ich mich immer wieder mit Euch einlasse. Das Ende vom Lied ist doch jedesmal nur, daß ich mich unnütz aufrege und Euch freistelle, zu machen, was Ihr wollt. Auch jetzt kann ich Euch wieder nichts anderes raten. Ich meinerseits bin mit der ganzen Angelegenheit fertig! Aber eins muß ich noch sagen. Der Haushofmeister hat mir gemeldet, daß Ihr heute nacht nicht ganz nüchtern in Gesellschaft Eures Schreibers, Messer Annibale, und zweier überlustiger Damen nach Hause gekommen seid.«

Galilei erwiderte nichts. Er ließ den Kopf hängen wie ein Lausejunge, den man beim Äpfelstehlen ertappt hat.

»Da ich für den guten Ruf des Hauses Seiner Hoheit dem Großherzog verantwortlich bin, bitte ich Euch inständig, mich nicht nochmals in eine solche Lage zu bringen. Welche Beträge Eure Tagesrechnung aufweist, die meine Kanzlei täglich bezahlt, darüber will ich gar nicht reden. Das ist Sache des Großherzogs und sein Geld. Aber gegen solche nächtliche Szenen muß ich Einspruch erheben. Nehmt zur Kenntnis, daß ich Euch dies nachtrage!«

»Zürnt mir nicht, Exzellenz, ich werde von nun an mehr achtgeben.«

»Worauf? Auf dieses Haus oder auf Eure eigenen Angelegenheiten? Aber fangen wir nicht wieder von vorne an. Den Kardinal Orsini zu einem so heiklen Auftrag auszuwählen ... Man hält es einfach nicht für möglich! Ihr werdet morgen schon sehen, wie sehr ich recht habe. Jetzt geht und guckt heute abend nicht wieder so tief in die Kanne.«

Der Kardinal Orsini sprach am anderen Tage tatsächlich mit dem Papst und bat ihn, in dieser astronomischen Frage, von der jetzt die Rede sei, Galilei recht zu geben. Das Gesicht des Pontifex verdüsterte sich, als er entgegnete, Orsini täte besser, Galilei von dieser Schrulle abzubringen. Orsini aber blieb fest und meinte, schließlich sei es doch unwichtig, welcher Himmelskörper sich bewegte und welcher nicht. Da schnitt ihm der Papst mitten im Satz mit der Bemerkung das Wort ab, die Inquisition befasse sich bereits mit der Frage.

»Aber das hätte ich Euch gar nicht sagen dürfen!« unterbrach sich Orsini in seinem Bericht. »Eben fällt es mir ein, mein Lieber! Doch nun habe ich mich einmal verplappert. Ich freue mich jedenfalls, Euch diese gute Nachricht überbringen zu können.«

»... Gute Nachricht?« fragte Galilei erstaunt.

»Natürlich! In Euren persönlichen Angelegenheiten habt Ihr Euch doch vor dem Santo Officio glänzend rechtfertigen können, sicherlich wird das jetzt genau so werden. Allem Anschein nach seid Ihr bei der Inquisition sehr beliebt, mein Lieber. Ich kann Euch noch verraten, daß Unser Herr sich mit Bellarmin sofort zurückzog, um zu beraten. Das ist auch eine gute Nachricht.«

»Das ist durchaus keine gute Nachricht, Monsignore. Der Kardinal Bellarmin schätzt diese Lehre nicht.«

»Er schätzt sie nicht? Ei, ei. Ist ihm denn das nicht gleichgültig? Wie sich doch die Menschen das Leben schwer machen!«

Galilei eilte zum Kardinal Bellarmin, der gleich erklärte, nur zwei

Minuten Zeit zu haben. Er verweigerte jedwede Auskunft und gab seinem Befremden darüber Ausdruck, daß der Kardinal Orsini die Angelegenheiten des Santo Officio ausgeplaudert habe, obwohl darauf, sofern es bekannt würde, eine sehr strenge Strafe gesetzt sei. Und schon wollte er Galilei die Hand zum Kuß reichen, doch im letzten Augenblick hielt er sie noch zurück.

»Nehmt nochmals Platz! Ich möchte als Mensch, der Euch wohlgesinnt ist, noch einige Worte an Euch richten. Das Santo Officio kann aus wohlerwogenen Gründen unter keinen Umständen Eure Lehren gutheißen.«

»Warum nicht, Monsignore?«

»Das will ich Euch erklären. Ich möchte aber betonen, daß ich es Eurem Ehrgefühl anheimstelle, darüber zu schweigen und niemandem gegenüber etwas von dem zu erwähnen, was ich Euch jetzt sagen werde. Solltet Ihr trotzdem nicht schweigen, werde ich es ableugnen. Und Euch wird man schwerlich mehr Glauben schenken als mir. Also — habt Ihr schon einmal darüber nachgedacht, welch geniale Institution unsere Kirche ist? Mit welch unerhörtem Geschick sie alles in ihre Dienste stellt, was die menschliche Seele zu fesseln und zu erheben vermag? Denkt an unsere Kirchen und an ihren Prunk, der dem einfachen, armen Menschen den Trost gibt, daß wenigstens die Pracht der Prozessionen, der Glanz der goldgewebten Meßgewänder ihm gehöre, wenn ihn das Leben sonst mit keinerlei irdischen Gütern beschenkt hat. Denkt an die Kunstschätze, die die größten Meister aller Jahrhunderte in Bildern und Statuen für die Kirche schufen! Denkt an die brausenden Klänge der Orgel, an die strenge Harmonie der Chorgesänge! An den Weihrauch, womit wir den Andächtigen auch noch durch seine Sinne an unsern Glauben fesseln! Denkt an die Sakramente, die den Menschen von seiner Geburt bis zur Reife und weiter bis zu seinem Tode an die Kirche binden! Denkt an die Beichte, diese weise Einrichtung, die Millionen und aber Millionen Menschen Seelenruhe, Lebensfreude und friedlichen Schlaf wiedergibt! Die menschliche Seele kennt keinerlei Regungen, über welche die Kirche nicht wacht, um zu verhüten, daß ein Irrender vom Glaubenspfad abweicht. Diese wundersame Institution, deren zielsichere Weisheit man nicht genug preisen kann, gründet sich auf die Heilige Schrift, in der jede kirchliche Handlung, sei es gleich der unbedeutendste Teil der Messe, verankert ist. Die heutige Organisation der Kirche ist also, wie sie dasteht, mit all ihren Einzelheiten göttlichen Ursprungs. Ihre ganze Leistung, ihre zahlreichen Orden, ihr Herrschaftsanspruch über die Welt, alles ist göttlichen Ursprungs. Wer dies in Zweifel stellt, ist ein Ketzer.«

»Ich zweifle nicht im geringsten daran, Monsignore, Gott behüte!«

»Seht Ihr. Und uns Priestern, die durch die Gnade und Berufung Gottes an führender Stelle stehen, ist es heiligste Pflicht, diese heilige Institution zu pflegen, für ihr Gedeihen zu sorgen und ihre Herrschaft mit weiser Voraussicht den jeweils auftauchenden Problemen anzupassen. Aristoteles und auf seinen Spuren Ptolemäus haben lange vor dem Siege des Christentums das Bild des Weltalls umrissen. Das Christentum hat sich dieses Weltbild zu eigen gemacht, weil es seinen heiligen Zielen entsprach. Gott schuf Adam und Eva, durch sie die Menschheit und erlöste sie dann durch seinen eingeborenen Sohn. Um diese Menschheit, als den Gegenstand der Erlösung, kreiste der gesamte Kosmos. Nichts kann wichtiger sein als das Seelenheil eines noch so bettelarmen Menschen — auch die Sonne nicht! Sonne, Mond und Sterne sind nur Bestandteile dieser irdischen Welt, wo sich das unerhörte Mysterium der Erlösung abspielt. Wenn also ein noch so bettelarmer Mann, dessen Seelenheil mir wichtiger ist als alle Wissenschaften der Welt, so gelebt hat und im Schoße der Kirche so erzogen wurde, daß sein Verhältnis zum gekreuzigten Gottessohn das entscheidende Weltdrama ist, wie sollte ich dann jener Lehre Vorschub leisten, die Erde sei nur ein nebensächliches Sternchen, Mittelpunkt des Weltalls aber die Sonne? Darf ich denn diese ungeheuerliche Vorstellung gestatten, daß die Erlösung, die Erde und die Menschheit nicht der Mittelpunkt der Weltschöpfung seien? Darf ich zulassen, daß Zweifel in den Herzen der Christenmenschen erwacht? Das wäre ein härterer Schlag für unsere katholische Kirche als die Reformation und als jedes andere Ketzertum. Das könnte die geistliche und weltliche Macht des Papsttums, mithin also die herrliche und weise Institution der Kirche untergraben. Und dem ersten Zweifel dürften hundert andere folgen. Das ganze Gebäude stürzte ein und an Stelle des Glaubens würde Willkür herrschen und die Menschheit unglücklich machen. Nein, Galileo Galilei, solange ich meinen Kardinalshut trage, darf und werde ich das nicht zulassen!«

»Erlaubt mir, Monsignore, noch eine Frage zu stellen!«

»Bitte.«

»Ist es denn ganz und gar unvorstellbar, daß meine Lehre wahr sein könnte?«

»Das weiß ich nicht. Mein Geist vermag sich nicht in Eure Lehre hineinzufinden, aber deswegen mögt Ihr doch recht haben. Ich frage aber gar nicht darnach, ob das wahr sein könnte. Für mich kommt nur das eine in Betracht: was soll man die Menschheit zum Besten ihres Seelenheils glauben lassen? Ist denn die Feststellung der Wahrheit überhaupt so wichtig? Ist sie nicht lediglich eine Streitfrage für den Gelehrten? Mir aber ist der Glaube von Millionen und aber Millionen einfacher, einfältiger Menschen das Wichtigste. Und ich gehe noch weiter. Wenn Eure Lehren sich als wahr erweisen würden, könnte mein Glaube das ertragen. Denn mein Glaube ist stark genug. Das heilige Mysterium der Erlösung kann ich mir auch auf einer Erde vorstellen, die um die Sonne kreist. Aber es wäre unverantwortlich, die Millionen unreifer Seelen mit dem Maßstabe meines Glaubens zu messen.«

»Eine derartige Äußerung aus Eurem Munde, Monsignore, kommt mir gelegen. Geht es mir doch ebenso! Ich bekenne mein eigenes astronomisches Weltbild und vermag trotzdem fromm zu bleiben. Und ich weiß selbst, daß ich einem Menschen, den ich aus der breiten Masse herausgreife, nicht zumuten darf, genau das Gegenteil dessen zu glauben, was er sieht, nämlich: daß die Sonne in der Frühe nicht aufgeht, sondern auf ihrem Platz verharrt. Ich verlange das aber auch nur von den Gelehrten, deren Glaube es ertragen kann. Die Menschheit lernt sehr langsam und macht darum nur allmählich Fortschritte, mag sie auch noch so eifrig das Gebot der Heiligen Schrift: ‚Werdet vollkommen, wie Euer himmlischer Vater vollkommen ist', befolgen. Einmal aber wird die Zeit kommen, da der Glaube von Hunderttausenden den kopernikanischen Gedanken ertragen kann und noch später auch der von Millionen. Warum sollte ich ihn also den Gelehrten, den Fachleuten im wahrsten Sinne des Wortes nicht schon heute verkündigen?«

»Weil es unter den Gelehrten sehr viele Geistliche gibt. Der Geistliche soll aber nicht mit seinem eigenen Kopf, sondern mit dem des Papstes denken. Denn wenn er nicht glaubt, was er predigt, besitzt die Predigt auch keine Kraft.«

»Und wie steht es mit den gelehrten Laien?«

»Man kann die Laien von den Geistlichen nicht reinlich scheiden. Ich kann doch von der Inquisition nicht zweierlei Indices anfertigen lassen. Findet Euch endlich damit ab, daß ich diese Lehre als Tatsache nicht verbreiten lassen kann. Wir sind Euch persönlich sehr gewogen. Ich scheue mich gar nicht, Euch das ins Gesicht zu sagen. Und Eure wissenschaftliche Arbeit schätzen wir außerordentlich. Und Unser Herr, der keine Zeit hat, sich mit den Wissenschaften zu befassen, achtet in Eurer Person den Beamten eines Herrschers, der ihm für die Außenpolitik seines Kirchenstaates außerordentlich wertvoll ist. Wir behandeln Euch wie ein rohes Ei. Über Euer Buch von den Sonnenflecken zum Beispiel haben wir bislang noch kein Wort verloren, obwohl auch darin kopernikanische Ideen verfochten werden, allerdings kaum erkennbar; wenigstens ist das meine Auffassung. Übrigens habe ich persönlich nichts dagegen, wenn sich herausstellt, daß auch die Sonne nicht vollkommen ist; denn die Sonne ist mein kirchenpolitischer Feind. Mit einem Wort, wir behandeln Euch ganz anders als zum Beispiel Foscarini. Wenn Ihr diese Lehre als eigentümliche Hypothese behandelt, ohne sie in das praktische Leben zu übertragen, so kann ich sogar beide Augen zudrücken. Aber verkünden und verteidigen lasse ich sie nicht, weil ich ein guter Priester und guter Katholik bin und jeden Sohn der Kirche glücklich wissen möchte. Was Ihr nun machen wollt, das überlasse ich Eurem katholischen Gewissen. Was ich dagegen tue, ist bereits beschlossene Sache. Und ich kann Euch auch mitteilen, daß in dieser Frage Unser Herr seine Entscheidung ebenfalls getroffen hat; denn sein väterliches Herz hegt die gleichen Gefühle wie ich. Was Ihr sonst noch erfahren müßt, werde ich Euch zu gegebener Zeit mitteilen lassen.«

Kurze Zeit darauf erhielt Galilei eine Mitteilung, daß die Qualificatori des Santo Officio sich zufolge einer päpstlichen Verfügung zu versammeln hätten, um in einer theologischen Frage ein sachverständiges Urteil abzugeben, und zwar darüber, ob erstens die Lehre richtig sei, wonach die Sonne der Mittelpunkt des Weltalls und ihre Bewegung am Himmelsgewölbe nur eine scheinbare sei — und ob es zweitens wahr sei, daß die Erde nicht der Mittelpunkt des Weltalls sei, sondern ein Planet, der sich zudem noch täglich einmal um die eigene Achse drehe?

Am dreiundzwanzigsten Februar versammelten sich die Qualificatori im Palazzo sopra Minerva und erklärten die erste Lehre für töricht und absurd, weil sie im Gegensatz zur Philosophie stehe, und für ausgesprochen ketzerisch, da sie offensichtlich sowohl an mehreren Stellen grundsätzlich, als auch des öfteren dem Wortlaut der Bibel und den Auslegungen der Kirchenväter und gelehrten Theologen widerspreche. Von der zweiten Lehre gelte im wesentlichen dasselbe, zum mindesten sei sie, vom Standpunkt der theologischen Wahrheit betrachtet, irrig.

In diesem Sinne faßten sie ihren Beschluß, obwohl Campanella aus dem Gefängnis in Neapel in einer langen Abhandlung Galilei recht gegeben hatte. Doch sein Sachverständigenurteil wurde verworfen.

Galilei harrte in der Villa der Medici der kommenden Dinge. Endlich wurde ihm bestellt, er habe unverzüglich den Kardinal Bellarmin in dessen Privatgemächern aufzusuchen. Er beeilte sich, dieser Aufforderung Folge zu leisten. Als er bei dem Kardinal anlangte, waren gerade einige ihm unbekannte Dominikaner anwesend. Sie wollten sich zurückziehen, aber Bellarmin nötigte sie, zu bleiben.

»Die Frage ist entschieden, Euer Gnaden. Die Sonne bewegt sich um die Erde!«

»Ich habe es schon gehört, Monsignore. Aber ich bitte um Verzeihung, sie ist noch nicht entschieden! Nur die Inquisition hat sich für diese Auffassung entschieden. Deswegen kann die Erde sich doch um die Sonne drehen.«

»Sicherlich. Aber zu dem, was ich Euch jetzt mitteilen will, muß ich Euch an das Gespräch erinnern, das wir kürzlich miteinander führten. Nicht die Wahrheit ist bei dieser Frage das Ausschlaggebende, sondern die Interessen der katholischen Christenheit. Meines Erachtens kann die weltliche Macht des Papstes an der kopernikanischen Lehre zerschellen. Ich teile Euch nunmehr mit, daß die Indexkommission der Heiligen Inquisition sich auf diese Grundlage stellt. Ich habe Euch heute zu mir entboten, um Euch im Namen Unseres Herrn darauf aufmerksam zu machen, daß Ihr Eure Vorträge und Dispute über diesen Gegenstand fortan zu unterlassen habt; denn die Kirche hat nunmehr Stellung genommen.«

»Ich verstehe, Monsignore, und ich gehorche. Ich kann aber nicht verschweigen, daß ich auch jetzt noch felsenfest von der Wahrheit dessen überzeugt bin, was ich lehrte.«

»Das kann ich verstehen. Ich habe mir auch nicht eingebildet, daß die Stellungnahme der Qualificatori Euch sofort zu überzeugen vermöchte. Ich betone aber nachdrücklich, daß Ihr kopernikanische Ideen anders denn als Hypothese künftig nicht mehr behandeln dürft. Kopernikus selbst hat sie als solche dargelegt; deswegen setzen wir sein Buch auch nicht auf den Index, sondern vermerken lediglich: ‚donec corrigeretur.' «

Galilei war sich über die Maßnahme der Inquisition, die sich hinter dieser Bezeichnung verbarg, im klaren. Ein ‚donec-corrigeretur'-Buch wird einem Kirchengelehrten ausgehändigt. Solange die beanstandeten Sätze oder gar Kapitel nach dem Wunsche der Inquisition nicht korrigiert oder gestrichen sind, gilt das Buch als ‚suspendiert'. Erst nachdem die Korrekturen vorgenommen sind, darf es weiterhin benutzt werden. Sein Herz begann stürmisch zu klopfen.

»Und welche Änderungen werden am Text des Kopernikus vorgenommen, wenn ich fragen darf?«

»Natürlich, es ist ja sehr wichtig, daß Ihr das wißt. Wir werden aus der an Papst Paul III. gerichteten Widmung jene Stellen streichen, in denen Kopernikus behauptet, daß seine Hypothese nicht im Widerspruch zur Heiligen Schrift stünde. Sonst werden wir an einzelnen Stellen nur das Wort ‚Stern' streichen, und zwar überall dort, wo die Erde als solcher bezeichnet wird. Im übrigen bleibt der Text, wie er ist. Aber ich kann nicht genug betonen: einzig und allein deswegen, weil Kopernikus seine gesamte Anschauung als eine Hypothese darstellt! Ich wollte Euch meine Freundschaft dadurch bezeugen, daß ich Euch hierauf besonders hinweise. Lest einmal aufmerksam das korrigierte Kopernikus-Buch durch und richtet Euch darnach!«

Galilei sah den Kardinal forschend an, dann erklärte er:

»Solche Bedingungen erschweren meine Arbeit natürlich außerordentlich. Aber, Monsignore, mir bleibt keine andere Wahl, als mich Eurer Weisheit und Glaubenskraft zu beugen.«

»Diese Anerkennung durch einen Gelehrten Eurer Bedeutung weiß ich wohl zu schätzen, ich will sie auch gleich mit einer guten Nachricht vergelten. Unser Herr ist nicht abgeneigt, Euch zu empfangen, um Euch einige Worte des Trostes zu sagen, sofern Ihr deren bedürftig seid, weil Ihr Eure Lage vielleicht doch als schief und peinlich empfindet.«

Als Galilei auf dem Heimweg überlegte, was eigentlich geschehen sei, sah er die ganze Entwicklung nicht allzu düster. Es hätte noch viel schlimmer kommen können. Bei seiner Ankunft in dieser Stadt wäre er kaum verwundert gewesen, wenn man ihn sofort eingekerkert hätte. Statt dessen hatte er überall nur Entgegenkommen gefunden.

Daß die Kirche die Lehre des Kopernikus beinahe auf den Index setzte, war allerdings sehr unangenehm. Wenn sie dagegen seine Lehre als Hypothese weiterbestehen ließ, so bedeutete das nur eine Unbequemlichkeit der Form, mit anderen Worten: eine halbe Niederlage und einen halben Sieg! Der widerwärtige Caccini hatte gesiegt, denn die Kirche verkündete ja, daß diese neue Lehre doch im Gegensatz zur Heiligen Schrift stünde; dagegen hatte auch er gesiegt. Wenn auch unter erschwerenden Umständen, konnte er doch an seinem Lebenswerk weiterarbeiten.

Am fünften März gab die Indexkongregation ihren Beschluß bekannt:

»Da es zur Kenntnis der genannten Kongregation gelangt ist, daß jene falsche, der Heiligen Schrift geradezu widersprechende, pythagoräische Lehre von der Beweglichkeit der Erde und der Unbeweglichkeit der Sonne, welche Nikolaus Kopernikus in seinem Werke: ‚Von den Bewegungen der Himmelskörper' und Diego Zuñiga in der Erklärung zum Buche Josua vorgetragen, sich ausbreite, wie man aus den gedruckten Briefen des Karmeliterpaters Foscarini sehen kann, in denen dieser Pater zu zeigen sucht, daß die erwähnte Lehre von der Unbeweglichkeit der Sonne im Zentrum der Welt wahr sei und der Heiligen Schrift nicht widerspreche; so glaubt die Kongregation — damit eine derartige Meinung nicht zum Schaden der katholischen Wahrheit weiter um sich greife —, das Buch des Nikolaus Kopernikus und jenes des Diego Zuñiga so lange suspendieren zu müssen, bis sie korrigiert worden sind, wohingegen sie das Buch des Karmeliterpaters Foscarini gänzlich verbietet und verdammt, und ebenso alle anderen Bücher, die dasselbe lehren.«

Die Audienz beim Papste wurde für den vierzehnten März angesetzt. Paul V. empfing den Gelehrten sehr gnädig, ja sogar mit offenkundigem Wohlwollen. Nach dem Kuß auf den edelsteinbesetzten Pantoffel ließ er ihn nicht knien, sondern hieß ihn sich erheben und sprach ihm Trost zu:

»Es tut Uns außerordentlich leid, mein Sohn, daß du in deiner Wissenschaft Schwierigkeiten gehabt hast. Aber du bist ein guter Katholik und der Kardinal Bellarmin hat dir, wie Uns bekannt geworden, Unseren Standpunkt klargemacht.«

»Ja, mein Heiliger Vater.«

»Nun, du wirst dir schon zu helfen wissen. Wir haben keine Angst um dich, du bist ein gescheiter Kopf. Aber genug davon. Was gibt es Neues bei Euch in Florenz?«

Dann folgte eine dreiviertelstündige Unterhaltung. Über Kopernikus, die Astronomie, die Bewegung der Sonne und der Erde fiel kein einziges Wort, um so mehr sprachen sie von der Familie der Medici, von dem bevorstehenden Besuch des jungen Kardinal-Herzogs Carlo, von toskanischen Volkssitten, vom Leben in Florenz. Zum Schluß wollte Galilei aber doch noch einmal sein Anliegen zur Sprache bringen.

»Das Leben wäre schön, Heiliger Vater, wenn ich nur nicht so viele Feinde und Verleumder hätte. Ich kann es Eurer Heiligkeit gar nicht schildern, was für Qualen ich durchgemacht habe. Ein zweites Mal könnte ich das nicht überstehen.«

»Du brauchst keine Angst mehr zu haben. Bei der Heiligen Inquisition hat sich deine Unschuld, deine anständige und aufrichtige katholische Gesinnung klarer als die Sonne erwiesen. Die Inquisition kennt dich nunmehr als einen bedeutenden Mann, und als solchen schätzen auch Wir dich. Wer zu Ehre und Ruhm gelangt, der wird auch stets Verleumder haben. Solange Wir aber leben, brauchst du dich vor nichts zu fürchten, und solange du ein treuer Sohn der Kirche bleibst, wirst du dich nie vergeblich an Uns wenden, ganz gleich in welcher Angelegenheit du an Unsere väterliche Macht oder Unser Wohlwollen appellierst.«

Galilei küßte abermals Hand und Pantoffel des Papstes und ging stolz nach Hause. Nicht viele Menschen durften sich rühmen, daß ihnen Papst Paul V. zu einem seiner Beschlüsse sein Bedauern ausgesprochen hatte. Er konnte es kaum erwarten, dem Gesandten darüber einen Bericht mit allen Einzelheiten zu geben. Gelangweilt nickte der einige Male dazu und entgegnete dann:

»Ich freue mich wirklich aufrichtig, daß diese Angelegenheit nunmehr ihr Ende gefunden hat. Solange Euer Gnaden aber noch in Rom weilen, werde ich aufpassen wie ein Spürhund, daß Ihr nicht nochmals einen derartigen Bock schießt, nur der sogenannten ‚Wahrheit' zuliebe.«

»Trotzdem bleibe ich noch ein Weilchen hier, Exzellenz. Ich habe mit dem Kanzler Picchena brieflich vereinbart, daß ich noch den Einzug unseres Kardinal-Herzogs Carlo abwarte.«

Der Gesandte blickte enttäuscht drein. Dann seufzte er heimlich. Vier Monate schon saß nun dieser jäh aufbrausende, ewig streitsüchtige und höchst unangenehme Mensch hier. Jetzt hatte er im stillen gehofft, ihn endlich loszuwerden. Galilei aber, von seiner schweren Last befreit, wollte ein wenig aufatmen. Es kam sowieso selten genug vor, daß er sich vollkommen gesund fühlte. Der Einzug des jungen Kardinals Medici erregte seine Neugierde im Grunde genommen nicht allzusehr. Aber unter den ‚Luchsen' gab es so viele kluge und lebensfrohe Menschen, und in den Gastwirtschaften von Trastevere schenkte man einen so vorzüglichen Wein aus, daß man sich jetzt wirklich einmal seines Lebens freuen konnte ...

Alsbald fand er aber auch einen neuen Anlaß, länger zu bleiben. Die Prophezeiung des Papstes, er würde immer Neider und Verleumder haben, bestätigte sich sehr bald. Es kam ihm ein Gerücht zu Ohren, er habe mit der Inquisition einen großen Skandal gehabt und sei gezwungen worden, seine bisherigen Lehren vor dem Kardinal Bellarmin abzuschwören. Er versuchte festzustellen, von wem diese Behauptung ausging. Aber, wie meist in solchen Fällen, konnte er den Übeltäter nicht ausfindig machen. Alle, die er befragte, erwiderten treuherzig: »Jedermann sagt es.«

Es blieb ihm also nichts anderes übrig, als abermals bei Bellarmin vorzusprechen und ihm sein Leid zu klagen. Ohne jegliches Zeichen der Ungeduld hörte ihn der Kardinal an und sagte:

»Auch mir sind solche Behauptungen schon zu Ohren gekommen. In der Tat eine üble Sache! Habt Ihr jemanden im Verdacht?«

»Hunderte, Monsignore, hunderte und niemanden. Ich bin hilflos.«

»Was meint Ihr denn, daß ich für Euch tun könnte.«

»Ich wäre Euch sehr, sehr dankbar, wenn Ihr mir eine schriftliche Bestätigung geben würdet, daß an diesem Gerücht kein wahres Wort ist!«

»Herzlich gern! Was wahr ist, muß wahr bleiben.«

Sogleich stellte er ihm das folgende Dokument aus:

»Da Wir, Robert Kardinal Bellarmin, vernommen, daß dem Herrn Galileo Galilei verleumderisch angedichtet worden ist, in Unsere Hand abgeschworen und infolgedessen heilsame Buße erlitten zu haben, erklären Wir, um Bezeugung der Wahrheit ersucht, hiermit: daß obengenannter Herr Galilei weder in Unsere noch eines anderen Hand, soviel Wir wissen, irgendeine seiner Meinungen oder Lehren abgeschworen, noch irgendeine heilsame Buße auferlegt erhalten habe, sondern nur: daß ihm der von Unserem Herrn abgegebene und von der Heiligen Indexkongregation erlassene Beschluß mitgeteilt worden ist, laut welchem die dem Kopernikus zugeschriebene Lehre, daß die Erde sich um die Sonne bewege und die Sonne, ohne sich von Ost nach West zu bewegen, im Zentrum der Welt stehe, der Heiligen Schrift zuwider sei, und deshalb weder verteidigt noch festgehalten werden dürfe. Zur Beglaubigung dessen haben Wir Obiges eigenhändig geschrieben und unterzeichnet. Am sechsundzwanzigsten Mai sechzehnhundertsechzehn. Robert Kardinal Bellarmin.«

Dieses Schreiben beruhigte Galileis Gemüt einigermaßen. Er wartete noch den Einzug des Kardinal-Herzogs Carlo ab, der sich inmitten eines riesigen Menschenauflaufs mit großem Pomp vollzog und von dem legendären Reichtum der Medici Zeugnis ablegte. In der Villa begegnete er auch noch dem jüngeren Bruder des Großherzogs, der ihn mit herzlicher Freude begrüßte und ihn gnädig den Saum seines Ornates küssen ließ, obwohl diese Ehrung nur den Mitgliedern des Herrscherhauses zustand. Am letzten Tage ging Galileo Galilei dann noch einmal in die Kirche sopra Minerva, die Kathedrale der Inquisition.

»Ich lebe«, flüsterte er glückselig und dankerfüllt in seinem Gebet vor dem Altar, »man hat mich nicht verbrannt ...«

Als er aus der Kirche trat, blieb er auf dem kleinen Vorplatz stehen und sah auf den Gebäudekoloß zurück. Er lenkte seine Blicke nach links zu den Fenstern, hinter denen die Theologen der Inquisition zu beraten und ihre Urteile zu fällen pflegten. Am strahlendblauen Himmel glänzte die Sonne, dieser unendliche Feuerball, um den herum auch in dieser Sekunde, wie seit Zeit und Ewigkeit ein kleiner Stern kreiste: die Erde. Einige wenige Menschen, der millionste Teil eines Staubkörnchens, haben sich an einem winzigen Punkt dieser winzigen Erdkugel, den man vom Weltenraum aus gar nicht wahrnehmen könnte, zu einer Beratung zusammengesetzt, und während diese winzige Kugel im unermeßlichen Weltall mit ihnen vorwärts saust, kommen sie zu dem Beschluß: daß diese Kugel sich nicht bewegt. Die Erde bewegt sich nicht!

Galilei blickte zu den Fenstern hoch und rief fröhlich und unbeschwert, überzeugt und fast schelmisch wie ein mutwilliges Kind:

»Und sie bewegt sich doch!«

XVI

Der Großherzog, gegen dessen böses Fieber kein Arzt Rat wußte, war durch seine Krankheit verhindert, den Bericht seines Hofmathematikers persönlich entgegenzunehmen. Galilei mußte sich damit begnügen, dem Kanzler Picchena Meldung zu erstatten. Ihm übermittelte er den päpstlichen Segen für den Großherzog und alle anderen Nachrichten; zum Beispiel, daß er dem spanischen Gesandten seine nautische Erfindung, die schon seit Jahren im Labyrinth der Aktenschränke vergraben lag, wärmstens ans Herz gelegt und das feste Versprechen erhalten habe, der Gesandte würde sein möglichstes tun, um dieses Aktenstück wieder ans Tageslicht zu fördern, da er sowieso gerade heimwärts nach Spanien fahre. Galilei vergaß auch nicht, die vertrauliche Bitte des Fürsten Cesi auszurichten: der junge Fürst hatte zu seiner künftigen Gemahlin die schöne und reiche Gräfin Salviati auserkoren, die in weitläufiger Verwandtschaft zu den Medicis stand, und bat nun um die Fürsprache Cosimos.

»Und was wird aus der Neuordnung des Kosmos?« fragte schließlich Picchena.

»Eine Weile bin ich allerdings gezwungen, darüber zu schweigen. Und das fällt mir wirklich nicht leicht; denn gerade jetzt hat ein sehr kluger Mann aus Ravenna, Ingoli heißt er, einen Offenen Brief an mich gerichtet, in dem er seine Argumente gegen die kopernikanische Weltanschauung aufzählt. Mich juckt es in den Fingern, ihm zu antworten, aber die Umstände verbieten es. In Neapel hat man den Buchhändler verhaftet, der Foscarinis kopernikanisch gesinntes Werk verlegte. Foscarini selbst, den vielen Aufregungen nicht gewachsen, ist gestorben. Jetzt kann ich also nur still für mich arbeiten, aber eines schönen Tages werde ich wieder hervortreten, mit einem Werk, in dem ich, wie es Kopernikus tat, meine Behauptungen als Hypothese behandle. Zunächst ziehe ich aber erst einmal um.«

»Wo habt Ihr eine Wohnung gemietet?«

»Nach Süden zu, am Wege zum Oliveto.«

»Da wohnt Ihr doch nicht etwa in der Villa Segni? Wir wären dann nämlich Nachbarn.«

»Gerade dort, ich kann meine Freude darüber gar nicht ausdrücken. Endlich vermag ich mich nach meinem eigenen Geschmack einzurichten. Ein großer Garten bietet eine herrliche Aussicht, ein Zimmer ist da, aus dem ich den Sternenhimmel beobachten kann. Ich werde dort ungestört arbeiten und, zum Verdruß meiner Widersacher, reichlich Material sammeln können.«

»Ach, fast hätte ich vergessen, Euch eine Neuigkeit zu berichten. Ihr entsinnt Euch doch noch Sizzis?«

»Natürlich, er gab doch seinerzeit auf Veranlassung des Giovanni Medici das Zeichen zu dem großen Angriff gegen mich.«

»Der ist's, im übrigen habt Ihr von Herrn Giovanni nichts mehr zu befürchten, er ist in Venedigs Dienste getreten. Uns wurde er hier etwas lästig. Doch ich wollte von Sizzi erzählen. Er ging nach Paris und geriet in das Durcheinander der französischen Politik. Vor ein paar Tagen traf die Nachricht ein, er sei aufs Rad geflochten worden und hat damit ein wenig rühmliches Ende genommen.«

»Das geschah ihm recht«, rief Galilei aus, aber sogleich fügte er gutherzig hinzu, »er hat es ja wirklich zu hart gebüßt. Welch fürchterliche Qual, gerädert zu werden! Es hätte wohl genügt, ihn gehörig zu stäupen. Der Unglückselige! Jetzt tut er mir schon wieder leid ... Wie geht es Seiner Hoheit gesundheitlich?«

»Sehr unterschiedlich. Er ist nur noch ein Schatten seiner selbst. Messer Galilei, betet für ihn! Euer Gebet mag wirksamer sein, da Ihr den Segen des Papstes empfingt.«

Die Villa Bellosguardo-Segni bot tatsächlich einen andern Aufenthalt als die frühere Wohnung in Florenz. Schon das Portal demonstrierte die Vornehmheit. Dicht am Tor beschatteten dichtbelaubte Bäume ein Gärntnerhäuschen. Die Villa selbst erhob sich weiter hinten im Garten, als sei sie inmitten eines Waldes erbaut worden. Galileo suchte eine tüchtige Haushälterin. Bei Verwandten und guten Bekannten erkundigte er sich nach einer ordentlichen Wirtschafterin. Aus der großen Zahl empfohlener Bewerberinnen wählte Galileo eine, die am geeignetsten erschien, zugleich auch die hübscheste war. Während sie verhandelten, blickte er sie so feurig an, daß die hübsche, gefällig aussehende Witwe verschämt die Augen senkte.

Nach und nach geriet sein Leben wieder in geordnete Bahnen. Täglich, vielmehr allnächtlich, machte er seine Beobachtungen am Sternenhimmel, schrieb Notizen und stand erst am späten Vormittag auf. Dann begab er sich zum großherzoglichen Palast, plauderte mit den Anwesenden und unterhielt sich manchmal mit Picchena selbst; selten fand er Gelegenheit, dem großherzoglichen Paar oder der Großherzogin-Mutter seine Aufwartung zu machen. Wieder daheim, erledigte er seinen umfangreichen Briefwechsel, denn aus allen Ländern Europas schrieben ihm die berühmtesten Gelehrten. Doch auch mit seinen alten Freunden unterhielt er einen ständigen Meinungsaustausch, mit Sarpi, Sagredo, Cesi, ja selbst mit Bartoluzzi, der mit Marina, wie Besucher aus Padua meldeten, in sehr glücklicher Ehe lebte. Auch Kepler berichtete ihm jeweils über seine Arbeiten. Er lebte jetzt in Linz und hatte zum zweitenmal geheiratet. Und noch von vielen anderen Bekannten brachte ihm die Post Neuigkeiten. Den alten Fabrizio, Professor der Medizin in Padua, hatte ein jäher Witterungswechsel aufs Krankenbett geworfen, das sein Sterbelager wurde. Zu Bologna war Magini, dreißig Jahre lang sein Gegner, plötzlich verstorben. Seine ehemaligen Schüler berichteten ihm auch über allerlei unbekannte Menschen. So meldete man ihm, daß gerade in jenen Tagen in Stratford am Avon ein bekannter Schauspieler und Theaterdichter, der zu den Berühmtheiten Englands zählte, gestorben sei. Der Name dieses Mannes, von dem Galileo noch nie etwas gehört, war nicht recht zu entziffern. Shakespeare hieß er oder ähnlich.

Nach dem Mittagessen besuchte ihn täglich sein Sohn. Der Vater wollte Vincenzo die Anfangsgründe der Schulweisheit selbst beibringen. Der Knabe erwies sich zwar als aufgeweckt, aber jetzt schon, in seinem zehnten Lebensjahr, mußte man feststellen, daß er niemals ein Genie werden würde. Beim Lernen war er zerstreut, die Aufgaben langweilten ihn, und kein einziges Lehrfach konnte ihn fesseln. Der Vater wurde überrascht gewahr, daß der Knabe im Charakter Michelagnolo nachschlug, diesem so anspruchsvollen, egoistischen Bruder, der sich stets auf andere verließ und auch aus München nur sehr selten eine Nachricht sandte. Auch ihm waren bereits zwei Kinder geboren worden.

War der Sohn gegangen, setzte Galileo das Barett auf und schlenderte durch die Stadt. Wenn er keine Lust zu Besuchen hatte, begab er sich zur Apotheke Grazzini an der Ecke der Piazza del Duomo, dem altgewohnten Stelldichein aller angesehenen Florentiner, wo einst ein Machiavelli inmitten von Medizinflaschen und vollgestopften Regalen mit seinen Bekannten debattiert hatte. Oder er nahm an einer Versammlung der Akademie ‚Crusca' teil. Dort erwarteten ihn immer Neuigkeiten. Die Ausgabe des großen italienischen Wörterbuches wurde für die Akademie ein so großartiger Erfolg, daß andere Nationen dieses Beispiel nachahmten. Eben traf auch die Nachricht ein, deutsche Gelehrte hätten sich in Weimar zu einer Gesellschaft zusammengetan, um ein ebensolches Wörterbuch herauszugeben. Sie nannten sich ‚Fruchtbringende Gesellschaft'.

Den Sonntag liebte Galileo am meisten. Gleich nach dem Mittagessen wanderte er den langen Weg zum Kloster, um keine Minute der Besuchszeit zu versäumen. Die beiden Töchter erwarteten ihn schon im Klosterhofe. Sie hatten inzwischen ihre Taufnamen abgelegt. Als sie mit ihrem sechzehnten Jahr die Weihen erhalten hatten, wurden ihnen nach dem Klostergelübde an Stelle der weltlichen Namen andere verliehen. Virginia hieß jetzt: ‚Suor Maria Celeste', und Livia nannten sie: ‚Suor Arcangela.' Ihr Vater aber rief sie vertraulich Celeste und Angela.

Seine Lieblingstochter war immer noch Celeste. Liebenswürdig, voll Geduld und Nachsicht, klug und sehr gütig. Galilei zeigte sich ihr gegenüber fügsam, war glücklich, wenn ihn Celeste wegen seiner Kleidung schalt und schluckte geduldig die vielen Medikamente, die sie ihn einzunehmen zwang.

Doch diese Medikamente nützten wenig. Sein Gelenkrheumatismus meldete sich wieder mit grausamer Gewalt. Zu alldem gesellten sich jetzt noch peinigende Nierenschmerzen. Der Arzt meinte kopfnickend, es sei ja wohl auch kein Wunder, wenn der zu reichliche Weingenuß nicht auch die Nieren angegriffen hätte. Doch er stellte nur die Ursache fest, ohne die Krankheit zu lindern. Wieder hütete Galilei Monate hindurch das Bett. Während der endlosen Qualen trösteten ihn allein Celestes Briefe. Sie schrieb dem kranken Vater häufig, erzählte die kleinen Vorkommnisse ihres Klosters und offenbarte in jeder Zeile ihr schwärmerisches Gemüt. Wiederholt bat sie ihren Vater innig, er möge ein Gelübde für eine Wallfahrt zur Heiligen Jungfrau nach Loreto ablegen, so würde er rasch genesen. Um Celeste eine Freude zu bereiten, gelobte er die Pilgerfahrt. Doch trotz dieser frommen Absicht war er erst nach einem qualvollen halben Jahr wieder so weit, um sich aus dem Bett zu erheben. Kaum hatte er seine Kräfte ein wenig wiedergewonnen, unternahm er die Fahrt nach Loreto, um vor seiner Tochter in Ehren zu bestehen.

Die Großherzogin-Mutter stellte ihm eine Sänfte zur Verfügung. Wohl war sie im allgemeinen weniger großzügig als Cosimo, aber viel kirchlicher, und die Absicht dieses mit so gefährlichen Lehren umgehenden Mathematikers, eine Wallfahrt zu machen, weckte ihre lebhafte Anteilnahme. Draußen reifte der Sommer und eine unerträgliche Julihitze lag über dem Land. Der nur halb Genesene hockte schweißgebadet mit Kopfschmerzen in dem engen, schaukelnden Tragstuhl. Bis zum Golf von Ancona war es ein weiter Weg. Endlich war auch das Martyrium überstanden. Der lieblich gelegene Wallfahrtsort entzückte ihn und erfüllte sein Herz mit Dankbarkeit für Celeste. Die Lakaien trugen ihn auf den herrlich gelegenen Hügel, wo das Gnadenbild stand. Bald kniete auch der große Gelehrte inmitten einer unübersehbaren Pilgerschar vor den Altarstufen und versank in ein tiefes Gebet. Noch einmal überwand er die Schmerzen und bestieg den Campanile, weil ihm Celeste auch diese fromme Pflicht auferlegt hatte.

Als er sich später ausgeruht hatte und mit einigen Pilgern ins Gespräch kam, redete ihm jeder nur vom Krieg. In den Staaten jenseits der Alpen war ein großer Glaubenskrieg ausgebrochen und das abergläubische Volk erzählte sich allerlei seltsame Wunder. So behaupteten manche, daß die Heilige Jungfrau am Altar von Loreto tränenfeuchte Augen gehabt. Andere berichteten, es habe irgendwo Blut geregnet und an unzähligen Orten sollten Kühe schreckliche Mißgeburten zur Welt gebracht haben. Jetzt fehle nur noch ein Zeichen am Himmel...

Zu Tode erschöpft und kaum von dieser Wallfahrt nach Florenz zurückgekehrt, führte Galilei der erste Weg ins Kloster. Zur selben Zeit, an einem Augusttag des Jahres sechzehnhundertundachtzehn, da der große Krieg ausbrach, war jenes Zeichen am Himmel erschienen. Galilei war frei von Aberglauben und kümmerte sich wenig um die Kriegsläufte. Doch die neuen Zeichen erregten ihn dennoch sehr: Drei Kometen am Himmel! Zwei davon kleiner und weniger auffallend, doch der dritte strahlte groß in fast furchterregendem Glanze inmitten des Skorpion-Sternbildes. Ganz Florenz war von Entsetzen ergriffen. »Ein schlechtes Zeichen«, raunten die Menschen furchtsam und in böser Erwartung.

Für denjenigen aber, der diese Sterne am aufmerksamsten hätte betrachten sollen, brachten sie in der Tat etwas Unangenehmes. Denn die Pilgerfahrt hatte ihm nichts genützt, sondern böse Folgen für seine Gesundheit ergeben. Er mußte, von Schmerzen geplagt, wieder ins Bett: die Schmerzen quälten ihn wohl weniger als zuvor, beraubten ihn aber jeglicher Arbeitslust. Seine Kräfte reichten nicht hin, die Kometen zu beobachten. Mario Guiducci, ein ehemaliger Schüler und guter Freund, besuchte ihn täglich, um zu melden, was die anderen Gelehrten der Akademie ‚Crusca' nachts beobachtet hatten. Meist hörte Galilei schweigend und unbeteiligt zu. Als die Schmerzen allmählich schwanden und er sich wieder erheben konnte, waren die Sterne schon halb verblaßt. So hatte der weltberühmte Astronom ein astronomisches Ereignis von größter Tragweite nicht verfolgen können und bevor er wieder imstande war, seine Studien aufzunehmen und die Beobachtungen anderer nachzuprüfen, waren die Kometen endgültig verschwunden.

Bartoluzzi berichtete in jenen Tagen verzweifelt von Marinas Hinscheiden. Nach kurzem Leiden, dem keine ärztliche Kunst abhelfen konnte, war sie unerwartet gestorben.

Galileo brachte die Todesnachricht schonend Vincenzo bei, der, wie es schicklich war, sofort in Tränen ausbrach; doch als er seiner Pflicht genügt zu haben glaubte, erbat er sich vom Vater Geld, um sich eine Muranoer Glaskugel zum Spielen zu kaufen. Galileo gab ihm das Geld und in seiner Erinnerung tauchte das ferne Murano mit dem berauschenden Duft der Gärten rings um die Villa Sagredo auf, sah er an der Brücke die wartende Gondel...

Dann eilte er ins Kloster und meldete die Trauerbotschaft den beiden Schwestern. Angela vernahm sie achselzuckend:

»Ich habe sie kaum gekannt, sie hat sich um mich nie gekümmert; ich werde für ihr Seelenheil beten, aber erst morgen, denn heute habe ich schon viele andere ins Gebet einzuschließen.«

Celeste sagte auf diese Kunde nach einem ergriffenen Schweigen sinnend:

»Die arme Mutter tut mir sehr leid, denn sie trug ein schweres Los. Sie war zur Liebe unfähig, und das ist, als hätte sie gar nicht gelebt. Aber ich vertraue der Barmherzigkeit und glaube, daß sie jetzt im Himmel bei den Engeln weilt und nun von einer himmlischen Liebe ganz erfüllt ist. Gott ist gnädig!«

Galilei streichelte wortlos die Hand Celestes. Dann nahm er Abschied, weil er dringend zu seinem Nachbarn, dem Kanzler Picchena, gebeten war.

»Eure Exzellenz haben mich hierher gebeten.«

»Es tut mir leid, daß ich Euch bemühen mußte, doch dachte ich, meine Wohnung sei Euch bequemer gelegen als das Amt. Ich habe eine Bitte. Meine Tochter Katharina ist krank. Schon diese Tatsache bedeutet für mich unerfahrenen Witwer eine Prüfung; darüber hinaus aber muß ich mit dem Hofstaat für längere Zeit nach Pisa verreisen. Hättet Ihr nun die Freundlichkeit, während meiner Abwesenheit täglich nach meiner Tochter zu sehen?«

»Es ist mir eine große Ehre, kommen zu dürfen. Ich werde übrigens für diese Zeit meine Schwester, Frau Landucci, zu mir ziehen lassen, die eine herzensgute Frau ist. Sie könnte notfalls den ganzen Tag am Krankenbett Eurer Tochter verbringen...«

»Ich war überzeugt, daß ich mein Ersuchen nur auszusprechen brauchte. Wie soll ich Eure Liebenswürdigkeit nur lohnen?«

»Darf ich Eure Exzellenz gleich beim Wort nehmen. Von meinen drei unehelichen Kindern sind die beiden Töchter Nonnen geworden. Für sie ist meine Bitte von keinem Belang. Doch für meinen Sohn bedeutet ihre Erfüllung viel. Längst bevor ich etwas dazutat, hatte seine Mutter bereits einen andern Mann geehelicht. Jetzt ist sie verstorben. Ich möchte Euch um eine Fürsprache beim Großherzog bitten, daß er diese gesetzliche Anerkennung verfügt. Es kostet Seine Hoheit nur einen Federstrich.«

»Kein weiteres Wort, es wird geschehen.«

Als sich Galilei zum Abschied erhob, fesselten seine Aufmerksamkeit plötzlich einige Ölgemälde, die an die Wand gelehnt standen.

»Exzellenz, was sind das für Bilder?«

»Sie stammen noch aus der Zeit des Großherzogs Francesco, doch unser Herr hat sie entfernen lassen. Ich habe sie wieder hervorgeholt, denn inzwischen ist so viel Zeit vergangen, daß man sie wieder aufhängen kann. Das Bild links stellt Bianca Cappello dar.«

Galileo Galilei hörte schon nicht mehr zu, denn seine Blicke hingen gebannt an dem Antlitz der einst vergötterten Frau. Es erschütterte ihn, daß Marina mit dieser Frau nicht die geringste Ähnlichkeit aufwies. Und damals hatte ihn doch die Liebe zu Marina um dieser angeblichen Ähnlichkeit willen so ergriffen! Nicht sie, sondern Bianca hatte er geliebt. Wie hatte er nur glauben können, Marina sähe seinem Traumbild gleich?

Mit leisem Schauer betrachtete er das Bildnis. Wie hatte er sich nur so gewaltig irren können? Er mußte daran denken, daß die Geheimnisse seiner Seele noch viel unergründlicher, aber auch wundersamer waren als die des unübersehbaren Sternenheers.

XVII

Galilei pflegte auch nach Marinas Tode das gute Verhältnis zu Bartoluzzi. In dieser Freundschaft setzte sich seine Liebe zu Marina ein bleibendes Gedächtnis. Bartoluzzi erkundigte sich bei ihm nach dem Geheimnis der Kometen, die noch immer alle Welt in Atem hielten. Er blieb wahrlich nicht der einzige Fragesteller. An wen auch hätte man sich wenden sollen, wen fragen, wenn nicht den großen Gelehrten. Dieser aber schwieg sich aus, und zwar einfach darum, weil er diese Naturerscheinung mit gutem Gewissen nicht erklären konnte. Er äußerte sich darüber wohl des öfteren zu Guiducci, doch etwas anderes als Hypothesen konnte er nicht aufstellen und so blieb er eine unzulängliche Antwort lieber schuldig.

Schließlich wurden aber von zwei Seiten Fragen laut, die er notgedrungen irgendwie beantworten mußte. Unerwarteterweise bestellte nämlich die Großherzogin-Mutter den Hofastronomen zu sich. Sie empfing ihn in Gesellschaft. Die beiden Hoheiten, Schwiegermutter und Schwiegertochter, prunkten mehr als zuvor im Bewußtsein ihrer Erhabenheit; erst unlängst war der Kaiser Matthias verstorben und sein Vetter Ferdinand, der Bruder der Großherzogin, der bisherige Thronfolger, wurde Kaiser des Heiligen Römischen Reiches Deutscher Nation, absoluter Beherrscher unübersehbarer Gebiete der Deutschen, Böhmen, Kroaten und Magyaren. Im Gespräch flocht die Großherzogin immer wieder gleichsam als Zierat eine Erwähnung darüber ein: ‚Seine Majestät der Kaiser, mein Bruder.' Selbst der Großherzog Cosimo sagte gerne: ‚Unser Schwager, Seine Majestät der Kaiser.'

Seine Majestät der Kaiser aber mußte vorerst zäh die neue Stellung zu behaupten trachten. Die Böhmen wollten ihn nicht als ihren König anerkennen und wählten an seiner Statt den Kurfürsten Friedrich V. von der Pfalz, den Führer der protestantischen Union. Ein anderer Protestant, der berühmteste Sproß eines altungarischen Fürstengeschlechts, Gabriel Bethlen aus Siebenbürgen, rückte gar mit Heeresmacht gegen ihn und bedrohte bereits Wien. All diese Ereignisse verursachten am

Florentiner Hof mächtige Erregung und aus diesem Grunde hatte man den Hofmathematiker auch rufen lassen.

»Messer Galilei, erklärt uns offen und ehrlich, welche Bewandtnis es mit diesen drei Kometen hat? Ob des heiligen Kriegs, den Seine Majestät der Kaiser zur Unterwerfung der Ketzer begonnen hat, ist unser Herz mit bangen Sorgen erfüllt. Man hört so viel über diese geheimnisvolle Erscheinung der Sterne, daß Ihr uns darüber Bescheid geben müßt.«

»Diese Frage, Eure Hoheit«, versetzte Galilei, »wurzelt in der Metaphysik. Leider befasse ich mich nicht mit der Deutung von Sternkonstellationen. Das schlägt nicht in mein Fach, sondern in das der Astrologen und Theologen.«

»Es ist mir bekannt«, entgegnete ihm die Schwester des Kaisers von oben herab, »daß Ihr keine Horoskope stellt; doch nahmen wir an, daß Ihr uns nicht enttäuschen würdet, wenn es um Seine Majestät den Kaiser, meinen Bruder, und um die Religion geht. Könnt Ihr uns denn über diese Irrsterne keine Erläuterung geben?«

»Einen zureichenden Aufschluß darüber vermag auf dieser Erde niemand zu geben, Hoheit. Die Wissenschaft rätselt bis zur Stunde daran herum, woraus so ein Komet eigentlich besteht. Diese glänzenden Himmelskörper tauchen in unregelmäßigen Zeitabständen am Firmament auf und verschwinden nach einer Weile wieder. Noch ist es unmöglich, in diese Vorgänge ein System hineinzubringen ...«

»Wieso unmöglich?« warf die Großherzogin ein. »Die Kometen erscheinen doch stets zu Kriegszeiten, das weiß jedes Kind.«

»Sicherlich, Hoheit; denn noch nie gab es einen Augenblick in der Geschichte, da irgendwo auf unserer Erde kein Krieg tobte. Wann immer also ein Komet auftaucht, hat er Kriegswirren in seinem Gefolge. Wohl habe ich eine wissenschaftliche Vermutung, für deren Stichhaltigkeit ich allerdings nicht eintreten kann. Möglicherweise sind diese Kometen gar keine Sterne, sondern eine brennende gasförmige Masse, die sich von der Lufthülle der Erde losgelöst hat und nun von uns entfernt ist, wie zum Beispiel der Mond. Trotz unseres mangelhaften Sehvermögens können wir dank optischer Gesetze ihren Lichtschweif einigermaßen erklären. Die Gasmasse brennt nach einer gewissen Zeit aus und der Komet verschwindet wieder. Einst habe ich genau das Gegenteil darüber gelehrt, jetzt aber ist das meine Auffassung. Ich nehme also an, daß auch die betreffenden drei Kometen keine Sterne sind, sondern geballte Gasmassen.«

»Gut, gut, doch welche Bedeutung haben sie?« fragte die Großherzogin-Mutter ungeduldig.

Da durchzuckte Galilei ein rettender Gedanke.

»Hoheit, mir hat Seine Heiligkeit der Papst persönlich verboten, theologische Fragen zu diskutieren. Wenn sich freilich Eure Hoheit an den Heiligen Stuhl wenden wollten, damit diese Verfügung ...«

»Nein, nein«, unterbrach ihn erschrocken die Großherzogin-Mutter.

»Wenn Seine Heiligkeit es untersagt hat, lassen wir es schon dabei. Um etwas anderes wollten wir Euch jetzt auch nicht bemühen.«

Nach solchen Audienzen suchte Galilei regelmäßig den Kanzler Picchena auf, um ihm wortwörtlich Bericht zu erstatten und notfalls seinen Rat zu erbitten. Sorgenvoll und schweigend hörte er ihn diesmal an. Nach einer Pause fragte er:

»Kennt Ihr den Ritter Cioli?«

»Nur flüchtig. Ich habe das Empfinden, daß wir einander nicht besonders gut leiden mögen.«

»Ich würde Euch raten, befleißigt Euch, je eher je besser, um ein freundschaftliches Verhältnis zu ihm. Ich habe Gründe, anzunehmen, daß wir sehr schweren Zeiten entgegengehen. Ihr kümmert Euch zwar nicht um Politik, doch werdet Ihr aus einigen Andeutungen verstehen können, was jetzt im großen Welttheater vor sich geht. Die große Abrechnung ist herangenaht, und das Papsttum rechnet mit dem Protestantismus ab. Seine Majestät der Kaiser, der mächtigste Herrscher Europas, ist ein überzeugter Katholik, der keinen Widerspruch verträgt. Er will die Ketzer vom Erdboden austilgen. Ich müßte als ein guter Katholik froh darüber sein, aber die unumschränkte Pfaffenherrschaft in weltlichen Dingen behagt mir nicht. Dieser Krieg begründet die weltliche Macht der Jesuiten auf dem ganzen Erdkreis. Ihr müßt wissen, daß die Jesuiten die ganze Gegenreformation, das Präludium des jetzt tobenden Entscheidungskampfes, entfesselt und planmäßig vorbereitet haben. Der Kaiser Ferdinand ist ein Jesuitenzögling; unsere Großherzogin auch — die Großherzogin-Mutter ebenfalls. Seine Hoheit der Großherzog Cosimo freilich nicht und ich auch nicht. Solange er lebt, werden wir zum Vatikan wohl immer in einem freundschaftlichen Verhältnis stehen, dabei aber doch die Herren unserer Entschlüsse bleiben. Solange er lebt! Zu meinem unbeschreiblichen Schmerz müssen wir jedoch damit rechnen, daß er uns in der vollen Blüte seiner Jahre entrissen wird. Dann bricht für mich eine arge Zeit an, Messer Galilei. Ich werde auf Betreiben der Jesuiten mein Amt sofort verlieren, weil sie auf meine Enthebung dringen werden. Die Macht wird in den Händen zweier Frauen liegen, die bereits jetzt im Ritter Cioli, diesem Jesuitenliebling und unterwürfigsten Sklaven Roms, meinen Nachfolger ausersehen haben. In Florenz werden die Jesuiten herrschen. Nehmt deshalb meinen freundschaftlichen Rat zu Herzen: Trachtet, Ciolis Gunst zu erwerben, und wenn ein Jesuit Euren Weg kreuzt, behandelt ihn wie ein rohes Ei.«

»Von den Jesuiten befürchte ich eigentlich keine Unannehmlichkeiten«, entgegnete Galilei. »Ich besitze sogar sehr gute Freunde unter ihnen. Zu Padua habe ich mich an den Kämpfen des Bo gegen die Jesuiten niemals beteiligt. Pater Clavius — Gott schenke ihm die ewige Ruhe! — war mir ein väterlicher Freund. Mit Pater Grienberger verbindet mich gegenseitige Wertschätzung. Kardinal Bellarmin bezeigt mir offen sein Wohlwollen. Sogar zwischen Pater Scheiner, dem jesuitischen Astronomen, meinem wissenschaftlichen Gegner in Ingolstadt, und mir herrscht bei allen Auseinandersetzungen ein sehr herzlicher, achtungsvoller Ton.«

»Das sind bloß einzelne. Ich kann mir einfach nicht vorstellen, daß der jesuitische Weltorden Eure Person mit günstigen Augen ansieht. Darum hört auf mich: macht Euch Liebkind bei den Jesuiten!«

Galilei versprach, diesen gutgemeinten Rat zu befolgen. Doch fiel ihm das kluge Stillschweigen schwer, als der Jesuitenpater Grassi im Römischen Kollegium eine Vorlesung über die Kometen hielt und weitschweifig darlegte, daß es sich dabei nicht um gasartige Massen, sondern um richtige Sterne handelte. Die Vorlesung ging auch näher auf die neueste Entwicklung der Astronomie ein, ohne jedoch Galilei auch nur mit einem Wort zu erwähnen; als hätte es keine aufsehenerregende, umwälzende Erfindung des Fernrohrs gegeben, als ob die Jupitermonde gar nicht existierten, als ob niemand die sonderbaren Erscheinungen der Venus und des Saturn entdeckt hätte.

Der Wortlaut der Vorlesung gelangte durch viele Abschriften in die Öffentlichkeit und ein Exemplar kam auch nach Florenz. Voll Entrüstung brachte es Guiducci seinem Lehrer.

»Messer Galilei, auf so etwas muß man antworten.«

»Nein, nein«, widersprach er heftig, »ich muß vermeiden, mit den Jesuiten einen Streit vom Zaune zu brechen.«

»Schön, dann werde ich die Antwort aufsetzen.«

Binnen kurzem legte ihm Guiducci die Gegenschrift vor. Doch Galilei zauderte noch immer, als hätte ihm sein guter Geist geraten, diese Angelegenheit nicht aufzugreifen und Guiducci Schweigen aufzuerlegen. Doch beim Durchlesen erwachte der Fachmann in ihm. Er verbesserte den Text, änderte hier und da die Satzfolge, wodurch die gesamte Schrift eine klare Tendenz, mehr Folgerichtigkeit und gedrängte Fülle gewann. Es bereitete ihm auch Freude, seinen eigenen Standpunkt vertreten zu sehen. Zuletzt hielt er Guiducci doch nicht ab, die Schrift zu veröffentlichen. Schließlich war jener sein eigener Herr und trug die Verantwortung selbst. Die Akademie von Florenz brachte also die Schrift heraus.

Einige Wochen später erschien eine neue Gegenschrift auf Guiduccis Erwiderung. Sie betitelte sich ‚Die Astronomische Waage' und als ihr Verfasser zeichnete Lotario Sarsi Sigensano. Doch unter diesem Decknamen verbarg sich in Wirklichkeit Pater Grassi. Sie hielt sich durchaus nicht in dem sachlichen Rahmen einer wissenschaftlichen Auseinandersetzung, sondern war leidenschaftlich und gehässig gegen Galilei gerichtet; die Kometen wurden gleichsam nur nebenbei behandelt. Pater Grassi sprach dem Angegriffenen die Verdienste eines Gelehrten überhaupt ab. Galilei sei weder ein Erfinder noch ein Entdecker. Was er als eigene Erfolge erklärte, sei entweder von anderen entdeckt oder bereits vor ihm erfunden worden. Das Fernrohr habe nicht er erfunden, der Zirkel sei eine Erfindung Capras, die Monde des Jupiter habe Mayr entdeckt, die Sonnenflecke der Pater Scheiner. Galilei sei nur ein Maulheld und Plagiator. An diesen Anwurf knüpfte er geschickt die Frage: Wie gedenke man eigentlich mit der kopernikanischen Weltordnung zu verfahren, auf die sich Guiducci zwar nicht berufe, deren geschworener Verfechter aber Galilei sei? Wage man, diese verdammte Lehre noch aufrecht zu erhalten oder nicht?

Diese, Schmähschrift ließ Galilei tagelang keine Ruhe. Er war unschlüssig: antwortete er, dann mußte er entweder den ganzen Sinn seiner Lebensarbeit leugnen oder sich zu ihm bekennen; er hätte ebensogut gleich vor die Inquisition treten können. Schwieg er, so mußte er als gleichsam Überführter den Schimpf dieser Beleidigungen ungesühnt lassen. Picchenas Vorhersage war eingetroffen. Er war in eine Auseinandersetzung mit einem Jesuiten hineingeraten, hinter dem die Weltmacht dieses großartig geführten Ordens stand. Galilei wußte sich keinen Rat, jeder, den er fragte, empfahl ihm etwas anderes. Diese widersprechenden Ratschläge verwirrten ihn vollends, reizten ihn aufs äußerste und brachten sein Blut in Wallung. Er empfand, daß er nicht mehr imstande war, die Lage nüchtern zu beurteilen. Und in dem Augenblick, da er sich bewußt wurde, daß seine Nerven keinerlei Überbelastung mehr vertrugen, erschien mit einem Male seine Schwester, Frau Landucci, mit verweintem Gesicht bei ihm. Die Bedauernswerte brachte vor Schluchzen lange kein vernünftiges Wort über die Lippen.

»Jammere mir, um des Himmels willen, nicht die Ohren voll! Wie soll ich dir helfen, wenn du mir nicht wenigstens erklärst, was dich bedrückt?«

»Benedetto ... dieser Lump ... nach dreißigjähriger Ehe ...«

»Also? Was ist mit ihm? Hat er dir etwas angetan?«

»Er ist fort, mit seiner Geliebten durchgegangen. Er hat mich mit meinen vier Kindern, mit Vincenzo, mit der Mutter, ohne einen Soldo im Stich gelassen ...«

»Was? Wann hat er dich verlassen? Weshalb? Das ist ja unglaublich!«

Allmählich besänftigte sich Virginias Schmerzensausbruch und sie erzählte alles der Reihe nach. Benedetto hatte schon seit Monaten ein Verhältnis. In der letzten Zeit sei er daheim ganz unausstehlich geworden und zur Nacht oft gar nicht mehr nach Hause gekommen. Das Ehepaar redete schon seit langer, langer Zeit nicht mehr miteinander. Jetzt habe Benedetto seine Sachen gepackt, einen Wagen bestellt und sei fortgefahren. Nicht einmal von seinen Kindern habe er Abschied genommen. Ein hinterlassener Brief besage, daß er sein Leben so nicht mehr ertrüge und darum Florenz verlassen wolle. Bis dahin hatte Virginia zusammenhängend berichtet. Doch nun begann sie von neuem aufzuschluchzen. Gerührt betrachtete Galilei seine Schwester, die schmerzbebend vor ihm saß. Virginia war siebenundvierzig Jahre alt, vorzeitig ergraut, eine beleibte, runzlige Frau. Landucci, dieses Vorbild eines Gatten, der um seine Mitgift Prozesse geführt, war nun so gewissenlos, sie auf ihre alten Tage im Stich zu lassen. Galilei seufzte tief.

»Weine nicht mehr! Du kannst mit den Kindern und der Mutter sofort zu mir ziehen. Solange ich lebe, brauchst du dir keine Sorgen um die Zukunft zu machen.«

Immer noch weinend, sank Virginia dem Bruder an die Brust.

Die große Villa bot geräumige Unterkunft, aber die Bewohner waren jetzt auch sehr zahlreich. In den ersten Tagen verursachte das Hin- und Herrücken der Möbel beim Einzug einen lärmvollen Wirrwarr. Als endlich alles halbwegs an Ort und Stelle stand, begann die Mutter mit der Haushälterin einen Streit. Sie lief in den Park hinaus und machte einen Mordskrakeel.

Länger als einen Monat ertrug Galilei diesen Zustand nicht. Als er eines Morgens wieder mit seinem alten Leiden erwachte, erhob er sich wortlos, ging in die Stadt und ruhte nicht eher, bis er eine kleine Wohnung gefunden hatte. Das hübsche einstöckige Haus mit vier Gassenfenstern lag in der Nähe des Arno am Abhang der Costa San Giorgio. Auch ein kleines Gärtchen gehörte dazu. Die Wohnung stand leer und war sofort beziehbar. Ohne lange zu feilschen, mietete er. Schon am Tage darauf richtete er sich mit seiner Haushälterin ein, um seinen Krankheitsfall einigermaßen ruhig zu überstehen. Wiederum machte er die schon so oft erlittene Qual mit, stöhnend und nach Atem ringend. Wenn ihn seine Schmerzen für kurze Zeit verließen, dachte er unentwegt über die ausstehende Antwort an die Jesuiten nach. Obwohl er immer noch unentschlossen war, neigte er eher dazu, auf ihre Herausforderung zu antworten, statt sie schweigend hinzunehmen. Das kopernikanische Problem würde er dabei schon irgendwie vermeiden. Komme aber schließlich was da wolle, es waren noch zwei machtvolle Gönner da, die ihm beide erklärt hatten: solange sie lebten, dürfe Galileo Galilei niemand ein Härchen krümmen. Papst Paul V. hieß der eine, Großherzog Cosimo II. war der andere...

In einer Februarnacht läuteten unerwartet sämtliche Glocken der Stadt. Galilei riß so lange an der Klingelschnur, bis die Haushälterin schlaftrunken ins Zimmer wankte. Er befahl ihr, draußen zu fragen, was dieses Geläute der Glocken zu bedeuten habe. Bald kam sie, vom Schrecken völlig ermuntert, zurück.

»Unser Großherzog ist gestorben!«

Der Kranke nickte bloß und entließ die Haushälterin. Er mußte allein sein mit seinen Gedanken. Als er das Licht ausgelöscht, begann er im Dunkel still zu weinen. Er gedachte des jungen Thronfolgers von einst, der mit dem häßlichen und doch so liebenswerten Angesicht seinem Vortrag über den Zirkel so aufmerksam gefolgt und in dessen Augen die Freude des Verstehens aufleuchtete. Er erinnerte sich an die Nächte im Park des großherzoglichen Palazzos, da er dem fürstlichen

Knaben, umweht vom Hauch der Unendlichkeit, die Sterne erklärt hatte. Dann geleiteten seine Gedanken den Fürsten durch sein ganzes kurzes Erdenleben. Die gemeinsamen Gespräche mit ihm wurden wach, und aus allen Erinnerungen tönte ihm in der dunklen Einsamkeit der Widerhall: ‚Heute ist ein aufrechter, gütiger Mensch verblichen, der mich sehr geliebt hat und den ich ebenso wieder liebte.'

Der Großherzog wurde in dem herrlichen Mausoleum der Medici bestattet, in diesem hoheitsvollen Prachtbau mit seinen pompös-düsteren Mauern und kostbaren Intarsien. Aber sein in Treue ergebener Gelehrter konnte ihm nicht einmal das letzte Geleit geben, weil er, von körperlichen Schmerzen gemartert, die sich überstürzenden Nachrichten der Außenwelt nur im Krankenbett entgegennehmen konnte. Der zehnjährige Thronfolger trat als Fernando II. die Herrschaft über das Großherzogtum an. Durch ein ausführliches Testament hatte der Vater verfügt, daß für den unmündigen Knaben dessen Mutter und Großmutter die Regentschaft führten und daß sie außerdem durch einen viergliedrigen Regentschaftsrat unterstützt würden. Picchena blieb nicht lange Mitglied dieser Regentschaft. Es kam alles genau so, wie er vorausgesehen hatte: er wurde in den Ruhestand versetzt und an seine Stelle trat der Ritter Cioli. Die Jesuiten hatten die Macht über Toskana in Händen.

Der Kranke wurde oft an Sagredo und jenen prophetischen Brief gemahnt, den er zur Warnung empfangen, als er seinerzeit Padua für immer verließ. Jede Zeile dieses Schreibens, das aufrichtige Liebe für Galileo diktiert hatte, erfüllte sich nun nach und nach. Voll heißer Sehnsucht beschloß Galileo, sich wieder einmal gründlich mit dem stets spöttisch lächelnden Freunde zu beraten. Sagredo hatte ihn zwar schon des öfteren auf eines seiner zahlreichen Güter eingeladen, doch war er diesen Einladungen bisher nie gefolgt. Jetzt wollte er ihn auf die jüngste Einladung hin gleich nach seiner Genesung besuchen. Darüber wurde er ganz froh und für einen Tag ließen sogar die Schmerzen etwas nach. Da erhielt er aus Venedig die traurige und ganz unfaßbare Nachricht, daß Gianfrancesco Sagredo gestorben sei.

Galileo suchte sich zum Trost die alten Briefe des lieben Freundes hervor und las sie – Worte eines Heimgegangenen aus der Ewigkeit des Sternenheeres an ihn. Noch ein anderes Zeichen wurde ihm auch gleichsam aus dem Jenseits. Eines Vormittags hielt plötzlich eine Kutsche vor dem Hause. Wenige Minuten später meldete ihm die Haushälterin atemlos, der Großherzog sei da! Und schon trat der zehnjährige Herrscher, begleitet von seinem jesuitischen Erzieher und dem Grafen Piccolomini, ins Gemach. Fernando II. trug ein schwarzes Galakleid mit einem gekrausten, weißen Kragen und den mit Edelsteinen besetzten Dolch am Gürtel. Er trat zum Krankenlager und bot Galilei die Hand zum Kuß. Nur mit äußerster Anstrengung konnte Galilei dieser hohen Gunstbezeugung entsprechen.

»Seine Hoheit, Unser seliger Vater«, redete ihn der jugendliche Großherzog mit eingelernten Worten an, »hat Euch noch auf Seinem Sterbelager Unserer Liebe befohlen. Seinem Vermächtnis getreu, aber auch Unseren eigenen Gefühlen folgend, sind Wir hier erschienen, um Euch baldige Genesung zu wünschen und Euch Unserer Gunst zu versichern.«

»Hoheit, meinen ergebensten Dank.«

Nun stockte das Gespräch, doch Graf Enea Piccolomini griff den Faden der Unterhaltung sofort wieder auf und meldete die besten Wünsche seines Bruders.

»Entsinnt Ihr Euch noch des kleinen Ottavio? Er war fast noch ein Knirps, als man ihm gestattete, an Eurem Unterricht teilzunehmen. Jetzt dient er, zwanzigjährig, schon als Soldat in der Armee, die Toskana Seiner Majestät, dem Kaiser Ferdinand, gegen die Böhmen zu Hilfe sandte.«

Der Jesuit, der bis zuletzt kein Wort gesprochen hatte, gab jetzt einen Wink. Der junge Großherzog bot dem weltberühmten Gelehrten, den der Vater seiner Sorge anbefohlen hatte, wieder die Hand zum Kuß und dann gingen sie.

»Man wird an diesem Hause eine Marmortafel anbringen, Porzia«, sagte der Kranke scherzend zu der noch immer sprachlos dastehenden Haushälterin.

Doch dann überfielen ihn wieder seine düsteren Gedanken. Immer wieder wurde er an den Tod gemahnt, der ringsum so reiche Ernte hielt. Dabei war ihm schon der Gedanke an das Sterben verhaßt. Er hatte schreckerfüllte Träume und das Grauen vor dem Nichtmehrsein beschlich sein Herz. An jedem Abend stellte er sich vor dem Einschlafen die furchtsame Frage, mit welcher Unheilsbotschaft ihn wohl der nächste Morgen wecken würde.

Sie ließ nicht lange auf sich warten. Eines Morgens erschien Virginia mit verweinten Augen, an ihrer Hand der kindlich schluchzende Nencio, wie der Kosename Vincenzos in der Familie lautete.

»Galileo, unsere Mutter ist gestorben«, sagte Virginia weinend.

Diese Nachricht erschütterte ihn bis ins innerste Herz. Alle Schande, die er einst um der alten streitsüchtigen Frau willen oft genug erlitten, war mit einem Male vergessen. Ein Weinen ließ den Leib erbeben, als sei er nicht siebenundfünfzig Jahre alt, sondern der siebenjährige Knabe von einst. Wie ein verirrter, kleiner Junge jammerte er laut nach seiner Mutter und umklammerte mit der gesunden Rechten Virginias Hand. Jetzt erst erfuhr er, die alte Frau habe schon seit Wochen große Schmerzen ertragen müssen. Man hatte ihm darüber aus Angst, ihn unnötig aufzuregen, nichts mitgeteilt. Während der letzten Tage hatte sie ohne Besinnung dagelegen, so daß man nicht einmal genau sagen konnte, wann sie hinübergedämmert war. Sie hatte dreiundachtzig Lebensjahre erfüllt. Das Begräbnis gestaltete sich traurig und einsam. Livia und ihre Familie konnte nicht rechtzeitig aus Venedig eintreffen, Lena und ihr Gatte wohnten in einem abgelegenen Bergdorf, Michelagnolo weilte fern in München, und die beiden Enkeltöchter durften das Kloster nicht verlassen. Inzwischen hatte eine dritte Enkelin der Heimgegangenen den Schleier genommen; eine Tochter Landuccis war unter dem Namen Suor Chiara ins Kloster gegangen. Galilei lag krank im Bett. Nur Virginia gab mit ihren vier Kindern der Toten das letzte Geleit.

Wer blieb ihm noch? Auf wen konnte er noch zählen? Wer sollte ihm zur Seite stehen, wenn er nach seiner Genesung wieder zu schaffen begann? Denn allmählich reifte in ihm, was er den Jesuiten antworten wollte: keine Streitschrift, kein offener, kein heftiger Brief, sondern ein abgerundetes großes Werk, ein wissenschaftliches Bekenntnis eines befreiten Denkens, zugleich eine Absage an die Peripatetiker sollte daraus werden. Sein ganzes Wissen wollte er in dieses Werk legen und alles Schöne und Erhabene, was in diesem Weltenraum lebte und wirkte, wollte er darin aussprechen. Ja, er würde es persönlich dem Papst Paul und dem Kardinal Bellarmin überreichen und seinen Inhalt erläutern: eine gewaltige, umfassende Schau, in der das kopernikanische Problem nur einen kleinen Ausschnitt bedeutete!

Bedächtig machte er sich an die Arbeit. Jede unvorsichtige Bewegung ließ ihn vor Schmerz aufstöhnen. Seine Besucher brachten täglich die Nachrichten von den Schauplätzen des großen Krieges. An einem Novembertag vermeldeten sie ihm einen überwältigenden Sieg der Katholiken über die Protestanten. Auch der junge Piccolomini hatte an dieser Schlacht in der Nähe des Weißen Berges als Kommandeur eines Reiterregiments teilgenommen und sich glänzend ausgezeichnet. Florenz und Rom schwelgten in Siegesfreude, aus der sie freilich jäh herausgerissen wurden. Papst Paul ordnete eine prunkvolle Dankprozession an, die er persönlich anführte; dabei ereilte ihn ein Herzschlag. Er war sofort tot.

Nun wurde die Angst in Galileo übermächtig. Alle Persönlichkeiten, die ihm wohlgesinnt schienen, raffte der Schnitter Tod unerbittlich dahin. Manchmal litt er sogar an der Einbildung, er müßte sie aus der Ferne mit seinen Gedanken vergiftet haben. Er wurde abergläubisch und murmelte Beschwörungen, die ihn seine Haushälterin gelehrt hatte. Doch auch diese Zaubersprüche konnten ihn von seiner fürchterlichen Todesangst nicht befreien. Binnen weniger Monate erschien er um ein Jahrzehnt gealtert. Ob er an seinem Schreibtisch saß und arbeitete, ob er etwas Ruhe genoß, immer war sein Antlitz von einem panischen Schrecken gezeichnet.

Die Kardinäle wählten als Papst einen kränklichen Greis. Alessandro Ludovisi setzte die Tiara als Gregor XV. aufs Haupt. Die Zügel des päpstlichen Regiments riß jedoch sein Verwandter Ludivico Ludovisi an sich und vereinigte in seiner Hand alle Fäden der Politik. Bloß einige angesehene alte Kardinäle behielten ihren Einfluß, darunter Bellarmin.

Galileis Seelenzustand verschlimmerte sich von Tag zu Tag, während sich die Krankheit etwas milderte. So ging die Arbeit wieder leichter vonstatten, und es war ihm eine besondere Freude, als er für dieses Werk einen ausgezeichneten Titel fand. Grassi hatte doch seine Schmähschrift ‚Die astronomische und philosophische Waage' genannt, seine Antwort sollte ‚Il saggiatore' heißen, ‚Die Goldwaage'. Wie mit diesem feinen und überaus empfindlichen Instrument wollte er untrüglich nachweisen, was echtes Gold und was bloß eitler Glimmer von Katzengold war.

Es war unterdes Sommer geworden, die Nieren verursachten keinerlei Beschwerden mehr, auch seine Gelenke waren wieder geheilt. Das Werk stand dicht vor der Vollendung. Eines Nachmittags betrat Guiducci sein Zimmer mit der Meldung:

»Messer Galilei, wie ich soeben aus Rom erfahre, ist der Kardinal Bellarmin gestorben.«

Da wurde es dunkel vor Galileis Augen, die Gegenstände des Zimmers verloren ihre Umrisse. Er sank vom Stuhl zu Boden. Doch auch in seiner Ohnmacht hielt er den Gänsekiel krampfhaft in seiner Rechten.

XVIII

Zweieinhalb Jahre waren vergangen, und eine Erwiderung auf Grassis gehässigen Ausfall stand noch immer aus. Der Pater und seine Anhänger hatten ihr Ziel fast erreicht: das lange Schweigen des Gegners schien nichts anderes als schmachvolle, endgültige Niederlage zu bedeuten. Die Peripatetiker in Rom feierten Siegesfeste. Fürst Cesi forderte ungeduldig das Manuskript der ‚Goldwaage'. Und auch ein Geistlicher, der einst Schüler Galileis in Padua gewesen und jetzt eine sehr einflußreiche Stellung einnahm, drängte ihn: Monsignore Ciampoli, der inzwischen Sekretär bei Gregor XV. geworden war. Daß nunmehr auch schon der Sekretär des Papstes ungeduldig auf seine Antwort an die Jesuiten wartete, spornte Galileis Arbeitslust von neuem an.

Er konnte sich aber immer noch nicht ganz ungestört der Fertigstellung seines Werkes widmen. Abwechselnd waren seine Töchter krank. Auch des ältesten Sohnes der Landucci mußte er sich annehmen. Vincenzo war bis über die Ohren in ein auffallend schönes Mädchen, Anna Diocianti, verliebt. Schon sein Vater war seinerzeit gegen diese Verbindung gewesen, und seither hatte die Mutter Widerstand geleistet, da sie ihren Sohn mit einem reichen Mädchen zu verheiraten gedachte. Vincenzo aber blieb standhaft. Er fühlte, daß er einzig in seinem Onkel einen Fürsprecher finden könnte, und brachte daher die

Auserkorene seines Herzens einmal mit, um sie ihm vorzustellen. Anna war tatsächlich von auffallender Schönheit und liebte Vincenzo ebenfalls leidenschaftlich. Galilei stellte sich auf die Seite der Jugend. Die ganze Angelegenheit war ja eine reine Geldfrage. Vincenzo besaß kein Vermögen, und auch das Mädchen war arm. So mußte erst der Widerstand der Familie Diocianti gebrochen werden, da die reichsten Freier um das schöne Mädchen warben. Die entscheidende Wendung in dieser Herzensgeschichte erfolgte, als Benedetto Landucci, der durchgebrannte Vater, seinem Sohn nochmals brieflich verbot, Anna zu heiraten. Galileo geriet daraufhin in so großen Zorn, daß er in der ersten Aufwallung erklärte: er werde die Ausstattung des jungen Mädchens übernehmen und auch die Kosten der Hochzeit tragen. Da gab auch Virginia ihren Widerstand auf; denn Galileo hatte für die ganze Familie gesorgt, also mußte man auch sein Recht anerkennen, das Schicksal der Kinder mitzubestimmen.

Ein jüngerer Sohn Landuccis wurde Benediktinermönch. Die älteste Tochter war Nonne im gleichen Kloster, in dem Celeste und Angela lebten. Da die jüngste Tochter auch den Schleier nehmen wollte, wurde sie im Kloster San Giorgio untergebracht, so daß Virginia nun keines ihrer Kinder mehr zu Hause hatte. Nur Nencio, Galileis Sohn, hielt sich noch bei ihr auf. Er zählte sechzehn Jahre, und es war an der Zeit, ihn auf die Universität zu schicken. Er zeigte keine Neigung für eine bestimmte Laufbahn und ließ auch keinerlei besondere Begabung erkennen. Er war gewöhnt, alles in Überfluß zu haben, kleidete sich geckenhaft, kam mit seinem Taschengeld grundsätzlich nicht aus, und sobald sein Vater mit ihm über die Berufswahl sprach, machte er stets ein Gesicht, als ob man ihm die Zähne ziehen wollte. Er entschloß sich zu keinem Beruf, weil er einfach keine Lust zum Lernen verspürte.

»Ich verstehe dich nicht«, entrüstete sich der Vater, »hast du denn gar keinen Ehrgeiz? Empfindest du keinen Hang für ein Studium, um zu beweisen, wes Geistes Kind du überhaupt bist?«

Der Sohn zuckte trotzig mit den Schultern und schwieg.

»Dann besinne dich wenigstens auf dich selbst, wenn du schon gar keinen Ehrgeiz hast. Wie stellst du dir denn dein künftiges Leben vor? Was möchtest du eigentlich werden?«

»Diplomat«, erwiderte zögernd der Jüngling, »oder etwas ähnliches am Hofe.«

»Also doch wenigstens etwas. Ich will deine Zukunftspläne nicht stören. Von mir aus unternimm, was du willst, nur tue es mit Lust und Liebe. Meinetwegen studiere dann Rechtswissenschaft.«

Er überlegte, ob er seinen Sohn an den Bo schicken sollte. Aber er kam von dem Gedanken wieder ab. Den Sohn eines Hofgelehrten in Padua standesgemäß studieren zu lassen, würde einen hübschen Batzen kosten, in Pisa hingegen fiele es nicht schwer, sogar ein Stipendium für ihn zu erlangen. Hierzu kam noch die Überlegung, daß es als Geringschätzung der toskanischen Universität gedeutet werden könnte, wenn er ihn, den Sohn eines Pisaner Professors, nach Padua schickte. Und so fuhr Vincenzo eines schönen Tages nach Pisa ab.

Die Villa Segni stand wieder ganz leer. Nur Virginia bewohnte zwei Räume. Dem Park zuliebe wohnte jetzt auch Galilei zeitweise bei ihr, ohne jedoch sein Haus an der Costa San Giorgio aufzugeben. Inmitten all dieser Familiensorgen arbeitete er an der Vollendung der ‚Goldwaage'. Das Manuskript wurde immer dickleibiger. Schon gewann es den doppelten Umfang, als ursprünglich geplant, und wie weit war er noch vom Schluß entfernt! Aber er hatte so unendlich viel zu sagen. Wenn er einen Gedanken zu Papier brachte, gebar dieser sogleich zehn neue. Seine ungeduldigen Freunde in Rom konnten inzwischen die Zeit nicht abwarten und brachten ein neues Werk heraus, um die Siegesfanfaren der Peripatetiker wenigstens so lange zum Schweigen zu bringen, bis die ‚Goldwaage' erschien. Diese Schrift hatte Stelluti, ein Mitglied der Akademie der ‚Luchse', verfaßt. Er verteidigte darin fast ausschließlich Guiducci gegenüber dem Pater Grassi und ließ Galilei vollständig aus dem Spiele, um der beflügelten Beweisführung der ‚Goldwaage' nicht vorzugreifen. Man sandte dem Meister das Buch nach Florenz und hörte nicht auf, ihn wegen der Fertigstellung der ‚Goldwaage' zu mahnen.

Endlich war das Werk vollendet! Genau drei Jahre nach dem boshaften Angriff des Jesuitenpaters. Nachdem Galileo den letzten Punkt gesetzt, las er das Ganze von Anfang bis Ende nochmals durch. Entzückt, als ob er es nicht selbst geschrieben, verfolgte er die Zeilen mit der Erregung des unvoreingenommenen Lesers. Das Werk war so gelungen, wie er es gewollt: ein umfassender Rechenschaftsbericht über sein Können, sein gesamtes Wissen und zugleich eine Widerlegung der Angriffe Grassis. Es war einfach alles darin enthalten, auch die Begründung, weshalb er mit der Kirche wegen ihrer Ablehnung der kopernikanischen Grundgedanken niemals gehadert. Diese Zurückhaltung sollte keineswegs besagen, daß er etwa verzichtet habe, das neue Weltsystem völlig auszuarbeiten. Jeder einsichtige Leser mußte begreifen, was diese Rücksichtnahme auf die machtvolle Inquisition bedeutete.

Er sandte das Manuskript an die Akademie der ‚Luchse' nach Rom. Dort wurde es unter strengster Geheimhaltung der päpstlichen Zensur vorgelegt. Monsignore Cesarini, ein Geistlicher, der das Manuskript entgegennahm, schrieb Galilei, die Jesuiten müßten irgendwie von der Fertigstellung der ‚Goldwaage' erfahren haben; denn sie versuchten mit allen Mitteln, Einblick in das Werk zu gewinnen. Aber Monsignore Riccardi, der Dominikaner-Examinator, verwahre es so sicher, daß kein unerwünschter Späher Zutritt besaß. Jetzt, bei der Prüfung, hänge alles davon ab, ob die Kirche die Erlaubnis erteile, dieses gegen die Jesuiten gerichtete Buch in Druck zu geben. Darauf müsse man eben warten. Wie lange, das könne allerdings niemand sagen. Riccardi halte jedenfalls zur Eile an.

Galilei fügte sich ins Unvermeidliche. Und die Zeit des Wartens war mit Sorgen und Trauer erfüllt. In Venedig riß der Tod Fra Paolo Sarpi aus dem engen Kreis der wenigen überlebenden Freunde und Gönner Galileis. Dieser Todesfall erschütterte ihn wieder zutiefst, stimmte ihn düster und machte seine schlaflosen Nächte zur Qual.

Vincenzo, der Student, führte sich in Pisa ganz erbärmlich auf. Der treue Castelli, der sich alle Mühe gab, den Sohn seines Meisters zu fördern, war gezwungen, dem Vater dessen anstößiges Benehmen aufrichtig mitzuteilen: er war ein Trinker und Prahlhans, schlug sich fortwährend herum und zeigte sich im höchsten Maße unverträglich. Wenn er es so weitertreibe, würde er zweifellos das Stipendium bald verlieren. Auch aus dem Kloster hörte der Vater Unerfreuliches. Beide Töchter kränkelten, nur mit dem Unterschied, daß Celeste alle Beschwerden mit Engelsgeduld ertrug, während Angela, auch ohne zu leiden, der Klagen nicht müde wurde. Damit das Maß voll wurde, erkrankte auch Virginia schwer ...

Die Entscheidung des Zensors ließ vier Monate auf sich warten. Aber die Geduld ward belohnt. Der Dominikanerpater teilte Galilei in einem schmeichelhaften Briefe mit, er sehne sich darnach, den Verfasser der ‚Goldwaage' von Angesicht kennenzulernen, und Fürst Cesi drang darauf, daß Galilei nach Rom käme. Gleichzeitig sandte er ihm den offiziellen Text des Gutachtens des Examinators:

»Ich habe auf Befehl des Paters Palastmeister das Werk ‚Il Saggiatore' gelesen und habe – abgesehen davon, daß ich in demselben nichts entdeckte, was den guten Sitten entgegensteht oder von der göttlichen Wahrheit unseres Glaubens abweicht – darin so schöne und mannigfache Betrachtungen über Naturphilosophie gefunden, daß ich glaube, unser Jahrhundert könne sich nicht nur eines großen Nachfahren früherer Philosophen rühmen, sondern auch eines Entdeckers vieler Naturgeheimnisse, die frühere Forscher aufzufinden nicht fähig waren. Diese scharfsinnigen und unermüdlichen Untersuchungen verdanken wir einem Verfasser, dessen Zeitgenosse zu sein ich mich glücklich preise, da man nun das Gold der Wahrheit nicht mehr auf der Schnellwaage und mit allen Beimengungen, sondern geläutert auf der viel feineren Goldwaage prüft. Fra Nicolo Riccardi.«

Die Jesuitenpartei konnte diesem Werke nunmehr wohl kaum nennenswerte Schwierigkeiten entgegensetzen. Die ‚Luchse' gaben es in Druck. Aber schon jetzt sprach jedermann über die ‚Goldwaage', noch bevor der Inhalt des Werkes bekannt wurde. Die wildesten Gerüchte waren im Umlauf: die Jesuiten hätten das Manuskript gestohlen; oder sie hätten die ‚Luchse' dermaßen eingeschüchtert, daß diese es nicht mehr wagten, das Werk zu verlegen. Galilei saß abwechselnd am Krankenlager der Schwester oder seiner beiden Töchter und konnte deswegen nicht nach Rom reisen. Erschrocken fragte er bei den Freunden an, was denn an diesen Gerüchten wahr sei. Fürst Cesi schickte ihm als Antwort zwei bereits fertiggestellte Korrekturbogen des Werkes.

Die darauf erfreulich gehobene Stimmung des Verfassers wurde rasch gedämpft durch den Schmerz eines Todesfalles, der in dieser Kette trauriger Ereignisse nunmehr das letzte Glied zu sein schien. Virginia starb. Sie hatte viel gelitten. Von ihrem Manne war sie verlassen worden, ihre Kinder lebten in der Fremde verstreut. Einzig ihr Bruder hatte Virginia immer treu zur Seite gestanden, freilich war auch er kränklich, gereizt und gebrochen. Als der letzte Hauch den Lippen der unglücklichen Frau entfloh und der Bruder ihr die brechenden Augen zudrückte, fiel er auf die Knie und betete, bangend um seine Kinder und mit Tränen in den Augen, zu dem Allmächtigen:

»Ich flehe dich an, o Herr, laß es genug sein ...«

Nachdem Virginias sterbliche Hülle der Erde übergeben worden, blieb Galilei ganz vereinsamt in der Villa Segni und im Hause an der Costa San Giorgio. Sein Rücken war gekrümmt, der feurige Glanz seiner Augen erloschen. Er war an die Sechzig. Noch lebten seine Kinder, Freunde aber und Altersgenossen, die ihm in diesem irdischen Dasein sonst lieb gewesen, waren der Reihe nach entschlafen. Umsonst bemühte er sich, an die Schatten nicht zu denken. Sobald das einsame Dunkel der Nacht hereinbrach, traten sie lautlos an sein Lager: die Mutter, die Schwester, die Geliebte und Mutter seiner Kinder, Fra Paolo, Sagredo, der Großherzog Cosimo, Papst Paul, Bellarmin, der alte Fabrizio, Pater Clavius; sie alle mahnten ihn mit gespenstischen, unheimlichen Blicken an den Tod, sie riefen ihn. Und dann überfiel ihn grauenhafte Angst. Laut schrie er in die Finsternis, um seine eigene Stimme zu hören, wie ein Kind, das sich im dichten Walde verirrt hat. Er machte Licht und stierte, sich mühsam wachhaltend, in die Flamme. Er war alt, müde und bresthaft. Dennoch wollte er leben, leben um jeden Preis! Das Erscheinen der ‚Goldwaage' erleben, sich des Erfolges freuen, weiterschaffen und nein – niemals sterben! Wenn auch einsam, seiner geliebten Angehörigen beraubt, ganz gleich, nur leben! Leben! In diese Zeit der Trauer und der Angst vor dem Tode, in die Zeit der inneren Kämpfe, fiel eine Nachricht, die ihn plötzlich mit frischem Lebensmut, mit himmelstürmender Begeisterung erfüllte. Er vernahm sie am Hofe, als sie gerade der reitende Bote überbrachte. Sofort nahm er sich seinen Wagen und fuhr nach Arcetri ins Kloster. Angela lag zu Bett, aber Celeste kam gleich.

»Es ist doch nichts geschehen, lieber Herr Vater!«

»Doch, doch! Ich bringe eine große, für das Kloster höchst wichtige Kunde! Statt des seligen Gregor haben wir einen neuen Papst. Ach, du ahnst ja nicht, wer es ist!«

»Nein, wer?«

»Maffeo Barberini. Der mich so gern mag; der einst eine Ode auf mich gedichtet hat. Jetzt wird sich alles zum Guten wenden! Frage gleich die Äbtissin, ob sie nicht einen Herzenswunsch hat. Ich werde ihn erfüllen. Jedem will ich seine Wünsche erfüllen! Sobald ich wieder bei Kräften bin, fahre ich nach Rom, geradenwegs zu Seiner Heiligkeit. Er wird mich umarmen. Wir werden miteinander scherzen und von der alten Zeit plaudern. Von meinem neuen Buche wollen wir sprechen. Die Jesuiten werden gezwungen sein, mich nun sehr, sehr schonend zu behandeln. Es wird alles ganz anders! Nach so viel Schmerz, nach so viel Leid hat endlich der liebe Gott alles zum Guten gewendet...«

Zärtlich und mitfühlend streichelte Celeste die Hand ihres Vaters. Auf ihrem schmalen, zarten Gesicht spiegelte sich das Glück des Vaters wie die Glut der Sonne im Widerschein eines Bergsees. Wie geblendet sah Galilei sich um und rief kühn:

»Und ich werde der Anschauung des Kopernikus dennoch zum Durchbruch verhelfen!«

Er stand auf und reckte sich. Mit einem Male fühlte er sich viel, viel gesünder.

DRITTES BUCH

I

Zu seinen Gewohnheiten gehörte es, jeden Brief aufzuheben, mochte er auch noch so unbedeutend sein. Er liebte es, diese Schriftstücke immer wieder zu sichten, einzelne nochmals zu überlesen und sie dann in die für sie bestimmte Mappe zurückzulegen. Jetzt suchte er sich die Briefe hervor, die der neue Papst Urban VIII. an ihn gerichtet hatte, als er noch Kardinal Barberini gewesen war. Alle zeugten sie von wärmster Anerkennung. Auch jener Brief fand sich darunter, mit dem ihm der Kardinal seinerzeit das verherrlichende Gedicht gesandt hatte.

»Die Achtung, welche ich stets für Eure Person und Eure vielen Verdienste hegte, gab den Anlaß zu der beigeschlossenen Dichtung. Ist sie Euer auch nicht würdig, so mag sie Euch wenigstens ein Beweis meiner Zuneigung sein, da ich meiner Poesie durch Euren berühmten Namen neuen Glanz zu verleihen beabsichtige. Ohne mich also im Vertrauen auf Euer Verständnis in weitere Entschuldigungen zu verlieren, bitte ich Euch, diesen geringen Beweis meiner Geneigtheit entgegennehmen zu wollen. Von Herzen grüßend, erbitte ich von Gott allen seinen Segen für Euch.«

Auch jetzt errötete Galileo vor Freude, als er diese Zeilen las. Gab es denn außer ihm noch einen Gelehrten, an den Gottes Stellvertreter auf Erden solch einen Brief richten würde? Dieser Brief und die Ode waren kein Geheimnis; ganz Florenz wußte davon. Galileis Ansehen wuchs um das Zehnfache. Unbekannte Menschen grüßten ihn unter tiefen Verbeugungen, ihn, den Freund des Papstes. Geistliche, die bisher an ihm mit starrer Miene vorübergegangen, blieben jetzt stehen und erkundigten sich freundlich nach seinem Wohlbefinden. Und bei Hofe begann man ihn plötzlich wieder sehr ernst zu nehmen. Seit Cioli die Führung der Staatsgeschäfte übernommen, hatte man sich herzlich wenig um ihn gekümmert. Mit einem Male wurde er wieder persona grata wie einst unter dem seligen Großherzog Cosimo. Die beiden Großherzoginnen luden ihn des öfteren ein, wobei er auch häufig Gelegenheit hatte, sich mit dem jugendlichen Herrscher Fernando II. zu unterhalten. Dann lenkte man das Gespräch fast jedesmal auf den Papst, und Galileo versäumte nie, mit nachlässigem Stolz zu bemerken:

»Ja, es ist eine unendliche Freude für mich, daß ein guter Freund von mir den Stuhl Petri bestiegen hat. Ich kann es kaum erwarten, ihm in Rom einen Besuch abzustatten und mit ihm zu plaudern.«

»Das Gesandtschaftsgebäude steht zu Eurer Verfügung«, beeilte sich die Großherzogin-Mutter zu antworten. »Zur Zeit ist der junge Marchese Francesco Niccolini unser Geschäftsträger in Rom, ein außerordentlich liebenswürdiger Herr.«

»Und seine Gemahlin erst!« pflichtete Cioli bei.

»Wann gedenkt Ihr denn zu reisen?« erkundigte sich die Großherzogin.

»Ich würde sofort reisen, Eure Hoheit, aber mein Gesundheitszustand läßt leider manches zu wünschen übrig. Solange ich mich nicht ganz wohl fühle, habe ich Bedenken, mich auf diese lange Reise zu begeben. Dann sollen die Wege stellenweise ganz unpassierbar sein; wie ich höre, hat es überall Überschwemmungen gegeben.«

»Also seht nur zu, Eure Gesundheit recht bald wiederherzustellen. Wir sind bereit, Euch mit allen erdenklichen Empfehlungsschreiben auszustatten.«

Er wartete geduldig, daß er endlich den weiten Weg antreten könnte. Doch seine Krankheit wollte diesmal anscheinend überhaupt nicht wieder weichen; auf jede Besserung folgten Rückfälle. Und eines Tages brach noch ein besonderes Unglück über ihn herein. Er betreute im Park seine Blumen. Ein größeres Felsstück lag im Wege und er wollte es wegrollen. Er stemmte sich dagegen, strengte sich mächtig an, und plötzlich erfaßte ihn ein Schwindel, so daß er neben dem Stein bewußtlos zu Boden sank. Zwar kam er bald wieder zu sich, als er sich aber erheben wollte, fühlte er einen brennenden und stechenden Schmerz in seinem Unterleib. Unwillkürlich griff er dahin und erschauerte: eine große Geschwulst quoll aus seinem Leibe heraus. Verzweifelt tastete er sich im Liegen ab. Er knöpfte seine Kleider auf und sah nach. Da stellte er fest, daß sein Bauchfell von der Anstrengung geplatzt war.

Vorsichtig versuchte er aufzustehen, seine Hand fest auf die verletzte Stelle drückend. Zuerst kniete er auf, dann erhob er sich langsam und bebend. Schritt für Schritt wankte er taumelnd ins Haus. Er wagte nicht einmal, laut nach seiner Wirtschafterin zu rufen, aus Angst, daß der Riß schon dadurch größer werden könnte. Totenblaß flüsterte er der Haushälterin ins Ohr, sie möge schnell einen Arzt holen. Bis dieser kam, betete er stammelnd vor Schrecken. Er konnte die Folgen dieses Körperschadens nicht abschätzen, hatte keine Ahnung, was eigentlich in seinem Innern vorging. Mit Schaudern dachte er, daß er jetzt vielleicht sterben müsse. Tränen rollten ihm aus den Augen, und er flehte den Allmächtigen an, ihn diesmal noch am Leben zu lassen.

Der Arzt kam, untersuchte ihn und stellte einen Eingeweidebruch fest. Er müsse eine gute Weile das Bett hüten und den Leib auf alle Fälle fest abbinden. Ohne einen festen Verband dürfe er von nun an überhaupt nicht mehr gehen. Das sei eine unangenehme und unbequeme Sache, nicht zu heilen, aber auch nicht besonders gefährlich; man könne damit hundert Jahre alt werden.

Außer seinem anderen Leiden hielt ihn also auch noch dieses ans Bett gefesselt. Nun er wußte, daß sein Leben nicht bedroht sei, litt er noch geduldiger als zuvor. Celeste tröstete ihn mit herzerquickenden Briefen. Am meisten verlieh ihm aber jetzt der Gedanke an den Papst Kraft, Hoffnung und Lebensmut.

Lange überlegte er, ob er Seiner Heiligkeit anläßlich seiner Thronbesteigung nicht einen Glückwunsch schreiben solle. Doch das wäre vielleicht unbescheiden gewesen. Auch wollte er nicht den Anschein erwecken, als mißbrauche er ihre einstige Freundschaft, indem er sich beeilte, den Heiligen Vater an das frühere gute Einvernehmen zu erinnern. Er begnügte sich damit, an Persönlichkeiten aus der nächsten Umgebung des Papstes zu schreiben. Von denen erhielt er auch sogleich Antwort. Monsignore Ciampoli, der Sekretär das Papstes, mit dem er gut Freund war, forderte ihn nachdrücklich auf, so schnell wie möglich nach Rom zu kommen; bei Seiner Heiligkeit dürfe er auf den denkbar wärmsten Empfang hoffen. Fürst Cesi meldete mit großer Freude, daß die Drucklegung der ‚Goldwaage' Fortschritte mache; es wäre wünschenswert, wenn der Verfasser den zu erwartenden Erfolg dieses Buches durch seine persönliche Anwesenheit noch fördere. Kurze Zeit darauf kündigte man ihm das Erscheinen des Buches an, und endlich hielt Galileo das erste Exemplar in den Händen, und der Kranke blätterte darin mit verliebter Zärtlichkeit. Dann meldete ein Brief von Monsignore Cesarini: ‚Das Werk erfreut sich schon jetzt einer derartigen Anerkennung, daß Unser Herr sich während des Essens daraus vorlesen läßt.' Galilei fühlte sich geschmeichelt. Das wollte doch etwas heißen! Das war endlich ein Papst nach seinem Geschmack! Sogar während seiner Mahlzeiten kümmerte er sich um die Wissenschaft! Welche Genugtuung, sich den Heiligen Vater in einem der Prunksäle des Vatikans bei der Tafel vorzustellen, aus deren Runde jeder mit anhören mußte, wie die Afterweisheiten des Jesuitenpaters Grassi durch die Argumente des Florentiner Weisen widerlegt wurden. Über Grassi schrieb ihm einer der ‚Luchse', Francesco Stelluti:

»Hiermit sende ich Euer Gnaden sechzig Exemplare. Ich muß sagen, daß sich das Buch in der Öffentlichkeit einer regen Nachfrage erfreut. Eines der ersten Exemplare gehörte dem Palastmeister im Vatikan, der es an den Buchhändler Sole weitergab. Flugs eilte Grassi hin und verlangte das Buch. Noch im Laden begann er zu lesen, und seine Gesichtsfarbe veränderte sich. Er machte die Bemerkung, Euer Gnaden hätten die Antwort drei Jahre hinausgezögert, trotzdem aber erscheine sie noch übereilt, wie man schon beim flüchtigen Lesen feststellen könne. Damit klemmte er das Buch unter den Arm und ging fort. Mehr habe ich nicht gehört. Nur mit einem Mönch des Jesuitenkollegiums sprach ich noch, der das ganze Werk schon gelesen hat. Er erklärte es für sehr bedeutend und meinte, Grassi habe viel zu tun, wenn er darauf erwidern wolle. Im übrigen sollen die Jesuitenpatres die Meinung vertreten, daß die Gesinnung des Werkes sehr anständig sei; Euer Gnaden äußerten sich über den Orden der Jesuiten höchst ehrerbietig.«

Das waren aber nur Pflaster für die Gebresten seiner Seele, nicht aber für seinen Körper, der ihm noch immer so viel zu schaffen machte, daß an einen baldigen Antritt der Reise nicht zu denken war. Aus Rom schrieb man auch, der Tiber sei neuerdings aus den Ufern getreten, und das Stadtviertel Orso, das stets zuerst von der Überschwemmung betroffen wurde, stünde ganz unter Wasser.

Ein halbes Jahr währte es, ehe Galileo wieder gehen konnte. Schwach, gebrechlich und taumelnd machte er sich auf die Reise. Ohne eine Unterbrechung hätte er diese Beschwernisse nicht ausgehalten; deshalb beschloß er, den Fürst Cesi unterwegs auf seinem Gute zu besuchen. Der Fürst, der inzwischen die Gräfin Salviati geheiratet und sich aufs Land zurückgezogen hatte, hielt sich nur noch sehr selten in Rom auf. Galilei kam in den Ostertagen bei ihm an und blieb zwei ganze Wochen, um Kräfte für die Weiterreise zu sammeln.

Die idyllische Ruhe des Schlosses, die Liebenswürdigkeit des Gastgebers taten ihm wohl. Die balsamische Frühlingsluft beruhigte seine Nerven. Zwei Wochen lang bewegte sich das Gespräch ausschließlich um die Aussichten, die sich den ‚Luchsen‘ eröffneten. Daß sich der Papst aus der ‚Goldwaage‘ vorlesen ließ, war unzweifelhaft eine bedeutsame Wendung. Hatte man doch ernsthaft damit gerechnet, die neuen Herren der Kirche, die eben die Heiligsprechung des Ignatius von Loyola in die Wege leiteten, würden, im plötzlichen Besitz der Macht, neben anderen Ketzern auch mit dem kopernikanisch gesinnten Galilei abrechnen, ihn vernichten und seine weitere Wirksamkeit unmöglich machen. Und nun bildete das Werk dessen, den sie so verdammten, die tägliche Lektüre des Papstes! Die zwei Kampfgefährten, der alte Gelehrte und der junge Fürst, vermochten in ihren Gedanken der ausschweifenden Phantasie schon fast keine Grenzen mehr zu setzen: sie sahen vor ihrem geistigen Auge die Akademie der ‚Luchse‘ als die geistig führende und entscheidende Macht Europas; sie wähnten Kopernikus bereits wieder zu Ehren gebracht und vermeinten, von der Inquisition unter dem Druck des allmächtigen Papstes schon sanftere Töne zu vernehmen. »Der Morgen dämmert«, sagten sie glücklich zueinander.

Galilei hatte seine Weiterreise noch gar nicht angetreten, als ihm schon aus Rom berichtet wurde, daß sich der Heilige Vater über sein Kommen außerordentlich freue und ihn sogleich empfangen werde. Im Brief des Gewährsmannes aus dem Vatikan hieß es wörtlich:

»Ich schwöre Euch, daß ich Seine Heiligkeit über nichts so sehr erfreut sah, wie bei der Nennung Eures Namens. Nachdem wir einige Zeit von Euch gesprochen hatten, erzählte ich, daß Ihr, hochgeschätzter Herr, den sehnlichsten Wunsch hegtet, Seiner Heiligkeit mit huldvoller Erlaubnis den Fuß küssen zu dürfen, worauf mir Unser Herr entgegnete, das werde ihn sehr freuen, sofern es Euch keine Unbequemlichkeiten bereite, und diese Reise Eurer Gesundheit nicht schade; denn große Männer wie Ihr müßten sich schonen, um lange zu leben.«

Urban VIII. nannte also ihn, den Verfasser der ‚Goldwaage', worin dem Jesuitenpater Grassi eine so schwere Abfuhr erteilt wurde, einen großen Mann! Was war nun weiter zu tun? Das Eisen mußte geschmiedet werden, solange es heiß war: mit Hilfe des Papstes mußte jener Beschluß der Inquisition vom fünften März sechzehnhundertsechzehn wieder aufgehoben werden, der erklärt hatte, die Sonne bewege sich um die Erde, und alle widersprechenden Lehren seien zu verdammen.

Nach einer zweiwöchigen Ruhepause fuhr Galileo mit der Zuversicht nach Rom, daß ihm sein Vorhaben ohne Zweifel gelingen würde. Die Sänfte rüttelte ihn auf dem langen Weg ganz erbärmlich durcheinander, aber ihm war so leicht zumute, als flöge seine Seele voraus.

Nun sah er die herrliche Medici-Villa wieder, doch ein neues Wunder schien sie verzaubert zu haben. Bei seinem letzten Aufenthalt trug sie noch ein düsteres Gepräge, daß sogar der Günstling des Großherzogs Cosimo unwillkürlich seine Stimme gedämpft und nur zwischen den vier Wänden seines Zimmers laut zu reden gewagt. Jetzt aber bestimmte nicht Guicciardini mit seinen hochgezogenen Augenbrauen den Ton, sondern das Ehepaar Niccolini, von dem Galileo schon sehr viel gehört hatte, dessen persönliche Bekanntschaft ihn aber erst recht angenehm überraschte.

Schon am ersten Tage stellte er fest, daß er noch nie im Leben einem so liebenswürdigen Paar begegnet war. Vom ersten Augenblick an sprachen sie mit ihm wie mit einem vertrauten Freund. Aus ihren Augen leuchtete Liebe, und in sorgender Aufmerksamkeit überboten sie einander. Diesmal erhielt er ganz andere Wohnräume: eine Zimmerflucht, wie sie vornehmen Persönlichkeiten gebührt, an der Frontseite der Villa nach der Straße zu. Als er in sein Zimmer trat, fand er es mit Blumen geschmückt. Auf einem Tischchen neben seinem Bett lagen ein Band Ariosto und ein Band Berni. Auf dem großen Tisch stand eine Karaffe mit seinem Lieblingswein. Wieviel Aufmerksamkeit, wieviel Mühe mußten diese unübertrefflichen Gastgeber angewandt haben, um seine Lieblingsgewohnheiten auszukundschaften! Beim ersten Abendessen, das er am Tisch des Ehepaares einnahm, bekam er seine Lieblingsgerichte vorgesetzt. Die Frau des Gesandten legte ihm zu Ehren ihr kostbarstes Kleid an, und im Glanze der Kerzen war sie schön wie ein Traum. Und jung war sie und zu Späßen aufgelegt. Ein Scherz löste den anderen ab, und wie gute Bekannte, die schon lange Jahre in vertrauter Freundschaft miteinander verbracht, erhoben sie sich vom Tisch.

»Wir wollen jetzt die Stadt betrachten«, sagte Frau Katharina, »ich versäume dies keinen Abend. Wir setzen uns in den Erker. Man kann ruhig behaupten, daß man von dieser Villa die schönste Aussicht über Rom hat.«

‚Ob es wohl ratsam ist, ohne Mantel, vom Wein ein wenig erhitzt, den offenen Erker zu betreten?' dachte Galilei, und schon stand der goldbetreßte Diener, mit dem Medici-Wappen auf der Brust, neben ihm und bot ihm einen warmen Umhang an. Seine Gastgeber kamen sogar seinen Gedanken zuvor.

Sie traten hinaus. Es war eine mondhelle Nacht. Das Wunder wiederholte sich: noch nie hatte er die Stadt so schön gefunden, als jetzt in der Gesellschaft dieser beiden freundlichen Menschen. Dort lag zu ihren Füßen das Herz einer altehrwürdigen Welt, das ewige Rom des Romulus, des Numa Pompilius, eines Cicero, Horaz und Nero; das Rom des Apostels Petrus, der ersten Christen und Märtyrer, die man den Löwen preisgab, das ewige Rom der Päpste, der Borgia und jetzt Urbans VIII. Zweitausend Jahre Geschichte boten sich in diesem Anblick, der die blauen, silbernen und schwarzen Farben der Mondscheinnacht in unheimlicher Pracht vor ihren Augen offenbarte. Der weiß und klar leuchtende Mond zeichnete sichere und reine Konturen. Das mächtige Oval der Kuppel der Sankt-Peters-Kirche, der erzene Engel auf dem Gipfel der Engelsburg, hier und dort die dunklen Striche der Pinien, ganz im Hintergrunde, am Rande des Monte Mario, silberglänzende Zypressen. Galilei holte tief Atem. Er entdeckte die Kuppel des Pantheons, und daneben suchte er nach den Umrissen der Sopra Minerva, der Kathedrale der Inquisition.

»Vielleicht sieht der Papst jetzt auch wie wir auf diese Stadt herab«, sagte er nachdenklich.

»Das glaube ich kaum«, erwiderte Niccolini, »er ist bekannt dafür, daß er sich sehr früh zur Ruhe begibt. Er muß aber auch zeitig schlafen gehen, da er mit der Sonne aufsteht. Sobald es zu dämmern beginnt, erhebt er sich und unternimmt seinen täglichen Ausritt. Er reitet gern und ist auch ein sehr guter Reiter.«

»Muß das schön sein, so früh am taufrischen Morgen beim Gesang der Vögel zu reiten ...«

»Auch das trifft nicht zu«, erwiderte Niccolini lächelnd, »in seinen Gärten gibt es keinen Vogel. Sie störten die Träume Seiner Heiligkeit, und da befahl er, die Vögel aus den Gärten auszurotten. Zu Tausenden wurden sie getötet. Jetzt kann sich höchstens einmal eine aus Versehen von weither geflogene Amsel dorthin verirren, zu ihrem Unglück; denn sobald man im Palast nur einen einzigen Vogellaut hört, rennt ein ganzes Heer von Dienern, um den Vogel zu fangen.«

»Mein Gott, wie sind sie doch niedlich hier am Pincio, diese kleinen gefiederten Geschöpfe!« sagte die Frau des Gesandten. »Jeden Morgen weckt mich das Vogelgezwitscher. Ich möchte diese Tierchen um keinen Preis der Welt missen!«

»Meine Frau«, ergänzte der Gesandte, »müßt Ihr wissen, ißt keine Singvögel. Solche Gerichte gibt es in unserer Küche nicht. Wenn ich eine gute Amsel essen will, muß ich schon in ein Wirtshaus gehen.«

Sie lachten. Galilei aber lachte nur gezwungen mit. Von einem Papste zu hören, der Singvögel ausrotten ließ, erweckte in ihm ein sonderbares Gefühl. Merkwürdig, daß ein Mann, der Dichter ist und Verse macht, das Vogelgezwitscher nicht verträgt! Sofort verteidigte er aber den Papst innerlich. Seinen Schlaf hat er gewiß nötig, die Sorgen der Christenheit der ganzen Welt ruhen auf seinen Schultern. Wer verpflichtet ist, dem Allmächtigen über die ganze Welt Rechenschaft abzulegen, dem tut es wahrlich not, früh am Morgen mit klarem Kopf zu erwachen...

Sie genossen noch eine Weile den Anblick Roms, das einer silbernen Märchenstadt glich, bis die feuchte Nachtkühle sie erschauern ließ. In Florenz war es anders: dort spürte man oft noch nachts um zwei Uhr Lust, aus dem Hause zu laufen, um sich in den Fluten des Arno abzukühlen. Sie wünschten einander gute Nacht und Niccolini überzeugte sich noch persönlich, ob man auch für alle Bedürfnisse seines Gastes gesorgt habe. Galilei konnte lange nicht einschlafen. Er lauschte dem Gezirp der Vögel und dachte an den Papst. Frühmorgens wachte er bei Vogelgesang auf, und abermals mußte er an den Papst denken.

Sein erster Weg führte ihn zum Kardinal Carlo Medici, dessen prunkhaften Einzug er seinerzeit noch miterlebt hatte. Er übergab ihm den eigenhändig geschriebenen Brief seiner Mutter, der Großherzogin Christina, und überreichte ihm ein Exemplar der ‚Goldwaage'. Ehrfurchtsvoll beantwortete er die Fragen des Kardinals, die dessen Heimat betrafen, dann küßte er den Ornatsaum des jungen Kirchenfürsten und ging, um sich dem Kardinal Hohenzollern vorzustellen, an den er gleichfalls einen Empfehlungsbrief hatte.

»Vom Hörensagen seid Ihr mir wohlbekannt«, sagte der Deutsche. »Schon seit Jahren höre ich Euren Namen nennen. Aber wenn ich ihn auch bislang noch niemals vernommen hätte, so würde ich ihn jetzt durch Unseren Herrn kennen. Der Heilige Vater gedenkt Eurer stets sehr warmherzig.«

»Das ist schon eine sehr alte Zuneigung«, erwiderte Galileo glückselig. »Seine Heiligkeit hat mir seinerzeit eine Ode gewidmet.«

»Ich weiß, ich habe schon öfters davon gehört. Schließlich erleben wir es noch, daß Ihr als Kardinal hierbleibt.«

»Dazu ist es wohl für mich zu spät. In meiner Kindheit kannte ich allerdings keinen heißeren Wunsch, als Priester zu werden. Jetzt könnte ich damit nicht mehr beginnen.«

»Aber natürlich könntet Ihr das tun. Tretet bei den Jesuiten ein. Denen ist doch jetzt die ganze Welt zu eigen. Ach ja, eben fällt mir ein: Ihr steht nicht auf besonders gutem Fuße mit ihnen. Warum seid ihr denn so böse aufeinander?«

»Ich bin ihnen keineswegs böse. Es gibt sogar welche unter ihnen, die ich sehr hochschätze und liebe. Sie zürnen mir und wollen in meiner bescheidenen Person den Antichrist sehen, der die weltliche Herrschaft der Kirche gefährdet.«

»Wie solltet Ihr denn das zuwege bringen?«

»Vermittels der Lehre des Kopernikus, eines Landsmannes von Monsignore, die ich meiner Auffassung angeglichen habe.«

»Natürlich, ganz richtig. Nach soviel Redereien kann ich endlich etwas über diese Dinge von dem befugten Manne hören. Das freut mich! Erklärt mir doch wenigstens kurz, worum es sich eigentlich handelt.«

Galilei schöpfte Atem und begann ausführlich die Grundsätze seines neuen Weltsystems darzulegen. Der Kardinal hörte ihm aufmerksam zu. Er stellte auch einige Fragen, aus denen hervorging, daß er ein sehr kluger Mensch mit schneller Auffassungsgabe war. Sie vertieften sich derartig in ihr Gespräch, daß sie anderthalb Stunden lang bei diesem Thema blieben. Noch immer tief versonnen, meinte endlich der Kardinal:

»Ich muß aufrichtig gestehen: das alles klingt recht annehmbar. Aber ich möchte darüber noch weiter nachdenken, und wenn Ihr mir noch mehr von Eurer wertvollen Zeit widmen wollt, so wüßte ich sicherlich noch manche Frage an Euch zu richten.«

»Immer zu! Aber ich mache Euch darauf aufmerksam, Monsignore, daß wir jetzt im Schatten des Kirchenbannes wandeln. Papst Paul hat durch ein Dekret verkündet, daß man die Lehre weder unterstützen noch verkünden darf, da sie der Bibel widerspreche. Darum stelle ich mein System nur als Hypothese hin. Vorläufig. Denn ich habe einen sehr großen Plan: ich möchte durch Seine Heiligkeit dieses Dekret widerrufen lassen. Würden Monsignore mir dabei helfen, wenn ich Euch darum ergebenst ersuche?«

»Da müßtet Ihr mich zuvor restlos überzeugen. Aber ich bin, wie gesagt, sehr dazu geneigt, das möchte ich nicht verschweigen. Wenn ich darüber erst länger nachgedacht habe, werde ich auch mehr dazu sagen können.«

Von dem Kardinal Hohenzollern, dem er gleichfalls ein Exemplar der ‚Goldwaage' widmete, schied Galilei mit Gefühlen, ähnlich denen, die einen erfolgreichen Missionar beseelen mögen.

Nachdem er diese beiden wichtigen Besuche hinter sich hatte, wollte er die große Freude sogleich den ‚Luchsen' mitteilen. Die Mitglieder der Akademie erwarteten ihn schon vollzählig in Stellutis Wohnung. Mit wahrem Siegesjubel empfingen sie die weltberühmte Leuchte der Akademie, die es fertiggebracht, den Angriff der Jesuiten erfolgreich abzuwehren. In diesem großen Streit bekannten sich die Mitglieder der Akademie ohne Zögern zu Galilei: das für die Drucklegung der ‚Goldwaage' nötige Geld hatte der Fürst Cesi beschafft, während die ‚Luchse' die Korrekturen, die Titelzeichnungen, den Versand und alles übrige auf sich nahmen. Ihre überwiegende Mehrheit war kopernikanisch, nunmehr besser gesagt galileisch, gesinnt, da die Gläubigen der neuen Weltordnung sich in zwei große Parteien gespalten hatten, wie dies nach einer Religionsstiftung häufig zu geschehen pflegt. Die andere Partei war die der Keplerianer. Er und Galilei entfernten sich immer weiter voneinander. Über die Bahn der Planeten, die sich um die Sonne bewegten, waren sie vollkommen verschiedener Meinung. Alle ‚Luchse' betrachteten die ‚Goldwaage' als ihren ureigensten persönlichen Sieg, und dem, der diesen Angriff so erfolgreich geführt hatte, jubelten sie begeistert zu.

»Euer Gnaden mögen sich einmal vorstellen«, sagte der eine, »man hat mir von dritter Seite zugetragen, Pater Grassi habe das Buch gelesen und sich darüber geäußert.«

»Und?«

»Er soll erklärt haben, daß es eine zwar gefährliche, aber gute und kluge Arbeit sei. Er soll außerdem auch betont haben, daß ihn der gemäßigte Ton des ganzen Werkes sehr überrascht habe. Er sei auf unverblümte Grobheiten gefaßt gewesen, wie sie bei wissenschaftlichen Disputationen doch gang und gäbe sind; statt dessen habe er eine sachliche Beweisführung gefunden. Das hätte so stark auf ihn gewirkt, daß er Euer Gnaden persönlich kennenlernen möchte. Auch ich würde das für recht nützlich halten. In guter Freundschaft können wir vielleicht mit den Jesuiten viel leichter vorwärtskommen.«

»Nichts da von Freundschaft!« rief heftig ein anderer Luchs. »Das ist nur ein Vorwand, ich kenne sie! Sie heucheln Freundschaft, und während sie einen umarmen, versetzen sie einem den tödlichen Dolchstich. Kämpfen wir nur ruhig als ehrliche Gegner weiter! Wir haben bis jetzt wirklich keinen Grund, uns zu beschweren.«

Ein Dritter vertrat wieder die Meinung, daß man mit Hilfe eines guten gemeinsamen Bekannten sich vergewissern müsse, ob und wie weit es der Pater aufrichtig meine. Ein Vierter wollte dringend an den Fürsten Cesi schreiben. Schließlich redeten alle durcheinander; denn jeder rückte mit einem andern Vorschlag heraus. Galilei hörte schweigend zu und überlegte. Für eine Sekunde tauchte in ihm der Gedanke auf, ob es nicht möglich wäre, sich mit den Jesuiten zu einigen, sie von der Unhaltbarkeit des alten Weltsystems zu überzeugen und mit ihnen ein Bündnis zu schließen. Mit Hilfe ihrer weltweiten Organisation wäre es leichter, das Dekret widerrufen zu lassen. Aber gleich wieder überlegte er: warum die Zeit mit unnützen und unerquicklichen Bekehrungsversuchen vergeuden, wenn er die schwebenden Fragen selbst und allein in Ordnung bringen konnte?

»Die Herren befassen sich mit etwas«, erklärte er schließlich, »was im Grunde genommen nur meine ureigenste Angelegenheit ist. Meine Meinung steht bereits fest. Wenn Pater Grassi sich mit mir befreunden will, so steht dem nichts im Wege. Die Reihe ist an ihm, gut, er möge mich besuchen. Zunächst aber habe ich diesbezüglich weder eine Nachricht noch eine Anfrage erhalten. Wenn die Absicht, sich zu versöhnen, bei Pater Grassi ehrlich gemeint ist, wird er schon Mittel und Wege finden, daß ich auch unmittelbar davon Kenntnis erlange. Ich werde auf alle Fälle auf dem eingeschlagenen Wege fortfahren und mit Seiner Heiligkeit sprechen.«

Daraufhin nahm die allgemeine Unterhaltung eine andere Wendung. Erregt begann man die Möglichkeit der päpstlichen Audienz zu erörtern. Galilei hob lächelnd die Schultern.

»Mir macht die ganze Angelegenheit nicht allzuviel Sorge. Seine Heiligkeit hat mir sein persönliches Wohlwollen, ja, ich wage zu sagen, seine Freundschaft so oft schon auf das liebenswürdigste bekundet, daß ich bei ihm unzweifelhaft alles, was man nach menschlichem Ermessen erreichen kann, schneller durchsetzen werde als irgendein anderer. Noch heute will ich den Sekretär Monsignore Ciampoli besuchen, der mein guter Freund ist. Ich werde mich zur Audienz melden. Auch Riccardi, der als Zensor die Druckerlaubnis erteilte, werde ich meine Aufwartung machen. Er ist ja zugleich ein Verwandter des Gesandten von Toskana; denn die Frau des Gesandten ist eine geborene Riccardi. Wegen Verbindungen brauche ich also wirklich nicht in Verlegenheit zu kommen. Wissen die Herren vielleicht, wie hoch Ciampoli und Riccardi in der Gunst des Heiligen Stuhles stehen? Wer sind eigentlich die wichtigsten Persönlichkeiten am päpstlichen Hofe?«

Eine wahre Sturmflut von Belehrungen überschüttete ihn. In wenigen Minuten schwirrten so viele Namen durcheinander, daß es keinen Zweck gehabt hätte, sie zu merken. Manche meinten, der kürzeste Weg zum Papst führe über den Kardinal Maurizio; denn der stamme aus dem Geschlecht derer von Savoyen und sei außerdem ein entschiedener Vertreter der französischen Außenpolitik. Der Kardinal Barberini sei durch Befürwortung des französischen Hofes Kardinal geworden und habe während seiner Nuntiatur in Paris der französischen Politik gegenüber der spanischen den Vorzug gegeben. Andere behaupteten wieder, daß Urban noch niemandem jemals so zugetan gewesen sei wie dem Kardinal Aldobrandini. Wieder andere waren der Meinung, daß der Weg zum Herzen des Papstes nur über die Kunst führe. Zum Beispiel halte sich jetzt der Bildhauer Bernini aus Neapel in Rom auf, den der Kardinal Borghese entdeckt habe, und den der Heilige Vater über alle Maßen schätze. Er solle zu ihm gesagt haben: »Ihr habt Glück, Ritter Bernini, daß Maffeo Barberini Papst wurde, aber auch ich bin nicht minder glücklich, daß ich zu einer Zeit Papst sein kann, da ein Bernini für mich arbeitet.«

»Das hat er gesagt?« fragte Galilei bestürzt.

Er empfand plötzlich etwas wie Eifersucht. Monatelang hatte er sich in der angenehmen Vorstellung gewiegt, daß er der ausgesprochene Liebling des Papstes sei, er, der weltberühmte Gelehrte, dem der Papst eine Ode gewidmet. Kardinäle und andere Kirchenfürsten mochten getrost Urbans Freunde sein; wenn es sich aber um Wissenschaft und Kunst handelte, war er der bevorzugte Günstling des Herrn aller Christen. Und jetzt stellte sich heraus, daß auch er nur einer unter vielen war. ‚Ich bin glücklich, daß ich zu einer Zeit Papst sein kann, da für mich ein Bernini arbeitet.' Nur gut, daß er an den Bildhauer wenigstens kein Gedicht gerichtet hatte...

»Nein«, entschied Galileo, »zunächst wende ich mich an niemanden. Erst will ich es aus eigener Kraft versuchen. Alles andere wird sich dann finden. Jetzt gehe ich in den Vatikan.«

Monsignore Ciampoli, der junge Sekretär und einstmalige Schüler aus Padua, empfing seinen Meister mit aufrichtiger Freude.

»Wie sehr sich auch Unser Herr freuen wird!« rief er aus.

Als Florentiner erkundigte er sich sogleich nach den Vorzimmergeheimnissen des Hofes zu Toskana. Keiner ließ den andern richtig ausreden während dieses überstürzten Austausches von Erinnerungen, Mitteilungen und Auskünften. Endlich kamen sie aber doch auf das Wichtigste zu sprechen.

»Wie sind die Jesuiten bei Seiner Heiligkeit angeschrieben?« erkundigte sich Galilei.

»Das ist ganz gleichgültig!« erwiderte Ciampoli achselzuckend. »Hier gibt es keinen anderen Willen als den Unseres Herrn. Er ist ein unbeeinflußbarer, mißtrauischer Mann von ungeheuer starkem Willen. Manchmal kann einem angst und bange werden, wenn man sieht, mit welch elementarer Kraft er etwas durchzusetzen weiß. Sich seinem Herzen zu nähern ist vollkommen ausgeschlossen; es sei denn, daß er selbst den ersten Schritt tut. Neulich hat er zum Beispiel den Kardinal Ludovisi folgendermaßen behandelt: er empfing ihn in Audienz und wollte seine Meinung über eine kirchenrechtliche Frage hören. Ludovisi aber fürchtete, etwas zu sagen, was Unserem Herrn mißfallen könnte. Um deshalb also zunächst die Ansicht des Papstes zu erfahren, entgegnete er: ‚Ich kenne die Angelegenheit nicht, sie ist meiner Aufmerksamkeit entgangen. Ich bitte Eure Heiligkeit daher, mir kurz den Sachverhalt darzulegen.' Doch der Verstand Unseres Herrn ist scharf wie eine Klinge. Er läutete nach mir, ließ den Sachverhalt von mir vortragen und sagte kein einziges Wort dazu. Als ich geendet, wandte er sich an Ludovisi: ‚Bitte, nun lasset Eure Meinung hören.' Der arme Ludovisi, von früher daran gewöhnt, unter seinem Onkel, Papst Gregor, tonangebend zu sein, begann jetzt stammelnd seine Auffassung auseinanderzusetzen. Bei jedem Wort beachtete er ängstlich die Gesichtszüge Seiner Heiligkeit.«

»Aber Ihr erfreut Euch doch wohl der Gunst Seiner Heiligkeit, nicht wahr?«

»Gott sei Dank, ich kann nicht klagen. Wer Gedichte verfaßte wie ich, der erfreut sich am Hofe schon allein deshalb einer gewissen Beliebtheit. Unser Herr fährt täglich mit dem Wagen aus und lädt hierzu abwechselnd die Mitglieder des päpstlichen Hofes ein, die von der Dichtkunst einiges verstehen. Meistens mich oder Cesarini ...«

Kaum war sein Name gefallen, da trat Cesarini auch schon ein. Er war müde und klagte wie immer mit leiser Stimme über Kopfschmerzen. Trotz seiner schlechten Stimmung freute aber auch er sich über den Besuch seines Lehrers. Cesarini war der dritte aus der Familie des Fürsten Giulio Cesarini, den man hatte geistlich werden lassen und an dem sich die Degeneration einer aristokratischen Überzüchtung auswirkte. Er war häufiger krank als gesund, und in seinen Gedichten sprach er so sehr im elegischen Tone Ovids, daß man ihn von seinem Vorbild fast gar nicht zu unterscheiden vermochte. Die mannigfachen körperlichen Leiden verbanden ihn besonders mit dem gleichfalls von Gebresten geplagten großen Gelehrten. Und er war wohl nicht einmal so sehr aus wissenschaftlicher Einsicht als aus Anhänglichkeit zu seinem Meister ein hartnäckiger Kopernikaner geworden.

Nunmehr berieten sie zu dritt über die Möglichkeiten von Galileis großem Plan. Beide Priester waren der Meinung, falls man Papst Urban VIII. von der Richtigkeit der neuen Lehre überzeugen könne, werde alles von allein ins Lot kommen; denn dann mochten das gesamte Kardinalskollegium, die vollzählige Jesuitenpartei und sämtliche Peripatetiker was immer entgegenhalten, er würde einfach der Inquisition befehlen, von nun an statt der Sonne die Erde als einen sich bewegenden Himmelskörper anzusehen. Wenn er hingegen von der neuen Lehre sich nicht überzeugen ließ, dann gäbe es keine irdische Gewalt, die ihn zu irgend etwas bestimmen könnte.

»Nun, wir werden ja sehen«, sagte Galilei hoffnungsvoll. »Wann darf ich mit einer Audienz rechnen?«

»Morgen. Haltet Euch bereit! Unser Herr wird sogar geneigt sein, eine andere Audienz von seinem Tagesplan abzusetzen, nur um Euch sofort zu empfangen. Ich erstatte ihm Meldung, sobald er zurück ist. Er hält sich im Augenblick in der Kirche Santa Maria della Valle auf, wo sich die Familienkapelle der Barberini befindet. Dort ruhen die Gebeine des heiligen Sebastian und Unser Herr verrichtet dort am liebsten seine Andacht. Es ist möglich, daß ich Euch heute abend Nachricht zukommen lasse.«

Wirklich, noch am selben Tage erhielt Galileo Bescheid in die Villa Medici: Seine Heiligkeit sehe mit besonderer Freude der Begegnung mit dem großen Gelehrten entgegen. Kein Wunder, daß Galilei sich den ganzen Abend mit dem Ehepaar Niccolini über den Papst unterhielt.

»Wie beurteilen Eure Exzellenz ihn?« erkundigte er sich.

»Ich halte ihn für einen geborenen Herrscher, für eine außerordentliche politische Begabung und für einen unerbittlichen Tyrannen. Er ist ein Musterbeispiel dafür, wie ein Staatsmann sich selbst erziehen kann. Von Natur aus hat er eine sehr heftige Natur, das Blut schießt ihm sehr schnell zu Kopf, aber ebenso schnell beruhigt er sich auch wieder. Und er hat sich daran gewöhnt, nichts zu beschließen, wenn er erregt ist. So schnell sein Gemüt Schwankungen unterworfen ist, so langsam entschließt er sich und läßt sich in seinen Entschlüssen von nichts und niemandem auf dieser Welt beirren.«

»Ist er ein guter Mensch?«

»Das kann man nicht gerade behaupten. Gegen diejenigen, die seinen Zorn auf sich ziehen, ist er unerbittlich und imstande, mit der größten Grausamkeit vorzugehen. Es läuft einem manchmal kalt über den Rücken, wenn man hört, wie gefühllos er sein kann. Aber auch Güte muß in ihm wohnen...«

»Natürlich, er ist doch ein Dichter«, unterbrach Frau Katharina.

»Das hat noch nichts zu sagen, mein Liebling. Auch Nero war ein Dichter. Wer Gedichte verfaßt, spricht zwar alle seine Neigungen in seinen Versen aus, aber mehr auch nicht. Ich weiß, daß auch Menschenliebe in ihm wohnt, weil seine unmittelbaren Untergebenen ihn ob seiner Güte anbeten. Deswegen behaupte ich ja, daß er ein geborener Herrscher sei: gegen jene, die nicht blindlings gehorchen, kann er fürchterlich sein, denen aber, die ihn anerkennen, erweist er sich gütig.«

Jetzt ergriff Frau Katharina das Wort.

»Ich bewundere seine alles in den Schatten stellende Bildung. Bei offiziellen Empfängen und auch in Privatgesellschaften habe ich mich öfters mit ihm unterhalten. Stets war ich verwundert darüber, wie bewandert er in der klassischen Literatur ist. Ganz gleich, welche Stelle man aus Virgil, Ovid oder Horaz zitiert, er fällt sofort ein und kann endlos interpretieren.«

»Er hat noch eine Eigenschaft«, fügte Niccolini hinzu, »das Mißtrauen. Possevino, der Gesandte von Mantua, behauptet, daß es keinen Menschen gäbe, über dessen Eigenschaften sich Papst Urban nicht schon nach der ersten Begegnung im klaren ist. Ich will seine Menschenkenntnis gar nicht in Abrede stellen. Er ist aber kein sachlicher Menschenkenner. Auf seine Macht und sein Ansehen ist er dermaßen eifersüchtig bedacht, daß er in allem und jedem ein verstecktes Aufbegehren wittert. Deswegen ist es außerordentlich schwer, mit ihm auszukommen. Er fordert unbedingte Ergebenheit, verachtet und verfolgt aber, wen er für einen Schmeichler hält.

Wer hinwiederum Rückgrat zeigt, ist in seinen Augen ein Rebell gegen die päpstliche Autorität. Kurz und gut, ich möchte behaupten, daß Seine Heiligkeit schwer zufriedengestellt werden kann; einer von jenen hohen Herren, mit denen nicht gut Kirschen zu essen ist, sagen andere. Aber was wollen wir Euch viel erklären, Euch, einem seiner ältesten Bekannten, seinem Liebling ...«

Galilei kannte den Papst in der Tat recht gut, und er durfte auch behaupten, einer seiner Günstlinge zu sein. Jetzt aber, da er sich auf diese große Begegnung vorbereitete, mit der eine neue Epoche der astronomischen Wissenschaft beginnen sollte, mußte er einsehen, daß er alles andere als ein Menschenkenner war. Nur seine Kinder und nächsten Anverwandten waren seiner innerlichen Anteilnahme sicher, die übrige Menschheit nahm er bloß nebenher zur Kenntnis und teilte sie schlicht in zwei Gruppen ein: ob sie ihm liebenswert erschienen oder nicht. Ein einziger winziger Stern auf der Milchstraße bedeutete ihm mehr als Millionen seiner Mitmenschen zusammen. Wenn er die Eigenschaften, Fähigkeiten und Instinkte eines Menschen mit Hingabe erforscht hatte, so allein bei sich selbst. Hier brachte er auch den notwendigen Mut und die notwendige Ehrlichkeit vor sich selbst auf. Er hatte nie Angst gehabt, in sich hineinzuschauen. ‚Wenn ich so bin, dann bin ich eben so', pflegte er im geheimen zu sich selbst zu sagen. Seine eigenen Fehler kannte er sehr genau. Die der anderen Menschen zu erforschen, war er viel zu bequem. Er wußte, daß er vielleicht zu ruhmsüchtig war. Er wußte, daß er seiner Genußsucht und seinem unstillbaren Durst nach den Freuden des Lebens nicht Einhalt gebieten konnte. Und ebenso war er sich darüber im klaren, daß in seinem merkwürdig beschaffenen Gehirn zwei gegensätzliche Eigenschaften nebeneinander wohnten: ein nach den höchsten Erkenntnissen strebender, genialer Geist und ein geradezu kindlich einfältiges Gemüt. Während er klar und deutlich die Irrtümer der seit zweitausend Jahren feststehenden Denkweise der Menschheit erkannte, war er in den einfachsten Alltagsdingen so gutgläubig, daß man ihn wie einen unerfahrenen Knaben über das Ohr hauen konnte. Auch jetzt nickte er nur zustimmend zur Bemerkung des Gesandten, war sich aber bewußt, daß er von dem Charakter und den Eigenschaften des Menschen, den er in einer so wichtigen Angelegenheit aufsuchen wollte, nicht die geringste Ahnung hatte. –

Der Augenblick war gekommen! Die breite Flügeltür tat sich vor ihm auf, und mitten in seinem Arbeitszimmer stand in seiner ganzen kraftvollen Erscheinung, mit dem viereckig geschnittenen schwarzen Bart, dem wachsamen, klugen Blick der wasserblauen Augen, Christi Statthalter auf Erden. Galilei ging auf ihn zu, sank in die Knie und küßte die Schnalle seines weißen Schuhs. Dann fühlte er, wie Urban VIII. ihn emporhob. Ganz wie einst Papst Paul V. Persönliche Freude und rückhaltlose Freundschaft strahlten aus dem lächelnden Gesicht des Papstes.

»Mit aufrichtiger Freude haben Wir Euch erwartet.« Er duzte ihn nicht. »Wir wollen hoffen, daß Ihr die beschwerliche Reise gut überstanden habt.«

»Ich habe sie gut überstanden, Eure Heiligkeit; denn die Freude hielt mich aufrecht, mein Knie vor dem Herrn der Welt, den ich obendrein noch zu meinen alten Bekannten zähle, beugen zu dürfen.«

»Freilich kennen wir uns schon seit langer Zeit. Auch jetzt erinnern Wir uns noch deutlich jenes Abends an der Tafel Seiner Hoheit, des seligen Cosimo, als über die im Wasser schwimmenden Gegenstände eine große Debatte entstand. Der gute Kardinal Gonzaga war nicht zu überzeugen, erinnert Ihr Euch noch? Aber bleiben wir doch nicht hier stehen, nehmen wir lieber Platz, um behaglich plaudern zu können. Wir freuen uns so sehr über Euer Hiersein, daß Wir Euch nicht so bald wieder zu entlassen gedenken ...«

Sie setzten sich. Galilei war bestrebt, sich dem vom Heiligen Vater angeschlagenen Ton alter Vertraulichkeit anzupassen, trotzdem aber ehrfurchtsvoll zu bleiben. Er verneigte sich im Sitzen und entgegnete:

»Eure Heiligkeit machen mich glücklich, daß sie sich noch an diesen Tag erinnern. Monsignore Gonzaga brachte in der Tat geringes Verständnis auf.«

Der Papst lachte vergnügt.

»Wie zornig war er doch darüber, daß Eis leichter sein sollte als Wasser, wißt Ihr noch?«

»Natürlich«, Galilei lachte mit, »und erinnert sich Eure Heiligkeit, daß wir gar nicht wagten, ihm das Gedicht von Berni vorzutragen?«

Innerhalb einer Sekunde war der Papst wie ausgewechselt. Sein Gesicht erstarrte, in seinem harten Blick funkelte Zorn.

»Sprecht Uns nicht von diesem Berni! Ein unverschämter, unehrerbietiger Kerl! Wie kann jemand vom Papst in einem solchen Ton reden, wie er das wagte? Papst Clemens einen Tölpel zu nennen! Wenn er jetzt lebte, würden Wir ihn ohne Erbarmen vor die Inquisition stellen!«

Erschrocken schwieg Galilei. Die etwas hohe Stimme des Papstes überschlug sich vor Wut. Er hieb mit der Faust auf den Tisch.

»Solche Wichte, die die Autorität untergraben, sind noch gefährlicher als die Protestanten. Wir haben sein Buch nur deshalb nicht verbrennen lassen, weil Wir die allgemeine Aufmerksamkeit gar nicht erst auf ihn lenken wollten. Ein niederträchtiger Patron!«

Eine tiefe Stille entstand. Galilei hatte das Gefühl, als müsse er mit seinem Stuhl sogleich in die Erde versinken. Er merkte leider zu spät, daß er einen großen Fehler begangen hatte. Die Brust des Papstes ging auf und ab wie der Blasebalg eines Schmiedes. Ein Papierschnitzel, das in seine Hand geriet, zerknüllte er, als wäre dieses unschuldige Fetzchen auch ein Feind der päpstlichen Autorität. Aber bald war sein Zorn verraucht. Verächtlich warf er das zerknüllte Papier weg und lächelte wieder.

»Aber sprechen wir doch nicht von solchen ärgerlichen Dingen. Freuen wir uns unseres Beisammenseins. Vor allem sagt Uns, wie es um Euer für die Wissenschaft so wichtiges Wohlbefinden bestellt ist?«

Er war wieder ausgeglichen und freundlich, während Galilei kaum seinen Schreck überwunden hatte und stammelnd von seinem Gesundheitszustand berichtete. Er klagte über sein Gelenkreißen, sein Nierenleiden, seinen Bruch und die Qualen monatelanger Krankheit. Aus dem Blick des Papstes strahlte zärtliche und aufrichtige Anteilnahme.

»Das hören Wir aber nicht gern. Wie alt seid Ihr jetzt?«

»Sechzig, Eure Heiligkeit.«

»Das ist kein Alter. Wahrscheinlich lebt Ihr unvernünftig, macht Euch nicht genug Bewegung und seid nicht mäßig genug. Seht Uns an! Wir sind sechsundfünfzig Jahre alt und kerngesund. Wir können dem Allmächtigen nicht genug dafür danken, aber Wir leben auch danach! Könnt Ihr Französisch? Nein? Wir haben es noch als Nuntius in Paris gelernt. Die Franzosen haben ein Sprichwort: ‚Hilf dir selbst, so hilft dir Gott.' Ein sehr kluger Spruch! Wir dürfen nicht jede Gnade von der Vorsehung erwarten und untätig bleiben, sondern wir müssen sie uns auch verdienen. Eurer Gesundheit wegen werden Wir unter allen Umständen zum Allmächtigen beten, und der Herrgott wird seinem Diener, dem Papst Urban, sicherlich Gehör schenken. Aber nun wollen wir uns einmal ein wenig von der ‚Goldwaage' unterhalten. Wir haben diese Schrift uns vorlesen lassen. Eine meisterhafte Arbeit und Eurer würdig! Was will denn eigentlich dieser Grassi von Euch?«

Galileis Herz begann heftiger zu schlagen. Jetzt endlich konnte er von seinem Anliegen sprechen.

»Aus ihm sprechen der Zorn und der Haß der Peripatetiker gegen mich. Seit meiner frühesten Jugend kämpfte ich, um die Wissenschaft aus dem Kerker zu befreien, in den Aristoteles sie gesperrt hat. Auf meiner Seite stehen natürlich nur die Mutigen und jene, die mit ihrem eigenen Kopf denken. Deren gibt es aber leider allzu wenige. Alle anderen hüten entsetzt ihr Futterplätzchen am Troge der Wissenschaft. Ich bin es, der ihre ganze Welt sozusagen auf den Kopf gestellt hat. Sie hassen mich deshalb und wollen mich zum Schweigen bringen. Aber ich schweige nicht!«

»Vortrefflich! Recht so! Laßt Euch nicht unterkriegen!«

»Wenn ich den Herrscher der Welt mir wohlgesinnt weiß, werde ich ihnen schon Trotz bieten. Aristoteles war ein kluger Kopf, aber seine Irrtümer müssen dennoch richtiggestellt werden.«

»Worin hat er sich denn zum Beispiel geirrt?«

Galilei frohlockte vor Freude. Das Gespräch hätte keinen erwünschteren Verlauf nehmen können. Er zählte die Irrtümer auf, bei denen er Aristoteles ertappt hatte. Er berichtete über seine Entdeckung der Gesetze des freien Falles. Er sprach von seiner neuen Theorie der Bewegung und erwähnte, daß er auch vollkommen neue Lehrsätze über die Wärme aufgestellt habe. Er setzte dem Papst auseinander, daß man das ganze System der bisherigen wissenschaftlichen Forschungen als unrichtig verwerfen und an dessen Stelle das seinige setzen müsse; denn er habe sonderbar neuartige Dinge zutagegefördert, während die Peripatetiker seit zweitausend Jahren immer nur auf ein und demselben Fleck stünden. Alles dies trug er natürlich nicht zusammenhängend vor, sondern unterbrochen von unzähligen Fragen des Papstes. Er achtete streng darauf, nicht allzu wissenschaftlich zu werden, damit der Heilige Vater den Faden nicht verlöre. Auf die Zeit achtete er gar nicht. Eben war er im Begriff, die Theorie von Flut und Ebbe zu erläutern, um dann geschickt, wenn er dies beendet haben würde, auf die Wunder des Sternenhimmels überzuleiten. Somit wäre er dann bei seinem Lieblingsthema angelangt. Da erhob sich aber der Papst plötzlich.

»Unser Herz blutet«, erklärte er, »daß wir scheiden müssen. Diesen unglaublich fesselnden Gedankenaustausch könnte man bis spät abends fortsetzen. Für heute müssen Wir Euch entlassen, aber innerhalb der nächsten Tage werden Wir Euch abermals bitten, hier zu erscheinen. Unserem liebwerten Niccolini senden Wir Unsere Grüße.«

Vertraulich legte Urban seinen Arm um Galileis Schulter und geleitete ihn so bis zur Tür. Draußen schlug Ciampoli die Hände über dem Kopfe zusammen.

»Eine und dreiviertel Stunden! Manches gekrönte Haupt würde Euch darum beneiden. Nun sagt schnell, was habt Ihr erreicht?«

»Nichts!« erwiderte er. »So weit sind wir noch gar nicht gekommen. Aber aufgeschoben ist natürlich nicht aufgehoben. Seine Heiligkeit ist wirklich zu gütig zu mir. Vor Freude möchte ich am liebsten Luftsprünge machen, wenn meine Füße es zuließen.«

Er vereinbarte noch mit Ciampoli, daß er auf der Gesandtschaft stets hinterlassen würde, wo er sich gerade aufhielte, damit er dem Papst jederzeit sofort zur Verfügung stehen könne. Er machte noch bei Ginetti, dem päpstlichen Majordomus, seine Aufwartung und vereinbarte auch mit diesem Beamten eine Möglichkeit der Verständigung, falls ihn Seine Heiligkeit zu sehen wünsche. Dann eilte er zu den ‚Luchsen'. Mit Siegermiene verkündete er, was vorgefallen war. Endlich ging er nach Hause und berichtete auch dem Gesandten. Tags darauf stattete er dem Kardinal Barberini einen Besuch ab. Denn wenn auch der eine Kardinal Barberini zum Papst gewählt worden, so gab es doch schon wieder einen zweiten dieses Namens; der Papst hatte einem seiner Neffen, dem sechsundzwanzigjährigen Francesco Barberini, den Kardinalshut verliehen, vermutlich weil er große Stücke auf ihn hielt. Der jugendliche Kardinal war offenbar der Ansicht, es könne nichts schaden, zu dem Günstling seines Onkels auch seinerseits recht freundlich zu sein. Anschließend besuchte Galileo noch den Kardinal Hohenzollern, um ihn noch besser von der neuen Weltordnung zu überzeugen.

Und dann wartete er auf eine neuerliche Einladung des Papstes. Nach Ablauf einer Woche hieß man ihn kommen. Die Audienz währte diesmal aber nur wenige Minuten; denn während Galilei im Vatikan weilte, überbrachte man dem Papst wichtige Nachrichten. Trotzdem hatte sich Seine Heiligkeit freundschaftlich erkundigt, wie der Gelehrte seine Tage verbrachte und ob er einen Wunsch habe. Dann hatte er ihm wohlwollend auf die Schulter geklopft und versprochen, bei der nächsten Audienz die Türen abschließen zu lassen, damit sie nicht gestört würden.

Galilei mußte sich abermals in Geduld fassen. Er füllte seine Zeit mit Besuchen aus, beriet sich mit den ‚Luchsen' und disputierte mit dem Kardinal Hohenzollern. Diese Gespräche waren aber schon keine Auseinandersetzungen mehr, da sich der Kardinal als überzeugt erklärt hatte. Er versprach, wenn es die Umstände erforderlich machten, auch vor dem Papst für Kopernikus einzustehen.

»Monsignore erweisen sich außerordentlich liebenswürdig gegen mich, vor allem aber mutig genug, die Partei der Wahrheit zu ergreifen.«

»Ich glaube, Ihr habt auch andere Anhänger außer mir in Hülle und Fülle; ist es nicht so?«

»Doch, das kann ich nicht leugnen. Die Mehrheit der ‚Luchse'. Cesarini, Ciampoli, meinen Schüler Guiducci, der mir aus Florenz nachgereist ist. Michelangelo Buonarroti, der Vetter des großen Michelangelo, ist ebenfalls ein guter Freund von mir, er hält sich zurzeit in Rom auf. Nicht zu vergessen meinen Schüler Castelli, der jetzt Professor in Pisa ist. Ich darf mich wirklich nicht beklagen, einige Freunde und Gönner habe ich schon. Da ist zum Beispiel auch noch dieser liebenswürdige Riccardi. Kennt Ihr ihn, Monsignore?«

»Den Pater Ungeheuer? Natürlich kenne ich ihn. Wer in Rom kennt ihn nicht?«

»Wieso Pater Ungeheuer?«

»Als er in Madrid war, verlieh ihm der spanische König diesen Spitznamen, weil er so unglaublich dick ist. Oder habt Ihr jemals einen dickeren Menschen gesehen als ihn?«

»Nein, gewiß nicht! Dieser Pater Ungeheuer war die gütige Seele, die mir die Erlaubnis zur Drucklegung meiner ‚Goldwaage' durch die päpstliche Zensur übermittelte. Er schrieb einige so freundliche Zeilen dazu, daß ich überzeugt war, er sei mit Leib und Seele ein Anhänger der neuen Weltordnung. Ja, ich hoffte schon, in ihm sogar einen Fürsprecher beim Papst gefunden zu haben. Gestern nun besuchte ich ihn. Und was denken Monsignore, was er über die Weltordnung gesagt hat? Er wäre für keine eingenommen. Seiner Meinung nach würden sämtliche Sterne auf das Geheiß Gottes von je einem Engel bewegt. Andere sollten lehren, was ihnen beliebte, er glaube nur daran, und daraus könnten nie Schwierigkeiten entstehen. Ich bin Euch unendlich dankbar, Monsignore, daß Ihr nicht auch eine so bequeme Lösung vorgezogen habt. Wenn ich wieder bei Seiner Heiligkeit zur Audienz erscheinen darf, werde ich Euch unverzüglich Bericht erstatten.«

Erst nach zehn Tagen durfte er sich wieder dieser Gunst erfreuen. Der Papst hielt Wort: er gab Befehl, jeden, ohne Ansehen der Person, warten zu lassen, sie dürften nicht gestört werden. Galilei wollte frischfröhlich dort fortfahren, wo er neulich aufgehört hatte. Daraus wurde aber nichts. Der Papst nahm die Manuskripte seiner Gedichte hervor. Jedes einzelne Gedicht besprachen sie, manches las der Papst sogar laut vor. Gute anderthalb Stunden dauerte dies, dann entließ das Oberhaupt der Kirche den Gelehrten in Gnaden und erklärte, ihn in wenigen Tagen wiedersehen zu wollen.

Aber zwei Wochen lang blieb Galileo ohne Nachricht. Von der Aufregung abgesehen, die ihn angesichts seiner kühnen Pläne immer wieder befiel, lebte er wie ein Fisch im Wasser. Oft war er in vornehmen Häusern eingeladen, und auch der Gesandte veranstaltete ihm zu Ehren größere Festlichkeiten. Er liebte aber jene Abende vor allem, da sie zu dritt beisammen waren. Frau Katharina spielte wunderbar auf der Harfe, in seinem Gepäck wiederum fehlte niemals eine Laute. Während der letzten Jahre hatte er allerdings nur selten gespielt, da er seine linke Hand kaum bewegen konnte. Aber jetzt spürte er keinerlei Schmerzen, und er meisterte selbst die schwierigsten Griffe. Vom offenen Erker schwebten die Klänge in die Stille der Ewigen Stadt hinaus, und als treue Kinder ihrer Heimat fanden sie Gefallen daran, alte florentinische Lieder zu singen. ‚O rosa, mia gentile' war das Lieblingslied des Gesandten, ‚Leggiadra damigella' das seiner Frau. Harfe und Laute klangen wunderschön zusammen und Frau Katharina sang leise dazu. Galilei konnte den Blick nicht von ihr wenden. Noch nie war ihm eine Frau so liebenswert erschienen.

»Das war so schön, Exzellenz, daß ich zum Dank auch etwas vorsingen will.«

Er nahm seine Laute, griff in die Saiten und begann mit wohlklingendem Bariton zu singen:

Vicin, vicin, vicin,
Chi vuoi spazzar' camin'...

Das Ehepaar stimmte sogleich ein. Lachend sangen sie miteinander, wie gutgelaunte Kinder bei einem Schulausflug. Dann blickten sie vom Erker nochmals auf das schlafende Rom hinab, und Galilei konnte, als er sich endlich zur Ruhe legte, nicht leugnen, daß sein Herz von Katharinas Lieblichkeit ganz erfüllt war.

Zwei Wochen später wurde eine neuerliche Audienz anberaumt, nunmehr die vierte. Galilei bat diesmal sogleich um die Erlaubnis, seinen Gedankengang dort fortsetzen zu dürfen, wo er bei seinem ersten Besuch aufgehört habe.

»Das wird für Uns sehr anregend sein. Wir genießen es schon im voraus.«

Er begann mit der Behauptung, daß alle Irrtümer des Aristoteles neben den grundlegenden Irrtümern der peripatetischen Astronomie überhaupt nicht in die Waagschale fielen. Sobald er durch sein Fernrohr den Sternenhimmel betrachtet und durch die besondere Gnade Gottes als erster Mensch seit der Erschaffung der Welt Dinge entdecken durfte, die bis dahin keiner gesehen, habe sich sofort herausgestellt, wie falsch die Grundlehre des Aristoteles sei: der Sternenhimmel sei gar nicht unveränderlich, im Gegenteil, er verändere sich dauernd. Auch jene irrten, die der Meinung waren, der Mond sei eine ausgehöhlte Kugel. Und auch die hätten unrecht mit ihrer Ansicht, daß die Sonne von fleckenloser Vollkommenheit sei. Kurzum, die ganze auf Aristoteles aufgebaute ptolemäische Weltanschauung erweise sich als unhaltbar!

Hier unterbrach ihn der Papst:

»Aber diesen Kopernikus braucht Ihr Uns gegenüber gar nicht erst zu erwähnen, denn mit ihm können Wir Uns sowieso nicht einverstanden erklären.«

»Und gerade von ihm wollte ich eben zu sprechen beginnen.«

»Hört mich an! Vor sieben Jahren waren Wir gern bereit, Euch aus den Schwierigkeiten zu helfen. Mit Unserem armen, seligen Bellarmin haben wir Uns damals ausführlich darüber unterhalten. Er vertrat in dieser Hinsicht keine feste Meinung. Ihm sei es gleichgültig, was sich bewege und was sich nicht bewege, ihm sei nur die Unversehrtheit der Kirche und des Glaubens wichtig. Aber Wir haben Unseren festen Standpunkt. Wir halten die kopernikanische Auffassung für eine Unmöglichkeit. Wir waren bestrebt, Euch bei Unserem Vorgänger, dem Papst Paul, zu helfen, soweit es ging; diese Fürsprache galt jedoch nur Eurer Person, die Uns lieb und wert ist. Was aber dieser Deutsche behauptet, halten Wir auch heute noch für vollkommen unmöglich.«

»Ich bitte um Vergebung, aber dürfte ich Eurer Heiligkeit einmal eine Bitte vortragen?«

»Aber gern, natürlich! Ihr dürft verlangen, was Ihr wollt.«

»Ich bitte um nichts weiter als um Geduld und Gehör. Ich kann beweisen, daß nicht die Sonne um die Erde, sondern die Erde um die Sonne kreist, die kleine Kugel um die riesengroße, wie das auch ganz natürlich ist.«

»Kugel? Wieso Kugel? Es steht doch noch gar nicht fest, ob die Erde Kugelgestalt hat.«

»Aber Heiliger Vater, Columbus ...«

»Euer Columbus segelte einst gegen Westen, um nach Osten zu gelangen, ich weiß! In östlicher Richtung wollte er Indien erreichen. Hat er es erreicht? Nein! Was er erreichte, war ein neuer Erdteil, aber nicht Indien. Wissen wir aber, was sich dahinter auftut? Und wissen wir, was sich auf der anderen Seite hinter Japan befindet? Ich habe mit Missionaren gesprochen, die von dorther kamen. Sie wußten es auch nicht. Niemand weiß etwas Bestimmtes.«

»Doch, Heiliger Vater! Ich weiß bestimmt, daß die Erde rund ist. Laßt mich erklären, warum das so ist!«

Der Papst nickte zustimmend. Galilei hielt eine regelrechte Unterrichtsstunde ab. Der Papst hörte gespannt zu. Man sah ihm an, wie rege sein Geist arbeitete.

»Großartig«, sagte er schließlich, »Ihr seid ein tiefsinniger Denker! Wir haben Euch nicht umsonst so hoch eingeschätzt. Eure Beweise sind überzeugend. Wir können nichts dagegen sagen. Und dennoch... Warum steigt uns dann das Blut nicht zu Kopf, wenn wir uns auf dem unteren Teil der Erdkugel befinden?«

Eine neuerliche Belehrung folgte. Im Weltall gäbe es kein ‚Oben' und ‚Unten'. Diese Worte seien relative Begriffe. Der Körper eines Menschen stünde immer in einer Linie mit dem Durchmesser der Erde und wie jeder andere Körper strebe er infolge seines Gewichtes der Erde zu. Auch das Blut habe Gewicht. Auch das Blut könne nicht aus den Füßen in den Kopf dringen, wenn es der Pulsschlag nicht dorthin zwingen würde.

»Bravo!« rief der Papst, und seine klugen Augen funkelten. »Sooft wir miteinander sprechen, eröffnet Ihr immer wieder neue Ausblicke vor Uns. Fahrt fort, Wir hören Euch mit Vergnügen zu!«

Jetzt begann Galilei in fiebernder Hast zu reden. Das erstemal in seinem Leben befiel ihn Sorge um das rechte Wort. Er wußte, daß von dem, was er sagte, das Schicksal der Wissenschaft für ein halbes, vielleicht sogar für ein ganzes Jahrhundert abhing. Vorsichtig und klar fing er an, kopernikanische Gedankenfäden auszuspinnen. Eine Zeitlang hörte ihm der Papst zu, dann schüttelte er den Kopf.

»Nein, nein, das ist unmöglich! Bislang haben Wir Euch folgen können, aber weiter geht es nicht. Das ist Unsinn! Wir brauchen doch bloß zum Himmel aufzusehen. Wir können doch mit Unseren eigenen Augen feststellen, was dort vor sich geht.«

»Haben Eure Heiligkeit schon einmal von einer Brücke in einen Strom hinuntergesehen?«

»Natürlich! Als Wir noch Kind waren. Vom Ponte Vecchio in den Arno. Sehr oft sogar.«

»Und haben Eure Heiligkeit da nicht das Gefühl gehabt, die Brücke gehe dem Strom entgegen und das Wasser selbst stehe?«

»Doch, eine solche Empfindung haben Wir gehabt. Das war aber ein Irrtum. Wenn wir auf das Ufer blickten, erwies sie sich als trügerisch.«

»Und könnte das nicht auch am Himmel so sein, wenn der Himmel seine Ufer hätte?«

Der Papst sann nach. Sein scharfer Verstand erwog diese Möglichkeit. Dann aber verwarf er sie.

»Nein!« rief er, den Kopf hin und her wiegend, »das ist unmöglich. Es widerspricht auch meinem nüchternen Verstand, etwas Einfaches durch etwas Kompliziertes zu ersetzen, statt meinem Augenschein dem zu glauben, was ich nicht sehe!«

»Sollten wir deshalb eine Luftspiegelung wie die Fata Morgana für eine Wirklichkeit halten, nur weil ihre optische Erklärung so schwierig ist?«

»Ihr habt auf alles eine Antwort«, lachte der Papst. »Der liebe Gott hat Euch mit einem sehr scharfen Verstand beschenkt. Mit Uns werdet Ihr aber nicht so schnell fertig! Doch fahrt zunächst einmal mit Euren Erklärungen fort!«

Galilei ließ sich das nicht zweimal sagen. Jetzt hatte ihn schon der Debattiereifer gepackt. Er stand auf, ging zum Schreibtisch, nahm den Gänsekiel zur Hand, der stelle die Sonne dar. Und so erläuterte er anschaulich die zwei Bewegungen der Erde. Mochte er auch noch so gut argumentieren, Papst Urban war nie um eine Entgegnung verlegen. Galilei mußte still für sich anerkennen, daß dieser Schädel kein Durchschnittshirn barg. Schließlich war der Papst in astronomischen Fragen doch vollkommen unbewandert, trotzdem brachte er immer wieder neue Einwände vor, die jedem geschulten Peripatetiker zur Ehre gereicht hätten.

»Nein, nein, jetzt sehen Wir schon ganz klar! Es wird Euch nicht gelingen, Uns davon zu überzeugen. Und es wäre besser, wenn Ihr Eure Zeit und Euren Verstand einer höheren Aufgabe widmen würdet als dieser Vorstellung.«

»Für diese Vorstellung lebe und sterbe ich, Heiliger Vater. Wenn ich Eure Heiligkeit nicht habe überzeugen können, so schmerzt mich das unendlich. Aber ich bitte Eure Heiligkeit, mir wenigstens meine Überzeugung nicht zu rauben.«

Der Papst zog lächelnd die Schulter hoch.

»Wir wollen niemandem seine Überzeugung rauben. Wenn Ihr dies glauben wollt, so glaubt es! Wir machen Euch aber darauf aufmerksam, daß Ihr dazu bereits vor sieben Jahren den Beschluß der Kirche erhalten habt. Die Kirche hat diese Lehre nicht verdammt, und Wir werden sie auch nicht verdammen, weil Wir darin keine eigentliche Ketzerei zu erblicken vermögen. Doch wir erinnern Uns noch ganz deutlich, daß das Kardinalkollegium sie seinerzeit als verwegen bezeichnet hat.«

Dem Jünger des Kopernikus schlug das Herz bis in den Hals: der Papst erinnerte sich an dieses Dekret also nicht mehr, oder genauer: er erinnerte sich seiner bloß dunkel.

»Kurz und gut«, fragte er mit gespannter Aufmerksamkeit, »ich habe mich demnach daran zu halten, daß diese Lehre zwar verwegen, aber doch nicht ketzerisch ist?«

»So ist es. Darnach möget Ihr Euch richten! Und Ihr werdet sicherlich entdecken, daß Ihr Euch irrt, wenn Ihr mit dem Fernrohr weiterhin fleißig den Sternenhimmel betrachtet ... Doch halt, da fällt mir etwas ein! Eine sehr rätselhafte Sache. Geduldet Euch einen Augenblick ...«

Er läutete und ließ den Majordomus kommen. Ginetti war sogleich zur Stelle.

»Hört einmal zu, Ginetti. Vor zwei Jahren war ein Deutscher aus Köln hier. Er wollte dem Papst Gregor wohl einen Vergrößerungsapparat oder so etwas Ähnliches vorführen, die Audienz wurde jedoch von Tag zu Tag hinausgeschoben, und dieser Kölner starb schließlich hier in Rom, noch bevor er vor meinem Vorgänger erscheinen konnte.«

»Ich erinnere mich, Heiliger Vater.«

»Sein Instrument hat er hier gelassen. Niemand konnte es seinerzeit zusammensetzen. Selbst die gelehrten Patres aus dem Jesuitenkollegium wurden damit nicht fertig. Sucht uns sogleich die Akte heraus und auch jenes eigenartige Instrument. Wenn es jemanden auf der Welt gibt, der dieses Ding zusammensetzen kann, so ist es unser Freund Galilei.«

Ginetti verbeugte sich tief und entfernte sich. Urban und Galilei begannen abermals von Kopernikus zu sprechen. Zäh beharrte der Naturwissenschaftler auf diesem Thema. Er schilderte die Erscheinung von Ebbe und Flut. Er erklärte, daß die auf der Oberfläche der sich wie eine Kugel drehenden Erde befindliche Wassermenge, das Meer, durch den Schwung dieser Drehung seinen Platz verändere. Das sei klar, und das müsse jeder einsehen. Aber der Papst sah es nicht ein. Darüber stritten sie wieder eine ganze Weile, bis schließlich der Heilige Vater die ganze wissenschaftliche Beweisführung entwertete:

»Und war es nicht möglich, daß Gott Ebbe und Flut ebenso schuf wie die Erde? Dies in Zweifel ziehen, würde doch bedeuten, an der Allmacht Gottes zu zweifeln.«

Wie vor den Kopf geschlagen saß Galileo da. Von einem vernünftigen Menschen hatte er eine derartige Beweisführung nicht erwartet. Aber Papst Urban war nicht nur klug, sondern auch rechthaberisch. Und jetzt bewies er dem Wissenschaftler, daß er auch auf dessen ureigenstem Gebiet einfach rechtbehalten mußte; und in bezug auf die Waffen war er keineswegs wählerisch. Darauf konnte der Gelehrte wahrlich nur schweigen. Eine Pause trat ein. Der Papst sah zum Fenster hinaus und seufzte.

»Es tut Uns aufrichtig leid, daß Wir diese lehrreiche Unterhaltung abermals abbrechen müssen, aber Wir haben heute noch allerhand zu tun. Der Krieg macht Uns viel zu schaffen. Aber die Opfer lohnen sich auch.«

»Haben Eure Heiligkeit gute Nachrichten?«

»Ausgezeichnete! Seit sechzehnhundertachtzehn dauert der Krieg, also seit nahezu sechs Jahren, und schon war es Uns vergönnt, den Ketzern bedeutende Landstriche wegzunehmen und sie wieder dem Herrschaftsbereich der alleinseligmachenden Kirche anzugliedern. Die Pfalz gehört wieder dem Katholizismus. Die wirklichen Glaubenskämpfer, die Jesuiten, folgen den Soldaten allerorts auf dem Fuß. Wir erobern das ganze verlorene Gebiet wieder zurück, Galilei, das ganze! Wenn Uns der Allmächtige Kraft und Gesundheit gibt, dann werden Wir auch in die entlegensten Teile der Welt Unsere Fahne mit dem Lamm Gottes tragen lassen. Und der kirchlichen Macht führen Wir gleich die weltliche nach.«

»Denken Eure Heiligkeit an die Erweiterung der weltlichen Macht des Papsttums?«

»An was denn sonst? Ist das nicht geradezu Unsere Pflicht? Hat Uns denn Unser Herr Jesus Christus mit seinem Wort ‚Eine Herde und ein Hirte' nicht ein Ziel gesetzt? Getreu seinem Gebot, suchen Wir dieses Ziel zu erreichen. Wir lassen Kanonen gießen, mein Lieber, wenn es nicht anders geht, aus dem Kupfer edler Kunstschätze. Die Engelsburg lassen Wir zur Festung ausbauen, Unser Heer sorgfältig organisieren. Als Papst ist man nicht auf Rosen gebettet, das könnt Ihr mir glauben. Uns bedrängen der Sorgen viele, und nur wenige Menschen sind bereit, Uns diese Bürde hilfreich zu erleichtern. Daheim werdet Ihr bei Hofe erwähnen können, daß auch das Herrschergeschlecht der Mediceer Unser väterliches Herz betrübt hat. Erst gestern sagte ich zu Kardinal Carlo Medici ...«

»Um Gottes willen, mein Heiliger Vater, was ist denn mit den Medici?«

»Ludwig XIII. ist ein Medicisproß. Und er nimmt von diesem Richelieu, den Ihr vielleicht nur vom Hörensagen kennt, ich aber um so besser, sehr schlechte Ratschläge an.«

Plötzlich riß ihn wieder der Zorn fort. Abermals schlug er mit der Faust auf den Tisch:

»Nun, Wir werden es ihnen schon zeigen! Val Tellina werde ich ihnen wieder wegnehmen! Nichtswürdiges Hugenottenpack! Und wenn sie Uns noch länger reizen, werden sie noch ganz etwas anderes von Uns erleben! Wir haben Kanonen!«

Sein Atem ging ihm aus bei dem Wutanfall. Er holte tief Luft und beruhigte sich wieder. Den eintretenden Ginetti empfing er bereits wieder mit liebenswürdigem Lächeln.

»Recht so, Ginetti, Wir sehen, Ihr versteht Ordnung zu halten. Also, laßt einmal sehen! Kommt, Messer Galilei, Ihr könntet Euch hierher neben Uns stellen und die Akte mitlesen.«

Ginetti entfernte sich, nachdem er eine Akte mit allerlei Schriftstücken und ein großes Paket auf den Tisch gelegt hatte. Aus der Akte ging hervor, daß dieses Paket der Nachlaß eines Deutschen aus Köln namens Jakob Kuppler sei, der in Rom verstarb, ohne diesen Gegenstand dem Papst vorführen zu können, nämlich die Erfindung seines holländischen Verwandten namens Drebbel. Ein weiteres Dokument besagte, daß die vom Papst herangezogenen Sachverständigen die einzelnen Bestandteile dieses neuartigen Vergrößerungsapparates nicht zusammensetzen konnten.

Sie öffneten das Paket. Eine ganze Anzahl Messingstücke und starke Vergrößerungsgläser rollten durcheinander. Wie gebannt griff Galilei darnach. Er nahm nacheinander die einzelnen Stücke in die Hand, und sein Erfindergeist begann sofort zu arbeiten. Noch konnte er sich aber kein Bild machen.

»Zeigt einmal, was Ihr könnt, und setzt dieses Ding hier zusammen. Zur nächsten Audienz bringt Ihr dann den Apparat gebrauchsfertig mit. Wir zweifeln nicht daran, daß Ihr diese Aufgabe meistert. Jetzt erbitten Wir den Segen Gottes für Euch.«

Galilei hatte noch einige wichtige Besuche machen wollen, aber nun schob er sie auf. Er eilte nach Hause, sagte nicht einmal dem Gesandten Bescheid über das Ergebnis der Audienz, sondern begab sich schnurstracks in sein Zimmer und machte sich unverzüglich daran, den Apparat zusammenzusetzen. Schon lange hatte er keine Arbeit mehr unter den Händen gehabt, die ihm dermaßen zusagte. Es war Wissenschaft, zugleich aber auch ein klein wenig technische Spielerei; als ob man ihm ein Rätsel aufgegeben hätte. Und während der sechzig Jahre seines Lebens war er noch niemandem begegnet, der Rätsel besser lösen konnte als er. Die Natur hatte seinen Verstand so geschärft, daß er alle möglichen Zusammenhänge und Vermutungen auf einen Blick übersehen konnte. Einfache Rätsel, mit denen sich die Hofgesellschaft zu belustigen pflegte, brauchte er nur anzusehen oder anzuhören, um die Lösung augenblicklich zu finden.

Dies hier aber war kein leichtes Rätsel. Er wußte ja nicht einmal genau, was er aus diesen feinen Messingteilen und Vergrößerungslinsen zusammenstellen sollte. Nur daß das Instrument zur Vergrößerung diente, wußte er. Ob es ein Rohr war wie sein Fernrohr, oder ein kleiner Kasten, ob man es empor- oder abwärtshalten mußte, das alles ahnte er vorerst noch gar nicht. Auf alle Fälle ging er von zwei Gesichtspunkten aus: Theoretisch suchte er die Zweckbestimmung des Apparates zu ergründen. Praktisch aber war er bemüht, festzustellen, welche Bestandteile zueinander paßten. Vorsichtig fügte er sie zusammen. Die Arbeit ging ohne Fehlgriffe vonstatten, und noch am selben Abend wurde er damit fertig. Er hatte einen Apparat daraus zusammengesetzt, den man auf den Tisch stellen mußte. Die Gegenstände, die zu betrachten waren, mußten unter die Linse gelegt werden, und dann konnte man oben in ein Guckloch hineinschauen. Bei künstlichem Licht war dieser Sehapparat freilich nicht zu gebrauchen. Galileo legte ein winziges Papierstückchen unter die Linse, konnte aber nur eine faserige, rauhe, große und helle Fläche erkennen; das Bild selbst erschien sehr verschwommen.

Abends war er zum Kardinal Santa Susanna geladen. Er fand dort eine große Gesellschaft vor. Aber er hielt es für richtiger, die Erfindung nicht zu erwähnen, denn er wollte sich zunächst von der Verwendbarkeit des Instrumentes überzeugen, und dann dachte er auch daran, daß es gewiß unschicklich wäre, die Kunde von diesem aufsehenerregenden Apparat in der Stadt zu verbreiten, ehe ihn der Papst selbst gesehen hatte.

Am nächsten Morgen wachte er viel früher als gewöhnlich auf. Seine Neugierde hatte ihn nicht schlafen lassen und weckte ihn zeitiger als sonst. So wie er war, im Nachthemd, beeilte er sich, das Instrument von neuem zu untersuchen. Er schob den Tisch an das Fenster und legte ein Brotkrümelchen unter die Linse. Er sah hinein und schrie laut auf vor Staunen. An Stelle des Brotkrümelchens erblickte er einen Felsblock. Er sah zwar wieder alles sehr verschwommen, aber er sah es. Die Vergrößerung schätzte er auf das Hundertfache. Ein anerkennender Neid beschlich sein Herz, daß diesem Drebbel solch eine Erfindung geglückt war. Ebensogut hätte er so etwas erfinden können! Der Grundgedanke dieses Instruments unterschied sich nicht wesentlich von seinem Fernrohr.

Kaum konnte er erwarten, daß der Gesandte und seine Frau erwachten. Er ließ ihnen ausrichten, daß er sie gern beim Frühstück begrüßen möchte, da er ihnen eine aufregende Neuigkeit zu zeigen hätte. Er brachte die Erfindung mit ins Frühstückszimmer und stellte sie auf das Fenstersims. Mit der Spitze seines Messers schob er einen Grassamen unter die Linse. Dann sahen sie alle drei nacheinander in den Apparat. Die Vergrößerung gab eine große Bohne wieder. Frau Katharina klatschte begeistert in die Hände, der Gesandte aber schüttelte den Kopf.

»Menschen, die sich mit Euch befreunden«, sagte er voll Achtung, »erleben lauter Wunder!«

Eine ganze Stunde lang unterhielten sie sich damit, allerlei winzige Gegenstände durch den Vergrößerungsapparat zu betrachten. Dann schrieb Galilei einen Brief an Ginetti, er möge Seiner Heiligkeit melden, daß es ihm gelungen sei, den Apparat zusammenzustellen, der außerordentlich merkwürdig sei. Er bat den Gesandten um Geheimhaltung und zog sich auf sein Zimmer zurück, um sich noch länger mit dieser Erfindung zu befassen.

Das Instrument war in seiner jetzigen Gestalt noch unvollkommen. Das Bild, das der Apparat wiedergab, war ziemlich verschwommen. Es konnte aber auch gar nicht anders sein: die Augen eines jeden Menschen benötigen andere Linsen. Dann störte auch noch der Umstand, daß die Konturen des Gegenstandes, der unter der Linse lag, in den Farben des Regenbogens zerflossen. Es war ferner unbequem, den zu vergrößernden Gegenstand unter der Linse hin und her zu schieben; denn dazu war nicht genügend Platz vorhanden.

‚Wochenlang werde ich zu tun haben', dachte Galileo vergnügt bei sich, ‚bis ich alles in Ordnung gebracht habe.'

Zwei Tage darauf ließ ihn der Papst rufen. Galilei erschien triumphierend mit dem Instrument. Der Statthalter Christi sah neugierig in den Apparat, nachdem der Gelehrte unter dessen Linse einen mitgebrachten Mohnsamen gelegt hatte.

»Was sehen Eure Heiligkeit?«

»Ich sehe eine große, schwarze Kugel mit einem regenbogenfarbigen Rand. Was ist denn das?«

»Ein gewöhnlicher Mohnsame, Heiliger Vater. Die Regenbogenfarben gehören nicht dazu, die verursacht der Apparat nur, weil er noch unvollkommen ist. Aber ich werde ihn schon in Ordnung bringen. Ich verbürge mich dafür, daß man innerhalb weniger Wochen bereits ganz scharf damit beobachten kann, und zwar ohne die störenden Lichtbrechungen.«

»Ihr seid ein Genie! Was könnte man noch darunterlegen?«

»Das ist ganz gleich. Zum Beispiel dieses Fädchen, das von meinem Wams herunterhängt.«

Er riß es ab und legte es darunter. Einen unregelmäßig gedrehten, groben Strick sahen sie unter der Linse. Voll Verwunderung rief der Papst:

»Wie schade, daß heute Samstag ist!«

»Was hat es damit auf sich, Heiliger Vater?«

»Jeden Samstag gehen Wir in die Kirche Santa Maria Maggiore zur Beichte und hören darnach die Litanei an. Mit dieser wundervollen Erfindung werden Wir Uns also leider erst morgen richtig befassen können. Aber Ihr dürft jetzt irgend etwas von mir verlangen; denn was Ihr aus diesem Instrument gemacht habt, ist wirklich hervorragend, und ich bin entzückt! Die berühmtesten Gelehrten der Jesuiten haben das nicht zustande gebracht.«

»Ich hätte schon eine Bitte, Eure Heiligkeit. Für Eure Heiligkeit bedeutet ihre Erfüllung nur einen Federstrich, für mich die Krönung meines Lebens.«

»Nun? Heraus damit! Bittet, um was Ihr wollt. Wenn Wir richtig unterrichtet sind, habt Ihr einen Sohn, der studiert. Wollt Ihr ein Stipendium für ihn haben?«

»Auch das würde ich dankbar annehmen, Heiliger Vater. Aber das liegt mir im Augenblick nicht am Herzen. Mögen Eure Heiligkeit doch erlauben, daß sich die Erde um die Sonne drehen darf.«

»Nein«, erwiderte der Papst hart und ohne zu zögern, »das lassen Wir nicht zu! Wir sagten schon einmal, daß diese Lehre nach der Meinung der Kirche verwegen ist. Dieses Urteil ist bereits verkündet, darüber gibt es nichts mehr zu reden. Verlangt etwas anderes.«

»Laßt sie immerhin verwegen sein, Heiliger Vater! Nur, ich soll darüber schreiben dürfen!«

»Wartet einmal! Was hattet Ihr damals mit Bellarmin vereinbart?«

»Wir waren übereingekommen, daß diese Lehre als untrügliche

Wahrheit nicht aufrechterhalten werden dürfe. Es wurde mir aber gestattet, sie als Hypothese zu kommentieren.«

»Lügt Ihr auch nicht? Hat Bellarmin das tatsächlich gesagt?«

»Ich kann es mit dem heiligsten Eid beschwören!«

»Also was wollt Ihr dann noch? Dann behandelt sie doch als Hypothese. Was seinerzeit die Meinung des Kardinalkollegiums war, war auch Unsere Meinung. Und was Wir einmal erklärt haben, halten Wir auch aufrecht.«

»Eure Heiligkeit, dies ist aber eine ungeheure Behinderung für die Wissenschaft. Es ist unendlich schwer, in dieser Form etwas zu schreiben. Stundenlang muß man bei jedem Satz nachdenken, ob daraus auch kein Unheil entstehen könnte. Als ich in der ‚Goldwaage' Kopernikus erwähnte, habe ich für das betreffende Kapitel, in dem es geschah, ebensoviel Zeit gebraucht wie für zehn andere.«

»Habt Ihr ihn denn auch in der ‚Goldwaage' erwähnt? Das ist Unserer Aufmerksamkeit entgangen. Aber es ist schade um jedes Wort. Die Debatte ist geschlossen. Quod dixi, dixi.«

Galilei wußte, daß er sich auf sehr gefährlichem Boden bewegte. Der Papst erinnerte sich an den vor acht Jahren verfaßten Beschluß nicht mehr. Er entsann sich nicht mehr, daß die Inquisition diese neue Lehre als im Widerspruch zur Heiligen Schrift stehend bezeichnet hatte. Und alles das hatte er jetzt vorsätzlich dem Papst verschwiegen. Wäre es nicht besser, diese Niederlage hinzunehmen und an dem Dekret nicht mehr zu rütteln? Sollte es dem Oberhaupt der Kirche einfallen, den Inhalt dieser Beschlußfassung nochmals zu prüfen, würde es sich sofort herausstellen, daß diese Lehre nicht verwegen, sondern streng verboten war. Und das ist ein himmelweiter Unterschied! Dann würde sein vorsätzliches Verschweigen zutage treten: das Wesentliche des Dekretes hat er dem Papst vorenthalten. Aber sofort fand er auch einen Ausweg für diesen Fall: er würde ein unschuldiges Gesicht aufsetzen und so tun, als ob er sich gleichfalls nur dunkel erinnerte.

»Heiliger Vater«, fuhr er zäh fort, »ich füge mich. Das ist selbstverständlich. Da aber Eure Heiligkeit den Kardinal Bellarmin erwähnt haben, so sei mir eine Bemerkung gestattet. Ich besitze einen Brief mit der Unterschrift des seligen Kardinals, in dem er ausführt, daß mich keine kirchliche Behörde zum Widerruf dieser Lehre zwingen könne.«

Hier wurde es dem hartnäckigen Gelehrten wieder ein bißchen unheimlich zumute. Vielleicht wollte der Papst dieses Schriftstück sehen! Daß er nicht gezwungen worden war, seine Lehren zu widerrufen, stand tatsächlich darin. Aber Bellarmin hatte in diesem Briefe auch geschrieben, daß es verboten sei, diese Lehre aufrechtzuerhalten oder zu verkünden. Von einer Hypothese war in diesem Schreiben überhaupt nicht die Rede, das hatte Bellarmin ihm nur mündlich mitgeteilt. Und er war tot und konnte dafür nicht mehr zeugen. Der Papst jedoch zeigte gar keine Neugierde für diesen Brief. Er zog plötzlich andere Register.

»Widerstrebt es Euch denn gar nicht, denselben wissenschaftlichen Standpunkt zu vertreten wie die Ketzer? Da ist zum Beispiel noch dieser Kepler, mit dem Ihr in ein Horn stößt. Der ist doch ein Protestant! Und wie ich höre, hat Kepler in den protestantischen Ländern viele Anhänger. Findet Ihr denn soviel Gefallen an dieser Gesellschaft? Was für ein Mensch ist denn dieser Kepler?«

»Eure Heiligkeit, übt Gnade mit ihm! In tausend Sorgen büßt er für die Sünde, Protestant zu heißen. Erst neulich hat man seine alte Mutter bei der Heiligen Inquisition als Hexe angezeigt. Zum Glück erfuhr Kepler dies noch rechtzeitig. Wäre er nicht in der letzten Minute zu ihr geeilt, hätte man die alte Frau auf dem Scheiterhaufen verbrannt.«

»So. Und worin bestand die angebliche Hexerei der alten Frau?«

»In nichts, Eure Heiligkeit. Man wollte sie erpressen.«

»Sehr bedauerlich! Dieses Rezept kennen Wir. Wenn das Opfer zahlt, wird die Anzeige widerrufen. Zu Unserem aufrichtigen Leidwesen haben Wir schon zahlreiche derartige Beschwerden vernommen. Das Santo Officio ist in der Tat eine heilige Institution, eine tragende und erhabene Säule der Kirche. Nur die Menschen sind schlecht, die eine so heilsame Einrichtung wie die Inquisition zu Erpressungen mißbrauchen. Aber Ihr habt noch nicht auf Unsere Frage geantwortet: Findet Ihr es denn nicht unangenehm, mit dem Protestanten die gleiche Auffassung zu vertreten?«

»Dazu bitte ich, etwas erzählen zu dürfen, Eure Heiligkeit. Als ich noch Professor in Padua war, hatte ich einen Kollegen, Cesare Cremonini mit Namen, der war ein seelenguter Mensch, aber ein halsstarriger Peripatetiker. Wegen des Aristoteles hegte er solchen Zorn gegen mich, daß er, wie ich später erfuhr, einen seiner Schüler als Spion in meine Vorlesungen schickte, und dann aus Rache in seinen nächsten Stunden genau das Gegenteil dessen lehrte, was ich unterrichtet hatte. Ich möchte nicht in den gleichen Fehler verfallen. Wenn ein Ketzer zufällig die Wahrheit verkündet, so möchte ich ihn nicht Lügen strafen, bloß weil er ein Ketzer ist.«

»Natürlich seid Ihr niemals um eine Antwort verlegen«, erwiderte der Papst lachend, »aber auch Wir haben eine bereit: Die Sonne bewegt sich um die Erde und damit punktum! Wie Ihr nun mit Euren Hypothesen fertig werdet, das ist Eure Sache. Und jetzt geht nach Hause und überlegt Euch in Ruhe, was Ihr von Uns für dieses Instrument erbittet.«

Der Heilige Vater umarmte Galilei wieder freundlich und geleitete ihn bis zur Tür. Dort blieb dem Enttäuschten nichts anderes übrig, als niederzuknien und sich zu verabschieden. Der unerbittliche Papst legte ihm liebevoll die Hand auf die Schulter. Dann schloß sich die Tür. Draußen wartete Ciampoli ungeduldig. Er hob neugierig den Kopf. Galilei schüttelte langsam und bedrückt sein Haupt.

Noch einmal versammelte er die ‚Luchse' um sich. Er berichtete ihnen genau über alle seine Audienzen beim Papst. Sein Bericht erweckte natürlich keine helle Begeisterung, aber auch keinerlei Niedergeschlagenheit. Man beleuchtete die Lage von allen Seiten und fand sie zufriedenstellend. Die Möglichkeit, daß Galilei seine Gedanken als Hypothese darstellte, bestand nach wie vor. Es sei ein gutes Omen, daß sich der Papst an den Inhalt des Dekretes nicht mehr erinnerte, meinten sie. Daraus könne man ersehen, daß die ganze Frage für ihn von nebensächlicher Bedeutung blieb. Und da er gewöhnt sei, auf niemanden zu hören, würden aller Wahrscheinlichkeit nach die Versuche der Jesuiten fehlschlagen, diese Frage als entscheidend hinzustellen. Und schließlich sei es für die vorwärtsstrebende Wissenschaft auch ein unschätzbarer Vorteil, daß sich der Papst Galilei persönlich so zugetan erwies. Dieser Umstand war in Rom jedenfalls bekannt geworden, und auch die leidenschaftlichsten jesuitischen Peripatetiker würden sich wohl hüten, den Günstling des Papstes anzugreifen.

»Da fällt mir übrigens ein«, sagte Guiducci, »ich erhielt unlängst eine Nachricht von Grassi, er möchte meine Bekanntschaft machen und sich mit mir befreunden.«

»Das gilt mir«, erwiderte Galilei lachend, »ich bin einer persönlichen Fühlungnahme auch gar nicht abgeneigt. Freundet Euch inzwischen an und nehmt mich dann als Dritten in Euren Bund auf. Mit der Zeit werden wir aus ihm noch einen guten Kopernikaner und Galileianer erziehen.«

»Das wäre nur recht und billig!« fuhr Guiducci munter fort. »Wie ich mich zuerst mit Grassi herumstreiten mußte, damit Ihr unterdes Gelegenheit erhieltet, die ‚Goldwaage' zu schreiben, genau so werde ich jetzt den Frieden einleiten. Ich glaube, im allgemeinen sind diese Jesuiten gar nicht die Bösewichte, für die man sie ausgibt.«

»Ganz bestimmt nicht!« antwortete Galilei. »Ich fange an zu glauben, daß Grassis Anwurf kein offizieller Angriff des Jesuitenordens war, sondern nur eine persönliche Plänkelei. Die Jesuiten kümmern sich jetzt überhaupt nicht um Kopernikus, sondern beschäftigen sich ausschließlich mit dem großen Kriege.«

So schlossen sie ihre Beratung voll Zuversicht. Darauf erklärte Galilei, daß er nun noch von einer äußerst wichtigen Erfindung berichten wolle. Er erzählte die Geschichte des neuen Instruments. Den Vergrößerungsapparat selbst könne er allerdings nicht vorführen, da dieser beim Papst geblieben sei. Er bäte die Mitglieder der Akademie jedoch, ihm Handwerker und Optiker zu nennen, die gut, genau, billig und sehr schnell arbeiteten. Außerdem verlangte er noch einen Zeichner. Diese Mitteilungen riefen große Erregung hervor. Hunderterlei Fragen stürmten auf ihn ein. Er antwortete geduldig, zeichnete und erklärte ununterbrochen. Sofort fanden sich auch vier oder fünf ‚Luchse', die ihm mit Empfehlungen an gute Mechaniker behilflich sein wollten.

Schon tags darauf waren der Zeichner, der Optiker und Mechaniker pünktlich zur Stelle. Jetzt befaßte sich Galileo von früh bis abends nur noch mit diesem Instrument. Als letzten Versuch – um sich nicht den geringsten Vorwurf einer Versäumnis machen zu müssen – besuchte er nochmals den Kardinal Hohenzollern und bat ihn, sich beim Papst für die Lehre des Kopernikus zu verwenden. Der Kardinal sagte bereitwillig zu. Galilei überließ also alles dem Kardinal und widmete seine ganze Zeit ausschließlich der Verbesserung des Vergrößerungsapparates. Schon nach drei Tagen hatte er die Erfindung wesentlich brauchbarer gestaltet; er brachte zustande, daß das Instrument von jedem benutzt werden konnte, indem er die Entfernung von zwei Linsen mittels einer Schraubvorrichtung regelte. Die Versuche gelangen glänzend. Alsbald fand er auch die Einstellung heraus, die seinem Auge entsprach, und war selbst von der Schärfe des Bildes ganz überrascht, als er eine Tabakfaser unter die Linse legte. Auch diesbezüglich brachte er noch eine Verbesserung an: für den zu untersuchenden Gegenstand ließ er eine kleine Platte unterhalb der Linse anfertigen. Endlich beriet er stundenlang mit dem Optiker, bis sie schließlich erreichten, daß die regenbogenfarbig schimmernde Umrandung der Gegenstände verschwand. Als der erste fertige Drebbelsche Vergrößerungsapparat in der Galileischen Verbesserung den Mitgliedern der Akademie vorgeführt wurde, konnten diese nicht genug Worte des Lobes finden. Wegen der Kosten, die seine Experimente ihm verursacht hatten, brauche er sich keine Sorgen zu machen, das Geld brächten die Mitglieder der Akademie schon zusammen. Gleichzeitig bestellten sie bei ihm mehrere dieser wundervollen Instrumente.

»Jetzt werdet Ihr dieser Sache wohl ganze Jahre widmen«, meinte Stelluti.

»Ich denke nicht im geringsten daran. Ich werde mit dem Instrument daheim in Florenz alles mögliche untersuchen und es schließlich doch bald zur Seite legen. Ich habe etwas viel Wichtigeres zu tun.«

»Was denn?«

»Ich muß ein Buch über mein kosmisches System schreiben. Das wird schriftstellerisch keine leichte Aufgabe sein, da ich so schreiben muß, als ob ich selber nicht recht daran glaubte, aber das Werk muß wiederum auch sinngemäß besagen, daß ich darin dennoch meine eigene Überzeugung vertrete.«

»Wenn es sich um die Kunst des Schreibens handelt, habe ich keine Angst um Euch.«

»Wirklich? Hat Euch die ‚Goldwaage' gefallen? War sie gut geschrieben?«

Zehnmal mindestens hatten sie sich schon darüber unterhalten, aber Galileo hätte auch zum hundertsten Male wieder darauf zurückkommen können. Wenn er hörte, daß seine Arbeit Beifall fand, verspürte er jedesmal eine unbeschreibliche Freude. Kurz darauf durfte er sich noch mehr freuen; denn als er auf die Gesandtschaft zurückgekehrt war und

Frau Katharina begrüßte, begann sie zufällig auch von seinem jüngsten Werk zu reden.

»Ich habe mich geärgert«, sagte die schöne Frau des Gesandten, »weil ich ein so schlechtes Buch gelesen habe. Jetzt werde ich die ‚Goldwaage' hervorholen.«

»Wirklich? Hat es Euch so sehr gefallen? Ist es gut geschrieben?«

»Fragt Ihr das im Ernst, oder verspottet Ihr mich?«

»Euch verspotten? Wie können Exzellenz so etwas vermuten! Ich frage im Ernst, ob Euch dieses Buch zusagt.«

»Ich finde es unerhört. Anders kann ich mich nicht ausdrücken. Man wird Euch noch in Hunderten von Jahren für einen der größten Stilisten der italienischen Sprache halten. Der Allmächtige möge Euch dafür segnen, daß Ihr es nicht in lateinischer Sprache geschrieben habt.«

»Und Euch, Exzellenz, möge die besondere Gnade Gottes zuteil werden, daß Ihr mir diesen Segenswunsch auf den Weg mitgebt!«

»Wie? Sagt doch nicht so etwas! Ihr wollt doch nicht etwa schon fort?«

»Doch, Exzellenz. Es ist Zeit. Meine Angelegenheiten habe ich schlecht und recht erledigt, und jetzt sehne ich mich danach, meine Töchter wiederzusehen. Meine Hand beginnt zu schmerzen, und ich hüte das Bett lieber zu Hause, wenn es schon sein muß ... Aber was ist denn? Ihr weint ja?«

»Ach, ich bin gewiß albern«, lächelte Frau Katharina unter Tränen, »aber ich kann nicht leugnen, daß wir Euch von Herzen liebgewonnen haben. Wir hatten uns schon mit dem Gedanken vertraut gemacht, daß Ihr für immer bei uns bliebet. Ich gestehe, daß ich Euch liebhabe, als ob ... als ob ...«

Galileis Herzschlag drohte auszusetzen, seine Kehle war mit einem Male wie zugeschnürt. Ein Gefühl regte sich in seinem Innern, das er sich bis jetzt nicht einmal selbst einzugestehen wagte. Er sah die schöne, liebliche Frau an und wartete mit angehaltenem Atem auf die Vollendung ihres Satzes.

»... als ob Ihr mein eigener Vater wäret.«

Der greise Gelehrte nickte. Seine Mundwinkel zuckten ein wenig. Dann küßte er der Dame zärtlich und ergebungsvoll die Hand.

»Erlaubt mir, daß ich von Euch wie von meiner dritten Tochter Abschied nehme. Denn ich muß abreisen. Ich warte nur noch die Gelegenheit ab, mich von Seiner Heiligkeit zu beurlauben, dann geht es zurück in meine Heimat und mit frischen Kräften an die Arbeit.«

Der Gesandte selbst überbrachte dem Papst die Meldung, daß der Gelehrte wieder abzureisen gedenke. Sofort nahm sich Urban VIII. für diesen Abschied Zeit. Ciampoli staunte:

»Wißt Ihr denn, daß ein ähnlicher Gunstbeweis noch keinem gekrönten Haupt zuteil wurde? Sechs lange Audienzen hintereinander! Ganz Rom wird davon sprechen. Ich werde sofort veranlassen, daß man Euch meldet.«

Der Papst ließ den Gelehrten diesmal nicht einmal niederknien. Mit ausgebreiteten Armen faßte er ihn um die Schultern.

»Muß es denn wirklich sein? Wollt Ihr Uns tatsächlich verlassen? Ihr wißt ja gar nicht, welche Erbauung Ihr Uns raubt. Aber wenn es durchaus sein muß, dürfen Wir Euch nicht selbstsüchtig zurückhalten. Aus Dankbarkeit für die unvergeßlichen Stunden haben Wir Euch dieses Bild zugedacht. Es stellt die Heilige Familie dar, Cigoli hat es gemalt. Unsere Wahl ist auf das Bild gefallen, weil Wir hörten, daß Euch mit diesem leider so früh verstorbenen Maler, der auch Uns sehr lieb war, eine aufrichtige Freundschaft verband. Aber wartet noch einen Augenblick. Wir haben noch zwei Gedenkmünzen, die Wir als Erinnerung an Eure Reise haben gravieren lassen, die eine aus Gold, die andere aus Silber. Außerdem nehmt diese heiligen Bilder hier! Sie stellen allesamt das Lamm Gottes dar, und Wir haben sie alle geweiht. Schenkt sie Euren Kindern, oder wem Ihr wollt. Sodann gewähren Wir Eurem Sohne ein Stipendium. Schärft Ciampoli ein, er möge Uns erinnern, falls Wir es vergessen sollten. Und nehmt diesen Brief von Uns entgegen, den Wir an Euren Herrscher richten und in dem Wir Euch höchstes Lob aussprechen. Vor allem aber erteilen Wir Euch Unseren Apostolischen Segen und versichern Euch Unserer herzlichsten Liebe.«

Galilei ließ sich auf die Knie nieder, um den Segen entgegenzunehmen. Als er sich erhob, bedankte er sich überschwenglich für die Geschenke. Dann fragte er zögernd:

»Und von jener bewußten Bitte darf keine Rede mehr sein?«

»Nein. Nicht im geringsten! Der Kardinal Hohenzollern wurde gestern schon deswegen vorstellig, aber auch ihm haben Wir erklärt, daß diese Lehre verwegen sei. Wir haben dem nichts mehr hinzuzufügen. Wir wünschen Euch eine recht gute Reise und legen Euch besonders ans Herz, auf Eure für Uns so wertvolle Gesundheit zu achten!«

Galilei kniete abermals nieder und küßte dem Papst die Schuhschnalle. Dann umarmte ihn Urban nochmals und klopfte ihm liebevoll auf die Schulter. Einem Mathematiker war im Vatikan wohl kaum jemals eine solche Ehre zuteil geworden, und noch dazu einem Freunde Keplers und Fra Paolo Sarpis.

Den letzten Abend verbrachte Galilei mit dem Ehepaar Niccolini in gerührter Abschiedsstimmung. Noch ein letztes Mal betraten sie den Erker und blickten auf die märchenhaft schöne Stadt hinunter. Der weite Sternenhimmel funkelte überwältigend über ihnen in dieser Juninacht. Frau Katharina schob ihren Arm unter den Galileis und sagte plötzlich:

»Francesco?«

»Ja, meine Liebe?«

»Erlaubt Ihr mir, dem Messer Galilei einen Kuß zu geben?«

»Gern. Auch ich will ihm einen geben.«

Beide umarmten ihn und küßten ihn. Den Kuß und die Umarmung

des Gesandten erwiderte Galilei herzhaft und kräftig, der Frau Katharina hielt er nur die Wange hin. Sorgfältig achtete er darauf, sie nicht zu berühren und jede Geste zu vermeiden, die seine tiefsten Gedanken hätte verraten können.

Am nächsten Morgen ganz früh fuhr er von Rom ab. In dem gemieteten Wagen nahmen zwei Reisegefährten Platz: ein Bischof und Michelangelo Buonarroti. Als sie über die Piazza dei Spagni fuhren, stutzte Galilei.

»Was gibt es?« erkundigten sich seine Reisegefährten.

»Da geht ein Bekannter, den ich seit meiner Jugend nicht wiedergesehen habe: Scizione Chiaramonti, ein Gelehrter, falls es erlaubt ist, für einen Esel diese Bezeichnung zu benützen. Ein großer Peripatetiker. Erst neulich hat er Kepler heftig angegriffen. Einstmals gerieten wir miteinander im Hause des Marchese del Monte derartig in Streit wegen Aristoteles, daß wir uns beim Abendessen um ein Haar geprügelt hätten. Merkwürdig, daß er sich seit dieser Zeit nicht im geringsten verändert hat und ich ihn sogleich erkannte! ... Wie lange ist das doch schon her? Tatsächlich, sechsundzwanzig Jahre! ... Welch große Zeitspanne umfaßt doch mein Leben. Die damals geboren wurden, sind heute schon Familienväter — alt und kränklich ...«

Er sah lange vor sich hin, hielt seine Hand unwillkürlich gegen seinen schmerzenden Bruch und sagte eine ganze Weile gar nichts. Auch seine Reisegefährten schwiegen, während die Häuser von Rom immer weiter hinter ihnen zurückblieben.

II

Der vierzehnjährige Fernando II. reichte dem sechzigjährigen Gelehrten seine Hand zum Kuß und nahm von ihm das Handschreiben des Papstes entgegen. Das Siegel erbrach er selbst, denn dieses Recht stand allein ihm zu; dann übergab er den Brief seinem jesuitischen Erzieher. Mutter und Großmutter, die beiden Großherzoginnen, bekreuzigten sich ehrfurchtsvoll. Der Jesuit las den in lateinischer Sprache abgefaßten Brief laut vor.

»Unserem geliebten Sohn, dem erhabenen Herrscher Unseren Gruß und Apostolischen Segen zuvor! Ganz Italien sieht im Großherzogtum Toskana eine bedeutende Macht ob seiner reichen Steuern und der Stärke seiner Heere, aber auch die entlegensten Nationen preisen Eure Erhabenheit glücklich ob des Ruhmes Eurer Untertanen und der großen Fähigkeiten der Florentiner; denn sie eroberten mit ihrem Geist neue Welten und haben, nachdem sie den Weltmeeren die Geheimnisse abgetrotzt, nunmehr auch das vierte Element des Weltalls zum Ruhme Eurer Erhabenheit für alle Zeiten mit Eurem Namen verknüpft. Unser geliebter Sohn Galilei hat, auf Pfaden des Äthers wandelnd, unbekannte Sterne entdeckt und ist in die Geheimnisse der Planeten eingedrungen. Solange nun der segensreiche Stern des Jupiter am Himmel erglänzt, wird er den Ruhm Galileis, einem ewigen Reisegefährten gleich, mit verkünden. Den großen Mann, dessen Ruhm den Erdkreis erfüllt, und dessen Name dort oben am Himmel erglänzt, haben Wir längst in Unser väterliches Herz geschlossen. Wir haben an ihm nicht nur die große literarische Befähigung wahrgenommen, sondern auch die Liebe zur Religion und alle Eigenschaften, welche des päpstlichen Wohlwollens wert sind. Als er kam, Uns zu Unserer Erhebung zu beglückwünschen, haben Wir ihn sehr liebevoll umarmt und mit Vergnügen seine gelehrten Auseinandersetzungen angehört, die dem Ruhme der florentinischen Beredsamkeit einen neuen Glanz hinzufügen. Wir mochten nicht, daß er in sein Vaterland zurückkehre, ohne von Unserer Freigebigkeit, ohne von Unserer päpstlichen Zuneigung reichliche Beweise erhalten zu haben. Es ist Uns bekannt, wie großmütig seine erhabenen Herrscher die wunderbaren Erfolge dieses Feuergeistes zu belohnen wußten, deren Ruhm so lange auf der Erde strahlen wird als Jupiter und seine Satelliten am Himmel. Viele behaupten, man brauche sich darüber nicht zu wundern, daß die Leistungen in einem Staate, in dem die Großherzigkeit der Herrscher die Schaffenden so reichlich belohnt, so überragend sind. Und damit Ihr wohl begreifet, bis zu welchem Grade er Uns teuer ist, wollen Wir seinen Tugenden und seiner Frömmigkeit dieses glänzende Zeugnis ausstellen. Wir sind beflissen, Euch zu erklären, daß Wir Euch für alles Gute Dank wissen werden, das Ihr ihm erweisen könnt, indem Ihr die Kundgebungen Unserer väterlichen Freigebigkeit nachahmt oder selbst überbietet.

Gegeben zu Rom am achten Juni im Jahre des Herrn sechzehnhundertvierundzwanzig, dem ersten Unserer Oberhirtlichen Herrschaft.«

Der Jesuit berührte das päpstliche Handschreiben mit seinen Lippen, reichte es dem Herrscher zurück und bekreuzigte sich. Fernando II. blickte fragend auf seine Mutter und die Großherzogin-Mutter Christina, die an seiner Stelle antwortete:

»Die Nachricht des Heiligen Vaters hat das Herz Seiner Hoheit des Großherzogs mit ehrerbietiger Freude erfüllt.«

Dann blickten sich die beiden Großherzoginnen an — ein bißchen verlegen. Und wieder redete jetzt die Großherzogin-Mutter:

»Seine Heiligkeit haben gewisse Wohltaten erwähnt, die Ihr von Seiner Hoheit erwarten könntet. Habt Ihr irgendeinen Wunsch? Traget ihn doch am besten gleich unsrem Herrn Cioli vor ...«

»Eure Hoheit, meinen ergebensten Dank, aber ich möchte jetzt mit einer Bitte nicht ungelegen kommen. Als Zeichen meiner Huldigung habe ich jedoch für Seine Hoheit etwas mitgebracht. Seine Hoheit werden diese Huldigung schon entsprechend zu belohnen wissen.«

Er winkte dem Lakaien, dem er beim Eintritt seinen Vergrößerungsapparat eingehändigt hatte, nahm das Instrument wieder an sich und erklärte es der fürstlichen Familie. Die Herrschaften staunten das Wunderding an und traten zum Fenster. Galilei zog ein Taschentuch hervor, in das er einige Gegenstände eingeknotet hatte: einen Mückenflügel, einen Grashalm und kleine Kristallstückchen. Großmutter, Mutter und Enkelkind betrachteten dieses neue, fesselnde Spielzeug ganz erregt, und der minderjährige Großherzog riß sich sogar ein Haar von dem erlauchten Haupt, um es unter das Vergrößerungsglas zu legen.

»Und das wollt Ihr uns schenken?« erkundigte er sich erwartungsvoll.

»Eure Hoheit, deswegen habe ich es ja mitgebracht. Für mich selbst lasse ich ein anderes herstellen. Morgen wird es schon fertig sein.«

Mutter und Großmutter warfen sich wieder Blicke zu.

»Wir sprechen Euch unsere herzlichste Anerkennung aus«, sagte die Mutter. »Für einen würdigen Dank wird Seine Hoheit Sorge tragen.«

Unter höfischen Verbeugungen entfernte sich Galilei, nachdem er auch von dem Jesuiten herzlichen Abschied genommen. Seit langem kannte er diesen Ordensgeistlichen und verstand sich ganz gut mit ihm, besonders da ihm der Erzieher des Prinzen sehr liebenswürdig begegnete, seit Papst Urban den Thron bestiegen.

Die Audienz war sehr erfreulich verlaufen, und trotzdem seufzte Galilei beim Verlassen des großherzoglichen Palazzos auf, da er jener herrlichen Zeit gedachte, da Cosimo die Herrschaft antrat und Belisario Vinta noch Kanzler war. Damals konnte er noch mit jemandem am Hofe seine wichtigsten Angelegenheiten besprechen. Jetzt ging er einsam durch die prachtvollen Säle. Die beiden Großherzoginnen dachten nur an höfischen Prunk, wetteiferten mit ihren Gewändern und trieben einen unerhörten Aufwand, über den selbst die Höflinge kopfschüttelten. Außerdem widmeten sie ihren Tag ganz und gar der Kirche. Fast nur Geistliche schritten durch die Wandelgänge des Palastes. Beinahe täglich fand irgendeine Klosterweihe, eine Gedenkmesse oder ähnliche Feier statt. Der junge Großherzog war ausschließlich von einem Schwarm kirchlicher Berater umgeben; jedesmal ließ man den allmächtigen Cioli holen, wenn eine wichtige Frage auftauchte. Cioli wieder hielt darauf mit den Prälaten eine Beratung, die von der Erwägung ausging: Was würde der Papst dazu sagen? Der stolze Palazzo, in dem einst Cosimo so klug und machtvoll regiert, war förmlich zu einem Kloster geworden, wo äußerliche Frömmigkeit und eine weihrauchduftende Atmosphäre die Sinne bedrückte; ein genaues Gegenstück zum Kloster Arcetri, wo zwar bettelarme Nonnen ihr schlichtes Dasein fristeten, wo aber Gottesnähe den Besucher mit einem seligen Frieden erfüllte.

Mit dem Vergrößerungsglas erging es Galilei, wie er vorausgesehen hatte. Er beschäftigte sich lange damit, verbesserte manches daran, bis ein vortreffliches Instrument daraus wurde. Zwischendurch beobachtete er durch die Linsen alle möglichen Gegenstände, vom Splitter eines Fingernagels angefangen bis zum Regentropfen einer Fensterscheibe. Immer wieder mußte er, gleich einem Kind auf dem Weihnachtsmarkt, über die Wunder der Natur staunen, die im Kleinsten ebenso gewaltig war wie im Größten. Seine Überzeugung entfernte sich immer mehr davon, daß der Mensch Mittelpunkt der Schöpfung sei. Wenn er durch die Vergrößerungslinsen etwa eine Hummel betrachtete und die glänzenden Härchen an ihrem Hinterleib untersuchte, verlor sich der Unterschied zwischen groß und klein: Die Hummel wurde zu einem wundersam geschaffenen Lebewesen, zu einem kleinen Kosmos, der seinen Platz im Weltall ebenso einnahm wie ein Planet. Inmitten der ungezählten Wunder erschien ihm der Mensch als unbedeutendes Staubkorn, zugleich aber als ein göttliches Ebenbild, da er sich auf Flügeln des Geistes von der schwindelerregenden Rechnung mit Millionen bis zur erschütternden Winzigkeit einer Teilung durch Millionen schwingen kann.

Endlich hatte er alles untersucht, was ihm der Betrachtung wert schien. Wie grotesk hatte er es gefunden, daß ein Floh unter der Linse zu einem furchterregenden Monstrum anschwoll; er hatte die widerwärtige Fliege mit ihren seltsam eckigen Augen beobachtet, welch graziöse, mit filigraner Genauigkeit abgezeichnete Gestalt sie besaß und was für ein überraschend schönes Tierchen die Motte war. Er wurde zuletzt des Schauens müde. Lebewesen hatten ihn nie besonders angezogen. Nur um seiner selbst willen war ihm das Leben wert. Oft sann er darüber nach, daß dieser zähe, stark entwickelte Lebenswille ihn vielleicht vom Studium der lebenden Organismen abgehalten; denn alles Lebendige hätte ihn doch nur an Tod und Vergänglichkeit gemahnt, vor denen er seine Gedanken hütete. Am Ende war er wohl deshalb auch dem medizinischen Beruf so fremd gegenübergestanden. Das stumme, anorganische Leben dagegen fesselte ihn in jeder Gestalt, in jeder Bewegung, in seiner Ausdehnung, seinem Gewicht, von der riesigen Feuerkugel der Sonne bis zu dem Kieselstein, der über eine schiefe Ebene rollt. Diese Welt, mit der die Natur den Menschen umgab, wollte er ergründen, auf eine Formel bringen wie einen mathematischen Lehrsatz. Über dieses gewaltige Rätsel sann er auch dann, wenn sich sein Geist scheinbar mit alltäglichen Dingen befaßte.

Nach seiner Heimkehr aus Rom nahm er seine ernste Selbstprüfung vor. Er war zutiefst bewegt, daß ihn der Papst für einen so frommen und treuen Katholiken hielt. Das Lob des Papstes erfüllte ihn mit überquellender Dankbarkeit. Der Strom dieser Gefühle aber spülte die mahnenden Worte des Kardinals Bellarmin aus seiner Erinnerung hinweg. Er dachte jetzt viel über die damalige Beweisführung Bellarmins nach. Gereichte es denn wirklich der Heiligen Schrift zum Schaden, wenn die Wissenschaft die Menschen zum Denken erzog? Sollte das Wissen um seine neue Lehre wirklich den Bau der Kirche in den Grundfesten erschüttern, diese Organisation, die Bellarmin als den einzigen wahren Hort menschlicher Glückseligkeit bezeichnet hatte? Vor seiner Seele stieg auch das Bild Fra Paolo Sarpis auf, der gefordert hatte, die Kirche solle sich begnügen, ihre Autorität in Glaubensdingen durchzusetzen, irdische Macht dagegen stünde allein den weltlichen Obrigkeiten zu. Diese beiden großen Toten erschienen ihm und kämpften im Gewissen des greisen Gelehrten um den Sieg ihrer Anschauung. Lange grübelte er nach und kam endlich zum Schluß: Glaube ist eine Herzenssache, das Wissen Sache des Verstandes. Beide Gaben Gottes — infolgedessen können sie niemals im Gegensatz zueinander stehen. Das neue Weltbild, das sein Geist erschaute, war um so viel schöner, klarer, harmonischer und folgerichtiger als das gewohnte, daß er Gottes wunderbares Walten tausendmal deutlicher erfühlte als in der Unvollkommenheit des Almagest. Für ihn galt: Je mehr einer weiß, um so gewaltiger und erhabener sieht er Gott. Ein höheres Ziel kann auch die Theologie nicht setzen. Und sollte nach Bellarmins Befürchtung dieses neue Weltbild immerhin sogar den tausendsechshundert Jahre alten Bau der Kirche erschüttern, so würden die aufgeklärten Menschen einen um so ehrlicheren Glauben fassen und an die Stelle des alten, zerrütteten Kirchenbaues träte ein neuer, stärkerer. Ad maiorem Dei gloriam! Galilei erkannte nun seine Pflicht und sah den vorgezeichneten Weg: er mußte seine Entdeckung der Welt frei verkünden. Noch niemals seit seiner Jugendzeit hatte er diesen inneren Zwang, mit der Wahrheit vor die Welt zu treten, so überwältigend empfunden.

Der Vergrößerungsapparat hatte ihn bisher abgelenkt und ihn von den Beschwernissen der Reise nach Rom etwas ausruhen lassen. Doch nun wollte er an die Arbeit gehen; obwohl er noch nicht wußte, wie beginnen.

Eines Tages fand er beim Ordnen alter Schriftstücke den Ausgangspunkt. Die Streitschrift des Rechtsgelehrten Ingoli aus Ravenna kam ihm unter die Augen, der vor acht Jahren in einem Inquisitionsprozeß Kopernikus und ihn der Unwahrheit geziehen hatte. Damals hatte Galilei nichts erwidert, heilfroh darüber, so glimpflich davonzukommen. Doch jetzt beschloß er, ihm zu antworten. Er wollte versuchen, ob und wie er mit den Bellarminschen Hemmschuhen vorwärtskäme. Die Antwort gedachte er Ingoli gar nicht zusenden zu lassen. Andere sollten sie erhalten: die ‚Luchse' in Rom. Mochten sie dann darüber entscheiden, ob es ratsam wäre, die Erwiderung drucken zu lassen. Das hing wohl davon ab, wieweit er die Gedanken des Kopernikus verteidigte, ohne sich gegenüber der Inquisition eine Blöße zu geben.

Wochen vergingen, Galilei schrieb und schrieb. Ein Brief sollte es werden und wurde ein Buch. Ingolis Schrift konnte auf ihren wenigen Seiten bloß mit hohlen Redensarten aufwarten, wie sie ein dünkelhafter Halbgelehrter anbietet, der von Dingen redet, die er nicht versteht. Galilei wollte im Grunde weder Ingoli widerlegen noch überzeugen. Sein Werk bestand lediglich in dem Experiment, Ingolis Beweise zu entkräften, ohne die letzte Folgerung daraus zu ziehen. So vollendete er ein Buch, das alle Einwände gegen Kopernikus schlagend widerlegte, ohne jedoch sein Weltsystem als das allein richtige hinzustellen.

Das Manuskript sandte er an die ‚Luchse' nach Rom. Doch die Herren nahmen sich keine Zeit und ließen ihn lange auf eine Antwort warten. Als sie endlich eintraf, klang sie sehr unsicher und vorsichtig.

Guiducci teilte ihm vor allem mit, was er zufällig erfahren hatte: jemand, man wisse nicht wer, habe die ‚Goldwaage' bei der Inquisition angezeigt und das Heilige Offizium darauf hingewiesen, dieses Werk verteidige Kopernikus. Die Anzeige sei schon vor längerer Zeit erfolgt. Da jedoch die Inquisition ihre Angelegenheiten überaus verschwiegen behandelte, hatten die ‚Luchse' erst jetzt davon Wind bekommen. Das Buch sei dem Minoritenpater Guevara zur Prüfung vorgelegt worden. Sein Gutachten fiel jedoch gegen den Ankläger aus: in der ‚Goldwaage' ließe sich keinerlei Stellungnahme für Kopernikus nachweisen; der wissenschaftlichen Leistung des Buches gebühre jedes Lob. Obwohl somit das Verfahren gut ausgegangen sei, mahne er, Guiducci, zu größter Vorsicht. Die Antwort an Ingoli dürfe nicht nur nicht im Druck erscheinen, sondern Ingoli dürfe sie überhaupt nie zu Gesicht bekommen, weil er sonst mit der Erwiderung sogleich zu den Jesuiten und vielleicht gar zur Inquisition liefe. Die ‚Luchse' waren der einhelligen Meinung, daß dieses neue Buch sich rückhaltlos zu Kopernikus bekannte.

Ganz betroffen las Galilei dieses Schreiben. So war er bei der Inquisition angezeigt worden. Wer mochte das gewesen sein? Der nächstliegende Gedanke war, die Jesuiten zu verdächtigen. Aber dagegen sträubte sich sein Empfinden. Denn mit den Jesuiten in Florenz lebte er in gutem Einvernehmen. Seit dem großartigen Empfang in Rom und dem päpstlichen Handschreiben an den Großherzog behandelte ihn die Geistlichkeit geradezu mit Samthandschuhen und selbst der Bischof schien ihm nichts nachzutragen. Grassi kam diesmal als Angeber nicht in Frage. Auch über diesen Jesuitenpater berichtete Guiducci. Grassi, der in seiner Disputation über die ‚Goldwaage' eine jämmerliche Niederlage erlitten hatte, redete jetzt in einer anderen Tonart. Konnte er Galileis Bekanntschaft in Rom nicht machen, so suchte er wenigstens mit Guiducci nähere Verbindung. Nach anfänglicher Bereitschaft, Grassi kennenzulernen, war er einem Verkehr doch ausgewichen, weil er befürchtete, die Jesuiten könnten die ganze Hand nehmen, wenn man ihnen den kleinen Finger bot. Doch als Guiducci erkrankt das Bett hüten mußte, fand der Jesuitenpater Grassi einen Vorwand für seinen Besuch. Über Galilei äußerte er sich dabei sehr schmeichelhaft und wies in grundsätzlichen Fragen nicht einmal mehr den kopernikanischen Gedanken gänzlich ab. Er suchte Guiducci noch öfter auf und erklärte zuletzt, er sei sogar bereit, falls er überzeugt werden könnte, die Heilige Schrift zugunsten des Kopernikus auszulegen.

Wer also konnte jener geheimnisvolle Ankläger sein und was lag dieser Anzeige zugrunde? Es erschien doch undenkbar, daß der Jesuitenorden Grassi nach dessen Niederlage befohlen hätte, seinen Gegner mit verstellter Liebenswürdigkeit zu umgarnen? Das war eine so niederträchtige Vermutung, daß Galilei an sie nicht glauben mochte. Doch wie damals vor acht Jahren lähmte ihn das Gefühl, daß ihn ein unsichtbarer Feind belauere, sogar jetzt, da ihn doch Papst Urban VIII. vor der ganzen Welt als guten Katholiken gerühmt hatte.

Auf den Rat der ‚Luchse' übte er also Zurückhaltung und verzichtete auf die Drucklegung seines Manuskriptes. Doch drang er darauf, daß man die Schrift wenigstens einigen zuverlässigen Menschen zum Lesen gäbe. Gerne erfüllten die ‚Luchse' diese Bitte; aber vor Ingoli, der aus Ravenna nach Rom übersiedelt war, verheimlichten sie die Handschrift. Der Rechtsgelehrte wohnte zwar in der Nähe der Akademie, hatte jedoch keine Ahnung, daß dort eine Antwort des weltberühmten Gelehrten auf den vor acht Jahren erfolgten und längst vergessenen Angriff erörtert wurde.

Immer noch wartete Galilei sehr begierig darauf, zu hören, wer ihn angezeigt hatte. Doch anscheinend hütete gewisse Akten der Inquisition ein Schloß mit sieben Siegeln, wenn auch sonst gelegentlich etwas durchsickerte. Gerade jetzt war von der Inquisition der Prozeß gegen einen Mönch De Dominis geführt worden. Dieser Mann mit einem abenteuerlichen Schicksal hatte einst mit Fra Paolo Sarpi in freundschaftlichem Briefverkehr gestanden und war Jesuit und Bischof in Dalmatien gewesen. Doch dann verließ er den Orden, begab sich ins Ausland, wurde Protestant und erging sich in Schmähungen gegen das Papsttum. König Jakob von England ernannte ihn zum Dekan von Windsor. Doch auch hier war seines Bleibens nicht; er floh nach Frankreich, wurde wieder katholisch und spielte den reuigen Sünder. Der Papst verzieh und setzte ihm eine Jahresrente aus. Wieder in Rom, lebte Dominis still dahin, trieb die verschiedensten Wissenschaften und behauptete unter anderem, es gäbe keinen Regenbogen; dieser sei bloß eine optische Täuschung. Papst Urban VIII. hatte nach seiner Wahl nichts eiligeres zu tun, als diesem ‚Privatgelehrten' die Jahresrente zu entziehen, die ihm der Vorgänger auf dem Stuhle Petri verliehen hatte. Das nicht wegen seiner Beurteilung des Regenbogens, sondern weil der Papst ihm den Glaubensabfall und seine bewegte Vergangenheit nicht verzeihen konnte. Aber dieser De Dominis verlangte vom Vatikan energisch sein Geld. Daraufhin zitierte ihn die Inquisition. Anscheinend wurde er dort gefragt, ob er denn nicht glaube, daß Gott auch den Regenbogen erschaffen? Wenn dem aber so sei, wie könne er behaupten, daß es keinen Regenbogen gäbe? Man sperrte Dominis in die Engelsburg; dort starb er als Zellenhäftling der Inquisition. Doch damit begnügte sich das Heilige Offizium keineswegs. Der Sünder mußte, wenn auch als Toter, seine Schuld vor der Öffentlichkeit büßen. Eine Prozession trug seinen Leichnam mit all seinen Büchern zum Scheiterhaufen. Dort verbrannte man den Toten und seine gelehrten Werke.

Galilei hörte sich solche Berichte schaudernd an. Ihm graute vor dem Scheiterhaufen, vor Hinrichtungen und Toten. Wäre sein wissenschaftliches Bekenntnis nicht so tief verwurzelt gewesen, er hätte jetzt vorgezogen, zu schweigen. Aber die Wahrheit ließ ihn nicht ruhen; er schrieb einen Brief um den andern an den Fürsten Cesi, an Guiducci, an die ‚Luchse', man müsse doch seinem neuen Werk zu einem Widerhall verhelfen.

Dieses wissenschaftliche Selbstgefühl gab auch seinem Mut Auftrieb. Der berühmte französische Mathematiker Gassendi hatte ihm geschrieben. Jünger an Jahren, wurde Gassendi geboren, als Galilei bereits den Lehrstuhl in Padua innehatte. Schon mit dreißig Jahren berief man Gassendi als Universitätsprofessor nach Aix und er zählte zu den heftigsten Gegnern des Aristoteles. In seinem umfangreichen Brief an Galilei bekannte er sich offen als Kopernikaner, bot dem italienischen Gelehrten seine Freundschaft an und teilte ihm gleichzeitig einige wertvolle Beobachtungen mit. In einer Dunkelkammer hatte er nämlich das Sonnenlicht auf ein Blatt Papier projiziert und konnte damit die Sonnenflecken, die unmittelbar schwer zu beobachten waren, bequem studieren.

Dieser Brief erfüllte Galilei mit unbändiger Freude und mit Stolz darüber, daß sich die Zahl seiner Anhänger so mehrte. Gassendi war überdies kein Ketzer wie Kepler; im Gegenteil: er bekannte sich zum römisch-katholischen Glauben. Er hatte sogar in Avignon Theologie studiert. Der Brief ermutigte Galilei dazu, daß er eine eigenhändige Abschrift seines Werkes an Monsignore Ciampoli sandte. Er sollte es dem Papst vorlegen und dessen Urteil darüber erbitten.

Die Antwort ließ lange auf sich warten. Das brauchte ihn nicht wunderzunehmen; denn der Papst hatte jetzt größere Sorgen. Sieben Jahre dauerte bereits der Glaubenskrieg und griff auf immer weitere Gebiete über, ohne daß eine Entscheidung fiel. Jetzt waren auch Holland und Dänemark hineingezogen. Auf diesen Kriegsschauplatz richtete Europa sein Augenmerk, nicht auf kopernikanische Beweise und Gegenbeweise. Selbstverständlich mußte sich der Papst zuerst um diesen Glaubenskrieg kümmern und konnte wohl zu allerletzt astronomischen Fragen nachgehen.

Nach langer Zeit erhielt Galileo doch eine Antwort, freilich nur aus einem einzigen Satz bestehend, der unter den übrigen Nachrichten Ciampolis versteckt war.

»Ich habe Eure Erwiderung an Ingoli zum größten Teil auch Unserem Herrn vorlesen können. Das Beispiel mit dem Sieb gefiel Seiner Heiligkeit sehr gut, auch die Untersuchungen über die Bewegungen der schweren Körper und die dabei geschilderten sehr spannenden Experimente.«

Das war alles. Schon der nächste Satz wechselte das Thema und berichtete: Man habe die Zusage eines Stipendiums an Vincenzo in Rom keinesfalls vergessen, doch habe die päpstliche Intendantur das

Geld wegen der Ferien noch nicht überweisen können. Jedes Wort dieses einzigen Satzes nahm Galilei gleichsam unter die Lupe und überlegte: Wenn Ciampoli dem Papst den ‚größten Teil' seines Werkes mitgeteilt hatte, konnte er ihm unmöglich verschweigen, daß sich die Antwort an Ingoli vom ersten bis zum letzten Wort mit der kopernikanischen Lehre befaßte. Ließ ihm nun der Papst mitteilen, es habe ihm ‚sehr gut' gefallen, und wenn dazu sogar Einzelheiten angeführt wurden, bedeutete das doch einen unmißverständlichen Hinweis: Der Papst nahm keinen Anstoß daran, daß sich sein Günstling so offenkundig mit Kopernikus beschäftigte. Galileo hatte den Eindruck, nun sei alles in bester Ordnung. Wenn er auch in Zukunft eine geschickte Form fand, um für Kopernikus einzutreten, so würde der Papst nichts dagegen einzuwenden haben.

Er ging nach Arcetri, um seine Töchter zu besuchen. In glücklicher Stimmung sagte er zu Celeste:

»Der Papst ist ein kluger Herr und sehr gütig zu mir. Betet, daß ihn der Allmächtige zum Segen der Menschheit und der Wissenschaft uns noch lange erhalten möge! Betet auch für mich; noch ist es Tag, und ich habe sehr viel zu schaffen.«

»Was habt Ihr jetzt vor, mein Herr Vater?«

»Ich muß das Werk schreiben, das große Werk, die Krönung meines Lebens. Zuvor muß ich den Inhalt noch reiflich überlegen und es wird schwerhalten, die richtige Form des Ausdrucks zu finden. Ich werde Jahre dazu benötigen. Dabei bin ich kränklich und altere zusehends ...«

III

Das päpstliche Stipendium wurde in der Tat bewilligt. Urban VIII. wendete dem Sohn des Gelehrten bis zur Beendigung seines Studiums jährlich sechzig Goldgulden zu. Die Verleihung dieses Betrages war allerdings an gewisse Bedingungen geknüpft: der päpstliche Stipendiat war verpflichtet, sich eine Tonsur schneiden zu lassen, ein geistliches Gewand anzulegen und täglich eine bestimmte Anzahl besonderer Gebete zu verrichten. Erfreut rieb sich Galilei die Hände. Die sechzig Gulden bedeuteten für ihn eine große Hilfe, und dem Sohn würde es nichts schaden, wenn ihn das Gewand eines Geistlichen an den vielen Wirtshausbesuchen hinderte. Denn Castelli, der jetzt auch in Pisa als Professor tätig war, konnte von Vincenzo nicht viel Gutes berichten. Der Student besuchte die Vorlesungen nur selten, spielte sich als Sohn des weltberühmten Gelehrten auf und prahlte mit seinen vornehmen Beziehungen am Hofe von Florenz und in Rom.

Eines schönen Tages erschien Vincenzo unverhofft in der Wohnung seines Vaters in Florenz.

»Was ist geschehen?« rief Galileo erschrocken. »Fehlt dir etwas?«

»Mir fehlt nichts, aber ich muß die Frage der Studienbeihilfe mit Euch besprechen.«

»Was gibt es denn da zu besprechen? Du läßt dir eine Tonsur schneiden, ziehst ein Priestergewand an und damit gut. Außerdem wäre es angebracht, wenn du einen herzlichen Dankbrief an Ciampoli nach Rom schicktest.«

»Ich möchte nicht an Ciampoli schreiben, sondern an den Papst selbst und ihn bitten, mir diese Bedingungen zu erlassen.«

»Bist du wahnsinnig geworden? Dem Papst schreiben? Wie stellst du dir das vor? Unmittelbar an den Heiligen Vater willst du schreiben? Du hast wohl dein letztes Quentchen Verstand verloren! Mir ist er wirklich zugetan, aber eine solche Dreistigkeit wäre mir in meinem ganzen Leben nicht eingefallen. Wer oder was bist du denn? Der Großherzog von Florenz? Nur dieser könnte unmittelbar an den Papst schreiben, nicht aber ein kleiner Student der Jurisprudenz aus Pisa! Du bist einfach größenwahnsinnig. Und was hast du an diesen Bedingungen auszusetzen? Mach mir keine Ungelegenheiten; sei froh, daß du auf Kosten des Papstes studieren darfst! Dessen können sich in Italien nicht viele rühmen.«

Der junge Mann sah trotzig vor sich hin, dann entgegnete er heftig: »Aber ich will mir mein Haar nicht abschneiden lassen!«

Und mit schützender Gebärde fuhr er sich über den Scheitel. Er zog sogar einen Kamm aus der Tasche, den er anscheinend stets bei sich trug, und kämmte sich sorgfältig wie ein Geck. Da übermannte den Vater der Zorn.

»Willst du dich durchaus zum Narren machen? Für dein schmieriges Haar soll ich jährlich sechzig Gulden drangeben? Nur damit du im Schmuck deiner Locken wie ein Gockel herumstolzieren kannst, soll ich monatlich fünf Gulden draufzahlen? Du bist ja, wie du leibst und lebst, keine fünf Gulden monatlich wert! Man hört doch nur Schlechtes von dir! Ich quäle mich ab, um dich studieren zu lassen; du leidest keine Not, und zum Dank dafür schwänzt du alle Vorlesungen und hockst die ganze Zeit im Wirtshaus. Und nun kommst du mit Sorgen um deine Haare, wenn ich meine Lasten ein wenig vermindern könnte? Es ist wirklich traurig, daß man seinen eigenen Sohn für einen oberflächlichen, verantwortungslosen Stutzer halten muß!«

Stille. Vincenzo entfernte sorgfältig ein Stäubchen von seinem Wams. Es war ihm deutlich anzumerken, welch große Bedeutung er seiner äußeren Erscheinung beimaß. Dann fing er wieder dickköpfig an: »Und ein Priestergewand mag ich auch nicht tragen! Ich bin kein Geistlicher und will auch keiner werden!«

»Kein Mensch verlangt, daß du Priester werden sollst. Trotz des Priesterrocks bleibst du Laie. Das müßte dir bekannt sein, wenn du die Vorlesungen über Kirchenrecht an der Universität besuchtest. Wie ich aber sehe, bist du dir nicht einmal über die einfachsten Begriffe im klaren. Lege du nur das schlichte Gewand an! Es ist gar nicht nötig, daß du mit einem federngeschmückten Barett vor den Weibern einherstolzierst. Es ist, weiß Gott, höchste Zeit, daß du dich ernsthaft an das Studium machst. Und dafür ist der Priesterrock wie geschaffen!«

»Eher stürze ich mich ins Wasser«, rief der Jüngling, »als daß ich mich in einen Priester verwandle! Warum schreibt denn Ihr dem Ciampoli nicht, er möge mich mit diesen Bedingungen verschonen? Euch kostet es doch nur ein Wort.«

»Bursche, ärgere mich nicht, sonst versetze ich dir noch eine Ohrfeige! Ich will nichts mehr davon hören. Verfüge ich über den Papst? Und Ciampoli hat wohl nichts Wichtigeres zu tun, als sich jetzt, da der große Krieg tobt, mit dem Papst über deine Haartracht zu unterhalten? Kein Wort mehr! Augenblicklich scherst du dich zurück nach Pisa.«

»Vater«, entgegnete der Jüngling, erregt von seinem Stuhle aufspringend, »ich bin jung und will leben! Ich bitte Euch inständig, quält mich nicht mit dieser Tonsur und mit dem Priesterrock. Warum tut es Euch weh, wenn ich mich in Pisa wohlfühle?«

»Das tut mir nicht weh! Wohl aber, daß du nie an meine Sorgen denkst. Du findest es durchaus natürlich, daß ich dir ein Leben ermögliche, wie es der Sohn eines Krösus führt. Deine Schwester Celeste ist, bei Gott, ganz anders. Sie denkt immer nur daran, was für Sorgen mich plagen, wie es mir gesundheitlich geht und was mich sonst beschäftigt. Von dir aus könnte ich aber heute wie morgen sterben; es würde dir höchstens Sorge bereiten, wovon du künftig den Barbier bezahlen solltest. Aber es ist schade um jedes Wort. Freude hast du mir noch nie bereitet, nur Sorgen. Merk dir's nun: erfüllst du die Bedingungen nicht, bekommst du von mir keinen Soldo mehr. Dann magst du sehen, wie du dich durchschlägst. Und jetzt mach, daß du zurückkommst nach Pisa, hier in Florenz hast du nichts zu suchen!«

Der Sohn zuckte mit den Schultern und ging trotzig aus dem Zimmer. Draußen vereinbarte er mit der Wirtschafterin, was es zum Abendessen geben sollte. Unter dem Vorwand, keine Reisemöglichkeit zu haben, trieb er sich noch drei Tage lang in Florenz herum. Sein Vater bekam ihn kaum zu Gesicht, tagsüber machte Vincenzo Besuche bei Familien, die hübsche Töchter hatten, abends zechte er mit seinen Freunden. Am dritten Tage kam er nochmals mit seinem Anliegen zurück. Als ihm der Vater endgültig klarlegte, daß die Erfüllung seines Wunsches unmöglich sei, fing er ungeachtet seiner zwanzig Jahre zu weinen an. Galilei fragte sich, ob er wohl in diesem Alter und mit solch einem Bartflaum um Kinn und Lippen unter ähnlichen Umständen ebenfalls geflennt haben würde. Die Unterredung blieb erfolglos; der junge Mann wollte um keinen Preis sich in die mit dem Stipendium verknüpften Bedingungen fügen, der alte Vater hingegen bestand darauf.

»Ich verstehe Euch nicht«, begehrte der Jüngling auf. »Ist Euch denn der Priesterrock nicht verhaßt? Wo Euch die Priester schon soviel Übles angetan haben?«

»Kindliches Geschwätz! Die Laien haben mir genau soviel Übles angetan wie die Geistlichen. Denk an Castelli in Pisa. Der ist Geistlicher und ich kenne wenige so treue Menschen wie ihn.«

»Und die Jesuiten? Auf der Universität behauptet man, daß die Jesuiten Euch unschädlich machen wollen.«

»Sicherlich habe ich mit einzelnen Jesuiten Scherereien gehabt, aber ebenso auch mit Dominikanern und anderen Mönchen. Dieser unterirdische Krieg, den angeblich die Jesuiten gegen mich anzetteln, ist ein Märchen.«

»Ihr müßt es ja am besten wissen. Aber in Pisa erzählt man sich, der Jesuitenorden habe Grassi offiziell beauftragt, Euch zugrunde zu richten.«

Galilei winkte ab.

»Pater Grassi ist auf dem besten Wege, ein Kopernikaner zu werden. Um meine Freundschaft buhlt er förmlich. Er preist mich vor Gott und aller Welt. Anscheinend bereut er, mich angegriffen zu haben. Im Grunde ist er ein braver, gutgläubiger Mensch. Man darf im Leben nie allgemeine Schlüsse ziehen, merk dir das! Und lege du nur hübsch den Priesterrock an, sonst ziehe ich meine Hand von dir ab. Und nun kein Wort mehr darüber! Wann fährst du?«

»Morgen früh. Heute muß ich noch zu Bocchinieri zum Abendessen und habe noch allerhand anderes zu erledigen.«

»Und wann besuchst du deine Schwestern?«

»Leider bleibt mir dafür keine Zeit mehr. Sagt ihnen, bitte, ich ließe sie küssen.«

Da ergriff den Vater eine unbändige Wut.

»Jetzt packe dich aber und tritt mir nicht wieder unter die Augen! Wer sich seinen Schwestern gegenüber so benimmt, ist gar kein Mensch mehr. Jedes dritte Wort deiner Schwestern bezieht sich auf dich. Wochenlang zerbrechen sie sich den Kopf darüber, mit was für einer Handarbeit sie dich erfreuen könnten. Und du bist drei Tage lang hier und findest nicht einmal so viel Zeit, sie zu besuchen. Geh, ich will dich nicht mehr sehen!«

Der junge Mann zuckte abermals verärgert die Schultern und entfernte sich. Am anderen Tage fuhr er ab, noch bevor sein Vater aufgestanden war. Dergleichen Auftritte berührten Galilei sehr schmerzlich. Eine brennende Wunde blieb in seiner Seele. Tagelang dachte er an den Sohn und an das Stipendium. Dazu kam noch, daß ihm Castelli aus Pisa im Tone höchster Entrüstung mitgeteilt hatte, sein Sohn sage jedem offen ins Gesicht, er ließe sich eher von seinem Vater verstoßen, als daß er sich eine Tonsur schneiden und in einen Priesterrock stecken lasse. Der betrübte Vater ging zu seinen Töchtern ins Kloster und beklagte sich bei ihnen bitterlich über ihren Bruder. Angela hörte ihm gleichgültig zu, Celeste aber nahm Vincenzo warm in Schutz. Sie erklärte, die Tonsur sei ein heiliges Zeichen und der Priesterrock ein heiliges Gewand. Wenn jemand das Gefühl habe, dazu nicht würdig zu sein, so beweise er nur seine anständige Gesinnung, wenn er darauf verzichte.

Nach einigen Tagen suchte Galilei selbst schon nach einer Entschuldigung für seinen Sohn. Der erste Zorn war verraucht, und er bemühte sich, sachlich zu überlegen. Wenn der junge Mann kein Genie ist, so darf man ihm das doch nicht zur Last legen. Kinder sind nicht dazu da, die Eitelkeit ihrer Eltern zu befriedigen. Seine Anlagen hat er von den Eltern geerbt, er kann also nicht dafür, wenn er so ist, wie er eben ist. Außerdem ist er auch ohne Mutter aufgewachsen. Die Schuld an dem Zerwürfnis trägt also nicht der Sohn, sondern der Vater. Galileo unternahm zwar noch einige hoffnungslose Versuche, streng und unerbittlich zu erscheinen; aber er sah bereits, daß er seine nachgiebige Natur nicht ändern konnte, und daß wohl nicht sein eigener Wunsch, sondern der seines Sohnes in Erfüllung gehen werde. Als der Monatserste herannahte, schickte er ihm wie gewöhnlich das Geld nach Pisa. Und nach Rom schrieb er einen Brief, in dem er seinen herzlichen Dank aussprach und eine Ausrede gebrauchte, warum die Bedingungen für eine Verleihung noch nicht erfüllt werden könnten. Am liebsten hätte er auf das Stipendium verzichtet, aber er schämte sich, nach einem so umfangreichen Briefwechsel in Ciampolis Augen undankbar oder gar lächerlich zu erscheinen.

Die Lösung ergab sich schließlich ganz von selbst. Er erhielt einen Brief von Michelagnolo aus München. Michelagnolo schien mit den Bayern gut auszukommen, und wenn er Sorgen hatte, so nur darum, weil seine Familie immer zahlreicher wurde. Jetzt erwartete er sein siebentes Kind. Der älteste, der gleichfalls Vincenzo hieß, war schon achtzehn Jahre alt. Diesen Sohn wollten sie Musiker werden lassen. Da Michelagnolo aber der Meinung war, daß nur Italien seinen Sohn zu einem guten Musiker erziehen könne, war er beim bayrischen Hofe so lange vorstellig geworden, bis er für seinen Ältesten beim Kurfürsten Maximilian ein Stipendium erreicht hatte, und sogar ein sehr beachtliches: zweihundertzwanzig Goldgulden jährlich, die für die Ausbildung des künftigen Hofmusikers verwendet werden sollten. Aber dieses Geld brauchte Michelagnolo auch dringend für die Bedürfnisse seiner anderen Kinder, so daß er seinem Ältesten nur die Hälfte des Stipendiums zur Verfügung stellen konnte. Kurzum, es langte hinten und vorn nicht. Michelagnolo deutete auch zart an, daß er große Sehnsucht habe, die Seinen wiederzusehen, und daß er nächstes Jahr mit seiner ganzen Familie nach Florenz kommen wolle, um seine Kinder vorzustellen. Hell loderte in Galileo die brüderliche Liebe auf. Die Aussicht, seinen Bruder nach vielen Jahren wieder in die Arme zu schließen, machte ihn überglücklich. Und plötzlich kam ihm der Gedanke, ob man das nun schon einmal bewilligte päpstliche Stipendium von sechzig Goldstücken nicht auf den anderen Vincenzo Galilei überschreiben lassen könnte. Für den Papst bedeutete dieses Geld gar nichts, für Michelagnolo aber, der so viele Kinder hatte, sehr viel. Er schrieb zunächst ganz vorsichtig an Ciampoli, und erst als er sicher zu sein glaubte, sprach er seine Bitte ganz offen aus und erhielt eines schönen Tages auch den Bescheid, daß man das Stipendium auf seinen Neffen überschrieben habe. Das Geld blieb also in der Familie, und Vincenzo konnte mit gutgepflegter Mähne weiter vor den schönen Frauen Pisas wie ein eitler Pfau einherstolzieren.

Diese Wendung der Angelegenheit besänftigte Galileo einigermaßen. Er freute sich, Michelagnolo bei seinem Besuch im nächsten Jahr mit diesem schönen Geschenk aufwarten zu können. Galileis wirtschaftliche Lage war nicht schlecht. Von dem Gehalt, das er vom Hofe bezog, konnte er bequem leben. Er selbst stellte keine großen Ansprüche ans Leben, seine Töchter kosteten ihn kein Geld, nur der Sohn lag ihm auf der Tasche. Hierzu kam noch, daß er für den Vergrößerungsapparat und für andere Dinge vom Hofe oder anderen Persönlichkeiten oft ganz bedeutende Beträge erhielt. Seinen rheumatischen Anfall hatte er dieses Jahr auch schon hinter sich, und so konnte er sich friedlich daheim mit seinen Aufzeichnungen und seinem Briefwechsel beschäftigen. In aller Ruhe entwarf er die Umrisse seines geplanten großen Werkes, und lächelte über sich selbst, wenn er manchmal aus Furcht vor der Inquisition Alpdrücken bekam; denn wenn jemand auf der ganzen Welt keinerlei Befürchtungen zu hegen braucht, so war gewiß er es, der Günstling des Papstes ...

Da erhielt er ein kürzlich erschienenes Buch zugesandt. Es war in Paris gedruckt worden. Voll Verwunderung ersah er aus der Titelseite, daß Sarsi, besser gesagt, Pater Grassi, abermals das Wort ergriffen hatte. ‚Rechenschaft über die Waage und Goldwaage', verhieß der lange Titel unter anderem. Aufgeregt begann Galileo das Vorwort zu lesen. Schon dieses führte eine offene Sprache: ein gefährliches Feuer sei ausgebrochen, das man ein für allemal löschen müsse. Die Anspielung war unmißverständlich. Und um zu zeigen, daß er sich stark genug fühlte, sein Vorhaben durchzusetzen, betonte der Verfasser der Schrift, daß hinter ihm geschlossen das römische Jesuitenkollegium stünde.

Pater Grassi bekannte also Farbe. Er wurde wieder ausfällig, nachdem er zwischendurch angeblich Galileis Freundschaft gesucht und vor gar nicht langer Zeit beim kranken Guiducci Galilei in den Himmel erhoben und erklärt hatte, er neige gleichfalls zur kopernikanischen Weltauffassung! Das Buch war sehr umfangreich, er mußte also schon lange daran gearbeitet haben, als er Galilei seiner Freundschaft versicherte! Welch teuflischer Mensch, welch böser Geist der Heuchelei, des flammenden Hasses und der Hinterhältigkeit!

Galilei las weiter. Schon auf der dritten Seite wurde er rot vor Scham und Zorn. Über hundert und aber hundert Seiten hindurch ein grober persönlicher Angriff nach dem anderen. Heimtücke schrie förmlich aus jeder Zeile. Absichtlich wurde der Text der ‚Goldwaage' falsch ausgelegt und dann mit Erfolg diese falsche Deutung widerlegt. Bei jedem Druckfehler verspottete Grassi seinen Gegner, warf ihm Unwissenheit vor und nahm keinerlei Kenntnis davon, daß am Ende des Buches alle Satzfehler nacheinander aufgezählt und berichtigt waren. Er schrieb verletzend und roh, zugleich aber auch ganz niederträchtig. Von der Wärmetheorie leitete er zum Beispiel ab, daß Galilei das Wunder der Transsubstantiation leugne, somit also das heiligste Sakrament des römisch-katholischen Glaubens. Wenn das kein Fingerzeig für die Inquisition sein sollte, dann gab es überhaupt keine Denunzianten mehr in der Welt! Aber nicht nur Galilei wurde angeschwärzt. An einer anderen Stelle des Buches blieben die Augen des Lesers bei einem ganz hinterlistig abgefaßten Satz haften:

»Ich weiß, was du willst, Galilei: daß die Worte Julians laut werden sollen: Vicisti, Galilaee. Von mir aber wirst du nie die Worte hören, die über die Lippen jenes Ungeheuers kamen.«

Das war ein Seitenhieb auch gegen den ‚Pater Ungeheuer', Riccardi, der die päpstliche Zensurerlaubnis zur Drucklegung der ‚Goldwaage' erteilt hatte. Grassi beschuldigte ihn, weil er Bücher veröffentlichen ließ, die das Wunder der Heiligen Sakramente leugneten, deren Verfasser mithin die größte Sünde, Gotteslästerung, beging.

Als Galilei aufsah, bemerkte er, daß es ganz dunkel geworden war, obzwar er gleich nach dem Mittagessen zu lesen begonnen hatte. Dieser neuerliche Angriff hatte ihn aber so verblüfft, daß er alles andere darüber vergaß. Er machte kein Licht, ließ das Buch in den Schoß gleiten und überlegte. Er stellte fest, daß er über alle Maßen erregt war und schneller atmete als sonst. Abermals bemächtigte sich seiner das unerträgliche Gefühl, verfolgt zu werden. Abermals verfing er sich in jenen Hirngespinsten, die ihm schon einmal so fürchterliche Qualen bereitet hatten. Dieses Buch war in Paris erschienen. Warum hatte die Weltorganisation der Jesuiten diesen Erscheinungsort gewählt? Wollte man den Angriff gegen ihn vom Ausland her einleiten? Vielleicht war schon ein geheimes Verfahren der Inquisition gegen ihn im Gange, und er wußte nichts davon? Oder nahm die geheime Prozedur erst mit diesem neuerlichen Angriff ihren Anfang? Angst befiel ihn. Doch am nächsten Tage schon tröstete er sich im Gedanken an den, der schließlich über jeder kirchlichen Organisation stand und damit auch der Inquisition befahl. Wenn irgendeine Partei sein Verderben beschlossen hatte, so war ihre Rechnung ohne den Papst gemacht. Sicherlich entstammten alle bösen Erwartungen bloß dem ersten Schrecken. Kindische Verzagtheit! Die Weltorganisation der Jesuiten hatte jetzt anderes zu tun, als sich mit seiner Person zu befassen. So war wohl auch diese neue Verunglimpfung nichts weiter als eine persönliche Rache Grassis, dessen Zorn sich aus der Niederlage der Peripatetiker leicht erklären ließ. Vielleicht hatte er das Buch deswegen in Paris erscheinen lassen, weil sich in Rom kein Verleger bereit gefunden hätte, solch eine blindwütige Schmähschrift gegen den Günstling des Papstes zu drucken? Aber natürlich, daß er daran noch nicht gedacht hatte! So mußte es sein; es hatte sich ja gar nichts Besonderes ereignet! Galileo beruhigte sich selbst, aber nur, um nach wenigen Minuten von neuem zu zweifeln und sich erneut in angstvollen Vermutungen zu ergehen. Er schwankte hin und her, wie einer, der am eigenen Leib eine schwere Krankheit ergründen will und in der einen Sekunde seine Besorgnisse verwirft, in der anderen dagegen alle Symptome klar zu erkennen glaubt.

Lange Wochen verbrachte er in dieser Seelenverfassung. Mit verzweifelter Spannung wartete er auf die ersten Nachrichten aus Rom. Würde dieses Buch viel Staub aufwirbeln? Welche Wirkung mochte es auf die führenden Männer der Kirche ausüben? Würde es in die Hände des Papstes gelangen? Vor allem aber: würde die Inquisition Schritte unternehmen? Allmählich sickerten Nachrichten durch. Das Buch hatte keinerlei Aufsehen erregt. Jedermann hatte die unsachlichen Ausfälle des Jesuitenpaters satt, die eher einer Zänkerei auf dem Jahrmarkt als einer wissenschaftlichen Polemik glichen. Auch teilte man Galilei mit, daß Grassi tatsächlich nach Paris gegangen war, da er in Rom keinen Verleger finden konnte. Dort mußte ihm auch geldliche Unterstützung gewährt worden sein; denn alle Anzeichen deuten darauf hin, daß dem Jesuitenkollegium die Auseinandersetzungen zuwider waren und es die Druckkosten scheute. Die römische Kurie schwieg über das Buch, anscheinend hatte man es dort gar nicht zur Hand genommen. Mit nüchternem Verstande konnte man sich auch sehr schwer vorstellen, daß die Inquisition des Papstes ein Verfahren gegen die päpstliche Zensur einleiten könnte, die auf Grund eines autoritären Gutachtens die ‚Goldwaage' hatte erscheinen lassen.

Nach und nach beruhigte sich Galilei, aber er ließ sich diese große Aufregung zur Lehre und Warnung dienen. Abermals mußte er feststellen, was für ein ungeschickter Politiker er war; obwohl ein Mensch, der vor die Öffentlichkeit treten will, auch ein wenig Diplomatie besitzen muß, sei er ein noch so großer Meister der abstrakten Wissenschaft. Abermals zeigte es sich, welch gutgläubige Natur in ihm wohnte und was für ein schlechter Menschenkenner er war. Er sprach mit Celeste viel über diese Dinge, denn diesem Mädchen konnte man alles rückhaltlos anvertrauen. Galileo mußte sich immer wieder wundern, woher sie sich in so jungen Jahren zwischen den Klostermauern so viel Lebenserfahrung, Urteilsfähigkeit und feste Grundsätze angeeignet hatte. ‚Sie ist mit ihren siebenundzwanzig Lenzen viel reifer als ich', dachte der dreiundsechzigjährige Vater, wenn er sich mit ihr unterhielt.

»Es gibt nichts Traurigeres«, sagte er, als er mit ihr zusammensaß, »als sich in einem Menschen zu täuschen. Andere mag das nicht so schmerzlich berühren, meine Seele aber ist so beschaffen, daß sie glauben und vertrauen muß.«

»So ist eine Seele beschaffen, die Gott wohlgefällig ist«, nickte Suor Celeste, »der Grundpfeiler dieser Welt ist der Glaube.«

»Aber warum müssen wir durch so viel Irrtum und persönliche Enttäuschung?«

»Damit wir von der Kraft unseres Glaubens Zeugnis ablegen. Menschen, die uns täuschen, können wir eigentlich nur bemitleiden, sie sind die wahrhaft Unglücklichen, nicht wir; und sie suchen in ihrer Arglist vergeblich ein verstehendes Herz und Seelenfrieden. Ihr dagegen braucht Euch niemals einsam und verlassen zu fühlen. Immer ist Gott da, dem Ihr vertrauen dürft. Und auch in mir werdet Ihr Euch niemals täuschen. Aber selbst wenn außer mir jeder Mensch in der Welt Euch enttäuschte — sage ich dennoch: liebet die Menschen und vertraut ihnen; denn die Glückseligkeit einer einzigen Liebe wiegt den Schmerz aller Enttäuschungen auf. Die Liebe kann vollkommen sein, Enttäuschungen nie, da wir bei Gott immer Trost finden. Darum lebt nur jener richtig, der an Gott und die Menschen glaubt; denn ziehen wir auch von der Glückseligkeit des Vertrauens den Schmerz über die Enttäuschung ab, so bleibt immer noch viel mehr übrig, als wir verloren haben.«

Galilei umarmte und küßte seine Tochter.

»Man merkt, daß du die Tochter eines Mathematikers bist«, scherzte er, »denn deine Rechnung geht immer auf. Aber jetzt will ich nach Hause, um den Empfang Michelagnolos und der Seinen vorzubereiten.«

»Wann kommen sie denn an?«

»Irgendwann im nächsten Monat. Leider ist nicht alles so, wie ich es mir gedacht habe. Weißt du, Michelagnolos Frau hat eine Schwester, Massimiliana. Sie soll eine sehr liebe, gute Person sein. Eine richtige alte Jungfer. Ursprünglich war es so gedacht, daß sie auch mitkommt, und ich hatte schon erwogen, sie hier zu behalten. Ich bin doch häufig krank, und auf diese Wirtschafterinnen ist kein Verlaß. Sie verrichten ihre Pflichten nur sehr oberflächlich. Eine nach der anderen mußte ich immer wieder entlassen. Ganz anders, wenn man von einem Familienmitglied betreut und gepflegt wird. Aber daraus wird nun nichts. Massimiliana will aus München nicht fort, und auch Michelagnolo ist gegen diesen Plan, ich weiß eigentlich nicht warum. Seine älteste Tochter Mechthilde darf deswegen auch nicht mit, sie soll zu Hause bleiben, damit Massimiliana nicht allein ist. Ich kann mir vorstellen, wie die Arme weint, denn sie hatte sich schon sehr gefreut, euch kennenzulernen. Aber was ist denn mit Angela, daß sie gar nicht kommt?«

Still und traurig lächelte Celeste.

»Angela ist mir böse, obwohl ich sie um Verzeihung gebeten habe.«

Die junge Nonne zögerte. Jedes Wort mußte man einzeln aus ihr herausholen. Sie wollte offenbar nichts Schlechtes über ihre Schwester sagen. Galilei merkte langsam, daß hier etwas Ernstes geschehen sein mußte. Er schüttelte den Kopf und ging, die Äbtissin zu besuchen. Celeste wollte ihn zurückhalten, aber er wehrte ab. Bald stand er vor der ehrwürdigen Frau.

»Was ist denn mit meinen Töchtern, gnädigste Äbtissin? Ich möchte alles wissen.«

»Auch ich wünsche, daß Ihr es erfahrt. Ich wollte Euch schon schreiben. Suor Angela und Suor Celeste haben sich entzweit.«

»Ja, das ist mir bekannt. Aber was ist geschehen?«

»Meiner Ansicht nach gibt es kaum jemanden, der es mit Suor Angela in einem Zimmer aushalten könnte. Nur Suor Celeste brachte das fertig, weil sie unendliche Geduld hat. Es tut mir aufrichtig leid, daß ich von einer Eurer Töchter so etwas sagen muß, aber das Schicksal hat Suor Angela mit einer recht schwierigen Natur ausgestattet. Sie ist immer unzufrieden. Ständig hat sie Beschwerden oder Ausflüchte bereit. Und wenn sie ihre böse Stunde überkommt, wird sie zur Furie. Sie beginnt auf dem Gang herumzuschreien, daß das ganze Kloster widerhallt. Manchmal stellt sie sich dazu sogar auf den Hof und vollführt dort einen derartigen Lärm, daß alles zusammenläuft. Ich habe ihr schon oft Bußübungen auferlegt, und nur auf die Fürbitte Suor Celestes hin sprach ich mit Euch nie darüber. Aber auch die Strafen haben nichts gefruchtet. In der letzten Zeit verursachte sie jeden Tag einen höllischen Aufruhr, und immer hat sie etwas an ihrer Schwester auszusetzen. Und Euer Gnaden wissen ja selbst am besten, wie gut man mit Celeste auskommen kann. Schließlich erklärte Suor Angela, es sei ihr ganz gleich, was geschähe, sie bliebe unter keinen Umständen mit Celeste in einer Zelle. Ich kann Euch sagen, es war wirklich rührend anzusehen, wie sich Celeste benahm. Sie, die Schuldlose, bat die Schuldige um Verzeihung. Sie betete zu Gott, der Allmächtige möge Angelas Seele mit Milde und Geduld erfüllen. Auch bei mir wurde sie zweimal vorstellig, um Angela zu verteidigen. Schließlich habe ich um des Friedens willen in unserem Kloster nichts anderes unternehmen können, als sie zu trennen. Ich weiß, ich habe nicht ganz richtig gehandelt; denn Suor Angela hat auf diese Weise mit Lärm und Gewalt ihr Ziel erreicht und eine Zelle für sich allein erhalten. Ich will gestehen, ich war dabei auch ein wenig auf mich bedacht, ich nahm Suor Celeste in meine Zelle. Aber Euer Gnaden mögen mir einmal sagen, was soll ich mit Suor Angela anfangen? Ihr seid der Vater; gebt Ihr mir einen Rat, wie soll ich sie zur Vernunft bringen?«

Galilei schüttelte den Kopf.

»Das ist unmöglich und ausgeschlossen. Sie hat genau dieselbe Natur wie meine selige Mutter. Gott schenke ihr die ewige Ruhe! Ich kann Euch, gnädigste Äbtissin, nur darum bitten, Geduld zu üben.«

»Ja, schon meine selige Vorgängerin, Suor Ludovica Vinta, bat mich darum. Was in meinen Kräften steht, will ich gern tun. Angela werdet Ihr aber eine Zeitlang nicht sehen, denn ich habe Zellenhaft über sie verhängt. Leider ist dies eher ein Geschenk für sie als eine Strafe; sie ist nämlich am liebsten allein. Ich habe wirklich kein leichtes Amt, Messer Galilei, das könnt Ihr mir glauben.«

Der Vater dankte der Äbtissin für ihre Nachsicht, dann ging er zurück zu Celeste, um sich nochmals zu verabschieden. Er erwähnte ihr gegenüber nichts über seine Unterredung. Sie umarmten und küßten einander wie zwei Menschen, die sich auf der Welt am nächsten stehen.

Einige Tage darauf kam Michelagnolo mit seiner Familie aus München an. Nur Mechthilde war daheimgeblieben, alle anderen Kinder waren mitgekommen. Sie standen nebeneinander wie die Orgelpfeifen. Vincenzo, der älteste, war schon neunzehn Jahre alt, Alberto zehn, Cosimo, Michele, Elisabeth, Anna und zum Schlusse Fulvia, die erst wenige Monate zählte. Es waren aufgeweckte Kinder, die untereinander deutsch sprachen. Michelagnolo selbst war schon ein ganzer Deutscher geworden. Über fünfzig Jahre alt, hatte er einen ansehnlichen Bauch und verlangte gleich nach der ersten Freude des Wiedersehens Bier. Seine Frau, die einstmals so schlanke und lebhafte Annachiara, war ebenfalls recht behäbig geworden; keuchend schleppte sie an ihres Leibes Fülle, und auch sie sprach deutsch mit ihrem Mann. Zu der neunköpfigen Familie Michelagnolos gesellte sich noch Galileos Sohn Vincenzo, der für die Ferien heimgekehrt war. In der Villa Segni, wo Galilei bis jetzt allein und in Ruhe gelebt, waren mithin elf Personen untergebracht. Statt der tiefen Stille, die bisher höchstens von Vogelgezwitscher unterbrochen wurde, herrschte nun ein unaufhörliches Kommen und Gehen, Schreien und Kinderlärm.

Dieser Lärm aber störte Galileo nicht. Er war glücklich, die Seinen um sich zu haben. Da die beiden ältesten Söhne Vincenzo hießen, mußte man sie irgendwie unterscheiden. Galileos Sohn erhielt den Kosenamen Nencio, wie man ihn schon als Kind gerufen hatte, und der Neffe aus München wurde Cencio genannt. Die beiden Vettern verstanden einander vom ersten Augenblick an. Sie sonderten sich von den anderen ab, machten tagsüber Besuche und saßen allabendlich im Wirtshaus. Wenn die Mutter die Kleinen zu Bett gebracht hatte, blieben sie zu dritt: die beiden Brüder und die Schwägerin. Sie saßen im kühlen Garten, Annachiara schlürfte eine gezuckerte Limonade, Michelagnolo bekam sein Bier, und Galileo ließ sich Wein vorsetzen. Viele Stunden verbrachten sie auf diese Weise gemeinsam, und jeder berichtete über seine wichtigsten Erlebnisse aus den letzten zwanzig Jahren. Michelagnolo klagte ebenso wie sein Bruder. Er hatte zwar Familie, war auch gesund, aber die Ruhe fehlte ihm, weil er sich vor dem Krieg fürchtete. Der bayrische Kurfürst nahm auf katholischer Seite an dem großen Ringen teil, da ihn Freundschaft mit dem Kaiser verband. Beide waren von den

Jesuiten in Ingolstadt erzogen worden. Dreißigtausend bayrische Soldaten kämpften mit großem Erfolg auf kaiserlicher Seite. Von den Greueln der Soldateska war Bayern bisher verschont geblieben, aber das Blättchen konnte sich ja wenden, und Michelagnolo verzweifelte bei dem Gedanken, was mit seiner Familie geschehen sollte, wenn die Protestanten München erobern würden.

»Ständig in einer solchen Angst zu schweben, ist gar kein Leben mehr, das kannst du mir glauben. Wenn ich vor der Zeit ergraut bin, so ist dieser Krieg daran schuld. Ich wage gar nicht daran zu denken, was alles geschehen kann, bis wir wieder zu Hause sind.«

Galileo hingegen klagte über seine Gesundheit und schilderte die Qualen seiner langwierigen Krankheit. Er bedauerte, niemanden um sich zu haben, der ihn täglich, ja stündlich umsorgte, und er gestand, daß er sich schon ernsthaft überlegt habe, sich mit Schwager Landucci auszusöhnen, der nach dem Tode seiner Frau wieder in Florenz aufgetaucht war. Wenn sie aber auf der Straße zusammentrafen, grüßten sie einander nicht.

»Er hat sich Virginia gegenüber wirklich schändlich benommen, und trotzdem habe ich schon daran gedacht, mich mit ihm zu versöhnen, so einsam bin ich. Ich kann euch gar nicht sagen, wie ich mich freue, daß ihr da seid. So schnell lasse ich euch nicht wieder fort.«

»Auch wir sind sehr glücklich darüber, wieder daheim und mit dir vereint zu sein«, sagte Michelagnolo, »wenn nur das Bier besser wäre.«

Galileo hatte die ganze Stadt in Bewegung gesetzt, um ein besseres Bier aufzutreiben, aber umsonst. Der Bruder war nicht zufriedenzustellen. Auf jede nur erdenkliche Weise suchte Galileo seinem Bruder gefällig zu sein. Jahrzehntelang hatte er ihn doch nicht gesehen! Er spielte mit den Neffen und Nichten und war sehr liebenswürdig mit seiner Schwägerin. Und seine Gäste lebten wie die Fische im Wasser. Der Gedanke an die Heimreise kam ihnen überhaupt nicht. Besser konnten sie es nirgends treffen. Wer konnte wissen, was die Zukunft brachte, wer im Buche des Schicksals lesen? — —

An einem glühend heißen Sommertage las und schrieb Galilei im Park. Langsam begann er nun mit den Vorbereitungen zu seinem großen Werk. Da setzte sich sein Sohn Nencio zu ihm, der vor einiger Zeit aus Pisa heimgekehrt war. Er hatte dort seine Prüfung mit Erfolg bestanden und das Doktordiplom erhalten. Die große Freude hierüber half Galilei den Abschiedsschmerz über die Abreise seines Bruders Michelagnolo und seiner Familie überwinden, der nach fast einjährigem Aufenthalt wieder nach München heimgekehrt war.

»Ist es erlaubt, Euch einmal zu stören? Ich hätte eine große Bitte an Euch.«

»Bringe sie vor, mein Sohn, nur verlange kein Geld von mir; denn das habe ich jetzt nicht. Aus Pisa kam soeben eine Rechnung über deine

Promotionskosten: zweihundertzweiundsechzig Lire. Keine Kleinigkeit! Aber das macht nichts, dafür bist du endlich Doktor. Also verlange nur kein Geld von mir, mein Sohn.«

»Habt keine Angst, ich will keins haben. Ich sähe es nur gern, daß Ihr den Kanzler besuchtet, wenn Ihr Euch diese Mühe machen wolltet. Ich war heute bei ihm, und er erwartet Euch.«

»Wer? Cioli? Warum?«

»Ich habe Euch etwas anzuvertrauen, mein Herr Vater. Ich möchte heiraten und bitte um Eure väterliche Zustimmung.«

»So sprich doch, sprich doch! Du machst mich so neugierig, daß ich es kaum erwarten kann.«

»Ich will Bocchinieris Tochter heiraten, mein Vater. Mit ihr bin ich schon übereingekommen, nur Eure Zustimmung steht noch aus. Außerdem versteift sich ihr Vater darauf, daß der Kanzler für mich um die Braut werben soll. Deswegen möchte ich Euch bitten, mit Cioli zu sprechen. Er macht bei Bocchinieri gerne den Fürsprecher, aber zuvor will er mit Euch reden.«

»Nicht so schnell, nicht so schnell! Handelt es sich etwa um Carlo Bocchinieri aus Prato? Einen seiner Söhne kenne ich sehr gut. Der ist Sekretär des Kardinals Carlo Medici in Rom. Ist er das?«

»Ja.«

»Eine gute Familie, dagegen läßt sich nichts einwenden. Aber warte einmal, kenne ich dieses junge Mädchen nicht auch schon? Ist es nicht das hübsche, schwarze Fräulein, das einmal bei uns zu Abend speiste, als Michelagnolo noch hier weilte und wir die große Gesellschaft gaben?«

»Ja, das ist sie. Sie heißt Sestilia.«

»Ein sehr liebes Mädchen! Ich bemerkte es schon damals, daß sie in dich verliebt war, aber ich dachte natürlich nicht, die Sache sei so ernst. Und wie steht es mit der Mitgift?«

»Den genauen Betrag weiß ich noch nicht, aber sie bekommt eine recht ansehnliche Mitgift. Ich habe Sestilia gesagt, daß wir durchaus auf Eure Unterstützung rechnen können, und wir sind übereingekommen, das Geld in einem Haus anzulegen. Ich möchte gern eines an der Costa San Giorgio kaufen.«

»Das ist nun nicht so einfach, Nencio. Aber wir haben ja noch Zeit, darüber zu reden. Vorerst könntet ihr bei mir wohnen. Hier ist reichlich Platz, und zwar nicht nur für ein Ehepaar. Aber wir haben außerdem etwas Wichtiges miteinander zu besprechen, mein lieber Sohn. Seit du Doktor geworden und nach Hause gekommen bist, haben wir darüber noch kein Wort verloren. Sieben Jahre hast du auf der Universität verbracht, wesentlich länger als alle anderen. Aber lassen wir das jetzt. Die Hauptsache ist, daß du nunmehr ein fertiger Mann bist. Was sind deine Absichten? Wovon willst du deine Familie ernähren?«

»Auch hierüber müßt Ihr mit Cioli sprechen, Vater. Hoffentlich könnt

Ihr mir irgendeine Stelle am Hofe verschaffen. Es ist doch selbstverständlich, daß ich Euch nicht ewig auf der Tasche liegen will. Ich möchte Euch aber bitten, mir wenigstens in den ersten Jahren zu helfen.«

»Es ist gut, mein Sohn; was in meiner Kraft steht, werde ich tun. Sobald es meine Füße erlauben, gehe ich zu Cioli. Nach alledem ist also nichts anderes mehr zu tun, als dir mit aufrichtigem Herzen für dein ganzes künftiges Leben Glück zu wünschen.«

Herzlich umarmten sie einander, der Sohn küßte dem Vater die Hand.

»Wann wollt ihr heiraten?«

»Im Januar.«

»Recht so. Das lange Warten hat gar keinen Zweck. Aber eins möchte ich mir ausgebeten haben: das erste Enkelkind muß ein Sohn sein!«

»Ob es ein Sohn sein wird, kann ich Euch nicht versprechen«, entgegnete der junge Mann stolz, »aber nächstes Jahr sollt Ihr Euer Enkelkind haben, dessen dürft Ihr versichert sein!«

»Gut, mein Sohn, das will ich aber auch sehr hoffen. Wissen es denn deine Schwestern schon? Es wäre doch am schicklichsten, wenn sie diese erfreuliche Familiennachricht aus deinem eigenen Munde vernähmen.«

Nencio machte ein unwilliges Gesicht.

»Arcetri ist so fürchterlich weit, und ich habe jetzt so viel zu tun, daß ich gar nicht weiß, wo mir der Kopf steht. Es wäre besser, wenn Ihr es ihnen gelegentlich mitteilt. Aber jetzt muß ich fort.«

Galilei verspürte einen kleinen Schmerz in der Herzgegend, aber jetzt konnte er dem Sohne nicht ernstlich böse sein. Er erhob sich und rief den Diener, stützte sich auf dessen Schulter und ging ins Haus zurück, um einen Brief zu schreiben.

»Eine große Nachricht, Gepe«, sagte er strahlend zu seinem Diener, »dein Herr wird bald Großvater werden!«

VI

Der junge Vincenzo Galilei, einziger Sohn des Hofgelehrten, führte Sestilia schon Ende Januar zum Altar. Viele Herrschaften vom Hof wohnten der Trauung bei, sogar der Kanzler selbst. Auch an der Hochzeitstafel saßen vornehme Gäste. Den ersten Trinkspruch brachte der Kanzler Cioli aus und ermahnte das junge Paar zu einem Gott wohlgefälligen Leben. Auch viele geistliche Herren waren geladen. Der achtzehnjährige Großherzog, eben vom kaiserlichen Hofe in Wien, seinem letzten Studienaufenthalt, heimgekehrt, hatte die Regierungsgeschäfte übernommen; er ließ dem jungen Paar ebenfalls ein persönliches Geschenk überreichen. Cioli versprach, den jungen Galilei für ein Hofamt vorzuschlagen. Er möge sich nur noch etwas gedulden.

Die Jungvermählten bezogen ihre Wohnung zunächst im väterlichen Hause. Vorerst sah der zweiundzwanzigjährige Ehemann seine einzige Aufgabe darin, glücklich zu sein. Er müsse so vielen Erledigungen nachgehen, habe Besuche abzustatten ... Der Vater hätte ihn gern wenigstens zum Diktat herangezogen, aber dann machte die junge Frau immer gleich ein weinerliches Gesicht. So ließ er die jungen Leute ungestört in ihrem Glück. Die Schwiegertochter schloß er ins Herz. Sie war ein zärtliches, gutmütiges Geschöpf, immer fröhlich, bescheiden, anpassungsfähig, und ergänzte Nencios selbstbewußte und herrschsüchtige Wesensart aufs beste. Besonders freundete sich Sestilia mit Celeste an, und mit Rührung merkte Galilei, daß sich in Celestes Seele so etwas wie Eifersucht regte, was sie allerdings veranlaßte, von Sestilia stets nur in Ausdrücken höchster Begeisterung zu reden. Den Vater umschmeichelte sie dabei mehr denn je mit einer schwärmerischen Anhänglichkeit. Sie schrieb ihm, der bloß selten nach Arcetri kommen konnte, noch häufiger als früher, und diese Briefe erwärmten sein altes Herz.

»Sestilia haben wir alle liebgewonnen, weil sie ein so reizendes, gütiges Wesen besitzt. Uns freut vor allem, daß sie Euer Gnaden liebt; denn so umgibt sie Euch mit der Verehrung und Wärme, die wir Euch von hier nicht angedeihen lassen können. Dessenungeachtet werden wir auch hierin alles tun, was wir vermögen. So bringen wir unser Gebet für Euch unablässig vor den Allmächtigen; denn ohne Euer Gnaden hätten wir verlassene Waisen niemanden in dieser Welt. Könnte ich doch meinen Gefühlen Worte verleihen! Euer Gnaden dürften dann nicht zweifeln, daß ich Euch so zärtlich liebe, wie kaum jemals eine Tochter ihren Vater ins Herz schloß. Es mag genügen, wenn ich Euch gestehe, daß ich Euch mehr liebe als mich selbst. Denn, nach Gott, dem Allmächtigen danke ich Euer Gnaden nicht nur mein Leben, sondern auch zahllose Wohltaten, so daß ich jederzeit für Euch mein Leben hinzugeben bereit wäre, vorausgesetzt, daß ich damit Gottes Majestät nicht beleidige. Verzeihen mir Euer Gnaden, wenn ich Euch langweile, aber meine Gefühle reißen mich fort.

Jetzt greife ich zur Feder, um zu bitten, Ihr möchtet unsere Klosteruhr, sofern Ihr sie bereits ausgebessert habt, bis zum Sonnabend zurücksenden, denn die Schwester Küsterin, der das Wecken am Morgen obliegt, benötigt sie dringend. Sollte man aber eine Uhr so rasch nicht überholen können, will ich nichts gesagt haben. Es ist viel wichtiger, daß sie in Zukunft pünktlich geht. Weiter möchte ich Euch fragen, ob Ihr uns Schwestern gegen Rückgabe jener Gitarre, die Ihr uns vor Jahren schenktet, nicht ein Breviarium verehren wolltet; denn jenes Breviarium, das wir zu unserer Einkleidung empfingen, ist durch tagtäglichen Gebrauch ganz zerlesen; die Gitarre dagegen verstaubt seither in einer Ecke. Wir würden keinen besonderen Wert darauf legen, daß die Breviarien Goldschmuck aufweisen, aber die in neuerer Zeit Heiliggesprochenen sollten darin angeführt sein, auch wäre ein gut leserlicher

Druck erwünscht, weil uns diese Bücher bis in unser Alter dienen sollen. Außerdem möchte ich Euer Gnaden gerne Obst einmachen, doch fehlen mir dazu Gefäße. Sendet, bitte, einige alte Einkochgläser. Außerordentlich dankbar wäre ich auch, wenn Ihr einige zu Hause überflüssig herumstehende Schalen für die Apotheke schicktet. Zuletzt aber grüße ich Euch auch in Arcangelas Namen und im Namen aller übrigen. Des Allmächtigen Gnade geleite Euch auch fürderhin!«

Galilei war der Uhrmacher und meist auch der Mechaniker des Klosters. Die Klarissen-Schwestern waren nämlich zu arm, um einen Handwerker zu bezahlen, wenn die Uhr stehen blieb, oder wenn ein Glied in der Kette der ewigen Ampel sich gelockert hatte. So wechselten häufig Briefe zwischen Arcetri und der Villa Segni, besonders im Winter, wenn der Weg für Galilei zu beschwerlich wurde. Bis zum Pozzo Imperiale bewältigte er die Strecke noch, aber am Hange des Giullari wurde die Steigung für Mensch und Tier zu mühsam. Gepe, sein junger Diener, trug die Briefe, Bücher, Nachrichten, Gepäck und alles andere hin und her, so daß sie auch in der kalten Jahreszeit miteinander in Verbindung blieben. Die bewegten Hochzeitstage des Sohnes waren vorüber. Galilei fühlte sich gesundheitlich recht wohl. So machte er sich ernstlich daran, den großen Plan seines Lebens zu verwirklichen. Die Unterlagen hatte er inzwischen gesammelt, doch seine Hauptsorge galt nicht dem, was er sagen, sondern wie er es sagen sollte. Er stellte sich die Aufgabe: ein hieb- und stichfestes Bekenntnis für die Unbeweglichkeit der Sonne und die Fortbewegung der Erde so abzulegen, daß man es ihm nicht als eindeutige Behauptung, sondern nur als bloße Hypothese nachweisen konnte. Vielerlei Möglichkeiten erwog, prüfte und verwarf er. Entweder war es ihm nicht gelungen, seinen Standpunkt genügend klar herauszustellen, ein anderes Mal schienen die Erfordernisse der Kirche zu nachlässig behandelt.

Da blätterte er eines Tages in alten Büchern, und seine Blicke fielen zufällig auf das Buch des Erasmus von Rotterdam: ‚Lob der Narrheit.' Zuerst las er zerstreut, dann mit wachsender Spannung darin. Die überaus geschickte Form dieses Werkes erfüllte ihn mit Bewunderung. Erasmus legte der Narrheit all das in den Mund, was er über seine Zeit und seine Welt aussprechen wollte. Er äußerte sich sehr offen, aber er war nirgendwo festzulegen. Hätte ihn die Kirche zur Verantwortung gezogen, so wäre seine seelenruhige Antwort gewesen: er lasse doch die Narrheit reden, habe also den Inhalt nicht ernst gemeint. Eine ausgezeichnete Form! Galilei war sehr versucht, sie nachzuahmen. Aber er kam von dem Einfall wieder ab. Dieses Schwert war zweischneidig, besonders in einer Zeit, die alles falsch zu deuten und zu verdrehen pflegte.

Zu einem Ergebnis führte ihn diese Anregung aber doch: nach langer Überlegung beschloß Galileo, sein Werk in der Form des Zwiegesprächs abzufassen. Zwei Personen sollten darin seine große Idee besprechen;

auch ihre Namen hatte er bereits gefunden. Den einen Teilnehmer am Gespräch nannte er — in Erinnerung an den heimgegangenen guten Freund aus Venedig — Sagredo; der andere trug im Gedenken an seinen einstigen Schüler in Padua und späteren Hausherrn in Florenz den Namen Salviati. Beide waren längst tot. Zu Lebzeiten hatten sie sich aber als überzeugte Kopernikaner bekannt. Ihnen wollte er ein ehrfürchtiges Denkmal setzen, indem er ihnen die Verkündigung seiner neuen Lehre überließ. Mit ihren Namen wollte er die Starre der Wissenschaft vor allen Gelehrten der Welt brechen. Aber dann fand er es zu eintönig, bloß zwei Personen, die derselben Meinung waren, reden zu lassen. Wo bliebe da die lebendige Rede und Widerrede? Irgend jemand mußte auch für die Peripatetiker eine Lanze brechen, damit Sagredo und Salviati mit jemandem zu streiten hatten. Deshalb fügte er eine dritte, erfundene Person hinzu: den beschränkten Einfaltspinsel, der mit dem Gehirn der anderen denkt, den schwerfälligen Spießer. Ihn benannte er Simplicio. Unter diesem Namen offenbarte sich die ganze Rückständigkeit der Peripatetiker. Mit Simplicio wollte er aber auch alle Hohlköpfe treffen, gegen die er nun schon seit mehr als vier Jahrzehnten vergeblich im Zwist lag.

Nun setzte er sich begeistert an seine Arbeit. Die drei Personen konnten so in einen lebhaften Meinungsaustausch geraten und überdies fiel es ihm dadurch leichter, das gesamte Rüstzeug peripatetischer Beweise unterzubringen. Seine schriftstellerische Begabung kam ebenfalls zur Geltung: er bemühte sich, genau darzustellen, wie ein Dummkopf denkt und seine Schlüsse zieht. An den Menschen hatte ihn seit jeher kaum etwas gereizt als ihr Verstand, ihre geistigen Fähigkeiten. Jeder kluge Mensch fand dagegen seine begeisterte Anerkennung, selbst wenn er sein Gegner war. Beschränktheit dagegen forderte ihn heraus wie das rote Tuch den Stier, und er nahm eine solche Fährte auf wie ein guter Jagdhund die Witterung des Wildes. So formte er die geistige Gestalt des Dummen, besser gesagt, er bündelte die Dummheit all seiner Gegner in diesen einen Simplicio, diese Inkarnation der Beschränktheit. Endlich konnte er seinem vierzigjährigen Ärger gegen unvernünftige Widersacher Luft schaffen. Mit wildem Behagen schuf er aus Simplicio eine lächerliche Figur. Nacheinander legte er ihm alle Argumente in den Mund, die einst Hohlköpfe gegen ihn ins Treffen geführt. Er notierte diese Argumente auf kleinen Zetteln, wie sie ihm gerade einfielen. Und dieser unsinnigen Beweise waren so viele, daß er sich oft gar nicht mehr erinnern konnte, wer sie während der vier Jahrzehnte gegen ihn vorgebracht hatte.

‚Dialoge über die beiden wichtigsten Weltsysteme, das ptolemäische und kopernikanische' nannte er sein Werk und unterteilte es in drei große Kapitel. Im ersten Teil wollte er über die Naturerscheinungen dieser Erde berichten, wie sie sich der ptolemäischen und der kopernikanischen Auffassung darstellten. Der zweite Teil sollte die Erscheinungen der Himmelskörper erklären; im dritten nahm er sich vor, die Erscheinung von Ebbe und Flut besonders ausführlich zu behandeln, weil er darin den verblüffendsten Beweis für die Lehre des Kopernikus sah, obwohl Kepler im Gegensatz zu ihm Ebbe und Flut der Anziehungskraft des Mondes zuschrieb. Er vertrat jedoch fest seine Meinung und behandelte dementsprechend drei ‚Tage', an denen Sagredo, Salviati und Simplicio jeweils zu einem wissenschaftlichen Klingenkreuzen zusammenkamen.

Er hatte den ‚ersten Tag' schon beinahe beendet, als über Nacht der Frühling ins Land kam und er seine Töchter in Arcetri wieder besuchen konnte. Dort fand er das ganze Kloster in Aufruhr. Die Äbtissin, mit der Celeste ihre Zelle teilte, hatte in einer Anwandlung von Sinnesverwirrung versucht, ihrem Leben ein Ende zu bereiten. Unnennbare Angst kam über alle und auch noch in den Nachmittagsstunden lastete es wie ein qualvoller Alpdruck auf den Klarissinnen. Fast jede Nonne hatte verweinte Augen. Nur Celeste bewahrte völlige Ruhe. Erschütterung und Mitleid hatten ihr Gemüt nicht aus dem Gleichgewicht gebracht. Sie berichtete voll innigen Mitgefühls über den Anfall der armen, alten Dame und war der göttlichen Vergebung für ihre Tat gewiß, da die Äbtissin in geistiger Umnachtung gefehlt hatte. Celeste war mit einer Irrsinnigen Zellengefährtin gewesen und es kam erst jetzt zutage, daß sie das seit Monaten wußte. Mit überirdischer Geduld hatte sie die alte, kranke Äbtissin immer getröstet.

»Warum hast du nicht erzählt«, sagte Suor Chiara, ihre Base, »daß sie dich einmal sogar mit dem Messer bedroht hat?«

»Das geschah doch nicht mit ihrem verständigen Willen!« entgegnete sanft zurückweisend Celeste. »Überdies erscheint es unangebracht, meinem Herrn Vater darüber zu berichten, ich sei in Gefahr gewesen, weil er sich noch nachträglich beunruhigen könnte. Sein Geist soll unbeschwert von Sorgen schaffen.«

»Jetzt wirst wohl du die Äbtissin«, sagte Galilei, »wenn du auch noch nicht das notwendige Alter dazu hast.« -

»Ich bin viel zu jung für dieses Amt; auch wäre es mir eine Pein, anderen zu befehlen und sie abzustrafen. Meine Seligkeit ist Gehorchen. Ich möchte Euch, mein Herr Vater, dringend bitten, Euer ganzes Ansehen dagegen aufzubieten, wenn ein solcher Antrag gestellt würde.«

Galilei kehrte aus dem Kloster mit dem Gefühl der Ehrfurcht für seine Tochter heim. Im Vergleich mit ihr kam er sich unwürdig vor. Zugleich aber wallte in ihm ein großer Stolz auf: dieses Mädchen war sein eigen Fleisch und Blut, Teil seiner eigenen Seele. War also ihre Seele so erhaben, dann mußte wohl auch in seiner eigenen Seele etwas Gutes wohnen. Somit durfte er sich mit all seinen Fehlern als einen Menschen betrachten, der mehr der Güte als der Bosheit zugeneigt war. Diese Gedanken zwangen ihn daheim in die Kniee und er betete, was höchst selten und eigentlich nur dann vorkam, wenn sein Herz — in

Freude oder Schmerz übervoll — sich dem Allmächtigen ausschütten mußte.

Frisch gestärkt setzte er sich wieder an seine Arbeit, um den Menschen die wunderbare Welt Gottes aufzuzeigen, damit ein jeder sich darüber freue.

Vier Monate war Sestilia verheiratet, als der jugendliche Gemahl seinem Vater melden konnte, zum Weihnachtsfest könne man ein Enkelkind erwarten. Bei dieser Botschaft setzte er eine Miene auf, als sei es beispielsweise ihm ganz allein gelungen, einen Dom zu bauen oder mit dem kleinen Finger seiner Hand das dänische Heer zu besiegen. Doch der Freudensausbruch Galileis schien diese frohe Nachricht ebenfalls nicht geringer anzusetzen. Überwältigt schloß er Nencio in die Arme, eilte stehenden Fußes zu der jungen, werdenden Mutter, um auch sie zu umarmen, zu herzen und zu streicheln.

»Kinder!« rief er mit strahlendem Blick, »jetzt beginnt ein spannender Wettlauf. Ihr erwartet Euer Kindchen im Dezember. Auch ich möchte mein Buch im Dezember veröffentlichen. Von heute ab gilt der Wettstreit, wessen Kind zuerst das Licht der Welt erblickt.«

Hold errötend koste Sestilia das greise Haupt ihres Schwiegervaters. Der junge, künftige Familienvater aber legte seine Stirn in Sorgenfalten wie ein Herrscher, der über Wohl und Wehe seiner Untertanen nachsinnt, durchmaß mit langen Schritten das Zimmer und blieb plötzlich vor dem werdenden Großvater stehen.

»Mein Herr Vater, jetzt müßten wir eigentlich unseren Hauskauf besprechen.«

»Meinetwegen«, erwiderte Galilei, dessen Stimmung einen Dämpfer erhielt, »aber auch mit deiner Anstellung müssen wir nun endlich dazutun.«

»Ja, das wäre sehr gut«, versetzte der Sohn, nun seinerseits ein wenig vorwurfsvoll, »ich bin ja längst bereit, eine Arbeit aufzunehmen. Auch mir behagt es auf die Dauer keineswegs, mich beschäftigungslos herumzutreiben. Aber jetzt ist das eine zweitrangige Frage. Jetzt ist das Haus das Wichtigste, damit ich meiner Familie ein Heim schaffe. Ihr habt aus Eurer Zuneigung zu Sestilia kein Hehl gemacht, jetzt könntet Ihr einmal Euer Herz für den künftigen Enkel sprechen lassen. Wir setzen großes Vertrauen in Eure väterliche Liebe.«

»Schon gut. Ich will sehen, was sich tun läßt. Gleich morgen gehe ich zu Cioli, um deine Anstellung zu beschleunigen.«

Am nächsten Tag sprach er beim Kanzler vor, doch ein Drängen war überflüssig, da Cioli zu seinem Versprechen stand. Er hatte bereits eine Stellung für Nencio in Aussicht. Galilei möge nur noch wenige Tage Geduld haben, bis der Großherzog die Ernennungsurkunde unterzeichnete. Die wenigen Tage dehnten sich zwar zu Wochen, dann aber ernannte der Großherzog Dr. Vincenzo Galilei zum Kanzleipraktikanten der Hofverwaltung mit einem festen Anfangsgehalt. Die Bezahlung war wohl herzlich gering, aber mehr als nichts. Sein Schicksal lag nun in Nencios eigener Hand, denn auch der Aufstieg zum Kanzler war ihm jetzt möglich. So begann also Nencio zu arbeiten. Der Großherzog zeichnete ihn sogar mit einer Audienz aus und bat ihn, dem Vater zu erklären, daß der wütende Krieg in Europa die Zeit des Großherzogs so beanspruche, daß dieser zu seinem größten Bedauern so gut wie niemals Muße fände, die Gesellschaft des großen Gelehrten zu genießen.

Galileo aber saß verbissen über seinem neuen Werk, das an äußerem Umfang und innerem Gehalt immer reicher wurde. Er erwähnte darin auch seine großen physikalischen Entdeckungen. In den Dialogen nahm er seine Lehre über die Fallgeschwindigkeit wieder auf, die er selbst als bahnbrechend bezeichnete. Ebenso erklärte er übereinstimmend mit Kopernikus, daß sich die Planeten um die Sonne bewegen, weil ihre Bewegung durch die Sonne bewirkt und ihrer Drehung kein Hindernis entgegensteht. Noch viele andere Einzelheiten wurden in dem großen Werk behandelt, alle Erfahrungen, Entdeckungen und neuen Gedanken eines arbeitsreichen Gelehrtendaseins. Jede Beweisführung aber gipfelte in einer Feststellung: daß sich die Erde bewege. Anschließend ging er so genau auf die Erscheinung von Ebbe und Flut ein, daß er den drei Tagen noch einen ‚vierten Tag' zufügen mußte.

Im Zweikampf der Familie jedoch trug Sestilia den Sieg davon. Am fünften Dezember wurde das Enkelkind geboren; es war tatsächlich ein Junge. Ein häßliches, krebsrotes, plärrendes kleines Geschöpf, aber für den Großvater das schönste Menschenkind auf der ganzen Welt. In seinem Glücksrausch umarmte er seinen Sohn, seine Schwiegertochter, den Säugling, die Hebamme, ja sogar den Türpfosten.

»Das Haus wird gekauft!« rief er übermütig. »Du kannst die Verhandlungen inzwischen einleiten!«

»Die Verhandlungen sind längst zu Ende geführt«, erwiderte der stolze Vater sogleich, »der Vertrag ist schon aufgesetzt, er müßte nur noch unterzeichnet werden. Wir haben sogar schon die Zimmer verteilt. Die beiden jüngeren Brüder Sestilias werden bei uns wohnen. Ich hole gleich die Verkaufsurkunde, damit Ihr Einblick nehmt.«

»Wie, du hast schon verhandelt, Einzelheiten abgesprochen und mir kein Wort davon gesagt?«

»Ich wollte Euch nicht stören, mein Herr Vater. Ihr habt doch gearbeitet.«

Für die Dauer eines Herzschlags flammte in Galileo, der sich hintergangen fühlte, der Zorn auf. Aber konnte er jetzt das Familienglück und die Freude trüben?

»Und ich darf Euch vielleicht noch etwas mitteilen, mein Herr Vater. Wir vereinbarten nämlich mit meinem Schwiegervater, daß wir aus Liebe und Wertschätzung Euch den Vorrang lassen. Der Knabe wird den Taufnamen ‚Galileo' erhalten.

Der Großvater lächelte, er war besiegt.

»Also gut, her mit dem Vertrag!«

Am zwanzigsten Dezember fand schon die Taufe statt. Die junge Mutter durfte bereits das Bett verlassen und der jüngste Galileo Galilei brüllte aus Leibeskräften und nahm nur auf das Stillen und Schlafen Rücksicht – natürlich nur auf seinen eigenen Schlaf, nicht auf den der anderen. Mehr als einmal erhob sich der weltberühmte Gelehrte mitten in der Nacht, um sein Enkelkind auf seinen Armen wieder in den Schlaf zu wiegen.

»Könntet Ihr heute zum Notar kommen, mein Herr Vater?« fragte ihn Nencio eines Tages. »Doch nur, wenn es Eure Arbeit erlaubt.«

»Sie erlaubt es, mein Sohn. Vor einer halben Stunde habe ich mein Werk beendet. Jetzt bin ich sehr traurig.«

»Wieso? Ist es Euch etwa nicht gelungen?«

»Mir scheint es sehr gut gelungen. Ein Meisterwerk! Dennoch bin ich fast traurig, daß die Arbeit beendet ist. Sie zu schreiben, bereitete mir unnennbare Freude ...«

V

Ein friedfertiger, fröhlicher alter Mann war er jetzt, und sein Glück hätte kein Schatten getrübt, wenn Gott ihm eine bessere Gesundheit geschenkt. Gegen den Gedanken, Feinde und Neider zu haben, war er durch zahlreiche bittere Erlebnisse während seines von rastlosem Schaffen erfüllten Aufstieges längst gefeit. Auch jetzt zeigten sich seine Widersacher nicht untätig. Die Professoren der Universität zu Pisa waren gemeinsam bestrebt, ihm sein Gehalt abzujagen. Sie erboste der Gedanke, daß sie regelmäßig ihre Vorlesungen halten mußten, während Galilei ohne derartige Verpflichtungen mit einem hohen Gehalt und auf Kosten der Universität geruhsam in Florenz lebte. Sie führten einen geschickten, wohlvorbereiteten Angriff, in dem Galileis Name gar nicht erwähnt war und richteten an den Großherzog eine offizielle Denkschrift, derzufolge Galilei seine Professorenhonorare nicht mehr beziehen durfte, falls ihre Eingabe die allerhöchste Zustimmung fand. Doch Galileis Freunde am Hof merkten den unter samtweichen Redewendungen verborgenen Giftstachel sogleich. Sie erbrachten von florentinischen Rechtsgelehrten unverzüglich ein Gutachten. Das Gutachten gab dem Großherzog zu bedenken, daß die Genehmigung der in dieser Denkschrift angeführten Wünsche für den berühmten und verdienten Gelehrten Galileo Galilei eine schwere finanzielle Einbuße nach sich zöge. Das aber wäre sehr ungerecht; denn Galilei habe zwar an der Universität keine Vorlesung gehalten, dafür aber jahrelang den verstorbenen Großherzog unterrichtet und außerdem ein gelehrtes Geschlecht ausgebildet, das jetzt in ganz Italien den Ruhm der ‚Fiorenza' verbreitete. Ein ehemaliger Schüler, Aggiunti, war jüngst erst als Mathematikprofessor nach Pisa berufen worden, so daß bereits drei von den Jüngern Galileis als Universitätsprofessoren wirkten.

Diese Ränke, die sich bald zerschlugen, berührten eigentlich den am wenigsten, gegen den sie gerichtet waren. Dreißig Jahre früher hätte er unzählige Nächte schlaflos darüber zugebracht, daß es Menschen gab, die ihm übelgesinnt waren. Das Dasein entschädigte ihn jetzt mit weit größeren Freuden. Nachdem er das dicke Manuskript, das achthundert Druckseiten versprach, nach Rom geschickt hatte, übermittelten ihm die ‚Luchse' ihre begeisterten Glückwünsche. Fürst Cesi erklärte sich sofort bereit, dieses gewaltige Werk auf Kosten der Akademie der ‚Luchse' herauszubringen. Castelli berichtete, er habe mit dem dicken Riccardi wegen der Zensur Rücksprache genommen und dieser habe bereitwillig zugesagt, das Manuskript schnellstens zu prüfen und der Veröffentlichung keinerlei Schwierigkeiten in den Weg zu legen. Ciampoli, der Sekretär des Papstes und Galileos ergebener Freund, sandte ihm in alter Zuneigung ein Schreiben; aber wichtiger als all diese Neuigkeiten war eine Nachricht über eine Äußerung des Papstes selbst.

Diese Äußerung stand in Verbindung mit Campanella, der aus dem spanischen Kerker in Neapel nach siebenundzwanzigjähriger Haft entlassen worden und sich sogleich nach Rom begeben hatte. Papst Urban erwies sich ihm günstig und bestellte ihn öfter zum Gespräch. Erst vor kurzem hatte er ihm eine längere Audienz gewährt. Campanella berichtete dem Papst, daß er Gelegenheit genommen, sich einigen deutschen Edelleuten zu nähern. Seine Absicht sei gewesen, diese Herren vom protestantischen Glauben wieder zum römisch-katholischen zu bekehren. Seine Propaganda hätte durchaus verfangen, die Herren waren nicht abgeneigt, den katholischen Glauben anzunehmen; doch da sei man zufällig auf die Lehre des Kopernikus zu sprechen gekommen.

»Ich sagte ihnen«, erzählte Campanella dem Papst, »daß die Kirche die Lehre des Kopernikus höchstens als Hypothese gelten lasse. Diesbezüglich sei ein päpstliches Dekret veröffentlicht worden. Jetzt lehnen sie eine Bekehrung ab und zeigen sich entrüstet.«

»Schade«, versetzte der Papst, »Wir sind anderer Auffassung. Wenn es von Uns abgehangen hätte, so wäre dieses Dekret niemals erlassen worden.«

Für diese Erklärung des Papstes gab es mehrere Zeugen. Den Inhalt dieser Unterredung berichtete man unverzüglich nach Florenz. Vor Jubel hätte Galilei am liebsten Luftsprünge getan, wenn das seine alten Beine bloß erlaubt hätten. Auf alle Fälle eilte er mit diesem Brief zu allen, die sein Vertrauen genossen. Er las ihn zuerst Celeste vor, dann suchte er den Kanzler auf, der sich allerdings über seine astronomischen Lehrmeinungen stets etwas zurückhaltend äußerte, da er ein streng kirchlich eingestellter Politiker war. Dieser Brief aus Rom aber machte auf den Kanzler sichtlich großen Eindruck. Nencio suchte Galileo mit diesem Schreiben gleichfalls auf, aber vor allem, um bei dieser Gelegenheit mit seinem vergötterten Enkelkind ein wenig spielen zu können.

»Alles geht großartig vorwärts, mein Sohn«, sagte er mit strahlendem Gesicht, »das Buch wird seine Wirkung nicht verfehlen. Ich empfinde sogar bereits Gewissensbisse, daß ich nicht viel offener für Kopernikus eingetreten bin.«

»Das freut mich aufrichtig, mein Herr Vater! Noch mehr aber würde es mich freuen, wenn wir auch in der spanischen Angelegenheit eine günstige Antwort erhielten.«

»Auch das kommt noch, die Entscheidung ist gefallen. Unser Herrgott sieht gnädig auf uns herab, mein Sohn.«

Galilei war über die Maßen zuversichtlich. Er war felsenfest überzeugt, daß jetzt Geld in Hülle und Fülle auf ihn herabregnen würde. Er, der niemals geschäftstüchtig gewesen, hätte die ‚spanische Angelegenheit' nicht wieder aufgegriffen, doch seines Sohnes Gedanken kreisten unablässig um Gelderwerb, und so war es auch Nencio, der aus einem Erinnerungswinkel auskramte, daß sein Vater doch irgendeinmal eine nautische Erfindung gemacht und seinerzeit sogar mit der spanischen Regierung deswegen verhandelt hatte. Seine Gemahlin Sestilia besaß nun eine Schwester, die einen Diplomaten in Madrid geehelicht hatte. Durch dessen Vermittlung nahm Nencio die seit vielen Jahren in Vergessenheit geratenen Verhandlungen wieder auf. Buonamici, sehr stolz auf den weltberühmten Verwandten, erwies sich sehr entgegenkommend. Er sprach bei Mitgliedern der Madrider Regierung vor und konnte die Angelegenheit in Kürze soweit einrenken, daß die spanische Regierung Interesse zeigte. Galilei wies in einer neuen Denkschrift nach, wie man mit Hilfe der Jupitertrabanten sich auf offener See orientieren könne. Dieses Schriftstück wurde an Buonamici gesandt und sie erwarteten jetzt einen Bescheid. Der junge Galilei beurteilte die Frage ziemlich nüchtern, der Vater hingegen mit grenzenloser Zuversicht. Seine Angelegenheiten entwickelten sich nun so erfreulich, daß er die feste Überzeugung gewann, sein Schicksal habe sich endgültig zum Guten gewandt. Bei jedem Spaziergang trat er in eine Kirche und dankte dem Allmächtigen, daß er ihm nach so viel Leid und Widerwärtigkeiten ein so gesegnetes Alter beschert und nun auch den größten Traum seines Lebens, den Sieg des kopernikanischen Gedankens, Wirklichkeit werden ließ. So besuchte er auch die Kirche Santa Maria Novella. Er verharrte unter jener Kanzel, von der herab ihn der Pater Çaccini vor sechzehn Jahren geschmäht hatte. Ferner besichtigte er in der spanischen Kapelle das berühmte Freskogemälde Orcagnas, das eine verherrlichende Darstellung der ‚Ecclesia militans' mit den Dominikanerpatres als schwarzgefleckten, weißen Hunden bot.

Wie überflüssig waren doch seine Angstträume wegen der Wühlarbeit der Dominikaner gewesen! Und wie verhielten sich die Jesuiten? Sie kümmerten sich weder um ihn noch um seine Lehre. Cavallieri, der geniale Jesuit, dem er zu dem Lehrstuhl in Bologna verhalf, zählte zu seinen besten Freunden.

Den Nachrichten aus Rom zufolge erschien es ihm ratsam, sein Anliegen bei der Zensur persönlich zu erledigen. Riccardi, der liebe, freundliche ‚Pater Ungeheuer', war sein guter Freund, jedoch wie alle dicken Menschen etwas träge und nachlässig. Die ‚Luchse' trauten sich deshalb nicht zu, ihn gehörig in Schwung zu bringen, und meinten, der Verfasser könne ihn persönlich weit besser antreiben. Und dieser Verfasser wünschte nichts sehnlicher, als wieder vor dem Antlitz des Papstes Urban zu erscheinen, der vor kurzem jene verheißungsvolle Erklärung abgegeben hatte. Zu allen günstigen Aussichten kam noch Galileos Vorfreude, die liebenswertesten Menschen der Welt, das Ehepaar Niccolini, nach so vielen Jahren wieder zu sehen. Castelli hatte zu ihnen ebenfalls eine herzliche Zuneigung gefaßt und verehrte die beiden. Wenn er in seinen Briefen Frau Katharina erwähnte, nannte er sie stets nur ‚la regina della gentilezza', die Königin der Anmut.

Galilei bat um eine Audienz bei dem jungen Großherzog, aber dieser war so beschäftigt, daß er ihn nicht empfangen konnte. So mußte sich der Gelehrte mit dem Empfang beim Kanzler begnügen, der Galilei um so liebenswürdiger den Bescheid des Großherzogs übermittelte: Die Kosten der Romreise werde der Hof tragen. So hoch also schätzte man die Freundschaft des Papstes zu dem Hofmathematiker! Als Wohnung werde ihm wieder die Gesandtschaft dienen, er sollte Sänfte, Lakaien und eine Geldsumme erhalten und konnte seinen Aufenthalt nach Belieben ausdehnen.

Das Ehepaar Niccolini empfing ihn liebevoll und gastfreundlich wie einst. Die gleichen Gemächer wurden ihm zur Verfügung gestellt; Blumen, seine Lieblingsbücher und sein Lieblingswein erwarteten ihn zum Willkommensgruß.

»Wie gütig zeigt sich unser Herrgott«, sagte Galilei bewegt, »er schenkte mir Celeste als Tochter, den kleinen Enkel Galileo und Euch als Freunde. Ja, das Alter hat seine schönen Seiten und allein deswegen lohnt es, geboren zu sein.«

Rechts und links das Ehepaar, betrat er wieder den Erker der Villa Medici, um den herrlichen Blick auf die Ewige Stadt zu genießen. Er zeigte in die Richtung des Vatikans:

»Dort werde ich siegen! Den Papst habe ich bereits für meine Sache gewonnen. Für die Wissenschaft beginnt jetzt ein neues Zeitalter.«

»Ich habe bereits mit Pater Riccardi gesprochen, der ja mein Verwandter ist«, eröffnete ihm Frau Katharina, »er ist heute zum Abendessen eingeladen. Am weißgedeckten Tisch bespricht man offizielle Dinge angenehmer.«

Der Gesandte fügte hinzu: »Ich habe Seiner Heiligkeit schon Eure Ankunft gemeldet. Er hat sich sehr gefreut und will Euch außerhalb der Reihe empfangen.«

»Herzlichen Dank«, erwiderte Galilei, »das hat man mir auch bereits im Brief mitgeteilt. Wißt Ihr, was mir mein Schüler, der Sekretär Ciampoli, schrieb? ‚Man hat nach Euch im Vatikan größere Sehnsucht als nach einer angebeteten Frau!«

»Diese Worte hat er geschrieben? Darauf könnt Ihr wirklich stolz sein. Es gibt keinen zweiten Menschen, den der Vatikan mit solchem Lob bedenken würde. Mit anderen verfährt man dort wenig schonend. Kennt Ihr den Fall Morandi?«

»Den Astrologen Morandi kenne ich, doch weiß ich nicht, worum es dabei geht.«

»Die Inquisition hat ihn in den Krallen. Der Unglückselige war so unvorsichtig, aus den Sternen den baldigen Tod Seiner Heiligkeit zu prophezeien. Und dieses Horoskop hat er nicht nur schriftlich niedergelegt, sondern auch aus der Hand gegeben. Er ist jetzt übel dran und darf froh sein, wenn er mit einer Kerkerhaft davonkommt. Man muß heutzutage sehr auf der Hut sein, Euer Gnaden.«

»Der Arme tut mir aufrichtig leid«, sagte Galilei, »doch Horoskope kann ich ebensowenig leiden wie der Heilige Vater selbst, ohne Rücksicht, ob sie Glück oder Unglück verheißen. Warum erforscht man denn die Zukunft aus den Sternen, wenn die Welt noch nicht einmal über die Gegenwart Bescheid weiß? Doch das soll in Zukunft anders werden! Heute abend beginnt die letzte Schlacht!«

Der unglaublich beleibte Pater Riccardi erschien pünktlich zum Abendessen. Laut und wortreich begrüßte er seinen alten Freund, den Gelehrten. Am liebsten hätte er ihn gleich umarmt, wäre ihm das bei seinem Umfang nur möglich gewesen. Bei Tisch erhielt er einen besonderen Stuhl, der seine Last von dreihundert Pfund tragen konnte.

»Ich habe Euer Werk in einem Zug durchgelesen«, sagte er gleich zum Eingang, »alles darin ist mir schon bekannt und nicht aus amtlicher Pflicht war ich so schnell, sondern aus persönlicher Anteilnahme und aufrichtiger Freundschaft. Ich beglückwünsche Euch auf das herzlichste! Eine gewaltige Arbeit! Ein Meisterwerk! Soweit ich es beurteilen kann, ein säkulares Ereignis!«

»Ihr findet Gefallen daran, nicht wahr?« fragte Galilei. »Es ist nicht schlecht, nicht wahr?«

»Kein Wort des Lobes reicht dafür aus! Bedauerlich, daß man es ein bißchen kämmen muß.«

»Kämmen? Wozu denn? Es wäre schade, auch nur einen einzigen Buchstaben zu streichen.«

»Es müssen sogar mehrere geändert werden, Euer Gnaden. Denn dieses Buch behandelt die Lehre Kopernikus' nicht als Hypothese. Es ist ein freimütiges Bekenntnis zu seinem Weltsystem ...«

»Das schadet nichts«, warf Galilei ein, »Seine Heiligkeit der Papst wird nichts dagegen einzuwenden haben. Campanella gegenüber hat er ja bereits zu dem bewußten Dekret eine Erklärung abgegeben.«

»Von dieser Unterredung hat man mir ebenfalls berichtet. Leider hat man aber vergessen, mir den Wortlaut schriftlich einzuhändigen. Mir ist von dieser Angelegenheit offiziell soviel bekannt, daß jenes Dekret die neue Lehre unzweideutig unter Verbot stellt. Eigentlich weiß ich offiziell nicht einmal, daß Euch verstattet wurde, dieses Thema als Hypothese zu behandeln. Darüber besitze ich lediglich private Informationen. Man erzählt, der selige Kardinal Bellarmin habe Euch eine solche Erlaubnis gegeben und Unser Herr jetzt ebenfalls. Doch das wurde mir schriftlich niemals mitgeteilt. Ich gehe also über meine amtlichen Befugnisse schon sehr weit hinaus, wenn ich die hypothetische Behandlung dieser Lehre in einem Werk gestatte, das veröffentlicht werden soll; und dieses Buch bietet alles andere als eine hypothetische Darstellung. Über fünfzig Bogen zieht sich die Debatte und auf jeder dritten Seite wird dem Kopernikus recht gegeben. In dieser Form kann also der Inhalt nicht genehmigt werden. Das herrliche Buch m u ß aber erscheinen! Es wäre ewig schade, wenn das nicht möglich wäre. Wir werden uns zusammensetzen und bis ins kleinste erwägen, wo und wie wir etwas mildern müssen. Die fraglichen Stellen habe ich beim Lesen schon angezeichnet. Eins darf ich Euch aber gleich jetzt eröffnen: Ich werde mein Bestes daran setzen, Euch zu helfen. Darauf könnt Ihr unbedingt vertrauen.«

Galilei lächelte.

»Ich verstehe Eure Vorsicht, mein Vater. Die Verantwortung Eures Amtes ist sehr groß. Doch ich hätte einen Vorschlag: warten wir einmal ab, bis ich mit Seiner Heiligkeit gesprochen habe. Ich werde den Papst bitten, er möge Eurer Hochwürden selbst Anweisung geben. Ist es Euch recht so?«

»Ja, wenn das so geschlichtet werden könnte«, sagte ‚Pater Ungeheuer' seufzend, »wäre ich der glücklichste Mensch auf der Welt. Ihr ahnt gar nicht, wie mir meine schöne Verwandte Katharina Eures Buches wegen schon in den Ohren gelegen hat, obwohl Ihr einer Fürsprache gar nicht bedürft. Die wissenschaftliche Frage ist mir sowieso gleichgültig, Ptolemäus oder Kopernikus — das ist mir alles einerlei. Doch das Buch ist so spannend, so heiter, so anschaulich und in den ersten Abschnitten schreibt Ihr so wunderbar über die Bedeutung echter Wissenschaft, daß ich ganz und gar hingerissen bin. Aber bei allem, Euer Gnaden, setze ich meine Stellung aufs Spiel.«

Der mächtige, beleibte Mann jammerte so, daß sich die anderen gezwungen sahen, ihn zu trösten. So ging der Abend hin. Es blieb beim

Vorschlag Galileis: sie wollten die Audienz beim Heiligen Vater abwarten. Tags darauf schon begann Galilei mit zahllosen Besuchen, deren erster dem Fürsten Cesi galt. Der Präsident der Akademie der ‚Luchse' rühmte das Buch fast eine Viertelstunde in den begeistertsten Ausdrücken. Seit den großen Klassikern der antiken Literatur und seit den großen Kirchenvätern habe niemand wieder etwas so Großartiges niedergeschrieben. Und dabei war dies noch die geringste Lobeserhebung, die er äußerte. Trotzdem teilte auch er Riccardis Bedenken. Wenn es möglich wäre, durch eine Milderung der heiklen Stellen die Erlaubnis der Zensur zu erhalten, so lohne eine solche Überarbeitung durchaus. Auch so bliebe dieses Buch epochemachend. Die Akademie würde den Verlag mit freudigem Stolz übernehmen. Galilei beendete alle diese Einwendungen damit, daß ein einziges Wort des Papstes über die Zensurfrage entscheiden würde. So harrte auch der Fürst mit Spannung auf das Ergebnis der Audienz beim Papst.

Ciampoli eilte Galilei mit offenen Armen entgegen. Er bestätigte ihm unverzüglich, daß ihn Seine Heiligkeit wirklich außer der Reihe empfangen wolle, und zwar bereits übermorgen. Drei andere Persönlichkeiten, darunter einen ausländischen Gesandten, habe er von der Empfangsliste streichen lassen, da er sich mit ihm ausführlich zu unterhalten gedenke. Galilei unterbrach Ciampolis wortreiche Begrüßung: ihm ging es vor allem darum, was Seine Heiligkeit in seiner denkwürdigen Unterredung mit Campanella Wort für Wort geäußert hätte. Habe Papst Urban wirklich jenen Ausspruch getan, den man ihm, Galilei, mitgeteilt?

»Natürlich hat er ihn getan«, bestätigte Ciampoli, »habe ich ihn doch mit meinen eigenen Ohren gehört. Doch darf man wohl diesen Ausspruch nicht als Bekenntnis zu einer Weltlehre auffassen. Unser Herr wollte sich Campanella gegenüber lediglich höflich erweisen, mehr nicht.«

»Aber er hat doch die Äußerung getan?«

»Freilich.«

»Dann ist alles gut. Er wird dann auch mir gegenüber höflich sein.«

»Wir wollen es hoffen! Doch um Euch etwas sehr Wichtiges zu fragen: in welcher Beziehung steht Ihr zu dem Astrologen Morandi?«

»Der jetzt vor der Inquisition steht? Ich unterhalte gar keine Beziehungen zu ihm. Ich glaube, daß wir vor dreißig Jahren ein einziges Mal einen Brief gewechselt haben. Seither habe ich kaum mehr von ihm gehört. Weshalb fragt Ihr, Monsignore?«

»Es fiel mir so beiläufig ein. Ich bitte also, die genaue Zeit einzuhalten! Halb zehn!«

Galilei erschien bereits ein Viertel nach neun Uhr. Er unterhielt sich mit Ciampoli und berichtete ihm von seinen neuesten wissenschaftlichen Erfolgen. Endlich ertönte das heißersehnte Klingelzeichen. Wieder kniete der Gelehrte vor dem Pontifex nieder, diesmal schwerfälliger als seinerzeit. Urban half ihm liebevoll auf und schloß ihn in die Arme.

»Vergebung, Heiliger Vater, daß ich mich heute schwerfälliger bewege. Doch mit meiner Gesundheit steht es nicht zum besten. Sechsundsechzig Lebensjahre habe ich vollendet. Ich muß froh sein, daß ich überhaupt hierher gelangt bin, um vor Eurem heiligen Antlitz zu stehen.«

»Die Zeit vergeht, mein Lieber. Auch Wir sind in das sechste Jahrzehnt unseres Lebens getreten. Durch die Gnade Gottes können Wir Uns nicht beklagen. Was gibt's denn Neues in Florenz? Wir haben gehört, daß Ihr Italien und die Wissenschaft der Menschheit um ein großartiges Werk bereichert habt.«

»Dem ist so, Heiliger Vater. Ich habe über die zwei Weltsysteme geschrieben, das ptolemäische und das kopernikanische. Mit unendlicher Freude habe ich erfahren, daß Eure Heiligkeit mit dem seinerzeit erlassenen Dekret nicht völlig übereinstimmen.«

»Wie?« versetzte der Papst sogleich in einer höheren Stimmlage. »Wir erklärten Uns mit einem päpstlichen Dekret nicht einverstanden? Wer hat solchen Widersinn behauptet? Wir könnten eine Verfügung Unserer Vorgänger auf dem Stuhle Petri verleugnen? Kennt Ihr Uns von dieser Seite? Haben Wir denn das Ansehen des Pontifex so übel gewahrt? Was redet Ihr da für wirres Zeug?«

»Ich bitte untertänigst um Vergebung«, stotterte Galilei, »doch ich vernahm, der Heilige Vater hätte geruht, dem Pater Campanella gegenüber einen Ausspruch zu tun, daß dieses Dekret nicht erlassen worden wäre, wenn es in Eurer Macht gestanden.«

»Möglich, daß Wir dieses oder etwas Ähnliches geäußert haben. Doch heute erinnern Wir Uns nicht mehr daran. Es steht außer jedem Zweifel, daß jenes Dekret veröffentlicht worden ist. Ein Papst hat es erlassen. Es ist infolgedessen müßig, das ‚Hätte' und ‚Wäre' zu untersuchen. Warum steht Ihr nicht ab von diesen Fragen? Behandelt sie etwa Euer neues Buch wiederum?«

»Ja, mein Heiliger Vater. Da es mir nicht verboten wurde, dieses Thema als Hypothese zu behandeln, habe ich mir erlaubt, den Ertrag meines vierzigjährigen wissenschaftlichen Studiums ... mein bescheidenes Werk liegt gegenwärtig der Zensur vor, und nachdem ich es bloß als Hypothese ...«

Ungehalten winkte der Papst mit seiner Hand, die der Fischerring schmückte, ab. Galilei verstummte. Er mußte sich einige Male hintereinander räuspern, weil seine Kehle trocken geworden war.

»Die Zensur wird das Buch schon prüfen. Riccardi kennt seine Pflicht. Wenn es keine offene Stellungnahme beinhaltet, mag es Uns gleichgültig sein. Doch reden wir von etwas anderem! Vergällen wir uns nicht die Freude des Wiedersehens! Wie ergeht es Euch?«

Eingeschüchtert und mit verschleierter Stimme begann Galilei. Er erzählte von seiner Familie, seinen Töchtern, von der Geburt seines

Enkelkindes. Doch selbst der Umstard, daß der Papst ihm ein liebenswürdiger und aufmerksamer Zuhörer war, konnte ihm jene freudige Zuversicht nicht wiedergeben, von der er bei seinem Eintritt beseelt war.

»Ich darf noch vermelden«, sagte er, »daß jenes Stipendium, welches die Güte Eurer Heiligkeit meiner Familie verliehen hat, abgelaufen ist.«

»Es soll verlängert werden! Wie hoch war der Betrag?«

»Sechzig Goldgulden.«

»Es soll auf hundert erhöht werden, damit Ihr erkennt, wie lieb und wert Ihr Uns seid. Jetzt berichtet Uns aber etwas von der Wissenschaft. Doch nicht über die Astronomie, die langweilt Uns, berichtet Uns vielmehr von neuartigen physikalischen Experimenten!«

Die Audienz dauerte wie stets überaus lange, doch Kopernikus wurde mit keinem Wort mehr erwähnt. Galilei wagte es nicht, diesen Namen nochmals auszusprechen. Er fürchtete, seiner Sache damit nur noch mehr zu schaden. So begann er über die Wärmetheorie, über die Bahn der Kanonenkugel zu sprechen, doch ohne Freude. Allgemach ging ihm auch der Stoff aus, doch der Papst machte keinerlei Anstalten, die Audienz zu beenden. Im Gegenteil. Er hörte mit reger Anteilnahme zu und wollte immer mehr wissen. So dachte Galilei angestrengt nach, womit er den Herrscher aller Herrscher noch unterhalten könnte.

»Eine ganz merkwürdige Frage legte mir einst eine lustige Gesellschaft zur Begutachtung vor. Eure Heiligkeit werden für diese Frage sicher etwas übrig haben. Nehmen wir einmal an, ein schönes Pferd sei hundert Gulden wert. Nun wurde die Frage gestellt, wer einem größeren Irrtum unterliegt: einer, der dieses Pferd auf tausend Gulden schätzt, oder einer, der seinen Wert mit zehn Gulden ansetzt.«

Die Augen des Papstes leuchteten auf. Er wiederholte die Frage. Solche Denkaufgaben gefielen ihm über die Maßen.

»Natürlich, man braucht sich nur mit einem Gelehrten zu unterhalten, um anregende Dinge zu vernehmen! Nicht ohne Grund ist Uns Eure unterhaltsame Gesellschaft so überaus wert. Also, wollen Wir einmal sehen. Das Pferd hat einen tatsächlichen Wert von hundert Gulden ...«

Er dachte laut. Trotz seiner bitteren Enttäuschung wahrte Galilei soviel Geistesgegenwart, die Gedanken des Papstes geschickt und unmerklich auf die richtige Lösung hinzulenken. Das angeregte Gespräch dauerte eine gute Viertelstunde. Der Papst zeigte sich von der Denkaufgabe entzückt, und er brachte zum Schluß mit stolzer Freude die Antwort wie ein Schüler, der in der Klasse das Lob des Lehrers einheimsen möchte: zehn, hundert und tausend bilden eine geometrische Progression. Wer also das Zehnfache des tatsächlichen Wertes nannte, irrte im gleichen Verhältnis wie der andere, der den zehnten Teil des Wertes angab. Der Papst formulierte dieses Ergebnis sehr klar, man hatte ihm dazu gar nicht wesentlich auf die Sprünge helfen müssen. Daß er über einen messerscharfen Verstand verfügte, erhellte aber nicht bloß bei so einer spielerischen Frage, man durfte ihm auch in bedeutenden Problemen Scharfsinn nicht absprechen.

»Man kann es nur von ganzem Herzen bedauern«, erlaubte sich Galilei jetzt doch zu bemerken, indem er Urban bei seiner Eitelkeit fassen wollte, »daß Eure Heiligkeit den beiden Weltsystemen nicht mehr Neigung entgegenbringt. Mit diesem kristallklaren Verstand könnte Eure Heiligkeit doch wirklich und wahrhaftig beurteilen, welche Behauptungen der verschiedenen gelehrten Systeme falsch oder richtig sind.«

»Wir haben bereits geurteilt! Ihr gedachtet Uns doch seinerzeit in diesem nämlichen Saal zu überzeugen, und es gelang Euch nicht. Ja, lieber Freund, Wir sind ein Dickschädel! Wir beharren bei Unserer gefaßten Meinung, gleichgültig, ob es die Außenpolitik oder die Astronomie angeht. Ad vocem: Sterne. In welchem Verhältnis steht Ihr zu diesem betrügerischen und nichtswürdigen Morandi?«

»In gar keinem, mein Heiliger Vater«, antwortete Galilei überrascht. »Die nämliche Frage hat mir bereits Monsignore Ciampoli gestellt. Aus welchem Grunde wünschen Eure Heiligkeit das zu erfahren?«

»Aus gar keinem Grund. Die Frage fiel Uns bei Nennung der Sterne ein. Wie lange bleibt Ihr in Unserer Residenz?«

Damit war das Ende der Audienz angedeutet. Galilei mußte demnach die Hoffnung fahren lassen, sich hier mit einem Erfolg für Kopernikus zu verabschieden. So verneigte er sich bedrückt zum Abschied. Der Papst dagegen zeigte sich überaus liebenswürdig und heiter. Wiederum schloß er den Astronomen in die Arme und klopfte ihm auf die Schulter.

»Für den Fall, daß Wir Euch nicht wiedersehen sollten, so nehmt die Überzeugung mit, daß Unsere Liebe, Unsere Gunst und Unser Apostolischer Segen für Euer ganzes Leben auf Euch ruhen!«

Solche Abschiedsworte hatte der Papst kaum jemals zuvor einem Menschen gegönnt. Galilei aber bedeuteten sie zu wenig. Draußen gab er Ciampoli sogleich Bericht. Dieser vertrat die Meinung, man solle das Werk beruhigt der Zensur überlassen, hernach würde schon alles in Ordnung kommen. Dieselbe Ansicht bekundete Castelli und ebenso lautete die Meinung der Niccolinis. Galilei besuchte also unverzüglich Riccardi. Er war fest entschlossen, mit peinlicher Gewissenhaftigkeit jede Bemerkung des Papstes bis zum Tonfall genau zu wiederholen. Schließlich wäre ein Täuschungsversuch auch sinnlos gewesen! Vielleicht hätte Galileo die Äußerungen des Papstes ausschmücken und den dicken Riccardi noch mehr für sich gewinnen können, aber selbst das ließ seine Ehrlichkeit nicht zu. Genau, fast zu genau, berichtete er Riccardi jedes Wort. Geduldig und sanft nickend nahm ‚Pater Ungeheuer' alles zur Kenntnis.

»Seht Ihr, das habe ich mir gleich gedacht! Setzen wir also fort, wo wir aufgehört haben. Ich muß die Verantwortung tragen. Wenn wir einige heikle Stellen glätten, nehme ich sie gerne auf mich. Doch müssen wir uns aus einem unerläßlichen Gebot der Klugheit dazu jedweder Rückversicherung bedienen. Ihr werdet zu diesem Werk sowohl ein Vorwort wie ein Nachwort aufsetzen. Ich stelle es mir ähnlich vor, wie es seinerzeit ein Schüler des Kopernikus zu dessen Buch schrieb.«

»Und in diesem Vorwort muß ich dann das ganze Buch verleugnen? Bellarmin hat es mir doch urkundlich bestätigt, daß man mich dazu nicht verpflichtet hat.«

»Nichts sollt Ihr verleugnen, aber mit Feingefühl zum Ausdruck bringen, daß Ihr in Eurem Buche bloß Vermutungen aussprecht. Doch das können wir zur gelegenen Zeit gemeinsam festlegen. Zuallererst müssen wir mit den Korrekturen beginnen, die übrigens nicht so bedeutend sind; geht es dabei doch bloß um einige Worte. Überall wo ‚zweifellos' steht, werden wir hinschreiben: ‚wie anzunehmen ist'. Ich weiß auch schon, wer sich dazu am besten eignet. Raffaello! Raffaello! Kommt doch sogleich einmal her!«

Ein hagerer Geistlicher mit breiten Schultern und einem klugen Gesicht erschien aus dem Nebenzimmer. Riccardi stellte vor:

»Pater Raffaello Visconti, Mathematiker, ein mir im Amte zugeteilter Rat und außerdem mein Verwandter.«

Es zeigte sich zu Galileis Überraschung, daß auch Raffaello das Manuskript bereits gelesen hatte. Er werde die Korrekturen gerne übernehmen, auf Messer Galileis Wunsch, unverzüglich. Sie besprachen die Einzelheiten. Demnach waren die schwierigen Stellen auszubessern, ein Vor- und Nachwort zu schreiben und dann stand der Drucklegung kein Hindernis mehr entgegen.

Galilei atmete auf. Es wäre zwar weitaus angenehmer gewesen, hätte er das Zauberwort der Druckerlaubnis bedingungslos auf Befehl des Papstes erhalten, doch auch so war es ein Sieg einer ‚gerechten Sache'! Einige Änderungen bedeuteten nichts. Das Vor- und Nachwort würde er sowieso persönlich aufsetzen, um Riccardi zu beruhigen, aber auch um sein Recht zu wahren. Dann konnte das Buch ohne Schwierigkeiten erscheinen. Und sobald die päpstliche Zensur das Imprimatur erteilt hatte, würde man ihn auch ganz vergeblich bei der Inquisition anzeigen ...

Inzwischen war der Mai gekommen, und über der Ewigen Stadt brütete eine lastende Hitze. Je älter Galileo wurde, um so weniger konnte er sie ertragen. Die Hitze bereitete ihm unerträgliche Kopfschmerzen und überanstrengte sein Herz. Schon stellte sich als unerwünschter Gast auch seine Krankheit wieder ein, doch er zwang sich, die Entscheidung in Rom abzuwarten. Schon nach Wochenfrist erhielt er von Visconti die sehnsüchtig erwartete Benachrichtigung: sämtliche

Korrekturen waren durchgeführt. Sofort ließ sich Galileo in der Sänfte zu Riccardi tragen.

»So, nun wollen wir uns sogleich über das Vorwort einig werden. Bis morgen habe ich es geschrieben. Hochwürden können dann, wie vereinbart, die Druckerlaubnis erteilen und übermorgen werde ich abreisen. Es herrscht eine so höllische Hitze, daß sich ein Mann in meinem Alter vorsehen muß. Manchmal befällt mich ein Gefühl, als würde ich im nächsten Augenblick einen Schlaganfall erleiden. Jetzt darf ich noch um das Manuskript bitten, damit ich mir die Verbesserungen ansehen kann.«

Riccardi schüttelte das Haupt.

»Ich befürchte, daß wir das nicht so schnell erledigen können. Die Änderungen muß ich erst persönlich überprüfen.«

»Warum denn? Habt Ihr es doch bereits ausführlich mit dem Pater Visconti besprochen. Und der ist, nehme ich an, ein gewissenhafter Mensch.«

»Sicherlich. Doch die Verantwortung lastet auf mir allein. Glaubt mir, mein Herz blutet, wenn ich Euch voll Ungeduld vor mir sehe und obendrein mich um Eure Gesundheit sorge. Doch Ihr müßt hinwieder auch einsehen, daß ein Manuskript mit über fünfzig Bogen sehr viele Buchstaben enthält und mir jeder Buchstabe eine große Verantwortung aufbürdet. Meine Pflicht ist es, peinlich genau nachzusehen, ob die Korrekturen richtig vorgenommen sind. Darüber hinaus bin ich gehalten, das gesamte Werk noch einmal daraufhin zu überprüfen, wie sich der Wortlaut nach der Überarbeitung darstellt, und ob der Sinn des Werkes gewahrt blieb. Doch dazu muß ich Euch nicht erst Gründe nennen, das versteht sich doch von selbst. Oder seht Ihr es am Ende nicht ein?«

»Mir bleibt nichts übrig, ich muß mich wohl fügen. Begreift aber auch meine Ungeduld. Ich flehe Euch an, Monsignore, beeilt Euch wenigstens, damit ich so rasch wie möglich wieder heimfahren kann.«

Riccardi versprach, auch die Nacht zum Tage zu machen. Er zeigte sich voll Liebe und Wohlwollen und nicht einmal Galilei konnte ihm absprechen, daß er eine schwere Verantwortung trug und in einem gewissen Maße sogar ein Wagnis auf sich nahm. Außerdem hatte der dicke ‚Pater Ungeheuer' sicherlich auch nicht wenig unter der furchtbaren Hitze zu leiden.

So ging ein ganzer Monat hin und Galilei drängte unterdes immer wieder zur Eile. In den ersten Tagen suchte er Riccardi persönlich auf, dann bat er Frau Katharina, sich bei ihm zu verwenden und schickte dem Pater endlich sogar den Gesandten auf den Hals. Wochen verstrichen, aber die Arbeit war noch immer nicht beendet. Da hatte die infernalische Hitze Galilei, der an das Florentiner Klima gewöhnt war, schon so zugesetzt, daß er krank das Bett hüten mußte. Er ließ sich

Eisbeutel auf die Stirn legen und rang trotzdem keuchend nach Luft. Der Gesandte suchte ihn häufig in seinem Zimmer auf und außerdem verbrachte Frau Katharina viele Stunden an seinem Krankenlager. Galilei offenbarte dieser Dame sein innerstes Wesen wie zuvor noch keinem Menschen. Er erzählte von seiner Jugend, von den erlittenen Demütigungen und Gewissensängsten, von Marina, von seiner Mutter, von seinem Verhältnis zu Michelagnolo. Vor allem berichtete er ihr von Celeste. Katharina hörte der Lebensbeichte des Greises andächtig zu und seine Worte über Celeste bewegten sie so sehr, daß sie den Entschluß faßte, mit ihr einen Briefwechsel zu beginnen. Diese Gespräche kürzten die aufreibende Wartezeit. Und die Arbeit der Zensur wurde nicht fertig. Ende Juni äußerte Riccardi dem Gesandten unter großem Bedauern, es bleibe ihm noch sehr viel zu tun übrig.

Galilei hielt die Spannung nicht länger aus. Er erhob sich von seinem Lager, eilte zum ‚Pater Ungeheuer' und erklärte ihm gereizt, daß er das Warten nunmehr satt habe. Abwarten könne er schließlich auch daheim in seinem schattigen Park. Er wolle mit ihm endlich das Vor- und Nachwort besprechen, damit er in der Lage sei, abzureisen. Er werde zu Florenz auf das Imprimatur warten und würde im Herbst nach Rom zurückkehren. Beschwörend fast bat ihn Riccardi um Geduld und Nachsicht. Es sei nicht leicht, eine umfangreiche Arbeit, die so viel konzentrierte Aufmerksamkeit erfordere, bei dieser brütenden Hitze zu bewältigen. Er gelobte hoch und heilig, sich nach Möglichkeit zu beeilen. Das Vorwort betreffend sprach er den Wunsch aus, der Verfasser möge das päpstliche Dekret zitieren und betonen, daß man seine Darlegungen als bloße Hypothese aufzufassen hätte. Ein Nachwort sei nicht unbedingt vonnöten. Beim Abschied beteuerte Riccardi mehrere Male, die Druckerlaubnis sei sicher zu erwarten und grundsätzlich sogar schon erteilt; es müßten dazu lediglich noch einige Förmlichkeiten erledigt werden. Galilei könne beruhigt die Heimreise antreten, solle sich gedulden und seine für die Wissenschaft so wertvolle Gesundheit schonen.

»Hochwürden, ich habe eine letzte Frage! Versagt mir nicht die ehrliche Antwort! Wir reden jetzt unter vier Augen. Hochwürden haben sich erkundigt, in welchem Verhältnis ich zu Morandi stünde; andere fragten mich ebenfalls darnach, ja sogar der Heilige Vater selbst. Erklärt mir offen, weshalb man mich immer wieder darum befragt? Es ist mir unmöglich, von irgend jemandem einen aufrichtigen Bescheid zu erhalten.«

Riccardis pausbäckiges Gesicht verdüsterte sich.

»Euer Gnaden, auch ich kann Euch darüber keine Auskunft geben. Ich kann Euch nur so viel mitteilen, daß ich an Eurer Stelle aus diesen Fragen die Vermutung schöpfen würde, daß Eure Feinde versuchten, Eure Person in das Inquisitionsverfahren gegen Morandi hineinzuzerren.«

»Ich habe es geahnt! Um des Himmels willen, wer mögen aber diese unsichtbaren Feinde sein?«

»Ich kann es mir nicht vorstellen.«

Mehr war von Riccardi nicht zu erfahren. Galilei verabschiedete sich herzlich von dem Ehepaar Niccolini, von Castelli und seinen anderen Freunden. Mit dem Fürsten Cesi besprach er die Einzelheiten der Druckkorrektur und des Satzes und versprach für den Herbst seine Rückkehr. Dann machte er sich bei einer unerträglichen Hitze auf den Heimweg. Seine Nerven waren überreizt und er hatte schlechte Laune. Wieder und wieder peinigten ihn Angstvorstellungen. Er empfand überdeutlich, daß er wieder in jenen furchtbaren, sinnverwirrenden Seelenzustand geriet, den er einst schon im Grauen vor der Inquisition durchlitten hatte. Wenn ihn diese Grübeleien zermürben wollten, klammerte er sich krampfhaft an die Namen zweier Gönner. Der eine war Fürst Cesi, der reiche und angesehene Aristokrat, Präsident der Akademie der ‚Luchse'; dieser würde ihn nicht im Stich lassen und fraglos mit dem Ansehen einer ganzen Gesellschaft berühmter Gelehrter hinter ihm stehen. Der andere war der Papst selbst, der über Kopernikus urteilen mochte, wie es ihm beliebte, aber ihm, Galilei, von Herzen zugetan war. Daran war nicht zu zweifeln.

Mehr tot als lebendig langte er in Florenz an. Das viele Grübeln, die Aufregung, die abergläubische Furcht vor unbekannten Gefahren, die Beschwernisse der Reise und die mörderische Hitze hatten seine Kraft verbraucht. Viele Wochen vergingen, bevor er sich einigermaßen wieder erholte. Die Druckerlaubnis aber war noch immer nicht erteilt.

Statt dessen meldete ein Brief des Gelehrten Stelluti: Fürst Cesi sei von einem heimtückischen Fieber befallen und nach kurzem Leiden zu seinen Ahnen versammelt worden. Fast gleichzeitig traf aus Deutschland die verspätete Nachricht von Keplers Tode ein.

VI

Draußen in der großen Welt herrschten schlimme Zeiten. Krieg, Seuchen, Not. Der große Krieg tobte schon seit zwölf Jahren. König Gustav Adolf von Schweden war mit einer großen, siegreich vordringenden Armee in Pommern gelandet. Das Blatt hatte sich gewendet. Eine Niederlage nach der anderen erlitten die katholischen Heere. Und als wollte der erzürnte Himmel die Menschheit dafür strafen, daß sie sich in gehässigem Hader zerfleischte, brach die Pest aus und wütete in ihrer ganzen entsetzlichen Grausamkeit. Als sich die ersten geheimnisvollen Todesfälle ereigneten, setzten die einzelnen Städte Ausschüsse ein, die die Ursache jener sonderbaren Todesfälle ergründen sollten. Der Befund der Untersuchung lautete, daß von einer Seuche keine Rede sein könne. Die Todesfälle aber nahmen immer mehr überhand. Mailand wurde der Schauplatz eines fürchterlichen Massensterbens. Die Einwohner wagten es nicht mehr, sich in ihren Häusern aufzuhalten, sondern lagerten unter freiem Himmel an den Straßenrändern. Die mutigeren von ihnen ergriffen Strohbündel, zündeten sie an und rieben mit diesen flammenden Bündeln die Mauern ab. Man glaubte, damit der Seuche Einhalt gebieten zu können. Der Menschheit bemächtigte sich ein wahnwitziges Entsetzen. Im Volke liefen Gerüchte um, die Pest würde von ausländischen Meuchelmördern verbreitet. Die besäßen irgendein geheimnisvolles schwarzes Pulver, und wen sie damit bestreuten, der würde sogleich von der Seuche befallen. Es genüge sogar, mit diesem Pulver die Mauern der Häuser zu bestreuen, und schon kämen alle Einwohner um. Eines Tages hieß es, ein solcher ‚Untore', wie man diese geheimnisvollen Giftmischer nannte, hätte die Mauern des Domes mit dem infizierenden Pulver bestreut. In der Stadt entstand Tumult. Die Behörden setzten eine hohe Belohnung auf die Köpfe der Giftstreuer. Und weil sich die Einwohner um die hygienischen Verordnungen der Behörden nicht kümmerten, ließ man die Toten, die an der Pest starben, öffentlich zur Schau stellen, um die Bevölkerung durch den Anblick der ekelerregenden blauen Ausschläge zur Vernunft zu bringen. Außerdem ordnete man große kirchliche Prozessionen an. Ganz Mailand sollte um Erlösung von dem Übel flehen. Unübersehbare Menschenmassen drängten sich unter der Führung der Geistlichen zusammen, viele der Teilnehmer, die hinter dem Glassarg des Heiligen Karl einherwankten, trugen schon den Keim der grauenhaften Krankheit in sich.

Alles das konnte man nur aus geschmuggelten Briefen oder durch mündliche Nachrichten erfahren: wenn jemand aus der Quarantäne einem andern etwas über die Straße zurief. Im übrigen hatte eine rücksichtslose Kontrolle Toskana bisher von der Pest bewahrt. Fernando, der jugendliche Herrscher, zeichnete sich bei seinen Vorbeugungsmaßnahmen durch weitschauende Klugheit aus. Er ließ ein Gesundheitsamt errichten, räumte dessen Instituten unbeschränkte Rechte ein und ließ sich bei allen seinen Anordnungen durch Fachleute weislich beraten. Die Straßen wurden unnachsichtlich kontrolliert, Zusammenrottungen strengstens verboten. Die ersten Verhaltungsmaßregeln beim Auftreten der Krankheit wurden durch die Rats- und Staatsboten ausgetrommelt. Rücksichtslos wurden die Kranken abgesondert, sogar von ihren Familienangehörigen. Die Klöster waren verpflichtet, den Genesenden Unterkunft zu bieten. Die Insassen der Klöster durften ihre Gebäude nicht verlassen, und den Bürgern war es strengstens untersagt, dort Besuche zu machen. Nur Briefe zu wechseln war gestattet. Infolgedessen beschränkte sich auch Galileis Verkehr mit seinen Töchtern bloß auf Celestes tröstliche Briefe.

Inzwischen wuchs auch in Florenz die Erregung von Tag zu Tag, ja von Stunde zu Stunde, obzwar dessen Einwohner allen Grund hatten, mit den Anordnungen ihres Herrschers zufrieden zu sein und ihm und seinen Ratgebern voll und ganz vertrauen konnten. Ob die Pestseuche in der Stadt wütete oder nicht, wußte man eigentlich nicht genau. Trotzdem war von nichts anderem die Rede als von der Pest. Die unglaublichsten Geschichten gingen um. Angeblich sollten in Mailand die Giftstreuer ganz öffentlich gearbeitet haben. Ein Mann aus Mailand hatte gestanden, am Domplatz sei ihm eine sechsspännige Kutsche begegnet. Die Kutsche hätte gehalten, und er sei von den Insassen gezwungen worden, aufzusitzen. Auf unbekannten Wegen wären sie in ein Schloß gefahren, wo kistenweise Gold aufgehäuft stand. Man hätte ihm zugeredet, so viel davon zu nehmen, wie er wolle. Nur eine kleine Schachtel Gift müsse er dafür in der Stadt ausstreuen. Er hätte sich nicht überreden lassen, worauf er innerhalb weniger Sekunden wieder am Domplatz stand, von wo sie abgefahren seien. Solche und ähnliche Greuelmärchen gab man in Florenz und anderswo von Mund zu Mund weiter, und das Volk glaubte sie wortwörtlich. Mißtrauisch sah man jeden Fremden an, ob er nicht etwa ein Giftstreuer sei.

Galilei ging aus lauter Angst überhaupt nicht auf die Straße. Er fürchtete sich vor der Pest und verzichtete sogar darauf, seinen Enkel so häufig zu sehen wie früher. Und als er es nach langer Zeit doch einmal wagte, nach dem San Giorgio zu gehen, traf er seinen Sohn in ganz verstörtem Zustand an.

»Wißt Ihr, was geschehen ist? Der Papst hat einen energischen Brief an den Großherzog gerichtet, in dem er sich dessen übertriebene gesundheitliche Maßnahmen gegen die Pest verbittet und ihn auffordert, alle Klöster und geistliche Personen betreffenden Erlässe sofort zu widerrufen. Heute herrscht im Amt eine Aufregung wie in einem Tollhaus.«

»Und was hat der Großherzog gemacht?«

»Das fragt Ihr noch? Die Jesuiten sind doch die Herren! Der Großherzog hat heute beschlossen, seine Erlässe zu widerrufen. Aber nicht genug: sämtliche Mitglieder des Gesundheitsamtes sind verpflichtet, zum Bischof zu gehen, um Verzeihung zu bitten und Bußübungen abzuhalten. Ich kann das nicht mit ansehen. Dank des Eingreifens Eures Papstes wird die Pest bald auch bei uns wüten. Sestilia ist wieder in anderen Umständen. Ich denke gar nicht daran, hier das Ärgste abzuwarten.«

»Was gedenkst du zu tun?«

»Das weiß ich noch nicht. Aber Euch möchte ich auf alle Fälle ersuchen, nicht unnötig auf der Straße herumzuspazieren. Man munkelt nämlich bereits, daß die neuen Sterne die Pest verursacht hätten, und jedes Kind weiß, daß zwischen Euch und den neuen Sternen ein Zusammenhang besteht. Es fehlte gerade noch, daß irgendein Kerl mit aufgeregtem Gemüt über Euch herfällt. In Mailand sagt das Volk schon ganz laut, daß die Gelehrten das Pestgift aus Fröschen, Meerschaum und Leichen brauen.«

Stumm hörte sich Galilei die Reden seines Sohnes an. Es erschütterte ihn zutiefst, daß die kirchlichen Behörden sich nicht scheuten, aus bloßem Vorherrschaftsstreben den weltlichen Behörden bei ihren gesundheitlichen Vorsichtsmaßnahmen Schwierigkeiten zu bereiten. Papst Urban war doch ein kluger Mensch, von ihm konnten doch so unsinnige Verfügungen unmöglich stammen! Nach längerer Überlegung aber neigte Galilei dennoch zu der Annahme, daß dergleichen Handlungen dem Papste zuzutrauen seien, der maßlos eifersüchtig auf seine Geltung bedacht war und in allem gleich ein Aufbegehren gegen die päpstliche Autorität witterte. Noch mehr bedrückte ihn jedoch, daß der Großherzog, der verantwortliche Herrscher des Staates, auf den ersten Wink aus Rom sich schleunigst fügte und um Verzeihung bat. Aber auch darüber brauchte man sich nicht zu wundern. Fernando war seit seiner frühesten Jugend in ergebener Achtung vor Rom erzogen worden. Und endlich schlug es dem Faß doch den Boden aus, daß er, Galilei, der hitzigste aller Florentiner Patrioten, in den Straßen seiner Vaterstadt persönliche Unannehmlichkeiten zu befürchten haben sollte. Gab es denn auch nur einen einzigen Wahnwitzigen, der ihm so Grauenhaftes zutraute wie Verbreitung der Pest? Dann tat er aber diese Möglichkeit mit einem Achselzucken ab: alle hatten sie den Kopf verloren, waren gereizt und unberechenbar. Die Welt war verrückt geworden. Er küßte den kleinen Galileo und ging nach Hause. Kurze Zeit darauf erhielt er von seinem Sohn einen Brief, und zwar nicht aus Florenz. Nencio hatte sich beurlauben lassen und war nach Monte Murlo übersiedelt, einem kleinen Dorf in der Nachbarschaft. Dort hatte er sich eingesperrt und ließ niemanden in seine Nähe. Er hütete sich und seine Familie vor der Pest. Galilei war allein. Auch er begab sich nicht außer Haus. Wochenlang sprach er mit niemandem. Mit der Außenwelt verkehrte er nur durch Briefe. Und unter vielen anderen erhielt er zwei, deren Inhalt ihn erschütterte.

Der eine Brief, nicht von Michelagnolos Hand, meldete aus München, daß der Bruder im Sterben liege und den Briefschreiber, einen toskanischen Landsmann, beauftragt habe, dem älteren Bruder zu berichten, wie inbrünstig er Galileo in seiner Sterbestunde für alles um Verzeihung bäte, was er gegen ihn gesündigt. Eine Adresse aber hatte der Briefschreiber anzugeben vergessen, so daß sich Galilei, dessen Schutz und Fürsorge Michelagnolo Weib und Kinder empfahl, nicht einmal nach dem Schicksal der Hinterbliebenen erkundigen konnte.

Der andere Brief stammte von Castelli aus Rom. ‚Aus Gründen, die er dem Papier nicht anvertrauen könne', riet er dem Meister, auf die römische Ausgabe seines großen Werkes zu verzichten und es in Florenz drucken zu lassen. Diese geheimnisvollen Gründe waren Galilei schon von anderer Seite offenbart worden. Mit dem Tode des Fürsten Cesi war die Akademie der ‚Luchse' zerfallen. Es war keiner mehr da, der sie zusammengehalten und geleitet hätte; und auch Geld stand nicht zur Verfügung, um die Druckkosten zu decken. Die mit einander in Streit geratenen Mitglieder spalteten sich in zwei Gruppen, und die noch vor kurzem so angesehene und einflußreiche Institution bot Galilei mit einem Male keine Stütze mehr. Es gab keine Akademie, deren Einfluß ihm in der römischen wissenschaftlichen Welt hätte nützen können. Damit mußte man sich abfinden! Galileo beschloß, das Buch in Florenz herauszugeben, sobald er die Druckerlaubnis erhielt. Doch das Imprimatur war noch immer nicht erteilt worden. Einen Brief nach dem anderen schickte er ab: an Riccardi, an Visconti, an den Gesandten, an Frau Katharina; aber mehr als höfliche Ausreden erhielt er in keinem Falle. Nächtelang tat er kein Auge zu. Ununterbrochen grübelte er darüber nach, was die päpstliche Zensur an seinem Buch eigentlich zu beanstanden fand. Hätte man die Drucklegung nicht gestatten wollen, so wäre doch inzwischen reichlich Gelegenheit gewesen, ihm das mitzuteilen. Wozu machte man auch jetzt noch leere Versprechungen? Warum verlangte man immer von neuem einen ganz geringen Aufschub und noch ein wenig Geduld, und warum schickte man die Erlaubnis nicht? Riccardi hätte seit Galileis Aufenthalt in Rom Zeit genug gehabt, das Buch Wort für Wort dreimal hintereinander durchzulesen.

Die abergläubische und blinde Furcht vor unheildrohenden Mächten befiel ihn abermals, als ob ihm eine unsichtbare Faust einen Hieb versetzt hätte, so traf ihn die neueste Nachricht aus Rom: Pater Scheiner, der Jesuitengelehrte aus Ingolstadt, von dem er seit Jahren nichts mehr vernommen, trat aufs neue mit seiner Theorie der Sonnenflecken vor die Öffentlichkeit. Vor vielen, vielen Jahren hatten sie ihre wissenschaftliche Debatte durch Vermittlung des Bürgermeisters von Augsburg bereits ausgetragen, und der Wettstreit, wer zuerst die Sonnenflecken entdeckt hatte, wurde in außerordentlich sachlicher Weise beigelegt, weil damals beide stets im Tone gegenseitiger Freundschaft und Achtung voneinander sprachen. Und jetzt, nach so vielen Jahren, trat Pater Scheiner mit einem neuen Buch vor die Weltöffentlichkeit, das den Titel ‚Rosa Ursina' trug. Darin beanspruchte er in einem verletzenden Ton den Ruhm der Entdeckung der Sonnenflecken für sich allein und schmälerte Galileis Verdienste. Von diesem Buch hatte zur Zeit seines römischen Aufenthalts noch niemand etwas gewußt, es konnte also nur später entstanden sein, hatte in auffallend kurzer Zeit die Druckerlaubnis erhalten und war auch schon erschienen.

Wie ließ sich das erklären? Hatte eine geheimnisvolle Hand sein Manuskript zurückgehalten, damit dieses Buch früher erscheinen konnte? Sollte Riccardi, der liebe, gute ‚Pater Ungeheuer', verwandt mit Frau Katharina, so scheinheilig gewesen sein und seine Hand zu dieser feindseligen Handlung geboten haben? Das erschien Galileo ganz unfaßlich. Warum kam aber das Imprimatur immer noch nicht? Und wer waren jene, die ihn in Morandis Prozeß hineinziehen wollten? Und wer jene, die Pisas Universität dazu bestimmen wollten, sein Gehalt zu streichen? Aber zur selben Zeit hatte ihn doch der Papst umarmt, ihm Geld geschenkt, ihm freundlich zugeredet und seine Zuneigung beteuert... Der alte Gelehrte zermarterte sich das Hirn mit ergebnislosen Grübeleien.

Dann erhielt er abermals Auskünfte aus Rom. Castelli hatte mit Riccardi gesprochen. ‚Pater Ungeheuer' hatte mit unschuldigster Miene auf alle Vorwürfe erwidert: er verstünde das Ganze nicht. Sie hätten doch vereinbart, daß Galilei wieder nach Rom zurückkehrte, sobald die unerträgliche Hitze nachließ. Er warte noch immer darauf. Galilei möge also wenigstens das Manuskript schicken, denn die Zensur benötige noch ein zweites Exemplar; dann wollte er nochmals, und zwar zum letzten Male, das Ganze mit dem Vorwort zugleich überprüfen. Gereizt antwortete Galilei, er habe nur noch ein einziges Exemplar, und daran arbeite er zur Zeit. Er müsse das Manuskript noch an einigen Stellen ergänzen und auch durch eine Antwort an Pater Scheiner erweitern. Ein so großes Paket ließen auch die Kontrollkommissionen wegen der Pestseuche gar nicht durch. Nach langer Zeit antwortete Riccardi, Galilei möge wenigstens das Vorwort schicken, und alles käme dann in Ordnung.

Die Pest brach tatsächlich auch in Florenz aus. Nencio behielt mit seinen düsteren Voraussagen recht. Zu Hunderten starben die Menschen täglich. Galilei rührte sich nicht aus seinem Hause. Auch seine Wirtschafterin ließ er nicht auf die Straße. Das Nötigste ließen sie sich in einem Korb durch das Fenster reichen und desinfizierten alles, was aus der Außenwelt stammte, über einer Schwefelflamme. Dadurch wurden natürlich die meisten Lebensmittel ungenießbar. Aus hinüber- und herübergerufenen Mitteilungen der Nachbarsleute erfuhr man, daß alle Menschen, die die Pest hinraffte, von Amtsdienern fortgeschafft würden, die auf ihrem Wege stark und anhaltend läuteten, damit man ihnen noch beizeiten ausweichen konnte. Jeden Tag vernahm man den Namen einer bekannten Person, die nunmehr ins Jenseits abberufen worden war.

Galilei schrieb das Vorwort, und zwar im Sinne jener Besprechung, die er seinerzeit mit dem ‚Pater Ungeheuer' gehabt hatte. Jeden Satz feilte er mit hämischer Freude aus. ‚Ich will euch mit meinem Vorwort helfen!' dachte er ingrimmig.

»Vor einigen Jahren erließ man in Rom ein begrüßenswertes Dekret, welches sich gegen die gefährlichen Irrlehren der Gegenwart richtete und die pythagoreische Anschauung, daß die Erde sich bewege, im rechten Augenblick zurückwies. Es fehlte nicht an völlig grundlosen Behauptungen, jener Beschluß beruhe nicht auf einer sachverständigen Prüfung, sondern sei durch Parteileidenschaft, ohne genügende fachliche Kenntnisse, hervorgerufen. Es wurden Klagen laut, daß mit den Ergebnissen der astronomischen Wissenschaft völlig unbekannte Ratgeber nicht berufen seien, durch ein plötzliches Verbot den forschenden Geistern die Flügel zu beschneiden. Es war unmöglich für mich, beim Anhören derartig leichtfertiger Beschwerden stillzuschweigen. Mit jenem so weisen Dekret wohlvertraut, entschloß ich mich daher, vor dem Tribunal der Welt als Zeuge für die Wahrheit aufzutreten. Ich befand mich damals in Rom. Die höchsten geistlichen Würdenträger geruhten nicht nur, mich anzuhören, sondern spendeten mir auch Beifall. Und so wurde auch jenes Dekret nicht veröffentlicht, ohne daß man mich vorher in Kenntnis gesetzt hätte. Nun will ich in dieser meiner mühevollen Arbeit beweisen, daß man in Italien und vor allem in Rom über diesen Gegenstand nicht weniger weiß, als die Wissenschaft des Auslandes darüber erforscht hat. Ich will durch Zusammenstellung aller meiner eigenen Untersuchungen über das kopernikanische System dartun, daß die römische Zensur über all das schon vorher genau Bescheid wußte, daß also dieser Himmelsstrich nicht nur die Quelle der Dogmen für unser Seelenheil ist, sondern auch scharfsinniger Entdeckungen des Geistes.

Daher habe ich im Laufe der Unterredung den Standpunkt des Kopernikus eingenommen, gehe aber von seinem System, wie es dem Mathematiker geziemt, als von einer bloßen Hypothese aus, und suche mit den verschiedensten Mitteln den Beweis zu erbringen, daß dieses System zwar an sich der Lehre von der Unbewegtheit der Erde keineswegs überlegen ist, daß aber die von den Peripatetikern angeführten Gegengründe nicht stichhaltig sind und das System des Kopernikus nicht widerlegen können.«

Er versetzte den Peripatetikern noch einige wohlgezielte Seitenhiebe, dann erläuterte er die Einteilung des Buches. Galilei hatte angestrengt gearbeitet, bis diese wenigen, ausgeklügelten Sätze formuliert waren. Dann schickte er das Vorwort an Riccardi: die Erteilung des Imprimaturs wäre nun wohl bloß noch eine Frage der Zeit, und wenn Riccardi nochmals eine letzte allgemeine Durchsicht für notwendig halte, so möge er hierzu doch jemanden in Florenz bestimmen. Aber wiederum war die Vermittlung von Frau Katharina unentbehrlich, um zum Ziele zu gelangen. So willigte Riccardi endlich ein, daß die letzte Prüfung in Florenz vorgenommen werden dürfe. Er habe zwar ursprünglich den Pater Clementi damit beauftragen wollen, habe jedoch auch nichts dagegen, wenn der Verfasser eine andere Person vorzöge. Dieses Ansinnen verursachte einen neuerlichen Briefwechsel. Pater Clementi stand im Rufe eines eingefleischten Peripatetikers, darum wollte Galilei nicht gerne etwas mit ihm zu tun haben. Er schlug deshalb den Pater Jacinto Stephani vor, welcher ordentlicher Rat der Inquisition in Florenz und ein gebildeter, gutmütiger Mensch war. Riccardi ging auf den Vorschlag ein. Galilei wagte sich also trotz der Epidemie in die Stadt und nahm sein dickes Aktenbündel mit. Auf der Straße begegnete er kaum einem Menschen. Hier hatte sich im Gegensatz zu Mailand die gesamte Einwohnerschaft in ihrer Furcht hinter Schloß und Riegel verkrochen. Bei Pater Stephani mußte Galilei sehr lange läuten, ehe endlich jemand ans Tor kam. Zuerst verleugnete der Mann an der Tür seinen Herrn. Erst nach langen Verhandlungen durfte der Gast eintreten. Der Geistliche war bereits unterrichtet. Er nahm das umfangreiche Manuskriptbündel entgegen und versicherte, er werde die Prüfung schleunigst vornehmen. Sogar einen Teil seines Schlafes versprach er zu opfern.

Von hier aus ging Galilei zum Drucker. Er kam gerade am Bargello vorüber, als Glockengebimmel an sein Ohr schlug. Ohne lange zu überlegen, rannte er unter ein Tor, und in seiner Angst hätte er am liebsten Mund und Nase zugehalten und seine bloße Hand verborgen. Die wenigen Passanten auf der Straße flüchteten ebenso ängstlich wie er. Aber seine Neugierde war nicht weniger stark. Er lugte vorsichtig unterm Tore des Bargello hervor. Da kam schon der traurige Zug. Ein Begleiter in einem roten Hemd ging voran und schüttelte dauernd die Glocke. Hinter ihm trug man auf einer aus Brettern roh gezimmerten Bahre drei mit Sackleinen zugedeckte Leichen. Dann war der trostlose Zug vorüber. Er fürchtete, daß auch die Luft verpestet sein könnte. Der aufreizende Klang der Glocke tönte ihm noch lange in den Ohren nach. Erst nach geraumer Weile hatte er sich so weit beruhigt, daß er sich weiterzugehen getraute. Bei jedem Schritt schwor er sich, nie wieder aus dem Hause zu treten und künftighin alle Angelegenheiten brieflich zu erledigen.

Der Drucker hieß Landini und war ein alter Bekannter. Mit großer Freude begrüßten sie einander; denn wenn sich zu dieser Zeit zwei Bekannte trafen, priesen sie sich besonders glücklich, daß keiner von beiden inzwischen gestorben war. Sie besprachen den Satz, die Ausstattung und die Auflageziffer. Den Preis des fünfzig Bogen starken Werkes vermochte Landini nicht sogleich zu nennen, versprach aber, die Berechnung brieflich mitzuteilen und mit dem Satz ohne Säumen zu beginnen, sobald er das Manuskript in Händen halte; denn in der Zeit der Epidemie lägen begreiflicherweise keinerlei sonstige Aufträge vor. Dann machte sich Galilei auf den Heimweg durch die ausgestorbenen Straßen; überall verschlossene Fenster und keine Menschenseele. Auf der Brücke sah er sich um und blickte die beiden Ufer entlang. Florenz lag in Totenstarre, düster und stumm da. Von weither vermeinte er wieder den furchtbaren Ton der Glocke zu hören. Erschrocken setzte er seinen Weg fort.

Wochenlang rührte er sich nun wieder nicht vom Fleck. Aus einem Brief erfuhr er, daß inzwischen sein zweites Enkelkind geboren worden war, ein gesundes, dickes Knäblein, das man Carlo getauft hatte. Und ein anderer Brief meldete, daß Pater Stephani die Prüfung seines Buches beendet habe. Seine schriftlich geäußerte Meinung lautete, man solle den Verfasser bitten, sein Werk möglichst bald erscheinen zu lassen, und ihm nicht immer neue Schwierigkeiten in den Weg legen.

Das große Manuskriptbündel wanderte also zu Landini, der gleich mit dem Satz begann; denn die Druckerlaubnis mußte doch jeden Tag eintreffen. Aber sie blieb aus. Galilei schrieb einen Brandbrief nach Rom und bat um Rücksendung des Vorwortes. Tage und Wochen vergingen ohne Antwort. Da wandte er sich in einer Denkschrift an den Kanzler, beschrieb den langen Leidensweg seines Manuskriptes und bat den Großherzog, vermittelnd einzugreifen. Seiner Bitte wurde stattgegeben. Die Regierung schrieb offiziell an Niccolini nach Rom, er möge im Namen des Großherzogs Pater Riccardi besuchen und die Angelegenheit beschleunigen. Dies geschah auch. Niccolini meldete, daß die Sache nun wohl in Ordnung kommen würde. Riccardi werde das Imprimatur erteilen, müsse jedoch eine Erklärung dazu abgeben, um sich zu decken. Für die Abfassung dieser Erklärung bäte er um einige wenige Tage Zeit. Zehn Tage darauf war Riccardis Antwort da, aber ohne die Druckerlaubnis. Er hätte diese zwar versprochen, schrieb er, aber doch nur unter der Bedingung, daß Galilei nach Rom käme, damit sie dort nochmals mit Ciampoli zusammen das ganze Werk überprüfen könnten. Pater Stephani wäre nicht in der Lage, die Denkweise des Papstes zu beurteilen, und seiner Aufmerksamkeit könne daher leicht etwas entgangen sein, woraus später Unannehmlichkeiten erwachsen könnten. Nachdem aber nunmehr das Vorwort nach Rom gesandt worden sei, dürfte sich alles ohne Schwierigkeiten entwickeln.

Galilei raufte sich die Haare vor Zorn. Das Vorwort lag doch schon seit Monaten auf Riccardis Schreibtisch! Zuzutrauen war es ihm ja, daß er es entweder noch gar nicht eingesehen oder gar verlegt hatte. Abermals schrieb er einen langen Brief an den Kanzler. Er bat, der Großherzog möge ihm in Anwesenheit des Paters Stephani und des Ober-Inquisitors von Florenz eine Audienz gewähren, damit Seine Hoheit sich über alle Einzelheiten genau unterrichten lassen könne und dann sicherlich in der Lage wäre, energisch einzugreifen. Diesen Brief sandte er auch ab, aber schon am nächsten Tage, nachdem er die Sache überschlafen hatte, sah er die Torheit dieses Vornehmens ein. Der Großherzog Fernando würde in eine Inquisitionsfrage kaum persönlich eingreifen. Er hätte bloß eine neue Entschuldigung zu gewärtigen gehabt, weil er sich mit einer kirchlichen Angelegenheit befaßte. Und in der Tat lehnte die Regierung Galileis harmlose Bitte ab. Der Großherzog wünsche keine derartige Audienz zu erteilen; aber Niccolini sei beauftragt worden, neuerdings in Rom entsprechende Schritte zu unternehmen.

Niccolini war wirklich unermüdlich tätig. Er erreichte schließlich, daß Riccardi die Entscheidung aus der Hand gab und sie einem anderen übertrug. Dies war wohl von Anfang sein Ziel gewesen. Er erklärte sich nämlich damit einverstanden, die Entscheidung über das Imprimatur dem Pater Clemente Egidio, Haupt-Inquisitor in Florenz, zu übertragen. Das war schon ein großer Erfolg. Pater Egidio versprach, die Überprüfung so schnell wie möglich vorzunehmen. Er stand auch zu seinem Wort, und da er aus Rom die Weisung erhalten hatte, die kopernikanische Lehre dürfe in dem Buch nur als Hypothese zum Ausdruck kommen, und dies auch der Fall war, erhob er keinerlei Einwände. Er fand zwar, das Buch sei ein nicht mißzuverstehendes Bekenntnis zu Kopernikus, aber das zu beurteilen war ja nicht seine Sache. Ihm war aus Rom lediglich befohlen worden, darauf zu achten, daß die Behauptungen bloß als Vermutungen ausgesprochen würden. Er hätte das Imprimatur deshalb auch ohne Zögern erteilt, allein das Vorwort fehlte noch; Riccardi hatte es ihm bis jetzt nicht zugeschickt. Die ersten Bogen waren bereits ausgedruckt, doch das Vorwort und die Erlaubnis der Zensur standen immer noch aus. Galilei mahnte Riccardi, erhielt aber keine Antwort. Er mahnte nochmals, wieder ohne Erfolg. Da wandte er sich mit einem wutschnaubenden Brief an Niccolini. Der ging sofort in die Wohnung des ‚Ungeheuers' und erklärte, so lange nicht zu weichen, bis er die korrigierten Bogen des Vorwortes mitnehmen könnte, und setzte so seinen Willen durch. Das Vorwort wurde dem Haupt-Inquisitor zugeschickt und von diesem genehmigt. Als es endlich, endlich wieder in den Händen des Verfassers war, wagte der sich abermals in die Stadt. Diesmal traf er noch viel mehr Leichenträger mit roten Hemden, die bimmelnd durch die Straßen zogen, denn die Zahl der Toten war inzwischen auf Tausende angewachsen. Schaudernd flüchtete er immer wieder unter ein Tor, hinter eine Säule, in eine Mauernische, bis er endlich keuchend bei Landini anlangte. Dort mußte für das Vorwort ein neuer Bogen genommen werden; denn gut die Hälfte des Werkes war bereits gedruckt. Außerdem besaß die kleine Druckerei nicht genügend Buchstaben von einer Type, so daß das Vorwort obendrein in einer anderen Schriftart gesetzt werden mußte.

Schließlich war das Werk doch fertig. Und auf dem ersten Blatt prangte die offizielle Zustimmung der kirchlichen Zensurbehörde.

Zwei Jahre waren vergangen, seit Galileis erster Enkel geboren wurde, und um die gleiche Zeit hatte der überglückliche Großvater unter sein Manuskript den Schlußpunkt gesetzt. Riccardi hatte seinerzeit von ‚einigen Tagen' Wartezeit bis zur Freigabe gesprochen. Anderthalb Jahre waren daraus geworden! Diese achtzehn Monate hatten Galileis Kräfte gebrochen. Er war darüber zum Greis geworden. Als er das große Werk seines Lebens beendete, war er sechsundsechzig Jahre alt gewesen, hatte aber rüstig ausgesehen. Heute aber, da er mit dem ersten Exemplar seines neuen Buches an seinem achtundsechzigsten Geburtstag im Vorzimmer des Großherzogs, dem dieses Werk gewidmet war, wartete, hätte ihn jeder auf achtzig Jahre geschätzt.

Die Audienz währte zwei Minuten. Der Großherzog Fernando hielt höflich und huldvoll die Hand zum Kuß hin, sprach seine Genugtuung über die Widmung aus und ‚nahm sie an', was bedeutete, daß er die Druckkosten tragen wolle. Dann gab er seiner Betrübnis über die Pestepidemie und die Siege Gustav Adolfs Ausdruck und entließ seinen Hofgelehrten in Gnaden. Der aber bat die Hofleute draußen, man möge ihm eine Sänfte zur Verfügung stellen, seine Füße seien zittrig, sein Bruch bereite ihm große Beschwerden, und er hätte obendrein eine entsetzliche Angst vor der Pest. Die Kavaliere nickten mitleidig und ließen eine Sänfte kommen. Mit Ächzen und Stöhnen stieg der Greis die Treppen hinab. Mit einer Hand hielt er sich an der Wand, und bei jeder Stufe legte er eine kleine Pause ein. Er hatte das Gefühl, tödlich erschöpft zu sein.

Am Schloßportal blieb er abermals stehen, um zu verschnaufen. Gerade fuhr eine Galakutsche vor, von vier Schimmeln mit prächtigem Zaumzeug gezogen. Ein hoher geistlicher Würdenträger stieg aus. Er bemerkte den unter dem Tor nach Atem ringenden Greis und rief:

»Aber das ist doch der große Galilei! Erkennen mich denn Euer Gnaden nicht wieder? Ich bin Ascanio Piccolomini, der Bischof von Siena.«

»Natürlich erkenne ich Euch wieder, Monsignore! Aber meine Augen sind sehr schwach geworden. Jaja, auch meine Augen werden alt und schwach.«

Sie kamen ins Gespräch. Schon seit langem kannten sie sich, und Galilei stand auf recht gutem Fuße mit mehreren Mitgliedern der weltberühmten Familie. Ascanio hatte er jahrelang nicht mehr gesehen. Der Bischof, fast noch im Jünglingsalter, hörte mit großer Anteilnahme die Klagen des gebrochenen Greises an.

»Ihr müßtet Euch einmal richtig ausruhen, Euer Gnaden. Solltet Ihr jemals die Absicht haben, mich, ganz gleich wann, in Siena zu besuchen, so werde ich stets überglücklich sein. Dort wird Euch immer ein gutes Bett und ein gedeckter Tisch erwarten. Und wirkliche Ruhe.«

»Ich danke aufrichtig«, seufzte Galilei, »auf mich wartet aber nur noch eine Ruhe — die letzte. Das größte Werk meines Lebens ist vollbracht. Ich habe meine Sendung erfüllt.«

Als er aber in der Sänfte saß, erwachte in ihm ein leidenschaftlicher Widerspruch gegen die Worte, die seinem eigenen Munde soeben entfahren waren. ‚Nein, nein! Nur nicht sterben! Noch leben! Noch sehr lange leben!'

VII

Schon im vergangenen Herbst hatte Castelli in einem seiner begeisterten Briefe gelobt, nie mehr etwas anderes zu lesen als diese Zusammenfassung, sobald die ‚Dialoge', wie man das große Werk kurz nannte, erschienen wären. Galilei brannte nun darauf, ihm sein Buch endlich schicken zu können. Eine lange Liste enthielt die Namen all derer, die er mit einer Prachtausgabe überraschen wollte. Die Exemplare waren schon fertiggestellt, aber er konnte sie nicht abschicken, da der päpstliche Staat über die Grenzen Toskanas, das immer noch von der Pest heimgesucht wurde, eine strenge Kontrolle verhängt hatte. Jede Postsendung wurde mit allerlei Dämpfen und ätzenden Flüssigkeiten desinfiziert. Ein einfacher Brief vertrug dieses Verfahren eben noch, ein Buch jedoch in einem Prunkband wäre dabei sicherlich beschädigt worden. Galileo mußte also warten, bis sich ihm eine Gelegenheit zum Versand bot.

Aus Ortschaften, in die das Buch schon hingelangen konnte, trafen nacheinander Glückwünsche ein. Cavalieri, ein Bologneser Jesuit, bezeichnete das neue Werk schlechthin als großartig. Fra Micanzio, Sarpis einstiger Sekretär, tauchte aus der Vergangenheit auf. Er schrieb aus Venedig und konnte nicht genug Worte des Lobes finden. Auf unerklärliche Weise hatte auch Campanella ein Exemplar erhalten und geizte ebenfalls nicht mit Anerkennung. Eine lange Reihe begeisterter Briefe zeugte von der tiefen Verehrung, die dem Wissen des großen Gelehrten überall entgegengebracht wurde. Galilei war glücklich. Es ging dem Frühling zu, und er hatte trotz der Verfügung der Gesundheitsämter die Genehmigung erhalten, seine Töchter zu besuchen, mit denen er viele Monate nur im Briefwechsel gestanden; jetzt endlich durfte er sie wieder umarmen, jetzt konnten sie sich gemeinsam freuen, daß sie alle drei noch am Leben waren. Die Huldigungsbriefe nahm er alle mit und gab sie den Mädchen zu lesen. Er selbst konnte die Buchstaben nur noch mit Mühe entziffern, denn seine Augen wurden immer schwächer. Von Celeste ließ er sich manchen noch einmal laut vorlesen, um die Lobeserhebungen auch einmal zu hören. Er konnte nicht genug davon bekommen.

»Niemand außer mir auf dieser Welt hätte das so zustande gebracht!« sagte er stolz und glücklich.

»Solch ein Buch zu schreiben«, stimmte Celeste begeistert zu, »hätte auf der ganzen Welt niemand anderer so fertiggebracht, das ist wahr!«

»Es ist unwichtig, daß ich es geschrieben habe, aber wesentlich ist, daß es erscheinen durfte, daß ich Kopernikus mit Duldung der Kirche zu Ansehen in der ganzen Welt verhelfen konnte! Alle Gelehrten der Kirche, mit Ausnahme meiner wenigen Schüler wie Ciampoli und Castelli, sind selbstverständlich eingefleischte Peripatetiker und damit scharfe Gegner des Kopernikus. Zu ihnen zählt vor allem der große und mächtige Jesuitenorden, eine der größten geheimen Weltmächte. Nun habe ich es doch erreicht, daß die Kirche selbst der Lehre des Kopernikus ihre Zustimmung erteilte. Die päpstliche Zensur gilt soviel wie die Genehmigung des Papstes selbst. Wer dürfte es wagen, dem Papst zu widersprechen? Könnte ich bloß dieses Buch irgendwie in den Vatikan schicken! Ich wäre namenlos glücklich, wenn der Papst es lesen würde.«

»Das könnte Euch nur neue Feinde schaffen«, erwiderte Celeste ängstlich, »sie würden Euch angreifen und Leid zufügen.«

»Damit habe ich mich abgefunden. Den Angreifern werde ich schon antworten. Zwar bin ich selbst schon alt, nicht aber mein Geist. Ich vermag in Diskussionen immer noch meinen Mann zu stellen. Siehe, ich brauche das Buch bloß aufzublättern; obwohl es nicht Gepflogenheit ist, habe ich sämtliche Daten und Angaben über das Imprimatur hineindrucken lassen.«

Stets trug er das Buch mit sich. Auch jetzt schlug er es auf und die Namen der kirchlichen Autoritäten waren der Reihe nach aufgeführt: Riccardi, der Chef der päpstlichen Zensur, und alle vornehmsten Beamten der Inquisition von Florenz; sechs verschiedene Namen untereinander, sechs verschiedene Daten — alles genau festgehalten.

»Siehst du? Alle diese Angaben habe ich hineindrucken lassen, damit jeder, der etwa das Werk angreifen möchte, von vornherein sieht, was für Leuchten der Kirche das Buch genehmigt haben. Ich weiß, sie werden trotzdem über mich herfallen. Aber ich biete ihnen die Stirn. Ich werde sie schon in die Schranken weisen; erfreue ich mich doch der Gunst des Papstes.«

»Unser Herrgott möge ihn mit beiden Händen segnen! Ich werde auch die Mitschwestern bitten, für ihn zu beten.«

»Was hat sich bei den Schwestern überhaupt Neues ereignet? Ich habe euer liebes Kloster so lange nicht mehr besucht.«

Celeste berichtete ausführlich. Suor Silvia, die feenhaft schöne Nonne, die man einst die schönste Frau von Florenz genannt, werde von Tag zu Tag weniger. Sie sei lungenkrank geworden, ihr Magen nähme keine Speise mehr auf. Suor Achilla spiele fleißig Orgel; die arme, alte Suor Grazia, die ständig im Fieber gelegen, sei kürzlich heimgegangen; Suor Oretta hüte seit Wochen das Bett, sie leide an einer Nierenentzündung, die sich nicht beheben lassen wolle. Suor Maddalena wirke nach wie vor eifrig in der Küche; sie habe die wunderbare Gabe, aus den ärmlichen Nahrungsmitteln, die sich das Kloster beschaffen könne, immer wieder neue, schmackhafte Gerichte zu bereiten.

Vater und Tochter saßen auf ihrem gewohnten Platz, unter dem Dach eines Schuppens. Von hier aus bot sich ihnen eine herrliche Aussicht. Die Landschaft lag lieblich und schön im lachenden Sonnenschein, die ganze Welt schien ein Bild des Friedens, als gäbe es keine Pest und keinen Widerstreit mit den Peripatetikern.

Der Vater eröffnete ihr seinen neuen, großen Plan:

»Ich will meine Wohnung wechseln. Für mich alten Mann ist die Villa Segni am Bellosguardo zu geräumig und liegt überdies sehr ungünstig, weitab von allen und doch inmitten der Stadt. Ich mag dort nicht mehr bleiben.«

»Wißt Ihr schon, wohin Ihr übersiedelt?«

»Ratet einmal! Zu euch in die Nähe. Ich möchte in Arcetri wohnen.

Vielleicht findet sich hier ein geeignetes Obdach. Hier herrscht Stille und Ruhe. Die Zeit, die mir noch vergönnt ist, will ich in eurer Nähe verbringen. Jeden Tag könnte ich euch da besuchen! Was sagt ihr jetzt?«

Arcangela äußerte höfliche Worte der Freude, doch Celeste brach schon bei dem Gedanken an eine solche Möglichkeit in Freudentränen aus. Dann drängte sie mit ihren Bitten: keine Minute länger dürfe er zuwarten, heute noch müsse er jemandem den Auftrag geben, sämtliche Häuser in Arcetri zu besichtigen und sicherlich fände sich eine geeignete Wohnung. Galilei versprach es hoch und teuer. Er habe zwar den ganzen Plan bis jetzt noch gar nicht so ernsthaft ins Auge gefaßt, aber wenn sich Celeste darüber so freue, werde er unverzüglich handeln.

Als wollte ihm der liebe Gott selbst eine Freude bereiten, war in wenigen Tagen ein geeignetes Haus gefunden, die schönste Villa in Arcetri, kaum drei Minuten vom Kloster entfernt. Galilei besichtigte sie sogleich, als man sie ihm empfahl. Er war von dem Hause einfach bezaubert. Esau Martellini, der Besitzer, wollte seiner Familie zuliebe unter allen Umständen nach Florenz ziehen. Für die ganze Villa und den Park forderte er eine Monatsmiete von drei Goldgulden. Ohne einen Augenblick zu zögern, schlug Galilei sofort ein und kaum war der Vertrag abgeschlossen, räumte Martellini auch schon das Haus und der Gelehrte zog ein. Hausrat und Habseligkeiten wurden auf einen großen Planwagen geladen und mit essiggetränkten Tüchern bedeckt. So fuhr der Wagen durch die pestverseuchte Stadt. Galileos zwei Diener, Giuseppe und Gepe, richteten die neue Wohnung ein. Sie waren überglücklich, aus der Peststadt in eine gesunde Gegend ziehen zu dürfen.

Ein geruhsames, friedliches Dasein begann nun in der Villa, die einem Schmuckkasten glich. Galileo kaufte sich einen Maulesel, weil seine Füße selbst für den kürzesten Spaziergang zu gebrechlich geworden waren. Tagtäglich bestieg er das geduldige Tier, das keiner Lenkung bedurfte, denn es hatte schnell begriffen, daß es für den Herrn einen einzigen Weg gab: den Weg zum Kloster. Galilei hatte die Erlaubnis erhalten, jeden Tag einen Besuch abzustatten. In die Stadt kam er nur selten. Die Post holte Gepe jeden zweiten oder dritten Tag. Und der Greis freute sich in seiner friedvollen Einsamkeit herzinnig an dem Lob, das die Schreiber der vielen Briefe ihm zollten.

Auf die Nachricht, daß einer seiner vornehmen Bekannten, ein gewisser Graf Magalotti, nach Rom zu reisen gedächte, fuhr er doch einmal in die Stadt. Magalotti war mit der Familie Barberini, also mit dem Papst selbst, verwandt. Wenn jemand überhaupt mit einer bevorzugten Abfertigung an der Grenze rechnen konnte, so war er es. Galilei bestieg seinen Maulesel und ritt in die Stadt. Das Verlangen, sein jüngstes Werk nach Rom zu senden, war stärker als die Furcht vor der Seuche.

Der Graf willigte liebenswürdig ein; er habe sowieso sehr viel Gepäck, da zähle die Kiste mit den Büchern gar nicht. So traten die ersten Exemplare der ‚Dialoge' die Reise nach Rom an; der Verfasser kehrte auf dem Rücken des Grautieres zurück in seine stille Einsamkeit. Daheim ließ er den Esel sorgfältig von den Hufen bis zu den Ohren mit Essig abreiben.

Wochen vergingen. Endlich, im Sommer, sandte Graf Magalotti Nachricht. Er habe die Bücher an ihrem Bestimmungsort abgeliefert. Obwohl der große Krieg und die furchtbare Seuche im Augenblick jeden mehr beschäftige als wissenschaftliche Probleme, so sei die gewaltige, kühne Arbeit doch nicht ohne Widerhall geblieben.

‚Galilei wird schwer zu schaffen haben', sollte der dicke Pater Riccardi sich geäußert haben. ‚Die Jesuiten werden ihre ganze Macht für einen Angriff in die Waagschale werfen. Das ist sicher.'

Galilei wunderte sich über diese Bemerkung nicht. Er war gewappnet. Nur machte es ihn gewissermaßen stutzig, daß Riccardi den Ausdruck ‚die Jesuiten' gebrauchte. Er hätte doch ebensogut sagen können: ‚die Peripatetiker.' Warum erwähnte er den geheimnisvollen und mächtigen Orden? Außerdem wurde ihm gemeldet, Pater Scheiner aus Ingolstadt, sein Gegner in der Frage der Sonnenflecken, sei plötzlich in Rom aufgetaucht. Welche Absichten konnte dieser Deutsche gerade jetzt in Rom haben? Die Antwort darauf schien einfach: nachdem seine Streitschrift gegen Galilei kürzlich erschienen war, fuhr er nach Rom, um sich von der Wirkung des Angriffes persönlich zu überzeugen. Aber gerade dessen Streitschrift hatte doch so verdächtig schnell die Druckerlaubnis erhalten, während man das Imprimatur für Galileis Werk anderthalb Jahre hinausgezögert! Ein junger Physiker, Torricelli genannt, ein Schüler Castellis, der mit Galilei einen Briefwechsel führte, hatte Pater Scheiner getroffen und mit ihm geredet.

‚Galilei hat sich mir gegenüber ungebührlich benommen', habe der Jesuit erklärt, ‚weiter möchte ich mich darüber nicht äußern.'

Allmählich zog das Geraune über die ‚Dialoge' immer größere Kreise. Während aber Galilei auf offene Angriffe, Streitschriften, richtige Polemiken vor der Weltöffentlichkeit gefaßt war, begannen die Gegner ihren Angriff von einer ganz anderen Seite.

Die Einbanddecke der ‚Dialoge' schmückte eine kleine Zeichnung: drei Delphine, einen Kreis bildend, halten einander an den Schwanzflossen fest. Ein unbekannter Ankläger führte bei Riccardi dagegen Klage. Das Zeichen habe eine geheime Bedeutung und sei zweifellos kirchenfeindlich und ketzerisch. Riccardi erschrak über die Maßen, beruhigte sich jedoch wieder, nachdem ihm Galilei berichtete, dieses Signum sei weiter nichts als ein Firmenzeichen der Druckerei Landini. Jedes dort gedruckte Buch sei damit versehen.

»Ich habe einen köstlichen Spaß daran gehabt«, erzählte Galilei seiner Tochter Celeste, »welch Schrecken den ‚Pater Ungeheuer' befiel. Ist es nicht bezeichnend, daß alle, die mich oder mein Buch beanstanden wollten, diese einzige Lächerlichkeit auszusetzen fanden? Ich habe gesiegt, meine liebe Tochter, der Sieg ist mein! Alter, guter Kepler, daß du das nicht mehr erleben durftest!«

Doch schon traf die Nachricht ein, man habe einen neuen Haken zur Anklage gefunden: das Vorwort sei in böser Absicht auf einem besonderen Bogen und mit anderen Typen gedruckt worden; damit es sich von dem Werk selbst unterscheidet und an Bedeutung einbüße. Doch auch diese Behauptung hielt der Prüfung nicht stand. Riccardi bezeugte persönlich, daß er selbst das Vorwort zurückgehalten habe, als man das Buch bereits in Druck gegeben. Man könne dem Verfasser auch den vorzeitigen Satz nicht vorwerfen, da er sich auf Grund von Zusagen dazu berechtigt fühlte. Galileo erheiterte sich geradezu an diesen herbeigeholten und haltlosen Vorwürfen. War es doch, als wollte eine Mücke ein Panzerhemd durchstechen. So lebte er guter Laune, glücklich und zufrieden in seinem Schmuckkästchen von Arcetri und wünschte sich sogar eine Gegenschrift herbei, um mit der Rückendeckung der päpstlichen Zensur seiner Begabung für Streit- und Wortgefechte freien Spielraum bieten zu können.

Eines Tages erhielt er an Stelle einer Streitschrift eine Nachricht, die so unsinnig erschien, daß er sich sträubte, daran zu glauben. Aufgewühlt eröffnete ihm Landini, sein Drucker, in einem Schreiben, er habe vom päpstlichen Hof die Verfügung erhalten, daß der Verkauf des Galileischen Buches bis auf weiteres verboten sei. Da konnte nur ein Irrtum walten! Er setzte sich auf sein Maultier und ritt nach Florenz. Dort sah er die Verfügung mit eigenen Augen. So unglaublich es anmutete, der amtliche Charakter des Schriftstückes war echt: Unterschrift, Siegel — alles stimmte!

Sein Herz begann aufgeregt zu hämmern. Jene wahnwitzige Furcht, die er mit dem friedvollen Glück und seiner Freude über die Huldigungsbriefe während der letzten Monate eingeschläfert hatte, stieg erneut wie ein drohendes Gespenst vor ihm auf. Er kam sich vor wie ein Schwimmer, der sich eben erst an das Ufer gerettet hat, einen letzten steilen Uferhang emporklimmen will — und plötzlich lockert sich und stürzt unter ihm der Boden, um ihn abermals in die tödlichen Wirbel des Flusses zu reißen. Die ganze Nacht tat er kein Auge zu. Am nächsten Tag lag er in hohem Fieber und fürchtete, pestkrank zu werden. So suchte er an seinem ganzen Körper nach Anzeichen der furchtbaren Seuche, befragte seine Diener darum und es schien, als beschäftigte er sich deshalb so mit seiner Krankheit, um seine Gedanken von dem unfaßbaren Schlage abzulenken.

Sein Sohn besuchte ihn in diesem Zustand. Er hatte den Weg aus Monte Murlo gewagt, sich zuerst in sein Amt begeben, wo er eine beunruhigende Neuigkeit erfuhr, die ihn zwang, sogleich nach Arcetri zu eilen. Der Staatskanzler Cioli hatte ihn beauftragt, seinem Vater zu eröffnen, daß man gegen ihn in der Vatikanstadt ein offizielles Verfahren aufgenommen habe; erfreulicherweise nicht die Inquisition, sondern eine Sonderkommission, die man eigens zusammenberufen. Die Anklagepunkte gegen Galilei seien nicht bekannt. Bloß soviel stehe fest: Ein Verfahren sei eingeleitet und man habe die Regierung von Florenz offiziell darüber verständigt. Er, Cioli, habe dem Gesandten Niccolini mit der ersten Post geschrieben, er möge bei Riccardi vorsprechen, um zu erfahren, worum es sich handle.

»Ich kann es nicht fassen«, murmelte der Greis mit starren Augen. »Ich kann es nicht fassen.«

»Ängstigt Euch nicht, Vater, der Papst wird Euch schon helfen. Etwas anderes: Sagt, wie hat sich nun die Verhandlung in Spanien entwickelt? Es wäre hoch an der Zeit, daß wir durch die Jupitertrabanten zu Geld kämen.«

»Die Angelegenheit ist wieder eingeschlafen. Die spanische Regierung hält die jetzigen Zeitläufte zu derartigen Verhandlungen für ungeeignet. Doch, wie kannst du mich jetzt hiermit quälen? Die Ungewißheit raubt mir den Verstand, was kann man gegen mich bloß vorgebracht haben? Unbegreiflich!«

Nencio zeigte keinerlei Besorgnis, erzählte von seinen Kindern, machte einen Rundgang durch Haus und Garten, erteilte Anordnungen und reiste wieder ab. Wie betäubt erwartete Galilei nun den Bescheid Niccolinis. Wann endlich konnte er Genaues erfahren? Ratlos begab er sich zu Celeste, sie suchten in ihrer Zwiesprache gemeinsam nach einer Erklärung. Was für eine Spezialkommission war das, weshalb hatte man sie zusammengerufen? Außer einigen beruhigenden Trostworten vermochte ihm auch das kluge Mädchen nichts zu sagen.

Bald darnach erhielt er eine Vorladung zum Kanzler, da eine wichtige Nachricht aus Rom eingetroffen sei. Hastig kleidete er sich an und befahl dem Diener, seinen Maulesel vorzuführen. Der Schrecken erfaßte seinen ganzen bresthaften Leib, bis er vor dem Hofkanzler stand. Schon dessen Gesichtsausdruck verriet, daß er nichts Günstiges mitzuteilen hatte. Wortlos suchte er einen Brief hervor und überreichte ihn Galilei. Vor Galileis entzündeten Augen tanzten die Buchstaben, die Blätter zitterten in seiner Greisenhand. Langsam entzifferte er, was Niccolini an Cioli geschrieben hatte:

»Gestern bot sich mir keine Gelegenheit mehr, meinem gnädigsten Herrn zu übermitteln, was mir im Vatikan über die Untersuchung gegen Messer Galilei eröffnet wurde. Dank einem günstigen Zufall konnte ich mit Seiner Heiligkeit persönlich sprechen, allerdings ohne Erfolg. Auch ich gewinne allmählich den Eindruck, wie es auch die Meinung Eurer Exzellenz ist, daß die Welt zusammenstürzen müsse. Während noch von der schändlichen Arbeit der Inquisition die Rede war, übermannte Seine Heiligkeit ein jäher Zornausbruch und er sagte unerwartet zu mir:

‚Euer Galilei war so verwegen, dahin vorzustoßen, wo es ihm nicht gestattet war, und er rührt dabei die gegenwärtig wichtigsten und gefährlichsten Fragen an.'

Ich entgegnete, daß Galilei sein Werk doch nicht ohne Erlaubnis der geistlichen Räte Seiner Heiligkeit habe drucken lassen. Das Vorwort hätte ich sogar persönlich empfangen und in Druck gegeben.

Der Heilige Vater erwiderte mir darauf, Galilei und Ciampoli hätten ihn hintergangen. Ciampoli habe Seiner Heiligkeit erklärt, Galilei würde gemäß den erhaltenen Befehlen handeln und alles sei in bester Ordnung. Lediglich soviel habe man Seiner Heiligkeit von der ganzen Angelegenheit berichtet; das Werk selbst habe er nie gesehen, geschweige denn gelesen. Ciampoli und Riccardi hätten sich ihm gegenüber übel benommen, obwohl Riccardi zu seiner Entlastung behaupte, er sei gleichfalls hintergangen worden: man habe ihm mit freundlichen Reden die Druckerlaubnis entlockt, um schließlich das Buch in Florenz drucken zu lassen. Dabei habe man die vom Inquisitor vorgeschriebene Förmlichkeit nicht im geringsten beachtet, zumal durch die Nennung des obersten kirchlichen Bücherzensors, die bei Drucklegung außerhalb Roms nicht angebracht sei.

Ich wagte zu behaupten, daß meines Wissens Seine Heiligkeit eine Spezialkommission zur Überprüfung einberufen habe und stellte die ehrerbietige Bitte, Seine Heiligkeit möge Galilei Gelegenheit zur Rechtfertigung geben.

‚In Sachen des Heiligen Offiziums', antwortete Seine Heiligkeit, ‚spricht man lediglich das Urteil und ladet dann zum Widerruf vor.'

‚Erscheint es Eurer Heiligkeit angebracht', fragte ich wiederum, ‚daß Galilei über die Bedenken, Einwände und Beanstandungen gegen sein Werk sowie über die anstößigen Punkte zuvor unterrichtet werden sollte?'

‚Das ist nicht die Gepflogenheit', erwiderte er heftig, ‚Wir sagten bereits, das Heilige Offizium geht nicht so vor, noch erteilt es irgend jemandem vorher irgendwelche Aufschlüsse. Außerdem dürfte Galilei sehr gut wissen, welche Bedenken bestehen, wenn er es nur wissen will; denn Wir selbst haben mit ihm darüber gesprochen und er hat die Argumente von Uns selbst vernommen.'

‚Trotzdem bitte ich Eure Heiligkeit', fuhr ich fort, ‚in Erwägung zu ziehen, daß der Verfasser dieses Werk Seiner Hoheit, unserem Großherzog, gewidmet hat und er ein angesehener Hofbeamter ist. Ich hoffe, daß man mit Galilei nachsichtig verfahren wird und daß Eure Heiligkeit die Geistlichkeit anweisen werden, darauf Rücksicht zu nehmen.'

‚Wir haben auch schon Bücher verboten', rief Papst Urban, ‚die Uns selbst zugeeignet waren und deren Titelblatt Unseren päpstlichen Namen trug. In Fragen, bei denen der Glaube in bedenklicher Weise gefährdet wird, ist auch Seine Hoheit, der Großherzog, als christlicher

Herrscher verpflichtet, an einer Aburteilung mitzuwirken. Wir ersuchen daher Eure Exzellenz, Sie möchten Seine Hoheit durch Uns davor warnen, sich mit dieser Angelegenheit so zu befassen, daß er dabei nicht in Ehren bestehen kann.'

,Ich aber', lautete meine Erwiderung, ,bin überzeugt, daß mich neue Befehle aus Florenz zwingen werden, Eure Heiligkeit abermals zu belästigen. Überdies vermag ich nicht zu glauben, daß Eure Heiligkeit dem Messer Galilei vor einem etwaigen Verbot dieses bereits genehmigten Buches kein Gehör schenken würden.'

Ein Verbot wäre das Geringste, was Galilei treffen könnte; er solle sich in acht nehmen, daß er nicht noch vor das Heilige Offizium geladen würde. Diese Spezialkommission sei aus Theologen und wissenschaftlich beschlagenen Persönlichkeiten zusammengesetzt, lauter würdigen und frommen Männern. Diese würden auch die unbedeutendste Kleinigkeit Wort für Wort überprüfen, weil das Werk die gottlosesten Dinge behandle, die Seiner Heiligkeit je vorgekommen seien.

Hierauf beklagte sich Seine Heiligkeit erneut, daß sich Galilei und Ciampoli der ärgsten Treulosigkeit schuldig gemacht. Er beauftragte mich, Seiner Hoheit dem Großherzog mitzuteilen, daß diese Lehre im höchsten Grade sündhaft sei und daher möge sich Seine Hoheit damit nicht näher einlassen und vorsichtige Klugheit an den Tag legen ... Er sei gegen Galilei rücksichtsvoll verfahren, indem er ihm zu beherzigen gegeben, was Galilei ohnehin wisse, und indem sein Verfahren nicht dem Heiligen Offizium, sondern einer Spezialkommission überwiesen wurde. Sein Verhalten gegen Galilei sei somit weit entgegenkommender, als das hinterhältige Betragen des Gelehrten ihm gegenüber verdiente.

So muß ich abschließend leider eine sehr böse Stimmung vermelden. Was insbesondere Seine Heiligkeit selbst betrifft, so könnte dessen Gesinnung gegen unseren Galilei gar nicht noch ungnädiger sein. Daher können sich Eure Exzellenz auch lebhaft vorstellen, in welcher Gemütsverfassung ich mich wieder nach Hause begab.«

Ferner berichtete Niccolini, daß er kurz darauf auch bei Riccardi vorstellig geworden, der diesen Fall jedoch wesentlich harmloser beurteile. Er halte es für wahrscheinlich, daß die Spezialkommission einzelne Stellen beanstanden würde, die man dann eben abändern müßte. Diese letzte Mitteilung milderte jedoch Galileis starres Entsetzen nicht. Nachdem er den Brief zu Ende gelesen hatte, stierte er sprachlos auf das Papier. Sein Verstand setzte buchstäblich aus und er war unfähig, einen Gedanken zu fassen.

»Bei Gott, keine leichte Angelegenheit!« seufzte Cioli in das bedrückende Schweigen.

Der Kanzler sagte auch sonst noch vieles, aber Galilei hörte es nicht, als lebe er in einer anderen Welt. Noch immer starrten seine Blicke, als hätte ihn der Schlag gerührt, auf den Brief. ,Der Papst hat sich gegen mich gewendet! Der Papst zürnt mir, weil er sich von mir betrogen und hintergangen wähnt!'

Wankend und zum Sprechen unfähig, erhob er sich noch während der Ausführungen Ciolis und begann sich zu verabschieden. Er kehrte sich von dem befremdet dastehenden Kanzler ab und verließ mit unsicheren Schritten den Saal. Draußen, an einen Eisenring angebunden, wartete sein Maulesel. Er knüpfte die Leine los und bestieg das Grautier, das im langsamen Trott den Heimweg einschlug. Ringsum schien die Welt ihr Aussehen völlig verändert zu haben. Ihm schien, als sei er, von der Erde kommend, in diesen Palast eingetreten und verlasse jetzt einen fremden Planeten.

Zu Hause legte er sich sofort zu Bett. Ihm fehlte sogar die Kraft, Celeste aufzusuchen. Unverwandt heftete er seine Blicke ins Leere, rührte sich kaum und lehnte es ab, Speisen, die man ihm ans Bett brachte, zu genießen. Draußen sank die Dunkelheit, doch er zündete kein Licht an. Er verharrte die Nacht über völlig schlaflos, dachte aber auch über nichts nach. Seine schreckensweiten Augen starrten in die Finsternis, als sei er durch einen Hieb ohnmächtig geworden und noch nicht wieder zu Bewußtsein gekommen.

Am andern Tage erhielt er vom Kanzler eine weitere Nachricht. Der Papst hatte den Gelehrten Chiaramonti zum Sachverständigen bestellt und in besonderem Auftrag mit außerordentlichen Vollmachten versehen. Diese Mitteilung riß erneut an Galileis Nerven. Denn es war der gleiche Chiaramonti, den er seinerzeit im Hause des Marchese del Monte beinahe erwürgen wollte und der infolgedessen seither sein Todfeind war ... Jetzt begann sein Hirn wieder fieberhaft zu arbeiten, selbst am hellichten Tage verfolgten ihn jene Wahnvorstellungen, die ihn bis jetzt nur nachts gequält hatten. Mit sicherem Griff hatte diese teuflische Organisation den feindseligsten Sachverständigen herausgefunden und bestellt! Man mußte den Papst behext haben. Wie hätten sie sonst seine Zuneigung für ihn ersticken können? Galileo sagte kopfschüttelnd immer wieder vor sich hin:

»Unfaßbar! Unfaßbar!«

Endlich besuchte er Celeste, um ihr seine Ängste anzuvertrauen. Entsetzt vernahm sie das Geschehene, verlor aber die Überlegung nicht. Hier könne es sich, meinte sie, nur um ein Mißverständnis handeln. Das müsse man doch aufklären können und alles käme wieder ins rechte Geleise. Eine Weile hörte ihr der Vater zu, gab sich den Anschein, als ob er ihr glaubte und ruhiger würde. Plötzlich aber schrie er auf:

»Man zerrt mich vor die Inquisition! Du wirst sehen, man schleppt mich vor die Inquisition!«

»Aber mein Herr Vater, habt Ihr doch selbst gesagt, daß man eigens eine Spezialkommission betraut hat, nur damit Ihr nicht vor die

Inquisition kommt. Verliert bloß jetzt die Ruhe nicht und überlegt alles genau ...«

»Nein«, widersprach er eigensinnig und schreckerfüllt, »sie zerren mich vor die Inquisition ... Man will mich foltern.«

Celeste konnte gegen seine Zwangsvorstellungen nicht aufkommen. Galileo ging ungetröstet nach Hause. Er unterschied sich kaum noch von einem Geistesumnachteten. Er wartete auf die Vorladung zur Inquisition. Manchmal wähnte er schon das Klopfen am Tor zu vernehmen und daß die Häscher nahten, ihn zu holen. Hörte er nachts Schritte, murmelte er vor sich hin: »Jetzt kommen sie.«

»Heute haben sie mich noch nicht geholt«, sagte er zu Celeste.

»Wer?«

»Sie sind noch nicht da, mich abzuholen.«

»Aber wer, wohin denn, mein Herr Vater?«

»Zur Inquisition. Sie, meine Feinde. Wer sie sind, weiß ich nicht.«

So schwebte er drei lange Wochen in Hangen und Bangen. Dann kam man tatsächlich, ihn abzuholen. Er wunderte sich nicht. Der Hauptinquisitor von Florenz zitierte ihn vor sich. Gehorsam erschien Galileo. Der Hauptinquisitor eröffnete ihm, daß gegen ihn ein Verfahren eingeleitet worden sei und er in Rom vor dem Heiligen Offizium zu erscheinen habe.

»Sehr wohl«, antwortete Galilei beinahe mit Genugtuung, »ich habe es vorausgesagt, aber man wollte es mir nicht glauben.«

»Was habt Ihr gesagt?«

»Man hat immer behauptet, ich würde vor eine Spezialkommission geladen werden, aber ich habe sofort erklärt: man wird mich vor die Inquisition stellen.«

»Richtig geraten! In Rom hat man tatsächlich diesen Beschluß gefaßt. Habet aber jetzt die Freundlichkeit, der Ordnung halber eine Erklärung niederzuschreiben, die ich Euch diktiere; denn ich muß sie an die oberste Behörde in Rom als Bestätigung einsenden.«

Gehorsam setzte er sich an den Tisch. Der Hauptinquisitor diktierte ihm in die Feder:

»Florenz, am ersten Oktober sechzehnhundertzweiunddreißig.

Ich, Galileo Galilei, bestätige, daß mir am bezeichneten Tage der ehrwürdige Pater Inquisitor der Stadt Florenz auf Befehl der Heiligen Kongregation des Heiligen Offiziums zu Rom den Auftrag erteilt hat, daß ich mich im Laufe des jetzigen Monates Oktober nach Rom zu begeben habe, um mich dem Pater Kommissarius des Heiligen Offiziums vorzustellen, der mir eröffnen wird, was ich zu tun habe. Ich werde dem Befehl im Laufe des Monates Oktober nachkommen. Zum Zeugnis der Richtigkeit habe ich Obiges mit eigener Hand niedergeschrieben.

Ich, Galileo Galilei, manu propria.«

Er reichte das Schriftstück dem Hauptinquisitor, nahm höflich Abschied und ritt beinahe beruhigt heimwärts. Endlich war die unerträgliche Ungewißheit vorüber. In Rom hatte man zweifellos den Papst noch mehr gegen ihn aufgebracht, so daß sein Verfahren doch der Heiligen Inquisition übergeben worden war.

Doch dieses Gefühl der Erleichterung hielt nicht an. Wieder brach die Qual der tausend geheimen Ängste über ihn herein. Was wird ihm die Inquisition antun? Vernünftigerweise würde man ihn verhören und ihm dann mitteilen, daß die Kirche sein Buch ganz oder teilweise unter Verdikt stelle. Widersprach aber nicht alles bisherige Geschehen den Regeln der Vernunft? Daß man den Papst gegen ihn aufgehetzt hatte, lag außer jedem Zweifel. Und darüber konnte man beinahe wahnsinnig werden. Jetzt war nichts mehr unmöglich! Der Kerker der Engelsburg ... die Folter ... glühende Zangen ... Eisenspitzen, die man unter die Fingernägel stach ... der Scheiterhaufen ... man würde ihn an den Pfahl binden und den Scheiterhaufen anzünden ... die Flammen ergreifen seine Kleider und seinen Bart ... Vor Entsetzen reckte der Greis die Arme wie zur Abwehr, um gleichsam das Schreckbild von sich zu weisen.

Ohne Rast suchte er sogleich Cioli auf und flehte ihn an, er möge Niccolini unter allen Umständen veranlassen, irgend etwas zu seinen Gunsten zu unternehmen. Er versprach, jedem Befehl des Papstes blindlings zu gehorchen, bloß mit der Inquisition solle man ihn verschonen. Cioli beruhigte, versprach und hielt sich auch an die Zusage. Niccolini berichtete wieder, er habe alles Erdenkliche unternommen, sei aber nun ohnmächtig, zu helfen. Da richtete Galilei einen langen und verzweifelten Brief an den Kardinal Antonio Barberini, den Neffen des Papstes. In dem Schreiben redete er den Kardinal mit ‚Eure Eminenz' an; denn Papst Urban hatte kürzlich in einem Erlaß verfügt, daß fortan den Kardinälen dieser Titel als sichtbares Zeichen und zur Hebung ihres Ansehens gebühre. Er sandte die Bittschrift am sechzehnten Oktober ab und erwartete die Antwort. Es erfolgte keine. Statt dessen schrieb Niccolini, dem Galileo diesen Brief an den Kardinal zur Vermittlung gesandt hatte: ein solcher Brief könne mehr schaden als nützen. Lieber wolle er noch um eine Audienz bei dem Papst einkommen.

Auch die neue Unterredung blieb ohne Erfolg. Der Papst forderte streng, Galilei habe ohne Umschweife in Rom zu erscheinen. Gleichzeitig entließ er Ciampoli, enthob ihn seines Amtes als Sekretär des Breve und verbannte ihn in irgendein Dorf. Es war unverkennbar, daß es dem Papst blutig ernst war.

Wieder befahl der Hauptinquisitor von Florenz den Gelehrten zu sich.

»Warum habt Ihr die Frist versäumt? Der Oktober ist vorbei. Wir schreiben heute den neunzehnten November.«

»Ich bitte um Nachsicht. Ich hoffte, daß meinen Bemühungen zur Vermeidung einer Romreise Erfolg beschieden sein würde.«

»Macht keine Umstände mehr und tretet endlich die Reise an! Ihr habt Euch innerhalb eines Monats in Rom zu melden!«

»Sehr wohl.«

Galileo war bis ins Herz erschrocken. Mißtrauisch blickte er sich um, ob nicht irgendwo eine Falltüre drohte, die sich plötzlich auftun könnte. Doch dieses Zimmer gehörte zur Parochie. Wie ein gehetztes Wild seinen Schlupfwinkel, suchte er seine Villa auf und schrieb ohne Unterlaß: an Cioli, an Castelli, an Niccolini, an alle; verzweifelt bat er wenigstens um einen Aufschub, wenn mehr nicht zugestanden würde. Er ängstigte sich maßlos vor der Pest und seine Gesundheit sei erschüttert. Das war nicht gelogen; denn die Aufregungen machten ihn bettlägerig. Sein Bruch erweiterte sich immer mehr, eine schwere Entzündung legte sich auf seine Augen. Er wälzte sich schlaflos im Bett und schloß am Tage höchstens für zwei bis drei Stunden die brennenden Augen. Selbst aus diesem kurzen, erlösenden Schlummer schreckten ihn Angstträume, und er lag reglos und erwartete auf seinem Krankenlager briefliche Antworten. Seinen Töchtern war es nicht gestattet, ihn zu besuchen. Porzia, die Wirtschafterin schlich weinend umher.

Vor Ablauf der neuen Reisefrist erschien am achtzehnten Dezember der Vikar des Hauptinquisitors in seiner Wohnung, ein strenger und roher Mensch. Er brüllte den Kranken an; habe er denn seinen Verstand verloren, daß er der Inquisition den Gehorsam verweigere?

»Ich würde schon fahren, aber ich bin dazu körperlich außerstande«, antwortete Galilei unter Tränen.

»So, krank seid Ihr? Das kann jeder behaupten. Jedenfalls habt Ihr ein ärztliches Zeugnis einzureichen, von mindestens drei Ärzten beglaubigt. Ich werde Euch die Ärzte nennen, um jede Simulation auszuschalten: Rossi, Ronconi und — sagen wir — Cervierri.«

»Sehr wohl.«

»Ferner gebe ich Euch zu bedenken, daß alle diejenigen, die bisher der Inquisition Schwierigkeiten bereiteten, sehr übel gefahren sind. Laudetur.«

Der Kranke bestellte die bezeichneten Ärzte zu sich. Sie kamen auf Verabredung gleichzeitig an. Voller Mißtrauen und eingedenk geheimer Weisungen begannen sie ihre gründliche Untersuchung, schüttelten jedoch abschließend die Köpfe:

»Das ist wirklich kein Spaß. Eine Reise wäre in der Tat lebensgefährlich.«

So verging Weihnachten. Anfang Januar besserte sich sein Befinden etwas. Mit fremder Hilfe konnte er sich zum Kaminfeuer schleppen und in einen Lehnstuhl fallen lassen. Da schrieb ihm Cioli, der Kanzler, im Namen des regierenden Großherzogs einen Brief. Großherzog Fernando spreche ihm durch ihn, Cioli, sein aufrichtiges Mitgefühl aus, bitte jedoch dringend, diese schwerwiegende Angelegenheit nicht leicht zu nehmen, sondern so bald als möglich nach Rom abzureisen. Fast gleichzeitig erging an ihn die Mitteilung des Hauptinquisitors: in Rom habe man Befehl erteilt, Galileo Galilei bei längerer Widersetzlichkeit in Ketten nach Rom zu schaffen. Sollte er krank sein, so möge ein Kommissar der Inquisition und ein Arzt den Gefesselten begleiten. Die Kosten für eine solche Begleitung habe der Kranke selbst zu tragen.

Aber er wurde nicht in Ketten gelegt. Am zwanzigsten Januar sechzehnhundertdreiunddreißig legte der Greis die Reisekleider an, ließ sein Reisegepäck herrichten und sich zur Sänfte tragen. Er machte noch einen kurzen Abstecher ins Kloster, um seine Töchter zu umarmen und zu küssen; alle drei vergossen heiße Tränen. Dann folgte endgültig der Aufbruch nach Rom. An der Grenze des Kirchenstaates, im Dörfchen Ponte a Centino, kam er in die Quarantäne. Er mußte eine ärztliche Untersuchung und ein langwieriges Desinfektionsverfahren über sich ergehen lassen. Drei Wochen dauerte es, bis man ihn nach Rom weiterreisen ließ. Als er die Türme der Stadt von weitem erblickte, stürzten ihm die Tränen aus den Augen.

Er ließ sich zur Gesandtschaft tragen. Das Ehepaar Niccolini erwartete ihn schon. Sie gönnten ihm eine Ruhepause, ehe sie ihn dann zu Tisch baten. Während des Abendessens sprach Niccolini absichtlich kein Wort von der Inquisition. Vor der Dienerschaft wollte er die Frage nicht berühren. Doch als die drei nach dem Mahl allein blieben, legte er dem Gast seine Hand unendlich zart und voll Anteilnahme auf die Schulter.

»Ihr müßt sehr auf der Hut sein! Eure Sache steht nicht zum besten.«

»Ich weiß, ich weiß, meine geheimen Widersacher ...«

»Nein«, unterbrach ihn der Gesandte, »nur keine falschen Vorstellungen. Hier geht es einzig und allein um Seine Heiligkeit. Der Papst ist tödlich beleidigt.«

»Warum denn nur, um Himmels willen?«

»Aus zweierlei Gründen: erstens ist der Papst von der Gemeingefährlichkeit der neuen Lehre fest überzeugt. Seine Meinung lautet, daß dieses neue Weltsystem, wenn es Verbreitung erfahren würde, alle bisherige Autorität stürzen und die katholische Weltanschauung untergraben würde, die sich auf Aristoteles und den Kirchenvätern gründet; außerdem würde die Macht der Kirche über die Seelen Einbuße erleiden. Das ist der eine Grund.«

»Und der andere?«

Der Gesandte senkte die Stirne und blickte vorsichtig um sich:

»Der andere Grund ist ein persönlicher des Papstes. Es muß ihm jemand eingeredet haben, daß Ihr ihn in der Gestalt des Einfaltspinsels Simplicio verhöhnen wolltet.«

»Was? Da bleibt mein Verstand stehen! Das ist doch Wahnwitz! Ich müßte von allen Heiligen verlassen sein, könnte ich so etwas tun!

Aus welchem Grunde hätte ich meinen Wohltäter verspotten sollen? Nein, das kann der Papst nicht glauben!«

»Er glaubt es und nicht nur das, er ist sogar überzeugt davon! Ihr kennt doch seine Eigenart, in allem eine Beleidigung seiner Würde und seines Stolzes zu wittern. Und Ihr habt diesem Simplicio einen Ausspruch in den Mund gelegt, den Ihr tatsächlich vom Papst gehört habt. Er kann sich deutlich darauf besinnen. Es handelt sich um jene Stelle, wo Sagredo und Salviati über Ebbe und Flut reden und aus dieser Naturerscheinung folgern, daß sich die Erde bewegt. Simplicio gibt zur Antwort: wer aus der Erscheinung von Ebbe und Flut die Bewegung der Erde ableiten wolle, sei ein Ketzer; denn er zweifle daran, daß Gott aus seinem ureigenen Schöpferwillen Ebbe und Flut habe schaffen können. Der Papst hat jemandem insgeheim anvertraut, daß diese Behauptung sein eigenes Argument war. Infolgedessen sei es sonnenklar, daß Ihr den Papst in der Gestalt des Simplicio als einfältigen und unwissenden Menschen lächerlich machen wolltet.«

Galileo hörte fast atemlos zu. Als Niccolini auf diese Stelle seines Werkes zu sprechen kam, entsann er sich tatsächlich dieses naiven Arguments, aber er konnte sich nicht mehr erinnern, wer es einst vorgebracht hatte. Hunderte von Widersachern waren doch mit Beweisgründen über ihn hergefallen. Jetzt erst, in dem Augenblick, entsann er sich, daß diese Äußerung wirklich vom Papst stammte. Er mußte an Pater Scheiner, Pater Grassi und alle anderen Jesuiten denken. Sie hatten mit teuflischem Geschick die richtige Waffe gefunden. Zwanzig Jahre lang hatten sie darnach gesucht und nun hatte er sie ihnen selbst in die Hand gedrückt. Nunmehr war jeder Schritt des Papstes durchaus erklärlich. Keine irdische Macht war auch imstande, Urban zu überzeugen, daß Galilei nicht die boshafte Absicht hatte, ihn dem allgemeinen Spott auszuliefern.

Galileo griff nach seinem Glas, um einen Schluck zu trinken, weil seine Kehle von der ungeheuren Erregung ganz trocken war. Seine zitternde Hand ließ das Glas fallen, roter Wein ergoß sich über das Tischtuch. Niemand griff darnach. Er aber flüsterte erstarrt vor sich hin:

»Ich bin verloren!«

Er lag jede Nacht schlaflos, und während er im Dunkel mit den Nachtmahren rang, tauchte manchmal Sagredo, der verblichene gute Freund und Gesprächspartner der ‚Dialoge' aus der Erinnerung auf. Wieder und wieder dachte er an jenen warnenden Brief, den ihm Sagredo geschrieben, nachdem er Padua verlassen hatte. Erst jetzt ermaß er völlig die weltkluge Voraussicht des venezianischen Patriziers. Säße er jetzt noch in Padua als Nestor des Professorenkollegiums, der angesehenste Gelehrte des Bo, die Inquisition hätte verfügen können, was sie wollte; auf seine Bitte um den Schutz der Serenissima hätte ihm der Doge seine Hilfe nicht verwehrt. Denn auch jetzt noch war der Kampfgeist Fra Paolos in der Lagunenstadt lebendig. Vor Jahren hatte zwar die Markusrepublik Giordano Bruno ausgeliefert, doch dafür waren persönliche Gründe maßgebend: Giordano Bruno hatte sich mit der weltlichen Behörde entzweit. Ihn jedoch, Galileo Galilei, ihn hätte man nicht ausgeliefert! Großherzog Fernando hingegen, Jesuitenzögling und der weltlichen Macht des Papstes blind ergeben, hatte ihm nicht nur keinen Schutz geboten, sondern ihn geradezu in die Höhle des Löwen, in die Vatikanstadt, geschickt.

Jetzt erkannte er, daß ein Papst Herr über Leben und Tod war und nach seinem Belieben über die Weltmacht der Inquisition verfügte. Ein Wink seiner Hand und die Inquisition fällte das Todesurteil. So sehr sich auch Galileo gegen diese Gedanken wehrte, um so furchtbarer erstand in seiner Vorstellung immer wieder das mögliche Verhängnis. Manchmal vermeinte er schon, sein Geschick sei endgültig besiegelt. Man würde ihn verbrennen! Bei diesem Gedanken stöhnte er jedesmal in Todesangst auf, fuhr im Bett hoch und preßte die Hände unwillkürlich gegen seinen Leib. Er ächzte Worte ohne Zusammenhang und rief in seiner Not nach Celeste, der Tochter.

Am Morgen stand er auf und kleidete sich an, ohne auch nur im geringsten die Wohltat des Schlafes genossen zu haben. Gemäß der Anordnung hatte er sich unverzüglich beim Rate der Inquisition zu melden. Das war Pater Boccabella. Der Gesandte kannte diesen Priester und konnte von ihm nur Günstiges berichten. Er sei ein liebenswürdiger, friedfertiger, verständnisvoller Mann, der schon vielen Menschen, selbst in den mißlichsten Lagen, geholfen habe. Er bezeichnete es als einen wahren Segen, daß dieser Priester zu denen gehören sollte, die die Anklage gegen Galilei bearbeiteten.

Noch ganz benommen von der schlaflosen Nacht, ließ sich der Greis in der Sänfte zum Gebäude der Inquisition tragen. Er nannte den Trägern das Ordenshaus der Santa Maria Sopra Minerva, den Amtssitz des Santo Officio, als Ziel; seine Kehle war wie zugeschnürt. Als er vor dem mächtigen Bau anlangte, aus dem er einst vor vielen Jahren frei und frohen Herzens herausgetreten war, versagte ihm der Atem.

Er mußte seine ganze Kraft zusammennehmen, um sich aufzurichten und auszusteigen. Die vornehm ausgeschmückten Gänge, auf die der schwache Strahl der Februarsonne fiel, machten heute so gar keinen furchterregenden Eindruck. War es vorstellbar, daß man von hier Menschen zur Hinrichtung führte? Ratlos tappte Galileo über einen der Korridore, blickte sich um und mußte fragen, bis er endlich das Zimmer des Monsignore Boccabella betrat.

Der Anblick dieses Priesters erweckte in der Tat das beruhigende Gefühl, die Güte in Person vor sich zu haben. Galileo nannte seinen Namen und ein Freudenschimmer stahl sich in sein Herz. Doch diese schüchterne Freude endete beim ersten Satz Boccabellas.

»Während Ihr unterwegs waret«, erklärte der gütige Priester, »wurden hier einige Stellen umbesetzt. Mir hat man inzwischen einen neuen Wirkungskreis anbefohlen. Ich bedauere das von ganzem Herzen, ich wäre Euch gerne behilflich gewesen. Doch erholt Euch erst einmal! Ihr keucht noch vom Treppensteigen. Ich werde Euch dann meinem Amtsnachfolger vorstellen.«

»Weshalb hat man Euch von diesem Posten versetzt?« klagte Galilei. »Warum könnt Ihr mir nun nicht mehr helfen, Monsignore?«

»Über Befehle des heiligen Offiziums ist keine Bemerkung gestattet! Doch einen guten Ratschlag möchte ich Euch noch geben. Das heißt, wenn Ihr Euch raten lassen wollt.«

»Ich bitte Euch sogar herzlich darum.«

»Wenn Ihr meinen Rat annehmen wollt, so widersprecht Euren Anklägern in keinem Fall. Gebt alles zu! Zeigt Euren Gehorsam! Wenn überhaupt etwas den Zorn Unseres Herrn beschwichtigen kann, so allein Fügsamkeit und ehrliche Reue. Auch dieses will ich nur bemerkt haben, weil Gelehrte meist starrköpfig auf ihren Erkenntnissen beharren. Seid nicht halsstarrig!«

Geduldig und dankbar hörte Galilei zu und nickte bisweilen wie ein folgsamer Schulknabe. Boccabella redete noch lange in aller Güte auf ihn ein, immer aber kehrte seine Mahnung wieder: ja nicht widersprechen! Zuletzt tröstete er ihn damit, daß er wohl keiner strengen Strafe unterworfen werde. Das Wichtigste sei, die Hoffnung niemals aufzugeben; man müsse immer wieder hoffen. Doch diese aufmunternden Worte wirkten grauenhafter als jede Drohung. Der verängstigte Greis entnahm in seiner völligen Zerrüttung jedem Hinweis nur das eine: daß ihm trotz aller Tröstungen Unheil drohe. Dann geleitete ihn Boccabella in ein anderes Amtszimmer, stellte ihn seinem Nachfolger vor und nahm Abschied.

Dieser Nachfolger, Pater Firenzuola, war aus einem andern Holz geschnitzt. Eiskalt, mit unbewegter Miene blickte er nur kurz auf den schüchtern Eintretenden und begann sofort in dem Gerichtsakt zu blättern.

»Galileo Galilei? Ja? Zunächst habe ich Euch lediglich die Mitteilung zu machen, daß ein Beschluß gefaßt wurde, wo Ihr während der Untersuchungshaft zu verbleiben habt. Bis zu seiner Durchführung ist es Euch verboten, Eure derzeitige Wohnung, das Florentiner Gesandtschaftsgebäude, zu verlassen.«

»Untersuchungshaft? . . .«

»Ja. Für die Dauer des Prozesses habt Ihr Euch in diesem Gebäude hier aufzuhalten.«

»Verzeihung . . . als Gefangener? . . . Davon hat mir niemand etwas gesagt . . .«

»Widerspruch ist unnütz. Ihr habt hier jede Eröffnung lediglich zur Kenntnis zu nehmen. Kehrt jetzt zurück in Eure Wohnung und wartet, bis man die Übersiedlung hieher befiehlt.«

Mit einem kurzen Kopfnicken bedeutete der Geistliche, daß die Vorladung beendet sei. Galileo schleppte sich mühsam zu seiner Sänfte. Zu Hause angekommen, wollte er sogleich mit dem Gesandten sprechen, doch er traf nur Frau Katharina an.

»Exzellenz, ich flehe Euch an, verhindert es, daß man mich dorthin schafft. Man wird mich dort foltern und ich halte das nicht aus, ich kann nicht . . . laßt Euch erweichen, habt Erbarmen . . .«

Die Frau des Gesandten vermochte ihn kaum zu beruhigen. Nachdem er sich niedergelegt hatte, setzte sie sich an sein Bett und versuchte ihn zu trösten. Als der Gesandte aus der Stadt heimgekehrt war und von den jüngsten Vorfällen vernahm, schickte er seinen Sekretär zu dem jüngeren Bruder des Papstes, Kardinal Barberini, ließ um eine Unterredung bitten, und der Kardinal willfahrte entgegenkommend und setzte die Audienz gleich für den nächsten Tag fest.

»Nur bis morgen soll man mich nicht holen . . . nur so lange sollen sie mich hier lassen!«

»Habt keine Angst, man wird Euch schon nicht fortschaffen. Selbst wenn jemand käme, ich würde schon auf eine Ausflucht sinnen. Außerdem werde ich noch zwei mir sehr gut bekannte Kardinäle um Fürsprache bitten. Der eine heißt Scaglia, der andere Bentivoglio. Habt nur keine Angst!«

Die halbe Nacht blieb ihm das Ehepaar zur Seite; dann mußte einer der Diener im Vorzimmer Wache beziehen. Erst kurz vor Tagesanbruch sank Galileo etwa für zwei Stunden erschöpft in Schlaf. Beim Erwachen fühlte er einen brennenden Schmerz im linken Handgelenk. Er wußte nur allzu gut, was ihn jetzt erwartete: Der Wiederbeginn seines Gelenkleidens mit Qualen, die der Hölle glichen. Sollte er in diesem Zustand ins Gefängnis der Inquisition eingeliefert werden, dann würde er entsetzlich leiden. Doch der Gesandte brachte ihm gute Kunde: Der Kardinal hatte seine Vermittlung zugesagt. Eigentlich widerspräche es den Gepflogenheiten des Heiligen Offiziums, doch man könne vielleicht auf die Krankheit des Angeklagten stillschweigend Rücksicht nehmen.

Auf keinen Fall dürfe jedoch Galilei Besucher empfangen, das Haus nicht verlassen und außer mit seinen Gastgebern mit jemandem sprechen.

Als ihm daher tags darauf ein Besuch gemeldet wurde, bestellte Galileo, er sei nicht in der Lage, jemanden zu empfangen. Der Besucher aber ließ sich nicht abweisen. Er bat um eine kurze Unterredung, da er dem Santo Offizio selbst angehörte. Der Eintretende war Monsignore Serristori, einer der ihm bekannten Lektoren der ‚Dialoge', den Galilei niemals in irgendeine Verbindung mit der Inquisition gebracht hätte.

»Ich mache Ihnen einen rein persönlichen Besuch«, begann Serristori, »er steht mit Eurem Prozeß in keinerlei Zusammenhang. Lediglich Anteilnahme und Wertschätzung führen mich zu Euer Gnaden.«

Galilei nahm das alles für bare Münze, klagte ihm und war zugleich glücklich. Bereits nach den ersten Minuten wandte sich die Unterhaltung seinem Prozeß zu. Galilei beantwortete jede Frage ohne Zögern. Der Besucher hielt sich ziemlich lange auf und stellte schließlich beim Abschied in Aussicht, bald wieder zu erscheinen. Das Herz voller Dankbarkeit, berichtete der kranke Mann dem Gesandten von diesem Besuch.

»Ist Euch denn nicht aufgefallen«, fragte ihn der Gesandte, »welche Absicht Serristori hergeführt hat?«

»Was denn? Was sollte es bedeuten?«

»Ein Verhör. Die heiligen Väter verhören auf ganz eigene Art. Der bestellte Inquisitor erforscht die Denkweise des Angeklagten, er entdeckt die schwachen Punkte seiner Verteidigung, und wo man deshalb den Angriff später am wirksamsten ansetzt; er entlockt dem Angeklagten die Hauptargumente, damit man jeweils im entscheidenden Augenblick den Gegenschlag führen kann. Sollte dieser Serristori noch einmal kommen, so achtet auf jedes Eurer Worte. Hoffentlich hat das Gespräch nicht Kopernikus zum Gegenstand gehabt.«

»Doch, gerade«, antwortete Galilei entsetzt. »Ich erklärte ihm, mein Standpunkt entspräche meiner Überzeugung, doch ich hätte ihn in der Öffentlichkeit lediglich als Hypothese vorgetragen, weil mir das erlaubt worden sei.«

»Das war ungeschickt. Macht doch nicht so viel Wesens mit diesem Kopernikus!«

»Was soll ich denn tun, Eure Exzellenz? Soll ich ihn denn verleugnen?«

»Selbstverständlich! Verleugnet ihn! Schadet Ihr jemandem damit? Kopernikus und Kepler – sind sie nicht beide längst tot? Ich möchte Euch nicht zumuten, daß Ihr Eure bisherige feste Überzeugung mit einem Male verächtlich machen sollt; es würde auch bloß einen widerlichen Eindruck erwecken. Aber sprecht wenigstens nicht immerzu von dieser Überzeugung! Übrigens bringe ich Euch gute Nachricht. Im allgemeinen pflegt nämlich der Bruder des Papstes den Sitzungen des Heiligen Offiziums fernzubleiben, weil sie ihn langweilen. Meine Bitte bestimmte ihn jedoch, hinzugehen. Ich glaube, daß auch gerade jetzt Euer Verfahren behandelt wird. Das Erscheinen des Kardinals hat ohne Zweifel seinen großen Eindruck nicht verfehlt. Darüber ist natürlich nichts Näheres zu erfahren. Die furchtbare Macht der Inquisition liegt ja gerade darin, daß ihre Mitglieder schweigen wie das Grab. Ja, die Inquisition kann auch Menschen, die ihr gar nicht angehören, zum Schweigen verpflichten.«

»Wieso? Wen?«

»Zum Beispiel mich. Mir war längst bekannt, daß Ihr vor das Inquisitionsgericht müßt. Der Papst selbst teilte es mir mit. Gleichzeitig aber nahm er mir das Versprechen ab, keinem Menschen ein Wort darüber zu sagen. So habe ich geschwiegen. Nicht einmal meiner Frau machte ich eine Andeutung. Erst auf Geheiß des Papstes habe ich später die Tatsache Cioli offiziell gemeldet. Doch auch er stand unter Schweigepflicht. Oder hat Euch Cioli etwas davon gesagt?«

»Keineswegs! Er wußte also auch davon?«

»Natürlich hat er es gewußt, aber ein einziges Wort darüber hätte ihn gleichfalls vor die Inquisition gebracht. Doch zurück zu unserer Angelegenheit. Das jedenfalls ist erreicht, daß Euch der Bruder des Papstes, ferner die Kardinäle Scaglia und Bentivoglio wohlgesinnt sind. So hoffe ich, daß Euer Verfahren milde Richter findet. Der Prozeß wird nicht mit Kerker, Ketten und dergleichen ausgehn. Wenn ich Euch das auf Ehre und Gewissen versichere, dürft Ihr mir glauben, daß ich Euch nicht bloß beruhigen will. Jetzt warte ich nur auf eine Gelegenheit, mit dem Papst zu sprechen. Ich habe um eine Audienz nachgesucht, denn schließlich muß ich offiziell und vorschriftsmäßig melden, daß Ihr angekommen seid. Vielleicht kann ich herausbekommen, was er Euch zugedacht hat und ob er Euch noch immer so zürnt. Für alle Fälle möchte ich Euch auf die Seele binden: Zeigt Demut und Gehorsam! Es wäre unvernünftig, gegen Papst Urban aufzubegehren. Insbesondere von Euch wäre es unklug!«

Der Kranke versprach alles. Er litt und wartete. Unterhalten durfte er sich mit niemandem. So diktierte er Briefe; das hatte ihm niemand verboten. Er erhielt auch Post. Celeste schrieb fleißig: Arcangela habe die Gicht in der linken Schulter, Suor Grazia sei gestorben, der Diener Giuseppe leide an einer Gallenkrankheit; auch die Wirtschafterin Porzia fühle sich nicht gesund; im Weingarten werde fleißig gearbeitet und der Salat stünde sehr schön; die Wirtschafterin habe soviel davon verkauft, daß sie einen ganzen Goldgulden erübrigt habe. Ihren Briefen an ihren Vater legte Celeste stets auch ein Schreiben an Frau Katharina bei. Längst schon hatte sich zwischen ihnen ein Briefwechsel entsponnen und obgleich sie einander niemals gesehen, entwickelte sich zwischen der Nonne und der Weltdame eine aufrichtige Freundschaft.

Celeste war der Gemahlin des Gesandten unendlich dankbar für die Güte, die sie ihrem Vater erwies, und Frau Katharina verhehlte ihre rückhaltlose Bewunderung für Celestes wahrhaft große Seele nicht. Frau Katharina, die beständig an Galileos Krankenbett weilte, erkundigte sich immer wieder nach Celeste und der Kranke sprach von niemandem lieber als von dieser Tochter.

Galilei befand sich bereits vierzehn Tage in Rom, als der Papst endlich die Audienz für den Gesandten bestimmte. Sie währte sehr lange. Heimgekehrt, berichtete Niccolini fast Wort für Wort ihrer Unterredung. Seine Meldung über die Ankunft des Angeklagten habe der Papst mit düsterer Miene zur Kenntnis genommen. Auf Bitte des Gesandten, man möge dem kranken Greis gegenüber Milde walten lassen, sei jedoch Urban entrüstet hochgefahren:

»Milde walten lassen? Will er etwa noch mehr Wohlwollen? Hat man ihm etwa bis zur Stunde nicht genug Nachsicht erwiesen? Wir haben ihm sogar erlaubt, in der Stadt zu wohnen. Wissen Euer Exzellenz nicht, welch hohe Gunst das ist? Fernando Gonzagas Sohn ließen Wir in einer Sänfte nach Rom schaffen, in die Engelsburg sperren und haben ihn während seines Prozesses im Kerker festgehalten. Und das war ein Gonzaga! Wir wären mit Galilei nicht anders verfahren, doch es handelt sich ja immerhin um einen hohen Beamten des Großherzogs von Florenz und Wir möchten den Medici Unsere Freundschaft beweisen.«

»Ob sich der Prozeß nicht wenigstens etwas beschleunigen ließe«, wagte der Gesandte eine neue Bitte und begründete sie mit dem Alter und der schweren Krankheit des Angeklagten.

»Es tut Uns leid«, hatte der Papst kühl erwidert, »die Prozesse der Heiligen Inquisition pflegen sich meist in die Länge zu ziehen. Daran ist nun einmal nichts zu ändern. Wir bedauern, diesbezüglich keine Zusage machen zu können.«

Zu dem wichtigsten Punkt des Verfahrens hatte der Papst schließlich doch eine Andeutung gemacht, als der Gesandte die Frage stellte, worauf sich die Anklage gegen Galilei stütze; der Astronom habe doch schließlich sein Buch mit der offiziellen Genehmigung der päpstlichen Zensur herausgebracht. Hatte der Gesandte jedoch insgeheim gehofft, das Gespräch auf Simplicio lenken zu können, um diesen ungeheuerlichen Irrtum aufzuklären, so ließ sich der Papst darauf nicht ein. Es war wohl kaum anzunehmen, daß der Papst eine Vermutung, die seinen Stolz und sein Ansehen beleidigte, über die Lippen gebracht hätte. Statt dessen beendete er das Gespräch:

»Es war verfehlt, diese Lehre, insbesondere in einer so zweideutigen Form, vor die Öffentlichkeit zu bringen. Trotz seines ausdrücklichen Versprechens, seine Lehrmeinung als bloße Hypothese zu behandeln, hat er für sie Erklärungen und Beweise angeführt, also für Kopernikus Zeugnis abgelegt. Damit hat er sich schwer gegen ein offizielles Verbot vergangen, auf das ihn der Kardinal Bellarmin im Jahre des Herrn sechzehnhundertsechzehn im Auftrage der Inquisition hingewiesen hat. Das Protokoll über die Bekanntgabe eines solchen Verbotes an Galilei ist in der Bibliothek des Heiligen Offiziums vorhanden. Galilei hat dieses offizielle Verbot seinerzeit zur Kenntnis genommen. Er hätte dieses Verbotes unbedingt eingedenk bleiben müssen. Doch er schwieg, auch Riccardi gegenüber, den er auf diese Art vorsätzlich getäuscht hat. Und auch Uns hat er darüber getäuscht. Dafür wird er büßen müssen.«

Als der Gesandte von seiner Audienz so ausführlich berichtete und sich sogar bemühte, den Tonfall des Papstes nachzuahmen, horchte Galilei entsetzt auf. Obgleich ihn sein Rheumatismus an jeder Bewegung hinderte, fuhr er nun überrascht von seinem Lager hoch.

»Protokoll? Was für ein amtliches Protokoll?«

»Ich weiß es nicht. Den Worten des Papstes war lediglich zu entnehmen, daß man Euch sechzehnhundertsechzehn ein offizielles Verbot mitgeteilt hat, worüber ein Protokoll vorliegt. Das will man jetzt gefunden haben.«

»Das ist nicht möglich! Es wurde damals gegen mich keinerlei Verfahren angestrengt, lediglich über Kopernikus und den armen Foscarini verhandelte man damals. Der Florentiner Lorini klagte seinerzeit meine wissenschaftlichen Anhänger an. Doch ich wurde in der Angelegenheit bloß als Zeuge beigezogen. Ich entsinne mich auch jetzt noch ganz genau, daß mich der Kardinal Bellarmin in seine Wohnung bestellte und mir Mitteilung machte, daß ... Was hat er denn gleich gesagt? ... Schließlich ist das immerhin sechzehn Jahre her ... Ich muß erst meine Erinnerung wachrufen ...!«

»Tut das, denn darauf kommt es an.«

Galilei versuchte, sich an jene Stunde zu vergegenwärtigen und strengte sein Hirn an, als gelte es Sonnenflecke zu untersuchen.

»Einen Augenblick, einen einzigen Augenblick! ... Vorher hatte ich eine lange Unterredung mit Bellarmin. Der Kardinal versuchte in einer grundlegenden Auseinandersetzung den Beweis zu erbringen, daß diese neue Lehre – er nannte sie ‚sehr verwegen' – die Autorität gefährde und geeignet sei, die weltliche Macht des Papsttums zu erschüttern. Ich hörte mit großer Aufmerksamkeit zu, anerkannte gebührend die außerordentlich kluge Beweisführung, doch er konnte mich nicht überzeugen. Daraufhin erklärte das Heilige Offizium, die Sonne sei es, die sich um die Erde bewege, setzte Foscarini auf den Index und verfügte über Kopernikus das ‚donec corrigeretur'. Dann folgte das päpstliche Dekret. Aber noch kurz vorher ließ mich Bellarmin ganz unerwartet holen. Jetzt entsinne ich mich dieses Gesprächs ganz genau. Einige mir unbekannte Dominikanermönche waren zugegen. In ihrer Gegenwart behandelte er das Thema sehr oberflächlich, so daß allein ich den Sinn seiner Worte erfaßte: daß nämlich meine neue

Lehre den Bau der Kirche gefährde. Zum Schluß teilte er mir mit, es sei mir verboten, diese Lehre anders als in Form einer Hypothese zu verbreiten.«

»Er hat sie also nicht grundsätzlich und schlechthin verboten?«

»Nicht doch, Eure Exzellenz! Zur nämlichen Zeit gestattete man doch das Erscheinen des Buches von Kopernikus! Bloß einige wenige Worte darin wurden geändert. Aus der Widmung des Kopernikus an Paul V. wurde zum Beispiel der Satz gestrichen, daß diese Lehre zu der Heiligen Schrift nicht im Widerspruch stehe. Man wollte den peripatetischen Theologen nicht nahetreten. Im übrigen hat man die Lehre des Kopernikus unangetastet gelassen und für die katholischen Leser besteht sie noch in ihrer Gesamtheit als Hypothese. Weshalb sollte man mir also verboten haben, was dem Kopernikus erlaubt blieb? Und ich entsinne mich klar und deutlich, daß von einem ausdrücklichen Verbot gar nicht die Rede war.«

»Wie mir der Papst mitteilte, liegt gerade über so ein Verbot im Archiv ein Protokoll.«

»Aber worauf könnte sich denn dieses Protokoll beziehen? Niemals fand eine Sitzung, eine Verhandlung oder gar ein Verhör statt, an dem ich teilgenommen hätte!«

»Messer Galileo, nehmt doch nicht so leichtfertig für bare Münze, was Ihr Euch bloß einredet. Erst kürzlich war doch Serristori bei Euch. Auch wenn er betonte, als Privatmann zu kommen, dürft Ihr Euch doch nicht einbilden, daß man über seinen Besuch kein Protokoll ausfertigte. Ich meinerseits bin überzeugt, daß man Eure Aussagen bereits protokollarisch niedergelegt hat. Ebenso denkbar ist es, daß Bellarmin damals Eure private Unterredung zu Protokoll gegeben hat. Und jetzt, nachdem offenbar jemand den Papst gegen Euch einzunehmen wußte, hat Seine Heiligkeit befohlen, man möge Nachforschungen anstrengen, wie man Euch fassen könnte. Was lag da näher, als alte Aktenstücke auszukramen? So hat man eben jenes Protokoll mit dem Verbot aufgefunden; und — das wurde dem Papst gemeldet. ‚Wie?' mag der Papst ausgerufen haben. ‚Es war ihm also doch verboten, die Lehre des Kopernikus zu behandeln, und er hat es trotzdem getan? Riccardi gegenüber hat er dieses Verbot verheimlicht und sich damit die Druckerlaubnis erschlichen. Das soll er übel entgelten!' Solcherart sind wir bei dem jetzigen Stand der Dinge angelangt. Das klingt doch ganz einleuchtend, nicht wahr?«

»Selbst wenn man ohne mein Wissen dieses Protokoll aufgesetzt hat, so müßte darin auch stehen, daß Bellarmin gegen eine Hypothese nichts einzuwenden hatte. Später gab mir doch der Kardinal persönlich eine offizielle Bestätigung, daß ich meine Lehre nicht widerrufen müsse. Die Urkunde ist noch heute in meinem Besitz. Ich suchte sie hervor und habe sie mitgebracht. Bitte, zieht einmal die oberste Schublade dort heraus, sie liegt obenauf.«

Der Gesandte nahm das Dokument aus dem Kasten, überlas es und meinte schließlich mit bedenklichem Kopfschütteln:

»Das ist äußerst schlau abgefaßt! Es steht tatsächlich drin, Ihr brauchtet Eure Lehre weder zu widerrufen noch sie abzuleugnen. Aber was hat Bellarmin noch geschrieben? ‚... sondern nur, daß die von Unserem Herrn abgegebene und von der Heiligen Kongregation des Index verlautbarte Erklärung mitgeteilt wurde, auf Grund deren die dem Kopernikus zugeschriebene Lehre, wonach die Erde sich um die Sonne bewege und die Sonne im Zentrum der Welt stehe, ohne sich von Osten nach Westen zu bewegen, der Heiligen Schrift widerspreche und infolgedessen weder verteidigt noch festgehalten werden dürfe.' Von einer Hypothese steht hier kein Wort. Es scheint mir am besten, wenn Ihr dieses Dokument erst gar nicht vorlegt. Was überdies in dem vorher erwähnten Protokoll verzeichnet ist, könnt Ihr gar nicht wissen. Es wurde seinerzeit zweifellos so abgefaßt, wie es den Herren am besten in den Kram paßte. Höchstwahrscheinlich hat Bellarmin seine Erlaubnis, die kopernikanische Lehre als Hypothese zu behandeln, erst gar nicht zu Protokoll gegeben, um gedeckt zu sein.«

»Papst Urban hat mir doch selbst erklärt, daß diese Lehre als Hypothese zu vertreten ein wissenschaftlich erlaubtes Vorgehen wäre.«

»Angenommen, meinetwegen. Doch wer trifft die Entscheidung, wo eine Hypothese beginnt und wo sie aufhört, ob Eure Darstellung eine Hypothese oder eine eindeutige Behauptung ist? Der Papst! Und der Papst zürnt Euch. Gegen eine Erklärung Seiner Heiligkeit gibt es keinen Widerspruch. Es stimmt schon, was ich Euch sage, Messer Galileo, und ich kann es nicht oft genug wiederholen: seid froh, daß Ihr noch am Leben seid. Laßt Euch auf keinerlei Streit ein, widersprecht nicht und erklärt Euch mit allem einverstanden, was von Euch gefordert wird; selbst dann, wenn es einsichtigen Tatsachen gar nicht entspricht. Sagt zu allem ‚ja' und erweist Euch gehorsam. Denn das fehlte gerade noch, daß man Seiner Heiligkeit meldet: ‚Galilei versucht noch immer Ausflüchte und beharrt auf seinem Widerspruch. Er verspottet den Papst in der Gestalt des Simplicio und begehrt obendrein gegen eine wohlverdiente Maßregelung auf!' O Messer Galilei, gebt ja acht, sonst setzt Ihr Euer Leben aufs Spiel. Wenn Ihr Euch dagegen geschickt verhaltet, kommt Ihr vielleicht noch glimpflich weg. Ich bitte Euch flehentlich, nehmt Euch meine Worte zu Herzen!«

»Gnädiger Himmel, wie kann man mir nur so etwas unterstellen? Welche Phantasie kann mir ein so verwerfliches Verhalten auch nur zumuten? Warum sollte ausgerechnet ich den Papst verhöhnt haben, der sich mir stets gütig gezeigt hat, mir eine Ode gewidmet, mich mit Auszeichnung bedachte, umarmte, mir eine Jahresrente aussetzte? Welches Hirn konnte mir so etwas bloß andichten?«

»Messer Galilei, nicht mich, den Papst müßtet Ihr vom Gegenteil überzeugen.«

»Könnte ich denn nicht mit ihm sprechen? Wenn ich mich ihm zu Füßen werfen würde... könnte er doch in meine Augen sehen und wahrnehmen, daß ich aufrichtig bin... Einst war er doch mein Freund ... ich vermag einfach nicht zu begreifen, daß ausgerechnet ich die Worte, deren er sich entsann, dem Simplicio in den Mund gelegt habe. Der Herrgott muß, als ich sie niederschrieb, mein Erinnerungsvermögen getrübt haben. Ich kann es vor dem Altar, die Hand auf der Bibel, beschwören, daß mir nichts ferner lag, als den Papst zu verspotten. Was sagt Ihr dazu... So redet doch!... Könnte ich nicht die Erlaubnis erhalten, mit dem Papst zu sprechen?«

»Das ist unmöglich. Seine Heiligkeit soll jüngst geäußert haben: ‚Daß mir dieser Galilei nicht noch einmal unter die Augen tritt!' Doch selbst wenn Euch eine Audienz verstattet wäre, ich würde Euch mit Gewalt davon zurückhalten. Wir kennen den Papst Urban allzu gut. Allein Euer Erscheinen würde ihn in eine solche Wut versetzen, daß man besser tut, sich die Folgen erst gar nicht auszumalen. Bewahrt demütig Ruhe, gebt jedem recht und tragt bedingungslos Gehorsam zur Schau. Was mich angeht, so werde ich alles Menschenmögliche tun. Ich habe schon an unseren Großherzog geschrieben, er möge den Kardinälen Scaglia und Bentivoglio ein Handschreiben senden, es paßt Cioli zwar nicht in den Kram, aber...«

»Cioli? Was hat denn Cioli gegen mich?«

»Wie, den kennt Ihr noch immer nicht? Er ist wetterwendisch wie ein Turmhahn, der sich nur nach dem Winde dreht, der von Rom herüberweht. Solange Ihr als ein Liebling des Papstes bekannt wart, schätzte er Euch hoch. Seit jedoch der Papst seine Gunst von Euch abgezogen, spricht er in einem ganz anderen Ton über Euch. Obwohl er mein Vorgesetzter ist, will ich Euch aufrichtig sagen: am Florentiner Hof arbeitet Cioli gegen Euch. Es ist ein Glück, daß der Großherzog mir dennoch mehr Gehör schenkt. Allmählich werden wir wohl diese Dinge in Ordnung bringen.«

Niccolini behielt recht: Großherzog Fernando richtete überaus herzliche Briefe nach Rom. Er bedankte sich beim Papst eigens dafür, daß sein Hofgelehrter während des Prozesses im Gebäude der Gesandtschaft wohnen dürfe. Ferner bat er, den Verlauf des Prozesses, wenn irgend möglich, zu beschleunigen. Diese Bitte blieb freilich ohne Erfolg. Denn der heftige Zorn des Papstes war nicht zu beschwichtigen. Als der Gesandte wiederum vom Papst empfangen wurde, um die Briefe seines Herrschers zu überreichen, ereignete sich etwas Überraschendes: der Papst kam von sich aus auf die Ursache seines Grolls zu sprechen.

»Es ist Uns leid, daß Wir Galilei, der früher Unser Freund war und mit dem Wir an einem Tisch gesessen haben, Schwierigkeiten bereiten müssen, aber die Unversehrtheit des Glaubens ist wichtiger als alles andere!«

»Eure Heiligkeit«, wagte der Gesandte den Einwurf, »ich bin fest davon überzeugt, daß Galilei beim Verhör auf jede Frage eine zufriedenstellende Antwort geben wird.«

»Das glauben Wir nicht«, entgegnete der Papst sofort, »denn es gibt eine Frage, die er nicht beantworten kann. Wer könnte bezweifeln, daß Gott allmächtig ist. Galilei aber will mit wissenschaftlichen Argumenten nachweisen, daß diese und jene Art Naturerscheinung, zum Beispiel Ebbe und Flut, auf eine einzige Art entstehen könne und nicht anders. Das heißt, Gott wäre nicht fähig gewesen, die Schöpfung anders zu gestalten, als er sie eben entstehen ließ.«

»Sicherlich hätte er das gekonnt«, sagte der Gesandte, »aber Gott hat es eben auf diese eine Art gewollt. Galilei behauptet auch nur, daß der Allmächtige von den zahllosen Möglichkeiten, die ihm zu Gebote standen, eben diesen einen Weg gewählt hat.«

Da kam also wieder jenes unglückselige Argument in die Debatte, das Simplicio in Galileis Buch vorgebracht. Eben dieses Zitat bestärkte Urban in seiner Meinung, die Gegner erhöben ihre Anschuldigung zurecht und mit Simplicio sei niemand anderer als er gemeint. Offensichtlich hatte dieser Spott den Papst aufs äußerste gereizt. Man konnte ihm auch jetzt ansehen, daß er diese Beleidigung, gegen die sich das Gefühl seiner geistigen Überlegenheit und pontifikalen Würde sträubte, niemals verwinden werde. In einem neuen Zornesausbruch rötete sich sein Gesicht und er rief heftig:

»Gott ist allmächtig! Und nicht ein Galilei wird bestimmen, was der Allmächtige zu tun oder zu lassen hat!« —

Als der Gesandte nachher dem Greis von dieser jüngsten Audienz Bericht gab, erschrak er selbst von neuem über den Zorn des Papstes und wechselte rasch das Gespräch. Die Anschuldigung, die keiner aussprach, aber jeder flüsternd weiterraunte, war solcher Art, daß man sie vor Zeugen überhaupt nicht erwähnen konnte. Selbstverständlich durfte der Papst die Ungeheuerlichkeit, daß jemand gewagt hatte, ihn zu verhöhnen, offiziell gar nicht zur Kenntnis nehmen. Andererseits vermochte ihn auch keiner über seine irrige Annahme aufzuklären: ‚Es ist nicht wahr und stimmt nicht, daß mit der Figur des Simplicio Eure Heiligkeit gemeint sein könnte.' Diese unheilvolle Angelegenheit, durch die Galilei in Ungnade gefallen, hatte damit eine Entwicklung genommen, die nicht mehr aufzuhalten war; das Gerichtsverfahren gegen Galilei war so weit gediehen, daß der Angeklagte unter keinen Umständen mehr sein Recht finden konnte. Ohne Zweifel verfügte die Heilige Inquisition über ein Protokoll, das vor sechzehn Jahren abgefaßt worden war. Laut diesem Protokoll hatte man Galilei keine Erlaubnis zur hypothetischen Behandlung der Lehren des Kopernikus erteilt. Das war auch ohne weiteres verständlich. Hatte es doch im Belieben des Kardinals Bellarmin gestanden, diese ‚Hypothese' streng oder nachsichtig aufzufassen. Solche persönliche Mitteilungen legte man überdies nicht in einem Protokoll fest. Aber — selbst wenn eine solche Genehmigung im Protokoll verzeichnet wäre, was könnte sie Galilei schon nützen? Das Santo Officio hatte zum Beschluß erhoben, daß man den Begriff der ‚Hypothese' auf Galileis jüngstes Werk nicht anwenden dürfe. Sollte sich jedoch der Angeklagte darauf berufen, sein Manuskript sei durch die päpstliche Zensur gegangen und diese habe keinerlei Verstoß festgestellt, so würde eben das Heilige Offizium dieser Verteidigung entgegenhalten, die Zensur habe sich eben auch geirrt und daß man daher gegen sie gleichfalls ein Verfahren einleiten werde.

Und so geschah es auch. Auf Befehl des Papstes wurde gegen den unglücklichen Riccardi ein Disziplinarverfahren angestrengt. Er wurde seines Postens enthoben. Zuvor schon hatte der Herr der Kirche Ciampoli in die Verbannung geschickt; nun kam die Reihe an Riccardi. Alle Anzeichen sprachen dafür, daß der Papst gnadenlos und hart strafen wolle. Castelli, der sich mit Leib und Seele zu seinem Lehrer bekannte und im Vatikan nicht geringen Einfluß besaß, wurde plötzlich beurlaubt. Er mußte abreisen. Boccabella, der edelmütige Mann, war abgelöst worden. Campanella hatte mit guten Aussichten unbedingt Mitglied des Kollegiums des Heiligen Offiziums werden wollen. Jetzt erhielt er die Mitteilung, er solle diese Einbildung fahren lassen; es sei doch allbekannt, daß auch er zu den Anhängern des Kopernikus zähle. Die beiden einflußreichsten Kardinäle Scaglia und Bentivoglio hatten inzwischen je ein Handschreiben des Großherzogs von Florenz erhalten. Beide statteten dem Gesandten einen Entschuldigungsbesuch ab und erklärten, sie wüßten die Ehre, daß Seine Hoheit, der Großherzog, sich in höchsteigener Person an sie gewandt, voll zu würdigen; zu ihrem tiefsten Bedauern seien sie jedoch außerstande, den Brief zu beantworten, da die Gesetze der Inquisition jede Äußerung über ein Verfahren, sei es mündlich oder schriftlich, strengstens untersagten.

Die Krankheit Galileis verschlimmerte sich von Tag zu Tag. Unausstehliche Schmerzen trieben ihm die Tränen in die Augen und er schrie laut auf, wenn er meinte, diese Höllenqualen nicht länger ertragen zu können. Allmählich verlor er auch den Überblick in seinem eigenen Verfahren; die gepeinigten Nerven versagten. Sein Bruch riß weiter auf, das Bauchfell klaffte jetzt unter der Haut von der Brust bis zum Leisten.

Frau Katharina bestellte immer wieder einen neuen Arzt. Sie schüttelten jedoch alle nur die Köpfe, ohne helfen zu können. Dabei schien es, als wartete das Santo Officio nur auf den Augenblick, da der Zustand des Kranken den Tiefpunkt erreicht hätte; denn es gab keine Äußerung von sich. Wiederholt machte Niccolini Vorstellungen. Er erschien am päpstlichen Hof in Audienz, bat die Kardinäle, Galileos Angelegenheit vorwärts zu treiben, doch er fand überall nur ausweichende Antworten und Achselzucken. An die Heilige Inquisition selbst durfte er sich nicht wenden, da deren Satzungen jedwedes Einschreiten verboten. Gerade dieses geheimnisvolle, unnahbare Schweigen ließ diese Institution so furchterregend erscheinen. Einmal in den Fängen eines solchen Gerichtsverfahrens, lebte das Opfer in aufreibender Spannung. Der Angeklagte wußte nie, was die nächste Minute bringen würde. Die Entscheidung über Sein und Nichtsein konnte ebensogut binnen einer Viertelstunde wie im Verlauf eines halben Jahres fallen. Giordano Bruno hatte man jahrelang in dieser qualvollen Ungewißheit gehalten, bis man ihn zum Scheiterhaufen führte ...

Galilei konnte man kaum noch als vernünftig denkenden Menschen ansprechen. Die furchtbaren körperlichen Leiden waren mit seelischen Qualen gepaart. Von Schmerzen und einer unterträglichen Spannung der Nerven zermürbt, schluchzte er manchmal wie ein Irrsinniger auf, bat, man möge ihn endlich verurteilen, ganz gleich wozu, er könne diesen Zustand nicht mehr ertragen. Nur mühsam ließ er sich dann beruhigen. Frau Katharina flößte ihm dreimal am Tage Heiltränke ein, die seine Qual lindern und ihm einen kurzen Schlummer schenken sollten. Doch diesen Augenblicken der Erschöpfung folgten neue, heftige Anfälle. Mit dem untrüglichen Instinkt eines gehetzten Wildes spürte der Kranke, daß ihm der Gesandte etwas verheimlichte. Er flehte Niccolini an, nichts vor ihm zu verbergen. Es sei doch besser, wenn er wüßte, was ihn erwartete; in diesem Hause fühle er sich vorläufig in Sicherheit. Doch der Gesandte wich solchen Fragen geflissentlich aus, sprach dem Verzweifelten Trost zu und bemühte sich, ihm neue Hoffnung zu machen.

Endlich aber erschien der Tag, an dem Galilei erfuhr, was ihm der Gesandte so lange vorenthalten. An jenem Morgen, zwei Monate nach seiner Ankunft in Rom, betrat Niccolini das Krankenzimmer mit einem fremden Gesichtsausdruck.

»Ist etwas geschehen?« fuhr der Greis erschrocken auf.

Der Gesandte setzte sich an den Bettrand zu ihm und hielt die welke Greisenhand mit beiden Händen.

»Messer Galilei, bewahrt Ruhe! Ich gebe Euch mein Wort, daß Ihr nichts zu befürchten braucht.«

»Was hat man mit mir vor?« fragte der Kranke flüsternd.

»Ihr sollt zum Verhör vor das Heilige Offizium geschafft werden.«

»Gott sei Dank! Endlich! Ich will mich rechtfertigen! Jede dieser an den Haaren herbeigezogenen Anschuldigungen kann ich widerlegen. Das ist doch eine Freudenbotschaft!«

»Stimmt Ihr schon wieder das alte Lied an? Wollt Ihr widersprechen? Diskutieren? Habt Ihr mir nicht gelobt, blind, taub und stumm zu sein, auf alles ‚ja' zu antworten? Wenn Ihr dieses Versprechen nicht einhaltet, bürge ich für nichts mehr. Ihr müßt Euren blinden Gehorsam erweisen! Habt Ihr verstanden? Aber nicht deshalb kam ich hierher.

Die Statuten des Santo Officio bestimmen leider, daß der Angeklagte für die Dauer der Prozedur im Gebäude der Inquisition untergebracht wird. Ihr müßt demnach übersiedeln ins ...«

»Nein«, rief der Kranke entsetzt, »nein! Ich gehe nicht dorthin! Ich habe Angst! Sie werden mich foltern! Sie werden mich in die unterirdischen Verließe sperren! Mit glühenden Zangen werden sie mich peinigen! Ich gehe nicht!«

Mit der gesunden Hand krallte sich Galilei am Bettrand fest, als ob ihn die Schergen schon holen wollten und er sich aus letzter Kraft widersetzte.

»Nehmt Vernunft an und beruhigt Euch doch! Habe ich Euch nicht auf Ehre versichert, daß man Euch kein Haar krümmen wird? Alles ist schon vorbereitet. Ihr werdet ein gutes Zimmer vorfinden, die Türe wird nicht versperrt sein. Sogar mein Diener darf Euch begleiten, damit es Euch nicht an Pflege gebricht. Wir werden Euch von hier aus beköstigen, ich habe dazu die Erlaubnis erhalten. Sobald Ihr aufstehen könnt, dürft Ihr auch auf dem Gang spazieren gehen; sogar das wurde Euch zugestanden. Faßt Euch also in Ruhe und habt Vertrauen zu mir! Ich habe diese traurige Nachricht bis zur letzten Minute aufgeschoben, aber jetzt muß ich sie Euch mitteilen: Macht Euch fertig! Heute noch müßt Ihr fort.«

Der Kranke starrte den Gesandten wie von Sinnen an, plötzlich wurde es vor seinen Augen dunkel, er lag ohnmächtig im Bett. Als er wieder zu sich kam, rieb ihm Frau Katharina die Stirn mit einem wohlriechenden Wasser.

»Faßt Euch«, mahnte sie zärtlich, »Ihr müßt Euch jetzt bereithalten. Wenn Euch Francescos Zusicherung nicht genügt, so schwöre auch ich Euch, daß man Euch dort kein Leid zufügen wird. Seid stark und denkt an Celeste!«

Da erschienen auch schon zwei Diener, um den Bettlägerigen anzukleiden. Aber wie behutsam sie auch verfuhren, so empfand er dennoch bei jeder Berührung seiner Hand und seines Fußes entsetzliche Schmerzen. Er bat um seine zurechtgelegten Dokumente und steckte sie in eine Tasche. Nur zur Not konnte man ihn soweit aufrichten, daß seine Füße den Boden berührten. Die Bedienten griffen zu und hoben ihn hoch. Mit äußerster Anstrengung stellte sich Galilei auf sein gesundes Bein. So halfen sie ihm treppab. Er stöhnte unbeherrscht auf. Vor dem Portal erwartete ihn eine Sänfte. Als man ihn mit großer Mühe hineingeschoben hatte, neigte sich die Frau des Gesandten über ihn und küßte ihn auf die Stirn.

»Um Eure Habseligkeiten tragt keine Sorge. Noch heute lasse ich Euch Leibwäsche, Arznei, Papier und Schreibgerät zukommen. Gott segne und behüte Euch.«

Der Gesandte nahm neben ihm Platz. Die Sänfte wurde vorwärtsgetragen. Der Weg von Trinita dei Monti quer durch die Stadt bis zur

Minerva war weit und beschwerlich. Dennoch ließen Galileis Schmerzen etwas nach, als hätte ihn der seelische Schock der letzten Stunde betäubt. Unterwegs schärfte ihm der Gesandte immer wieder dasselbe ein: Alles zugeben, ohne zu zögern, und blindlings gehorchen! Vor dem Tore umarmten sie einander. Dann schloß sich hinter Galilei das Tor der Inquisition.

IX

Es war der zwölfte April, als man ihn in den großen Beratungssaal der Heiligen Inquisition führte. Er ging wie ein Gelähmter auf Krücken gestützt, nur waren es zwei Menschen, die ihn mehr trugen als führten: der Diener der Gesandtschaft und ein Dominikanermönch. Im Vorzimmer hieß man ihn niedersitzen. Er hatte unbändige Schmerzen auszustehen, preßte die Zähne aufeinander und versuchte mit aller Macht, sich zu beherrschen. Aus dem Beratungssaale drangen mehrere Stimmen an sein Ohr, er lauschte, konnte aber nichts verstehen.

»Sind drinnen schon meine Richter versammelt?« fragte er den Dominikaner.

»Ich darf über nichts Auskunft erteilen«, entgegnete der Mönch.

Galileo wartete weiter und tastete mit seiner rechten Hand nach seinem linken Arm, um ihn behutsam in eine bequemere Lage zu bringen. Dann befühlte er das straff gewickelte Bruchband auf seinem Leibe und wartete, wartete klopfenden Herzens. Plötzlich öffnete sich die Tür, und ein Mönch rief laut Galileis Namen. Die Begleiter halfen dem Gelehrten, sich zu erheben, und stützten ihn beim Gehen. Er betrat einen großen, hellerleuchteten Saal. Ein langer Tisch stand in der Mitte, darauf das Kruzifix. Drei Geistliche hatten an der einen Seite des Tisches Platz genommen; einer von ihnen war Firenzuola. Man führte den Angeklagten bis zur Mitte des langen Tisches, seinen Richtern gegenüber. Firenzuola, der den Vorsitz führte, blickte auf.

»Ist der Angeklagte krank?« fragte er in lateinischer Sprache.

»Ich habe ein schweres Gelenkleiden und müßte eigentlich das Bett hüten.«

»Dann wollen wir gestatten, daß Ihr Euch im Laufe des Verhörs setzt. Einstweilen müßt Ihr aber noch stehen, da Ihr einen Eid abzulegen habt. Ich eröffne hiermit die Sitzung.«

Der Dominikanermönch und der Gesandtschaftsdiener standen noch immer rechts und links neben dem gebrechlichen Greise und stützten ihn. Die Personalien hatte der Vorsitzende schnell aufgenommen: Galileo Galilei, Hofmathematiker, siebzig Jahre alt, wohnhaft in Florenz. Dann erhob sich Firenzuola und gleichzeitig mit ihm auch die beiden anderen Richter. Firenzuola sprach die Eidesformel vor; sie begann mit den Worten: »Ich werde die Wahrheit aussagen ...« und endete: »So wahr mir Gott, die Heilige Jungfrau und alle Heiligen helfen mögen!«

Dann setzten sich die Richter wieder. Und auch dem Angeklagten bot man einen Stuhl. Langsam, schwerfällig und stöhnend nahm er Platz. Auf ein Zeichen Firenzuolas entfernten sich der Dominikaner und der Diener.

»Der Angeklagte soll mir sagen, ob ihm der Grund bekannt ist, weshalb er hier vor dem Heiligen Offizium zu erscheinen hat.«

»Der offizielle Grund ist mir nicht bekannt, aber ich glaube, hierher zitiert worden zu sein, um über mein zuletzt erschienenes Buch Rechenschaft abzulegen.«

»Handelt es sich um dieses hier?« fragte der Vorsitzende und hob das vor ihm liegende Buch in die Höhe.

»Ja.«

»Es ist betitelt: ‚Dialogo di Galileo Galilei' und so weiter. Der Einfachheit halber wollen wir im Laufe des Verhörs dieses Buch nur den ‚Dialog' nennen. Antwortet mir, ob Ihr alles, was in diesem Buch enthalten ist, als von Euch verfaßt anerkennt?«

»Ich erkenne es an.«

»Gut«, erwiderte der Inquisitor, »kehren wir zunächst zu den Vorereignissen zurück. Und beginnen wir gleich mit dem Jahre sechzehnhundertsechzehn. Hieltet Ihr Euch damals in Rom auf?«

»Allerdings.«

»Und warum?«

»Weil ich erfahren hatte, daß die kopernikanische Lehre von der Unbeweglichkeit der Sonne und der Beweglichkeit der Erde Gegner unter der Geistlichkeit hatte. Ein gewisser Pater Caccini hatte in Florenz von der Kanzel herunter gegen die Anhänger dieser Lehre Stellung genommen. Ich kam nach Rom, um mir Gewißheit darüber zu verschaffen, wie die Kirche diese Lehre offiziell beurteilt.«

»Ihr wart also sechzehnhundertsechzehn hier. Seid Ihr damals aus eigenem Antriebe nach Rom gekommen?«

»Ja, aus eigenem Antrieb.«

»Ihr hattet keinerlei Vorladung erhalten?«

»Nein.«

»Denkt einmal nach. Hat Euch damals nicht das Heilige Offizium nach Rom bestellt?«

»Nein«, erwiderte der also Befragte verwundert, »ich habe mit dem Heiligen Offizium nie etwas zu schaffen gehabt. Es war mir zwar bekannt, daß man eine Anzeige erstattet hatte, aber ein gewisser Lorini hatte nicht mich, sondern meine angeblichen Anhänger angezeigt.«

»Könnt Ihr Euch genau daran erinnern, daß man Euch damals wirklich nicht vorgeladen hat? Könntet Ihr Zeugen namhaft machen, die bestätigen, daß Ihr aus freien Stücken hierhergekommen seid?«

»Ich hatte das seinerzeit mit Seiner Hoheit, dem Großherzog Cosimo, so vereinbart. Auch dem damaligen Kanzler Picchena war mein Entschluß bekannt. Ebenso wußte Guicciardini, der damalige florentinische Gesandte, Bescheid.«

»So. Und diese sind natürlich schon alle gestorben.«

Galilei erwiderte nichts. Sein Gehirn arbeitete rege. Er wußte sofort, was man mit dieser Frage bezweckte. Das Gericht wollte einen Tatbestand konstruieren, wonach er damals schon als Angeklagter vor der Inquisition gestanden habe; denn faßte man jenes bewußte Protokoll damals als Abschluß eines Inquisitionsverfahrens auf, wäre er, Galilei, viel schwerer belastet. Ist es doch ein großer Unterschied, ob die kirchlichen Behörden einem Gelehrten etwas lediglich als Ermahnung mitteilen, oder ob der Angeklagte in einer wissenschaftlichen Frage durch Urteilsspruch zum Schweigen verurteilt wird. Der Lebenstrieb eines flüchtenden Tieres erhellte abermals seinen Verstand.

»Ihr bleibt also dabei«, ertönte da die Stimme des Vorsitzenden, »keinerlei offizielle Vorladung erhalten zu haben und aus freien Stücken nach Rom gekommen zu sein?«

»Jawohl. Daran kann ich mich ganz klar und deutlich erinnern. Das steht zweifelsfrei fest. Wenn ich von irgendeiner Behörde eine Vorladung erhalten hätte, so müßte doch in den Akten ein Nachweis über diese Vorladung zu finden sein. Aber bei keiner Behörde ist ein derartiger Vermerk vorhanden, weil ich damals eben aus freien Stücken hierhergekommen bin.«

»Gut, lassen wir das zunächst auf sich beruhen. Sagt uns nun, mit welchen Personen geistlichen Standes Ihr seinerzeit in Rom zusammengekommen seid.«

Galilei nannte vor allem den Kardinal Bellarmin, dann den Pater Grienberger, den Grafen Querengo, die Kardinäle del Monte und Orsini, ferner den Ordenspräfekten der Dominikaner, Maraffi, und den Kardinal Gaetani. Weitere Namen fielen ihm nicht mehr ein.

»Mit welchem dieser Herren habt Ihr damals gesprochen?«

»Wohl mit allen. Auf den Kardinal Bellarmin komme ich später zurück, weil ich mit ihm am meisten und über die wichtigsten Dinge gesprochen habe. Mit Pater Grienberger tauschte ich hauptsächlich Erinnerungen an meinen einstigen hochverehrten Meister, Pater Clavius, aus. Ich sprach mit ihm aber auch über das kopernikanische System. Der Graf Querengo war mir noch von Padua her bekannt. Auch mit ihm unterhielt ich mich über den Sinn des kopernikanischen Weltsystems und darüber, ob man die Kirchenfürsten nicht mit der Lehre des Kopernikus vertraut machen könne. Über dasselbe Thema sprach ich ferner mit dem Kardinal del Monte und mit dem Kardinal Orsini, der sich der besonderen Zuneigung des Papstes Paul erfreute. Mit Pater Maraffi unterhielt ich mich über die gegen mich gerichteten Angriffe der Dominikaner. Den Kardinal Gaetani, seinerzeit eins der wichtigsten Mitglieder des Santo Officio, bat ich, über das kopernikanische Weltsystem ein Gutachten von Campanella, der damals in den Kerkern von Neapel lag, einzuholen, was auch geschah. Am meisten beriet ich mich jedoch mit dem Kardinal Bellarmin. Seine Eminenz war der Meinung ...«

Da hielt er plötzlich inne. Er hatte gerade sagen wollen: Der Kardinal war der Meinung, daß die Verbreitung der kopernikanischen Lehre das geistliche und weltliche Gebäude der Kirche zum Einsturz bringen würde. Damit hätte er seinen Richtern ja selbst die Waffen gegen sich in die Hand gegeben. Ihm war also damals schon bewußt gewesen, daß seine Lehre die Kirche gefährden könne, und trotzdem hatte er sie weiter gepredigt! Zudem stand es doch außer Zweifel, daß Papst Urban von jedem Wort, das hier gesprochen wurde, unterrichtet werden würde.

»Nun, warum bliebt Ihr stecken?«

»Ich bitte um Vergebung, ich habe nur meine Gedanken geordnet. Seine Eminenz war der Meinung, daß die kopernikanische Lehre in Widerspruch zu einer wortwörtlichen Deutung gewisser Stellen der Heiligen Schrift stünde. Wir haben uns hierüber des öfteren und längeren unterhalten, aber ich vermochte ihn nicht von meiner Ansicht zu überzeugen.«

»Was bot damals zu diesen Unterredungen Anlaß?«

»Damals war gerade gegen die Werke von Foscarini, Zuñiga und Kopernikus ein Verfahren im Gange. Die hohen Würdenträger der Kirche wollten sich über die wissenschaftliche Bedeutung der neuen Lehre orientieren und traten deshalb mit mir, dem Fachmann, in Gedankenaustausch. Aber ich wurde lediglich in meiner Eigenschaft als Fachmann befragt, eine andere Qualifikation besaß ich nicht. Ich weilte ja auch nur als Gast in Rom; die vor dem Santo Officio laufenden Prozesse berührten meine Person nicht im geringsten. Ich war einzig und allein als Astronom davon berührt.

Mir war es aber selbstverständlich von Wert, zu wissen, wie die Kirche über eine Lehre, zu deren Anhängern auch ich mich zähle, eigentlich denkt.«

»Nun, und wie war die Meinung der Kirche?«

»Der Streit über die obenerwähnte Meinung von dem Stillstand der Sonne und der Bewegung der Erde wurde von der Heiligen Indexkongregation dahin entschieden, daß eine solche Meinung, als Tatsache vorgetragen, der Heiligen Schrift widerspräche und daher nur als Vermutung, als Hypothese, geäußert werden dürfe, in der gleichen Form also, in die einst Kopernikus seine Ideen gekleidet hatte.«

»Ist dieser Beschluß dem Angeklagten mitgeteilt worden? Und wenn ja, von wem?«

»Er ist mir mitgeteilt worden. Vom Kardinal Bellarmin.«

»Gut. Sagt mir genau, was Euch der Kardinal mitgeteilt hat, ob er auch noch über andere Fragen gesprochen hat.«

»Der Herr Kardinal teilte mir mit, daß die kopernikanische Auffassung als Hypothese behandelt werden dürfe, und zwar in der Weise, wie es Kopernikus getan habe. Seiner Eminenz war ja genugsam bekannt, daß auch ich, gleich Kopernikus, diese Lehre nur als Hypothese verfocht. Das wird auch durch einen Brief belegt, den Seine Eminenz an den Provinzial der Karmeliter, Pater Foscarini, gerichtet hat, und von dem ich eine Abschrift besitze.«

Er zog eine ganze Reihe von Schriftstücken aus der Tasche, suchte mit unsicheren Händen den betreffenden Brief heraus und legte ihn auf den Tisch.

»Bitte. Er ist vom zwölften April sechzehnhundertfünfzehn datiert. Also genau ein Jahr vor dem besagten Dekret der Inquisition. Ich habe einen Satz dieses Briefes unterstrichen. Habt die Güte, ihn zu lesen! ‚Es scheint mir, daß Euer Hochwürden und Messer Galilei klug daran täten, diese Behauptungen nur annahmsweise und nicht mit Bestimmtheit auszusprechen.'«

Dieser Brief rief allgemeine Verwunderung hervor. Ein Richter nach dem anderen las ihn. Galilei hatte ihn siebzehn Jahre lang aufbewahrt. Seinerzeit hatten ihm noch die ‚Luchse' diese Abschrift gegeben. Dann ergriff der verhörende Richter etwas gereizt von neuem das Wort:

»Wir wollen jetzt nicht davon reden, was ein Jahr vor jenem Termin geschah, sondern was sich im Februar sechzehnhundertsechzehn ereignete.«

»Gut. Im Februar sechzehnhundertsechzehn sagte mir der Kardinal Bellarmin, daß die Meinung des Kopernikus, mit Bestimmtheit vorgetragen, der Heiligen Schrift entgegenstünde; man dürfe sie daher weder festhalten noch verteidigen, wohl aber hypothetisch auffassen und in diesem Sinne darüber schreiben. Hierüber besitze ich auch ein Schriftstück von demselben Herrn Kardinal, datiert vom sechsundzwanzigsten Mai sechzehnhundertsechzehn. Von diesem Dokument lege ich hiermit ebenfalls eine Abschrift vor.«

Er suchte das Schriftstück heraus und legte es auf den Tisch. Er hatte lange darüber nachgedacht, ob es ratsamer sei, diesen Brief zu verschweigen oder nicht. Aber er entschloß sich doch, so zu handeln, wie er es jetzt tat. Denn was in diesem Dokument gegen ihn sprach, ließ sich sowieso nicht beschönigen und war den Richtern wohlbekannt. Andererseits konnten sie aus diesem Dokument ersehen, daß der Kardinal niemals von ihm verlangt hatte, seine wissenschaftliche Überzeugung abzuschwören. Auch dieses Blatt wanderte von Hand zu Hand.

»Waren noch andere Personen zugegen, als Ihr diese Mitteilung erhieltet? Und wer?«

»Es waren auch andere zugegen — Dominikanermönche. Ich habe sie weder gekannt noch jemals wiedergesehen.«

»Hat man Euch damals ein Verbot bekanntgegeben? Denkt scharf nach!«

»Ich möchte lieber den ganzen Vorgang erzählen. Seine Eminenz, der Herr Kardinal, ließ mich eines Morgens zu sich rufen. Er erinnerte mich an gewisse Einzelheiten, welche ich, bevor ich sie anderen mitteilte, zuerst Seiner Heiligkeit zu Gehör bringen möchte.«

»Was sagt Ihr da?«

Alle drei Richter sahen überrascht den Angeklagten an. Der Vorsitzende schüttelte den Kopf. Galilei schwieg. Er wartete. Firenzuolas Miene wurde noch eisiger als zuvor. Er erklärte:

»Das wird in das Protokoll aufgenommen. Der Angeklagte mag weiterreden.«

»Dann erklärte mir Seine Eminenz, der Kardinal, man dürfe die kopernikanische Meinung, da sie der Heiligen Schrift widerspräche, weder festhalten noch verteidigen, man dürfe sie nur als Hypothese erörtern.«

»Nur als Hypothese? Hat jemand diese Äußerung gehört?«

»Vielleicht die Dominikanermönche ...«

In diesem Augenblick änderte der Vorsitzende seine Haltung. Bisher hatte er die Fragen mit monotoner Stimme gestellt, jetzt schrie er plötzlich den Angeklagten an:

»Vielleicht? Was soll das heißen, vielleicht? Waren die Dominikanermönche zugegen oder waren sie es nicht?«

Der Inquisit fuhr zusammen. Jetzt begann es! Jetzt war die Minute da, in der er nach dem Rat des Gesandten widerspruchslosen Gehorsam zeigen mußte.

»Daran erinnere ich mich nicht mehr. Es ist ja schon sechzehn Jahre her.«

»Es ist also möglich, daß gar niemand anwesend war?« entgegnete Firenzuola und ging nunmehr zum Angriff über.

»Es ist auch möglich, daß niemand anwesend war.«

»Es ist also möglich, daß niemand diese Äußerung gehört hat?«

»Es ist möglich. Ich kann mich nicht erinnern.«

»Wenn Ihr Euch so wenig erinnern könnt, ist es vielleicht auch möglich, daß Ihr Euch der Worte des Kardinals nicht mehr genau entsinnen könnt?«

»Es ist möglich, daß er auch etwas sagte, woran ich mich jetzt nicht mehr erinnern kann.«

»Und wie wäre es, wenn ich Eurem Gedächtnis nachhülfe? Wenn ich den Wortlaut des damaligen Protokolls vorläse? Auch dann würdet Ihr Euch nicht mehr besinnen können?«

»Ich glaube kaum, Monsignore.«

»Also dann nehmt zur Kenntnis, daß das Protokoll, das vor mir liegt, folgenden Wortlaut hat:

‚Freitag, den sechsundzwanzigsten Februar sechzehnhundertsechzehn. In dem von Seiner Eminenz, dem Kardinal, bewohnten Palaste, und zwar in dessen Privatgemächern, hat derselbe verehrungswürdige Herr Kardinal, nachdem obengenannter Galilei vorgeladen und vor Seiner Eminenz erschienen war, in Gegenwart des Hochwürdigen Bruders Michael Angelo Segnitius de Lauda vom Predigerorden, des Generalkommissars des Heiligen Offiziums, den Galilei ermahnt, den Irrtum vorgedachter Meinung aufzugeben, und unmittelbar darauf hat in meiner und der Zeugen Gegenwart, im Beisein Seiner Eminenz, des Herrn Kardinals, der obengenannte Pater-Kommissar dem noch anwesenden und vorgeladenen Galilei im Namen Seiner Heiligkeit des Papstes und der ganzen Kongregation des Heiligen Offiziums vorgeschrieben und befohlen, die obengesagte Meinung, daß die Sonne das Zentrum der Welt und unbeweglich sei, die Erde hingegen sich bewege, ganz und gar aufzugeben und diese in keiner Weise mehr für wahr zu halten, noch in Worten oder Schriften zu lehren oder zu verteidigen. Widrigenfalls werde im Heiligen Offizium gegen ihn vorgegangen werden. Nachdem er diesen Befehl vernommen, hat obengenannter Galilei versprochen, fürderhin zu gehorchen. So geschehen zu Rom am obengenannten Ort in Gegenwart von Badino Nores aus Nicosia im Königreiche Cypern und Augustin Mongart aus der Abtei Rottz der Diözese von Politianum, Hausgenossen der genannten Eminenz, des Herrn Kardinals, als Zeugen.‘

Was hat der Angeklagte hierauf zu erwidern?«

In Galileis Schläfen hämmerte das Blut. Er erinnerte sich ganz klar und deutlich, daß es sich nicht so verhielt: nur der Kardinal Bellarmin hatte seinerzeit gesprochen, die Dominikaner hatten überhaupt nichts gesagt. Entweder hatte man also das Protokoll schon damals der Wahrheit widersprechend abgefaßt, oder irgend jemand hatte es nachträglich gefälscht, nur damit die unheilvollen Worte darin stehen sollten, er habe jene Meinung ganz aufzugeben und dürfe sie weder verteidigen noch lehren. Also nicht einmal als Hypothese! In seiner ersten Eingebung wollte er ausrufen: ‚Dieses Dokument ist falsch!‘ Aber seine Kehle war wie zugeschnürt. Sollte er die Inquisition der Urkundenfälschung bezichtigen? Dann könnte er sich ja gleich für den Scheiterhaufen bereitmachen! Eine wilde Erregung bemächtigte sich seiner.

»Nun, warum antwortet Ihr nicht? Erinnert Ihr Euch jetzt, daß es so war?«

Galilei verschanzte sich hinter sein: »Ich kann mich beim besten Willen nicht erinnern.«

»Ihr könnt Euch nicht erinnern. Aber es ist trotzdem möglich, daß es sich so verhält?«

Galilei schwieg. Er glaubte, ohnmächtig zu werden. Der Großinquisitor schrie ihn an:

»Nun? Ist es möglich, daß es so war? Oder sagt das Protokoll die Unwahrheit?«

Heiser, gepreßt, fast stöhnend kamen die Worte von den Lippen des gequälten, seelisch gebrochenen Greises:

»Es ist möglich, daß es so war.«

»Endlich! Ihr habt also einen klar ausgesprochenen Befehl erhalten.«

»Auf diesen Befehl kann ich mich nicht entsinnen.«

»Der Angeklagte erinnert sich nicht, aber das Protokoll erinnert sich, und der Angeklagte hält es für möglich, daß es so war. Was wollt Ihr? Habt Ihr noch etwas zu sagen?«

»Ich möchte untertänigst die Aufmerksamkeit darauf lenken, daß in dem Dokument, das mir Seine Eminenz, der Kardinal Bellarmin, aushändigte, die Ausdrücke ‚ganz und gar aufgeben' und ‚in keiner Weise verteidigen oder lehren' nicht enthalten sind.«

»Dort fehlen sie. In dem Protokoll fehlen sie aber nicht. Mithin, wer hat dem Angeklagten jenen Befehl mitgeteilt?«

»Seine Eminenz der Kardinal Bellarmin.«

»Aber Ihr habt doch eben jetzt mit Euren eigenen Ohren aus dem Inhalt des Protokolls vernommen, daß Euch diesen Befehl der Oberkommissar des Santo Officio im Namen Seiner Heiligkeit und des Santo Officio mitgeteilt hat.«

»Ich kann mich darauf nicht besinnen. Ich kann mich auch nicht daran erinnern, daß der Herr Oberkommissar anwesend war.«

»Aber möglich ist es, daß er anwesend war? Nun? So redet doch!«

Der Angeklagte mußte wieder schlucken. Und kaum hörbar preßte er hervor:

»Es ist möglich.«

»Also! Wir können demnach das bisher Gehörte wie folgt zusammenfassen: Das Santo Officio hat erklärt, daß diese Auffassung der Heiligen Schrift widerspricht, und der Oberkommissar hat dem Angeklagten im Namen Seiner Heiligkeit und des Santo Officio befohlen, diese Lehre ganz aufzugeben und weder zu verteidigen noch zu lehren. Antwortet mir nun auf die nächste Frage: Habt Ihr, nachdem Euch besagter Befehl erteilt worden war, die Erlaubnis erhalten, Euren ‚Dialog' zu schreiben?«

»Nein.«

»Und warum habt Ihr nicht um die Erlaubnis nachgesucht?«

»Weil ich nicht glaubte, diesen Befehl in meinem Buch zu überschreiten.«

»Und dieser Befehl, den Ihr erhieltet? Jetzt aber berichtet, wie Ihr die Zensurerlaubnis vom Palastmeister erhalten habt.«

Galilei erzählte ausführlich, wie er das Manuskript an Riccardi geschickt, wie sie das Vorwort besprochen, wie Visconti die Korrekturen gelesen habe und wie schließlich die Druckgenehmigung in Florenz erteilt worden sei.

»Habt Ihr dem Pater Palastmeister Mitteilung von dem soeben besprochenen Befehl erteilt, den Ihr im Jahre sechzehnhundertsechzehn erhieltet?«

»Ich habe nichts davon gesagt.«

»Und warum nicht?«

»Weil ich durch jenes Buch die Meinung von der Bewegung der Erde und dem Stillstande der Sonne weder festgehalten noch verteidigt habe; ich habe vielmehr in diesem Werk nur die Gegenbeweise aufgezählt.«

»Und sind diese stärker? Nun? Habt Ihr gehört, was ich gefragt habe? Welche Beweise sind nach der Meinung des Angeklagten in dem Buche nachdrücklicher erläutert? Die für Kopernikus oder die gegen Kopernikus sprechen?«

»Die ... gegen ihn sprechen.«

»Und die Beweise für Kopernikus? Sind sie auf Grund dessen hinfällig?«

Dem Angeklagten stiegen die Tränen in die Augen. Er mußte in diesem Augenblick über die Arbeit von fünfzig Jahren ein abfälliges Urteil abgeben: »Ja, die sind hinfällig.«

Von draußen herein klang das mittägliche Glockengeläut. Sofort erhoben sich die Richter von ihrem Platz. Dem Inquisiten zu helfen war niemand da. Mit unendlicher Kraftanstrengung, schwerfällig und stöhnend erhob er sich und stellte sich auf seinen gesunden Fuß. Er hätte gern seine Hände zum Gebet gefaltet, wie jene ihm gegenüber, aber sobald er seine linke Hand nur leise anrührte, verspürte er unmenschliche Schmerzen. Als die Inquisitoren ihr mittägliches, stummes Gebet verrichtet hatten, erklärte der Vorsitzende:

»Bevor ich die Verhandlung schließe, hat der Angeklagte abermals einen Eid abzulegen.«

Galilei war bereits in seinen Stuhl zurückgesunken. Wieder mußte er sich mit großer Mühe aufrichten; da läutete der Vorsitzende. Man kam, um ihm zu helfen, und faßte ihn unter die Arme. Er beschwor, weder schriftlich noch mündlich jemandem etwas über den Verlauf seines Prozesses mitzuteilen.

»So wahr mir Gott und die Heilige Jungfrau und alle Heiligen beistehen mögen!«

Dann befahl der Vorsitzende:

»Nehmt den Angeklagten wieder in Haft.«

X

Auf seine zwei lebenden Krücken gestützt, verließ er den Saal. Aus seinen Augen liefen noch die Tränen. Schritt für Schritt geleitete man ihn behutsam über Gänge und Treppen, denn er konnte sich nur sehr schwer und mühselig vorwärtsschleppen. Er hatte unsagbare Angst, daß man ihn jetzt in die Folterkammer führte. Statt dessen öffnete man ihm auf einem vornehmen Gang eine Tür. Er gelangte in eine richtige Wohnung mit schönen, hellen, gut eingerichteten Zimmern. Eine bessere Unterkunft hätte er sich gar nicht wünschen können. Erstaunt und ängstlich zugleich sah er sich um, als argwöhnte er eine Falle. Da wurde an die Tür geklopft. Der Vorsitzende selbst trat ein.

»Hoffentlich findet Ihr diese Wohnräume bequem genug?«

»Gehören denn alle drei Zimmer mir?«

»Alle drei. Auf die nachdrückliche Fürsprache der florentinischen Gesandtschaft hin haben wir diese Zimmer einem unserer Kollegen weggenommen, der vorübergehend in einem andern Teil des Gebäudes untergebracht wurde. Ihre Exzellenz, die Frau des Gesandten, hat Eure Sachen, Kleider, Leibwäsche, Arzneien und alles andere schon hierhergeschickt. Eurem Diener wird im Vorzimmer eine Lagerstätte bereitet. Als besondere Vergünstigung werden wir die Türen nicht versperren. Auch das ist eine Bevorzugung, die beispiellos in der Geschichte der Inquisition dasteht. Diesen Teil des Ganges dürft Ihr jedoch nicht überschreiten ... Was geht denn draußen vor?«

Der Diener erwiderte ehrerbietig:

»Das Mittagessen von der Gesandtschaft, Monsignore.«

»Schön. Dann will ich Herrn Galilei nicht weiter stören. Solltet Ihr irgend etwas benötigen, so wird mich Euer Diener stets in diesem Gebäude finden. Unterzeichnet jetzt das Protokoll über das Verhör. So. Ich wünsche guten Hunger!«

Erst dieses für Leib und Seele gleich qualvolle, aufregende Verhör, und jetzt ... Galilei glaubte zu träumen. Als der Pater sich entfernt hatte, legte er sich gleich zu Bett. Dort nahm er das Mittagmahl zu sich. Frau Katharina hatte ausschließlich seine Lieblingsspeisen kochen lassen, dazu schickte sie Obst und seinen Lieblingswein. Gierig schlürfte er davon mehrere Gläser. Er suchte den Rausch. Und das Getränk stieg ihm auch gleich zu Kopf. Nach dem Mittagessen schlummerte er ein, und nach langen Wochen schlief er das erstemal wieder ordentlich, sechzehn Stunden. Als er am anderen Tage erwachte, strahlte die Sonne schon hoch oben am Himmel. Er vergegenwärtigte sich nochmals das ganze Verhör. Immer und immer wieder schauderte ihn in der Erinnerung daran. Aber seine körperlichen Schmerzen peinigten ihn heute nicht mehr so sehr.

Die körperliche Ruhe und die seelische Erleichterung wirkten günstig auf seine Gesundheit. Schon nach zwei Tagen fühlte er sich wohler.

Am dritten Tage wagte er aufzustehen und konnte, sich an Möbeln oder an seinem Diener festhaltend, auch schon einige Schritte im Zimmer auf und ab gehen. Am fünften Tage kleidete er sich an und trat auf den Gang hinaus. Nur ein kleiner Teil des Ganges stand ihm zur Verfügung, über die Biegung hinaus durfte er nicht gehen. Mit schweren hinkenden Schritten humpelte er auf dem Gang hin und her. Zu Hause hatte er täglich einen kleinen Spaziergang in frischer Luft unternommen, solange er gesund war. Der Arzt hatte ihm diese Bewegung vorgeschrieben, und er selbst hatte auch die Erfahrung gemacht, daß sein Körper sofort seinen Dienst versagte, wann immer er diese Spaziergänge vernachlässigte. Jetzt versuchte er, sich für diesen vorgeschriebenen Spaziergang Ersatz auf dem Gang zu schaffen. Aber schon nach drei oder vier Schritten mußte er immer wieder umkehren. Ab und zu blieb er stehen und sah durch das Fenster hinunter auf den großen viereckigen Hof des Konvents, wo liebliche Blumen in den schönsten Farben prangten. Es war wirklich schwer, sich vorzustellen, daß dies der Garten der Inquisition sei.

Am selben Tage besuchte ihn Firenzuola. Er teilte ihm amtlich mit, daß sich das Santo Officio an drei Sachverständige gewandt habe, um feststellen zu lassen, inwieweit der Verfasser des ‚Dialogs' das ihm seinerzeit mitgeteilte Verbot überschreite. Die Gutachten lägen jetzt vor. Die Räte der Inquisition, Melchior Inkhofer und Augustino Oregio, vertraten die Meinung, daß der Autor an der verbotenen Lehre in seinem Buche zweifellos festhalte und sie verteidige. Der dritte Sachverständige, Zaccaria Pasqualiga, habe zusätzlich noch gefunden, daß der Verfasser diese Lehre in seinem Buche auch predige.

»Ich teile Euch dieses mit«, sagte Firenzuola, »weil Euer Vergehen damit zweifelsfrei erwiesen ist. Die Strafe wird also nicht ausbleiben. Geht in Euch und tut Buße!«

»Was wird meine Strafe sein?« fragte Galilei zögernd.

»Darauf dürfte ich Euch selbst dann nichts erwidern, wenn ich es wüßte. Aber Ihr könnt Euch wohl denken, daß Euer Vergehen außerordentlich schwer ist und daher auch die Strafe entsprechend schwer sein muß. Das einzige, was Ihr jetzt tun könnt, ist, in Euch zu gehen und Eure Sünden zutiefst zu bereuen.«

»Verzeiht mir, Monsignore, könnte ich eine Milderung des Urteils erwarten, wenn ich von meiner Buße Zeugnis ablege?«

»Eine Buße, die eine Belohnung erhofft, ist keine wahre Buße. Die Richter werden zweifelsohne abwägen, ob Eure Buße aufrichtig oder, wie gewöhnlich bei den Angeklagten, nur scheinbar ist.«

Mit diesen Worten verließ ihn der Hohe Kommissar. Galileo aber blieb mit den lastenden Worten zurück: ‚schwere Strafe'. Gleich dachte er an den Scheiterhaufen. Seine Phantasie hatte sich schon daran gewöhnt, sich bei jedem Anzeichen gräßliche Folgen auszumalen. Papst Urban glaubte, daß er ihn in der Gestalt des Simplicio dem

Spott der ganzen Welt habe preisgeben wollen. Papst Urban würde ihn also hinrichten lassen. Hatte doch Papst Paul einen Unglücklichen nur deswegen köpfen lassen, weil er den Papst Gregor mit dem Kaiser Tiberius verglichen, und zwar bloß in einem nie veröffentlichten Manuskript!

Nach einigen Tagen körperlicher und seelischer Entspannung verschlimmerte sich Galileis Zustand mit einem Male wieder. Das Gelenksleiden brach mit erneuter Stärke aus, als stünde es im Zusammenhang mit seiner seelischen Verfassung. Schmerzen überfielen Galilei, die ihm sonst laute Schreie abpreßten. Jetzt aber getraute er sich nicht einmal zu stöhnen. Wenn er hier nachts laut wurde, machte man mit ihm wohl nicht viel Federlesens, sondern schleppte ihn kurzerhand in die berüchtigten Verließe... Dort mochte er dann lärmen, soviel er wollte. Der Schrei vieler Menschen war von dort nicht mehr ans Tageslicht gedrungen. Vor Qual vergrub er sein Gesicht in den Kissen, knirschte mit den Zähnen und röchelte in die Polster hinein. Manchmal, wenn er es ohne menschliche Anteilnahme einfach nicht mehr aushielt, ließ er seinen Diener kommen, hielt dessen Hand krampfhaft umklammert und wiederholte fortwährend:

»Was wird bloß aus mir, Gianni?... Man wird mich foltern... Man wird mich verbrennen...«

Der Diener konnte diese Qualen schließlich nicht mehr mit ansehen. Auf eigene Verantwortung suchte er den Großinquisitor auf. Firenzuola stattete dem leidenden Greis einen Besuch ab. Auch Sincero, der Anwalt der Inquisition, war mitgekommen. Man konnte in ihren Mienen lesen, daß sie der Zustand des Kranken erschreckte. Sie befragten ihn über sein Leiden und trösteten ihn sogar. Dann verließen sie ihn mit der Versicherung, Firenzuola werde am anderen Tage wiederkommen und inzwischen versuchen, weitere Erleichterungen für den Kranken durchzusetzen. Am nächsten Tage erschien er tatsächlich wieder, abermals in Sinceros Begleitung.

»Ich bringe Euch eine gute Nachricht!« meldete er. »Das Santo Officio erklärt sich damit einverstanden, daß Ihr wieder im Gebäude der florentinischen Gesandtschaft wohnt. Sobald es Euch besser geht, könnt Ihr umziehen; denn ich bin der Meinung, daß man Euch in diesem Zustande nicht hinüberschaffen kann.«

»Nein, ich könnte es auch gar nicht aushalten, obwohl ich mich unendlich nach diesem Hause sehne.«

»Gut, gut, nehmt Euch aber zusammen! Wir versprechen beide, Euch sogleich in die Gesandtschaft bringen zu lassen, sobald Ihr wieder auf den Füßen stehen könnt. Aber daran ist natürlich eine Bedingung geknüpft.«

»Mir ist alles ganz gleich«, erwiderte Galilei hastig. »Sagt nur, was ich tun soll. Ich bin zu allem bereit.«

»Ihr müßt ein sichtbares Zeichen Eurer aufrichtigen Reue ablegen.«

»Sehr wohl. Was für ein Zeugnis?«

»Würde ich es Euch vorschreiben, verlöre es an Wert. Ihr müßt selbst auf eine Art zum Ausdruck bringen, wie tief Ihr bereut.«

Sie ließen ihn in seinem Schmerz zurück, als hätten sie ihm eine Rätselaufgabe gestellt. Er hatte das Gefühl, man verlange irgend etwas von ihm, was er erraten solle. Er war nun schon völlig zermürbt. Die Krankheit peinigte ihn ebenso wie die Angst vor dem Tode auf dem Scheiterhaufen. Mit jeder Faser seines Herzens sehnte er sich nach dem Gesandtschaftsgebäude zurück, nach Niccolinis tröstender, wärmender Liebe. Auch nahm er an, dort unter dem Schutze des Großherzogs von Toskana zu stehen.

Eine ganze Woche lang währte dieses Ringen mit sich selbst. Er ließ sich ein Exemplar seines Buches kommen und las mit angestrengter Aufmerksamkeit einige Stellen darin nach. Endlich reifte in ihm ein Entschluß: er würde sich demütigen und inbrünstig um Vergebung bitten, er würde flehen, ihm sein gebrechliches, armseliges Leben zu lassen.

Er schickte nach Firenzuola.

»Monsignore, ich bitte, mich vor dem Santo Officio erscheinen zu lassen. Ich will von meiner Buße Zeugnis ablegen.«

»Gut. Gott ist der Reue immer zugänglich, und auch wir wissen sie zu schätzen. Wie steht übrigens Euer Befinden? Morgen, am dreißigsten April, findet eine Sitzung statt. Könnt Ihr erscheinen?«

»Ja. Auch wenn ich im Sterben läge, würde ich mich hinschleppen, denn diesen Zustand ertrage ich nicht länger. Aber nicht wahr, Monsignore, man wird mich nicht verbrennen, wenn ich aufrichtige Reue zeige?«

»Knüpft Ihr Eure Reue an Bedingungen? Wäre das denn noch wirkliche Reue? Dergleichen will das Santo Officio nicht hören!«

»Nein, nein, ich stelle keine Bedingungen. Aber seht mich doch an, ich lebe ja kaum noch. Nur ein winziger Funken Leben glimmt noch in mir. Ich bin ein Wrack. Ich weiß nicht einmal mehr, was ich spreche. Habt Erbarmen ...«

»Ich habe Euch bereits eröffnet, daß wir Euch in Eure Gesandtschaft zurückkehren lassen, sofern Ihr aufrichtige Reue zeigt. Erscheint also morgen vor dem Santo Officio und legt Zeugnis von Eurer Buße ab — aber bedingungslos!«

Den ganzen Tag und die ganze Nacht überlegte Galileo nichts anderes, als was er seinen Richtern sagen könnte. Kaum war der Tag angebrochen, führte man ihn vor. Im Saal warteten die drei Geistlichen, vor ihnen stand das Kruzifix.

»Uns ist bekanntgeworden, daß der Angeklagte eine Erklärung abgeben will.«

»Jawohl, Monsignore«, erwiderte Galilei leise und mit gesenktem Haupte, »geruht mich anzuhören.«

Pause. Die Sätze, die er sich zurechtgelegt hatte, wollten einfach nicht über seine Lippen.

»Nun? So redet doch!«

»Ja«, begann er schließlich, »ich will sprechen. Ich habe mehrere Tage hindurch angestrengt über die im Verhör an mich gestellten Fragen nachgedacht, insbesondere über jene, ob mir vor sechzehn Jahren vom Heiligen Offizium tatsächlich verboten worden sei, die eben damals verdammte Meinung von der Bewegung der Erde und dem Verharren der Sonne weder anzuerkennen noch zu verteidigen oder zu lehren. Darüber kam mir der Gedanke, meinen gedruckten Dialog, den ich seit drei Jahren nicht wieder angesehen hatte, zu überlesen, um aufmerksam zu untersuchen, ob mir gegen meine lauterste Absicht aus Unachtsamkeit etwas aus der Feder geflossen wäre, weswegen... weshalb...«

»Nun? Nun!«

»Ich bitte um Vergebung, ich bin sehr erregt und das Atmen fällt mir schwer... ob etwas aus meiner Feder geflossen wäre, weswegen der Leser oder die kirchlichen Behörden mich nicht bloß der Unachtsamkeit, sondern auch eines gewissen Ungehorsams zeihen könnten und den Eindruck gewinnen, ich hätte den Befehlen der Heiligen Kirche zuwidergehandelt. Da es mir, dank gnädiger Erlaubnis, freigestellt war, meinen Diener umherzuschicken, verschaffte ich mir ein Exemplar meines Werkes und habe es mit der größten Aufmerksamkeit gelesen und aufs genaueste geprüft. Weil ich es so lange nicht in Händen gehabt, erschien es mir fast wie eine neue Schrift und wie von einem fremden Gelehrten. Und ich gestehe offen, an mehreren Stellen habe ich den Eindruck gehabt, als seien sie so abgefaßt, daß der mit meiner Denkungsweise nicht vertraute Leser glauben könnte, daß die falschen Behauptungen...«

Er mußte wiederholt schlucken, während er diese Worte über die Lippen brachte. Endlich blieb er ganz stecken. Jetzt hatte er das Ziel seiner ganzen Lebensarbeit, seinen Glauben und seine Überzeugungen verleugnet! Aber das große Gebäude des Minerva-Konvents stürzte nicht über seinem Haupt zusammen. Nichts dergleichen geschah. Nur in den Augen Firenzuolas begann es zu leuchten. Aber er hütete sich wohlweislich, den Bußfertigen zu unterbrechen. Er wartete.

»... obwohl ich die falschen Behauptungen«, fuhr der Angeklagte fort, und seine Augen wurden feucht, »zu widerlegen beabsichtigte, schienen sie durch die vorgebrachten Beweise eher geeignet, den Leser von ihrer Richtigkeit zu überzeugen, als ihm die Widerlegung zu erleichtern.«

Hier hielt er wieder inne. Nach dem Verrat an seinem ganzen Leben mußte er für einen Herzschlag einhalten, um sich zu sammeln und seine Gedanken neu zu ordnen. Was wollte er denn noch sagen? Ja, jenen Einwand des Papstes wollte er noch zur Sprache bringen, um seine Demut zu beweisen, damit Seine Heiligkeit ihn nicht dem Tode auf dem Scheiterhaufen überantwortete.

»Insbesondere zwei Beweise: erstens den von den Sonnenflecken und zweitens der von Ebbe und Flut scheinen so beweiskräftig, daß der Leser, der sie doch für widerlegbar erachten soll, tatsächlich verwirrt werden muß. Da ich das Abgleiten in einen so folgenschweren Irrtum vor mir selbst dadurch nicht zu entschuldigen vermochte, daß man eben die zu widerlegenden Beweisgründe des Gegners anführen müsse, ohne sie abzuschwächen — da mir also, wie gesagt, diese Entschuldigung keine völlige Befriedigung gewährte, suchte ich eine andere Erklärung für mein Vorgehen: es macht einem jeden Freude, seinen Scharfsinn zu entwickeln und sich im Auffinden geistreicher und wahrscheinlich klingender Argumente selbst für unrichtige Behauptungen geschickter zu zeigen als der Durchschnittsmensch. Obwohl ich gleich Cicero ‚avidior sim gloria quam satis sit', so würde ich heute dieselben Beweisgründe doch als unzureichend darstellen, daß sie auch nicht den geringsten Anschein angeblicher Überzeugungskraft zu erwecken vermöchten. Ich habe also einen Irrtum begangen, und zwar, wie ich eingestehe, aus eitlem Ehrgeiz ... und Unachtsamkeit.«

Galileo Galilei hatte die Wahrheit verleugnet. Er hatte die Heiligkeit der Wissenschaft mit Füßen getreten. Er hatte gelogen. Nun blickte er erwartungsvoll Firenzuola und die beiden Richter an. Sie mußten doch wissen, welch ungeheuren Entschluß er in den vergangenen Wochen unter höllischen Qualen gefaßt hatte. Sie mußten beurteilen können, daß der weltberühmte Gelehrte binnen weniger Minuten die wissenschaftliche Arbeit seines ganzen Lebens zertreten hatte und seinen Nacken vor den Peripatetikern beugte. Firenzuola hätte doch jetzt frohlocken müssen. Die Peripatetiker hatten gesiegt, Galilei, als Verfechter eines entgegengesetzten Systems, gab es nicht mehr. Die kopernikanische Idee war für immer gestorben ... Aber Firenzuola jauchzte nicht vor Siegesfreude. Er entgegnete im gleichgültigen Tone des Verhandlungsführers:

»Wir nehmen diese Erklärung zur Kenntnis und fordern den Angeklagten hiermit auf, dieselbe schriftlich zu wiederholen und mit eigenhändiger Unterschrift zu versehen. Dieses Dokument werden wir dann den Akten beilegen. Ihr könnt jetzt gehen.«

Galileo wankte aus dem Saale. Keine Erlaubnis zum Umzug? — Genügte dieser Widerruf noch immer nicht? Was sollte er denn noch tun?

»Ich will zurück«, rief er, vor Erregung bebend, dem Dominikaner zu, der an der Tür stand, »laßt mich zurück, ich will noch etwas sagen.«

Der Dominikaner trat in den Saal, kam jedoch gleich wieder zurück und öffnete die Tür. Galilei schleppte sich hinein. Seine Richter saßen noch auf ihren Plätzen.

»Ich habe noch etwas mitzuteilen«, preßte er heiser mit bebender Stimme hervor.

»Bitte.«

»Ich will noch deutlicher beweisen, daß ich diese verdammte Lehre von der Bewegung der Erde und dem Stillstand der Sonne nicht für wahr gehalten habe und sie auch nicht für wahr halte. Die drei Sprecher in meinem Buche beschließen, nach einiger Zeit wieder zusammenzukommen, um sich über andere naturwissenschaftliche Fragen zu unterhalten. Ich habe also die Möglichkeit, mein Buch fortzusetzen. So verspreche ich, die zugunsten der verdammten Meinung angeführten Gründe nochmals aufzunehmen, um sie auf die wirksamste Weise, die mir der barmherzige Gott eingeben wird, zu widerlegen ... zu widerrufen —, daß die Erde still steht und die Sonne sich ... bewegt ... die Sonne.«

Er klammerte sich taumelnd am Tischrand fest, aber seine Knie versagten ihm den Dienst; er fiel hin und verlor die Besinnung. Sincero erhob sich, ging um den Tisch herum, griff ihm unter die Arme und half ihm auf. Als Galileo sich wieder einigermaßen gesammelt hatte, sprach Firenzuola:

»Faßt auch diese zusätzliche Erklärung schriftlich ab. Und jetzt teile ich Euch mit, daß ich Unseren Herrn sogleich bitten werde, Euch zu gewähren, was ich Euch versprach. Macht Euch bereit, noch heute in die Gesandtschaft überzusiedeln.«

Dem Greis traten Freudentränen in die Augen. Firenzuola erklärte die Sitzung für geschlossen; er und der dritte Richter traten zu Galilei.

»Faßt Euch«, sagte Firenzuola, »und hört gut zu; denn ich habe Euch etwas Wichtiges mitzuteilen. Ich verletze zwar damit unsere Vorschriften, aber ich möchte, daß Ihr unser besonderes Wohlwollen erkennen sollt. Wir werden in Kürze abermals eine Sitzung abhalten. Darin werde ich Euch auffordern, innerhalb von acht Tagen eine Verteidigungsschrift nach Eurem eigenen Wunsch an das Santo Officio einzureichen. Überlegt Euch also bis dahin den Inhalt dieses Schriftstückes, das sehr aufrichtig, sehr reumütig, hauptsächlich aber sehr kurz sein muß. Jetzt kehrt zurück in Eure Zimmer und ruht Euch aus.«

Am selben Tage in den Nachmittagsstunden brachte man den Häftling der Inquisition in das Gesandtschaftsgebäude zurück. Alles das ging mit so überraschender Schnelligkeit vor sich, als hätte man bloß auf den Widerruf des Gelehrten gewartet. Firenzuola hatte nach dem Verhör sofort mit dem Papst gesprochen. Niccolini war von alldem nichts bekannt; denn aus dem Gebäude der Heiligen Inquisition drang keinerlei Nachricht in die Öffentlichkeit. Freudig überrascht empfing er den Heimkehrenden, umarmte ihn zärtlich und beeilte sich, das große Ereignis durch einen Sonderkurier dem Hofe in Florenz zu melden. Frau Katharina weinte vor Freude. Beide Ehegatten wußten nicht, was sie ihrem Gaste Liebes antun sollten. Sie versuchten, ihm jeden Wunsch an den Augen abzulesen, sie trösteten und betreuten ihn.

Als Galilei das Gebäude der Inquisition verließ, hatte ihm Firenzuola mitgeteilt, daß er auch dem Gesandten gegenüber keinerlei Aussagen über seinen Prozeß machen dürfe; Gäste zu empfangen sei ihm gleichfalls untersagt; ebenso dürfe er die Villa Medici nicht verlassen. Das Verbot, Gäste zu empfangen, schmerzte Galilei nicht besonders, und auch in die Stadt zog es ihn nicht. Wenn er Lust hatte, konnte er sich ja in dem herrlichen Park der Villa in die Sonne setzen. Aber gerne hätte er den Gesandten um Rat gebeten und seine Meinung über die mutmaßliche Strafe gehört. Er wagte jedoch nicht, das Gebot zu übertreten.

Über den Inhalt der Verteidigungsschrift sann er lange nach. Eine heikle Sache! Wie eine Eidechse zwischen Felsgeröll mußte er sich zwischen Lüge und Wahrheit hindurchschlängeln, und zwar so, daß er die Empfindlichkeit des Santo Officio nicht verletzte. Nach dem erzwungenen Geständnis konnte er jene angebliche Verurteilung von einst nicht mehr in Abrede stellen. Er mußte also zusehen, wie er sich rechtfertige. Einige Konzepte verwarf Galileo, bis er sich zur endgültigen Fassung entschloß. Seine schriftliche Rechtfertigung lautete schließlich folgendermaßen:

»Auf die Frage, ob ich den ehrwürdigen Pater Palastmeister von dem mir vor ungefähr sechzehn Jahren persönlich erteilten Befehle unterrichtet hätte, laut Verordnung des Heiligen Officio die Meinung von der Bewegung der Erde und dem Stillstehen der Sonne nicht festzuhalten, nicht zu verteidigen oder zu lehren, erwidere ich: nein. Da ich nicht weiter nach der Ursache meines damaligen Schweigens befragt wurde, habe ich mich auch nicht dazu geäußert. Es erscheint mir aber notwendig, meine Gründe anzuführen, um die Lauterkeit meiner Gesinnung zu erweisen, da es mir immer ferngelegen hat, zu Lug und Verstellung meine Zuflucht zu nehmen. Ich kehre deshalb zum Jahre sechzehnhundertsechzehn zurück. Einige mir übelwollende Personen hatten das Gerücht verbreitet, ich sei von Seiner Eminenz, dem Kardinal Bellarmin, vorgeladen worden, um gewisse von mir vertretene Meinungen und Lehren abzuschwören; ich hätte dies auch wirklich getan, und es sei mir eine Buße auferlegt worden. Ich sah mich darum genötigt, Seine Eminenz, den Kardinal Bellarmin, um eine schriftliche Erklärung zu bitten, die ich dieser Schrift beilege. Aus dieser Erklärung ist zu ersehen, daß mir nur angekündigt wurde: man dürfe die dem Kopernikus zugeschriebene Lehre von der Bewegung der Erde und dem Stillstehen der Sonne weder festhalten noch verteidigen; daß mir aber noch etwas im besonderen anbefohlen worden wäre, davon findet sich in jener Erklärung nicht die geringste Spur. Da ich nun das schriftliche Zeugnis von der Hand desselben Kirchenfürsten besaß, der mir die Verordnung über Kopernikus bekanntgab, habe ich nicht weiter über den Wortlaut des mündlichen Befehles nachgedacht, noch mich bemüht, ihn im Gedächtnis zu behalten, so daß die beiden anderen Bestimmungen außer dem ‚festhalten' und ‚verteidigen', nämlich ‚zu lehren' und ‚in irgendeiner Weise' mir vollständig neu vorkommen, als hätte ich sie nie gehört. Man wird mir nicht den Glauben versagen, wenn ich versichere, daß mir im Laufe von vierzehn bis sechzehn Jahren jede Erinnerung an jene mündliche Eröffnung vollständig entschwunden ist. Wenn man nun die zwei Bestimmungen in der vorliegenden Erklärung prüft, so ergibt sich unzweifelhaft, daß sie auf dasselbe hinauslaufen wie die durch das Dekret der Heiligen Index-Kongregation erlassene Vorschrift. Somit erscheint es hinreichend entschuldbar, daß ich den Pater Palastmeister über den mündlich mitgeteilten Befehl nicht unterrichtet habe, da ja derselbe mit dem der Index-Kongregation völlig übereinstimmt.

Daß ich dann bei der Drucklegung meines Buches in der geziemendsten Weise vorging, um es von jedem Schatten eines Verdachtes freizuhalten, geht daraus hervor, daß ich es dem obersten Inquisitor vorlegte, in einer Zeit, da viele Bücher des gleichen Themas kraft des genannten Dekrets verboten wurden. Auf Grund dieser Rechtfertigung glaube ich hoffen zu dürfen, die hochwürdigen und weisen Richter werden den Verdacht aufgeben, ich hätte wissentlich und vorsätzlich den mir erteilten Befehlen zuwidergehandelt, und erkennen, daß die in meinem Buche enthaltenen anstößigen Stellen keineswegs in unaufrichtiger Absicht und hinterlistig eingeflochten wurden, sondern mir lediglich aus eitlem Ehrgeiz, scharfsinniger als gewöhnliche Schriftsteller zu erscheinen, unversehens aus der Feder flossen, wie ich dies auch mündlich vor dem Heiligen Officium bekannt habe. Ich bin bereit, diesen Fehler wieder gutzumachen, sofern mir dies von den Hochwürdigen Herren anbefohlen oder gestattet wird.

Es erübrigt sich zum Schlusse, auf meinen bemitleidenswerten körperlichen Zustand hinzuweisen, in den zehn Monate seelischer Erschütterungen und die Beschwerden einer mühsamen Reise während der ärgsten Jahreszeit mich, einen Siebziger, versetzt haben. Das Vertrauen, das ich in die Huld und Gnade der Hochwürdigen Herren, meiner Richter, setze, gibt mir den Mut, dies auszusprechen. Ich bitte untertänigst, angesichts so vieler Leiden die entsprechende Bestrafung seiner Vergehen dem hinfälligen Greis nachzusehen. Desgleichen bitte ich um Schutz meiner Ehre gegen Verleumdungen der mir Übelgesinnten, die so eifrig bemüht sind, meinen guten Ruf zu untergraben.«

Zehn Tage lang ereignete sich nichts, was seinen Prozeß betraf. Aber das Schicksal hielt noch andere Aufregungen für ihn bereit. Celeste schrieb, daß die Pest erneut wüte. Selbst auf dem Lande ereigneten sich Todesfälle, und in der Stadt stürben die Menschen abermals massenhaft.

»Eure Exzellenzen«, sagte er, den Brief seinen Gastgebern entsetzt vorweisend, »das Schicksal zwingt mich doch in eine grauenhafte Lage! Hier lebe ich in ständiger Furcht vor dem Scheiterhaufen, und mit jedem meiner Gedanken sehne ich mich nach Hause, daheim aber herrscht die Pestilenz. Jetzt habe ich auch noch um das Schicksal meiner Angehörigen Angst auszustehen, da die Seuche meine Töchter bedroht. Bisher war ich wenigstens wegen der Familie meines Sohnes beruhigt. Er hat sich nach Monte Varchi versetzen lassen. Wie ich jetzt höre, sucht die Pest auch in den Dörfern neue Opfer. Meine beiden Enkelkinder . . . mein Gott . . . hier dieses fortwährende grauenhafte Bangen vor der Inquisition . . . die Qualen meiner Krankheit . . . Habe ich denn so sehr gesündigt, daß mich Gott so hart strafen muß?«

»Wartet einmal«, erwiderte die Frau des Gesandten, »auch ich habe einen Brief von Celeste. Wenn ich ihn Euch vorlese, werdet Ihr Euch beruhigen.«

Sie lasen Celestes Brief gemeinsam. Daraus sprach zärtliche Liebe und ein unerschütterliches Vertrauen in das Geschick ihres Vaters. Niemand auf der Welt konnte so trösten wie sie, von niemandem strömte soviel Friede aus.

Am zehnten Mai bestellte man Galilei zu einem neuerlichen Verhör. Mit strenger Amtsmiene teilte Firenzuola ihm mit, daß man ihm Gelegenheit biete, eine Verteidigungsschrift aufzusetzen, wenn er noch irgend etwas zu seiner Rechtfertigung vorzubringen habe, und daß ihm dafür acht Tage zur Verfügung stünden. Galilei holte seine bereits fertige Verteidigungsschrift aus der Tasche und legte sie auf den Tisch. Auch das Dokument des Kardinals Bellarmin fügte er bei, nunmehr im Original. Damit war dieses Verhör und die Verhandlung beendet. Firenzuola billigte die Verteidigungsschrift und lobte den Angeklagten. Dann ließ man ihn wieder in das Gesandtschaftsgebäude zurückkehren.

So hatte Galileo das Hochziel seines Lebens für ein nacktes Dasein hingeopfert. Für den teuersten Preis hatte er sich ein gebrandmarktes Leben erschachert, aber es war eben doch das Leben, die letzten Jahre seines armen Daseins, in denen er sich an seiner geliebten Tochter Celeste und den heranwachsenden Enkelkindern freuen durfte. Einen wahnwitzigen Preis bezahlte er dafür, und seine Richter mußten sich darüber im klaren sein; auch der Papst mußte es wissen! Um den Zorn des Heiligen Vaters zu stillen, ging er bis zur äußersten Grenze der Demütigung. Und hatte er wirklich geheime Feinde, so wurde diesen jetzt ein überwältigender Sieg zuteil. Was konnten sie noch wollen? . . . Jetzt empfand er vor der Folter und dem Scheiterhaufen plötzlich keine Angst mehr. Er wußte, daß man ein hartes Urteil fällen würde, daß man seinem Buche höchstwahrscheinlich einige gegen Kopernikus gerichtete Kapitel anheften und ihn zu irgendeiner Buße verpflichten würde. Seine wissenschaftliche Laufbahn war beendet, aber die stillen Freuden des Greisenalters würden ihm winken ...

Er schrieb zuversichtliche Briefe an seine Bekannten, sprach nur von seinen Hoffnungen und mied sorgfältig jede Anspielung auf seinen Prozeß. Verschiedene Anzeichen deuteten darauf hin, daß der glimpfliche Verlauf des Prozesses auch anderen bereits bekannt war. Seine Post wurde mit einem Male sehr umfangreich; er erhielt eine ganze Reihe von Glückwünschen, die Freude und Genugtuung über die günstige Wendung zum Ausdruck brachten. Darunter war auch einer von Ascanio Piccolomini, dem jungen Bischof von Siena. Freudig und herzlich begrüßte er den einer großen Gefahr entronnenen Gelehrten und lud ihn gastfreundlich ein, nach Siena zu kommen, um sich dort von den Aufregungen auszuruhen. Er versprach ihm eine Sänfte, liebevolle Bewirtung, alle Annehmlichkeiten, die überhaupt in seiner Macht stünden. Der hoffnungsvolle Ton dieser Briefe flößte auch Galilei immer mehr und mehr Zuversicht ein. Sein körperlicher Zustand besserte sich, die Gelenksschmerzen ließen nach; er ging viel im Garten der Medici-Villa spazieren, und das wirkte günstig auf sein Allgemeinbefinden. Jetzt wartete er nur darauf, sobald als möglich das Urteil zu vernehmen.

Aber die Heilige Inquisition schwieg — wochenlang. Niccolini gab sich Mühe, die Angelegenheit zu beschleunigen, aber er fand kaum Gelegenheit dazu. Die Inquisitoren durften mit ihm darüber nicht reden, da dies die Gesetze des Santo Officio verboten. Der Papst hatte Niccolini schon einmal eine Audienz gewährt und ihm eine nichtssagende Antwort erteilt. Höchstens nach Florenz hätte er sich wenden können, um den Großherzog zu veranlassen, einzugreifen. Doch auch das war nicht so einfach.

Eines Abends zögerte der Diener, der den greisen Gelehrten zu Bett brachte, als hätte er etwas zu sagen. Galilei bemerkte, daß der Brave ein Anliegen hatte, und löste ihm durch Fragen die Zunge.

»Bitte, versprecht mir, Euer Gnaden, mich nicht zu verraten!«

»Ich verspreche es. Du darfst es mir vertrauen.«

»Der Diener Seiner Exzellenz hat mir etwas erzählt. Er hat gehört, wie Seine Exzellenz sich mit seiner Gemahlin über Eure Angelegenheit unterhielten. Sie waren beide ganz bestürzt und sprachen sehr unfreundlich über Seine Exzellenz, den Kanzler. Denn Cioli, vergebt mir, bitte, die Dreistigkeit, daß ich als Diener so etwas zu behaupten wage, ist ein schlechter Mensch und Euch nicht zugetan. Es sei ihm gar nicht recht, schreibt er, daß Ihr hier wohnt; das koste nur Geld, und in der Gefangenschaft des Santo Officio könntet Ihr auf Kosten der Inquisition leben. Sowohl der Herr Gesandte als auch seine Frau Gemahlin waren darüber sehr empört. Dann hat der Diener noch erfahren, was der Herr Gesandte nach Florenz berichtet hat. Seine Exzellenz, der Gesandte, hat Seiner Exzellenz, dem Kanzler, geschrieben, daß Eure

Beköstigung alles in allem monatlich nicht mehr koste als fünfzehn Scudi. Für hundert Scudi könntet Ihr also ein halbes Jahr lang hier Gastfreundschaft genießen. Sollte die Regierung diesen Betrag zu hoch befinden, so sei der Herr Gesandte gerne bereit, ihn aus eigener Tasche zu bezahlen... Aber ich bitte Euch um Himmels willen, verratet mich nicht! Auch nicht den anderen Diener, sonst würde es uns beiden schlimm ergehen...«

Galilei war von der Menschlichkeit des Gesandten tief gerührt. Er wollte den Diener nicht verraten, aber bei der nächsten Gelegenheit brachte er das Gespräch auf die Kosten seines Aufenthalts. Niccolini unterbrach ihn:

»Unser Herrscher ist ein Kavalier und knausert nicht mit ein oder zwei Goldstücken. Ihr braucht Euch darüber wirklich keine Sorgen zu machen, Ihr habt genug andere. Ihr könnt hierbleiben, solange Ihr wollt, alles übrige laßt meine Sache sein.«

»Ich habe die Frage nur deswegen angeschnitten...«

»Kein Wort mehr davon, mein Lieber! Ich habe viel wichtigere Nachrichten für Euch. Eben jetzt wird mir mitgeteilt, daß mich der Papst morgen empfangen will. Ich hatte um eine Audienz gebeten, um Eure Angelegenheit zu beschleunigen.«

»Nicht nur beschleunigen, Exzellenz«, bat Galilei, »vielleicht könnt Ihr auch von Seiner Heiligkeit erfahren, wie mein Urteil ausfallen wird. Ob ich irgendwohin wallfahrten oder ob ich mich für einige Zeit in ein Kloster begeben soll. Solche Strafen pflegt das Santo Officio aufzuerlegen, wenn es wohlwollend gesinnt ist. Und vielleicht könnt Ihr auch in Erfahrung bringen, was mit meinem Buche geschehen wird...«

»Ich will's versuchen. Sogleich nach der Audienz werde ich Euch berichten.«

Am andern Mittag suchte der Gesandte den Greis im Garten auf.

»Das Urteil ist gefällt, Messer Galileo, aber es ist mir nicht bekannt, wie es lautet. Sehr hart wird es nicht sein, antun wird man Euch nichts. Ich befürchte allerdings, daß es auch nicht zu milde ausgefallen ist. Ich fragte den Papst einfach danach. Er erwiderte, das Kardinalskollegium habe auf Grund des Protokolls der Heiligen Inquisition ein bestimmtes Urteil gefällt, es sei ihm aber selber noch nicht bekannt. Das ist natürlich unmöglich; denn das Urteil hat zweifellos er selbst gesprochen. Er wollte es mir also offenbar nicht verraten. Sie bestehen ja immer darauf, die Verhandlungen der Inquisition bis zur Veröffentlichung des Urteils streng geheimzuhalten. Als ich trotzdem in Seine Heiligkeit drang, sagte er: ,Wir wissen noch nicht, was aus ihm wird. Er hat zu büßen, das können Wir ihm nicht ersparen. Das mildeste Urteil kann lauten, daß er für eine gewisse Zeit in ein Kloster übersiedeln muß, um Buße zu tun. Sucht Uns nach Verkündigung des Urteils unter allen Umständen auf, Wir wollen dann besprechen, was sich machen läßt, damit ihm möglichst wenig Leid geschieht.' Daraus geht immerhin klar hervor, daß Euch der Scheiterhaufen und was Ihr sonst noch fürchtet, nicht droht. Hoffen wir also das Beste. Wenn das Urteil schon gefällt ist, kann sich die Angelegenheit auch nicht mehr lange hinziehen.«

Und wirklich, drei Tage später, am zwanzigsten Juni abends, stellte man dem Angeklagten eine Vorladung zu: er habe am anderen Morgen, Dienstag, um neun Uhr, vor der Heiligen Inquisition zu erscheinen. Galileo war aufgeregt, aber nicht verzweifelt; denn daß man sein Leben schonen würde, wußte er. Er war viel eher neugierig, welche Gnade oder Vergünstigung er sich mit dem kläglichen Verrat an seinem Gewissen und an der Arbeit seines ganzen Lebens erkauft hatte.

Am nächsten Morgen um neun Uhr stand er pünktlich vor seinen Richtern. Er konnte wieder stehen. Der ärgste Schmerz in den Gelenken war vorüber, der Anfall im Abflauen. In dem großen Ratssaale waren abermals drei Personen anwesend, und Galileo konnte sich nicht genug wundern, daß man in einem so bedeutsamen Prozeß, dem Inquisitionsprozeß eines weltberühmten Gelehrten, mit so wenig Feierlichkeit einen Urteilsspruch fällte. Man hätte doch wirklich voraussetzen können, daß die Peripatetiker der Kirche, die einen solchen Sieg davontrugen, aus dieser Urteilsverkündigung ein wahres Fest machen würden.

»Der Angeklagte wird nochmals verhört«, erklärte Firenzuola. »Er hat zunächst den üblichen Eid abzulegen.«

Galilei wiederholte die Eidesformel und war erstaunt. Wieder ein Verhör? War denn der Papst falsch unterrichtet? Das Urteil war doch schon gefällt! Ganz erschüttert nahm er Platz, als man ihm erlaubte, sich zu setzen.

»Hat der Angeklagte noch etwas vorzubringen?«

»Nein, nichts mehr.«

»Der Angeklagte soll uns sagen, seit wann er glaubt, daß sich die Erde um die Sonne bewegt, und ob er auch jetzt noch an einer solchen Auffassung festhält.«

»Vor langer Zeit, besser gesagt, vor der Entscheidung der Heiligen Index-Kongregation, und ehe mir der bewußte Befehl erteilt worden war, schwankte ich unschlüssig und hielt beide Meinungen, sowohl die des Ptolemäus als auch die des Kopernikus, für strittig. Nach der Entscheidung der Kongregation aber, überzeugt von der Weisheit des Oberen, hörte in mir jede Ungewißheit darüber auf, daß die Erde stillsteht und die Sonne sich bewegt, wie es Ptolemäus lehrt.«

»Wie ist es dann möglich, daß Ihr viel später über eben diese Frage ein Buch geschrieben habt? Dieses Buch erweckt den Eindruck, als ob sein Verfasser im tiefsten Grunde seines Herzens auch weiterhin an der Lehre des Kopernikus festhielte, das müßt Ihr zugeben.«

Galilei wollte etwas erwidern, aber Firenzuola wurde plötzlich streng und fuhr ihn an:

»Ihr habt einen Eid abgelegt, nur die reine Wahrheit zu sagen! Antwortet auf Ehre und Gewissen: habt Ihr an der Lehre des Kopernikus festgehalten und haltet Ihr heute noch daran fest? Ihr sollt nicht erwidern, was Ihr zu erklären bereit seid, sondern was Ihr im tiefsten Grund Eures Herzens glaubt! Sagt die Wahrheit!«

Der Greis erschrak. Daß man ihn, anstatt ihm das Urteil zu verkünden, abermals einem Verhör unterzog, verstörte ihn und beraubte ihn seines Gleichgewichts. Doch jetzt konnte er von dem einmal beschrittenen Wege nicht mehr abweichen. Er mußte wissentlich etwas Falsches unter Eid aussagen... Er mußte trotz des ›So wahr mir Gott helfe‹ lügen...

»Was den bereits veröffentlichten Dialog anlangt, so habe ich ihn nicht darum geschrieben, weil ich an die kopernikanische Lehre geglaubt hätte. Ich habe nur im Glauben, dadurch dem allgemeinen Wohl zu dienen, die astronomischen Beweisgründe für beide Weltanschauungen dargelegt. Dabei war ich bemüht, zu zeigen, daß weder die einen noch die anderen, weder die des Ptolemäus noch die des Kopernikus, entscheidende Beweiskraft besitzen, und daß man demzufolge, um Sicherheit zu erlangen, seine Zuflucht zu einer höheren glaubensbedingten Entscheidung nehmen müsse, wie dies aus unzähligen Stellen meines Dialoges deutlich zu ersehen ist. Vor dem Richterstuhl meines Gewissens erkläre ich also: daß ich nach der Entscheidung der kirchlichen Behörden an dieser verdammten Lehre weder festgehalten habe noch jetzt festhalte!«

»Das ist alles nur Rederei! Der Angeklagte verdreht die Worte zwar sehr geschickt, vermag jedoch nicht zu überzeugen. Die von ihm vorgebrachten kopernikanischen Argumente wirken viel stärker. Ich warne Euch, gesteht demütig die Wahrheit ein, sonst kann ich mich auch anderer Rechtsmittel bedienen!«

»Nein«, erwiderte Galilei halsstarrig, »als man mir diese Lehre verbot, wandte ich mich von ihr ab. Etwas anderes kann ich nicht sagen. Im übrigen bin ich hier in Euren Händen, tut mit mir nach Eurem Belieben.«

Firenzuola erhob sich und gleichzeitig mit ihm die beiden anderen Richter, der Angeklagte folgte ihrem Beispiel. Der Hohe Kommissar der Inquisition erklärte mit feierlicher Stimme und mit ausgestreckter Hand:

»Im Namen des Santo Officio ermahne ich Euch noch einmal, zum letzten Male, gesteht die reine Wahrheit, da wir Euch sonst der Folter unterwerfen müßten!«

Galilei erblaßte und mußte sich festhalten. Blitzschnell arbeiteten seine Gedanken. Was mußte jetzt gesagt werden? Wenn er jetzt etwas anderes behauptete, gab er zu, eidbrüchig gewesen zu sein und das

Buch in böser Absicht verfaßt zu haben... Er sah Firenzuola in die Augen und erwiderte bebend, aber entschlossen:

»Ich bin hier, um Gehorsam zu leisten, und habe, wie gesagt, an dieser Lehre nach der erfolgten Entscheidung nicht festgehalten.«

Firenzuola überlegte blitzschnell, dann sah er die beiden anderen Richter an. Diese verstanden den fragenden Blick, den der Angeklagte nicht zu deuten vermochte. Beide nickten. Der Vorsitzende hob die Schultern.

»Der Angeklagte hat sich jetzt in das Nebenzimmer zu begeben und zu warten, bis er gerufen wird.«

Galilei wankte hinaus. Er setzte sich und verspürte ein heftiges Verlangen nach Schlaf. Er bemerkte, daß sein ganzer Körper in Schweiß gebadet war. Seine Knie zitterten. »Entsetzlich, entsetzlich«, murmelte er vor sich hin. Vom Gang klangen Schritte herein, und dieses Geräusch wirkte so schmerzhaft auf seine Nerven, daß er gequält aufschrie. Von drinnen war nichts zu hören. Ein furchtbares, ein grauenhaftes Warten, endlos, wie die Ewigkeit! Würde man ihn wirklich foltern? Sicherlich würde er es nicht überstehen und sterben. ‚Celeste! Celeste! Warum bist du jetzt nicht bei mir!'

Die Tür öffnete sich, man hieß ihn eintreten.

»Das Protokoll des soeben stattgefundenen Verhörs wird Euch noch einmal verlesen.«

Das Protokoll, stellte Galilei fest, war wahrheitsgemäß und einwandfrei aufgesetzt.

»Unterschreibt!«

Wortlos gehorchte er.

»So. Nun habe ich dem Angeklagten mitzuteilen, daß wir in dieser Angelegenheit morgen vormittag das Urteil verkünden. Das Verfahren ist beendet.«

»Darf ich jetzt heimgehen?« brachte der von einem Alpdruck Befreite innerlich jubelnd hervor.

»Nein, das verbieten die Statuten. Die heutige Nacht habt Ihr hier zu verbringen. Ihr erhaltet die gleichen Wohnräume zugewiesen wie neulich. Warum zögert Ihr? Habt Ihr noch einen Wunsch?«

»Der Gesandte ist mir aufrichtig zugetan, er wird sich um mich sorgen. Könnte man ihn nicht benachrichtigen, daß ich hierbleibe und mir kein Leid zugefügt wurde?«

»Ob Euch ein Leid zugefügt wird oder nicht, das ist Amtsgeheimnis. Daß Ihr aber hierbleibt, werden wir nicht versäumen, Seiner Exzellenz, dem Herrn Gesandten, zu melden.«

Man geleitete ihn in seine alte Wohnung. Nur der einzige Satz klang immer wieder in seinen Ohren wie das Glockengeläute der Erlösung: »Das Verfahren ist beendet!« Jetzt stand zweifelsfrei fest, daß man ihn nicht foltern würde. Aus irgendeinem Grunde hatte man ihn unter Androhung der Folter die kopernikanische Lehre nochmals abschwören lassen und damit auch alles, was er seit sechzehn Jahren gelehrt und geschrieben und worüber er disputiert hatte. Mit einem Male waren alle seine Gegner im Recht: Pater Grassi, Pater Scheiner, Chiaramonti, alle, alle! Dieses Protokoll verwarf nicht nur unter Eid den ‚Dialog', sondern gab unter Eid auch allen seinen Gegnern recht. Aber das war jetzt gleichgültig. Er würde sich in seine Villa zurückziehen, um seine Rebstöcke zu pflegen... Täglich würde er Celeste besuchen, und seine Enkelkinder spielten zu seinen Füßen... Wahrlich, ein stilles, bescheidenes Ende eines tragisch verwirkten Lebens! Ach ja, da blieb noch die Buße, zu der man ihn verurteilte. Aber auch das war jetzt gleichgültig. Nur so viel Zeit sollte ihm noch übrigbleiben, um einige wenige Jahre in seiner Einsamkeit in Arcetri zu verbringen!

Nachmittags traf die Sendung der aufmerksamen Frau Katharina ein: der Diener brachte gutes Essen, das Nachtgewand, Medikamente, Briefpapier und allerlei Kleinigkeiten, dazu einen Strauß Blumen aus dem Garten der Gesandtschaft. Am frühen Abend legte Galileo sich zur Ruhe, konnte aber lange nicht einschlafen. Ein seltsamer Gedanke quälte ihn: jeder Mensch stirbt nur einmal, er aber starb zweimal. Als Gelehrter war er jetzt schon tot, als Feigling vom Schlachtfeld geflüchtet. Einstmals hatte ihm Fra Paolo prophezeit: ‚Ihr seid nicht zum Märtyrer geboren. Ihr liebt das Leben viel zu sehr.' Sarpi hatte recht behalten. Zum Märtyrer muß man geboren sein. Celeste könnte jederzeit für ihren Glauben sterben, still und selbstverständlich. Aber es gibt nur eine Celeste auf der Welt...

XI

Schon im Morgengrauen erwachte Galilei. Er hielt es vor Ungeduld nicht mehr aus und kleidete sich ohne Hilfe an, da er den Diener nicht wecken wollte. Er ging hin und her, tat bald diese, bald jene Verrichtung, um die Wartezeit zu kürzen. Es war schon später Vormittag, als endlich jemand kam, ihn abzuholen – und zwar kein Geringerer als Firenzuola selbst, der dem Gelehrten ein Schriftstück übergab. Draußen dröhnten die Glocken.

»Werft einmal einen Blick hinein, ob Ihr es fließend lesen könnt. Lest einige Zeilen laut vor.«

Galilei hielt den Bogen Papier erst näher an seine Augen, dann weiter von seinem Gesicht entfernt und versuchte, wie er mit seinem schwachen Sehvermögen die Buchstaben am besten entziffern könnte.

»Ich, Galileo Galilei, Sohn des verstorbenen Vincenzo Galilei aus Florenz, siebzig Jahre alt, persönlich vor Gericht gestellt und kniend vor Euren Eminenzen...«

»Es ist gut«, unterbrach ihn Firenzuola, »lest es schnell durch, damit

Ihr dann nicht stottert und steckenbleibt; denn nach der Urteilsverkündung habt Ihr es kniend laut vorzulesen. Ihr könnt es auch unterwegs noch studieren. Jetzt sind wir so weit. Ich gehe voraus.«

Firenzuola eilte fort. Den Angeklagten nahmen zwei Dominikanermönche in ihre Mitte, beide trugen brennende Kerzen in der Hand. So geleiteten Mönche auf alten Bildern Savonarola zum Scheiterhaufen ... Galileo las das Schriftstück durch, in dem nichts Überraschendes stand; es war eine feierliche Verleugnung seiner Lehren. In langen, schlaflosen Nächten hatte er schon so viel darum gelitten, daß er die Erklärung jetzt beinahe gleichgültig las. Viel mehr beschäftigte ihn die Frage, wie das endlos hinausgezögerte Urteil ausfallen würde.

Zu seiner größten Überraschung führte man ihn in die Kirche. In den geschnitzten Holzbänken rechts und links vom Altar saßen heute nicht die Dominikanermönche, die sonst hier ihre Andacht zu verrichten pflegten. Vielmehr saßen in der ersten Reihe auf der einen Seite Kardinäle in vollem Ornat, ohne Zweifel Mitglieder der Inquisition, die auf Grund der Gerichtsprotokolle das Urteil zu fällen hatten. Auch die Richter saßen dort, alle drei in einer gesonderten Gruppe. In den weiteren Reihen, eng nebeneinandergedrängt, geistliche Würdenträger und Mönche, Karmeliter, Jesuiten, Dominikaner, Minoriten, Franziskaner, Theatiner und viele andere in schwarzen, braunen und weißen Kutten. Die beiden Dominikaner geleiteten Galilei zu einem Tisch. Auf diesem Tisch lag zwischen zwei brennenden Kerzen eine Bibel, und davor stand das Kruzifix. Als Galilei vor seinem Platz stehenblieb, erhob sich Firenzuola und bat laut in lateinischer Sprache das Kardinalskollegium um die Erlaubnis, das im Prozeß des Galileo Galilei gefällte Urteil zu verlesen. Die Kardinäle nickten der Reihe nach. Firenzuola griff nach einem Aktenbündel und reichte es dem Kardinal Ginetti, dem jüngsten unter ihnen. Der begann zu lesen:

»Wir, Caspar Borgia, Kardinal vom Titel des Heiligen Kreuzes in Jerusalem,
Bruder Felix Centino, Kardinal vom Titel des Heiligen Anastas,
Bruder Guido Bentivoglio, Kardinal vom Titel der Heiligen Maria vom Volke,
Bruder Desiderio Scaglia, Kardinal vom Titel des Heiligen Carl,
Bruder Antonio Barberini, Kardinal der Heiligen Onuphrius,
Bruder Laudivio Zacchia, Kardinal vom Titel des Heiligen Peter,
Bruder Berlingero Gessi, Kardinal vom Titel des Heiligen Augustin,
Bruder Fabricio Verospio, Kardinal vom Heiligen Laurenz,
Bruder Francesco Barberini, Kardinal vom Heiligen Laurenz in Damaskus,
und Mario Ginetti, Diakon,
Kardinäle der Heiligen Römischen Kirche durch Gottes Barmherzigkeit

in der ganzen Christenheit als Inquisitoren gegen Ketzerei vom Heiligen Apostolischen Stuhle eigens ernannt, verkünden das Folgende: ...«

Galilei sah die Kardinäle an. Alle waren ihm bekannt, mit den meisten hatte er persönlich verkehrt. Die Kardinäle wiederum blickten ihn an. Aus den hintersten Reihen hörte man Flüstern. Man machte Bemerkungen über ihn.

»Da du, Galilei«, fuhr Ginetti fort, »Sohn des Vincenzo Galilei aus Florenz, siebzig Jahre alt, im Jahre sechzehnhundertfünfzehn bei diesem Heiligen Offizium angezeigt wurdest ...«

Man hatte ihn angezeigt? Also doch! Seine damaligen Seelenqualen und der gräßliche Alpdruck waren nicht grundlos gewesen!

»... daß du die falsche, von vielen verbreitete Lehre als eine wahre festhältst: nämlich, die Sonne sei im Zentrum der Welt und unbeweglich, und die Erde drehe sich alltäglich um ihre eigene Achse, ferner: daß du einige Schüler hast, die du in dieser Lehre unterrichtest; ferner, daß du mit einigen Mathematikern Deutschlands über diese Lehre einen Briefwechsel unterhältst; ferner, daß du einige Briefe erscheinen ließest mit dem Titel: ‚Über die Sonnenflecken', in welchen du diese Lehre als wahr erklärtest; daß du auf die Einwürfe, die dir zu wiederholten Malen aus der Heiligen Schrift gemacht wurden, durch Erklärung der Heiligen Schrift nach deinem Sinn geantwortet. Da ferner eine Kopie eines Briefes an einen deiner ehemaligen Schüler vorgelegt wurde, in dem du einige Sätze gegen den wahren Sinn und die Autorität der Heiligen Schrift aussprichst:

Wollte infolgedessen das Heilige Tribunal gegen die Unzuträglichkeiten und Nachteile, welche daraus entspringen und zum Schaden des Heiligen Glaubens überhandnehmen, Fürsorge treffen, und so wurde im Auftrage Unseres Herrn und Ihrer Eminenzen der Herren Kardinäle dieses höchsten und allgemeinen Inquisitionsgerichtes von den Theologen die Behauptung von dem Stillstehen der Sonne und der Bewegung der Erde folgendermaßen begutachtet: Der Satz, die Sonne sei im Zentrum der Welt und ohne örtliche Bewegung, ist absurd, philosophisch falsch und ketzerisch, weil er ausdrücklich der Heiligen Schrift widerspricht.

Der Satz, die Erde sei nicht das Zentrum der Welt und nicht unbeweglich, sondern bewege sich, und zwar auch in täglicher Umdrehung, ist ebenfalls absurd und philosophisch wie theologisch falsch und zumindest den Glaubenslehren widersprechend.

Da es Uns indessen gefiel, mit Milde gegen dich zu verfahren, so wurde in der am fünfundzwanzigsten Februar sechzehnhundertsechzehn in Gegenwart Unseres Herrn abgehaltenen Kongregationssitzung beschlossen: Seine Eminenz, der Herr Kardinal Bellarmin, sollte dir auftragen, die erwähnte falsche Lehre ganz aufzugeben. Im Weigerungsfalle solltest du durch Kerkerhaft bestraft werden.«

‚Das Protokoll ist falsch', dachte Galilei, seine Erinnerungen blitzschnell überprüfend, ‚das Protokoll ist falsch!' Er hatte sich doch mit Bellarmin sogleich verständigt, der Kommissar des Santo Officio hatte doch gar nichts mehr zu besprechen gehabt! ‚Das Protokoll ist falsch! Wer mochte es gefälscht haben? Wer hatte wohl dem Papst die Freude bereitet und das ‚ursprüngliche' Protokoll gefunden?' Er versuchte, sich zusammenzureißen, denn er mußte auf die Verlesung achten.

»... In Ausführung dieses Beschlusses wurde dir tags darauf im Palast Seiner Eminenz, des genannten Kardinals Bellarmin, nachdem du von ihm sanft ermahnt worden warst, von dem damals fungierenden Herrn Kommissar des Heiligen Officio in Gegenwart eines Notars und vor Zeugen der Befehl erteilt, daß du von der erwähnten falschen Meinung gänzlich abstehen mögest, und daß es dir in Zukunft nicht erlaubt sei, sie festzuhalten, zu verteidigen oder in irgendeiner Weise zu lehren, weder mündlich noch schriftlich. Als du Gehorsam versprochen hattest, wurdest du entlassen.

Und damit eine so verderbliche Lehre gänzlich ausgerottet werde und nicht weiter zum großen Schaden der katholischen Wahrheit um sich greife, erschien von der Heiligen Index-Kongregation ein Dekret, durch welches jene Bücher und Lehren für falsch und der Heiligen und Göttlichen Schrift als völlig widersprechend erklärt wurden. Als dann im vorigen Jahre in Florenz ein Buch erschien, dessen Aufschrift zeigte, daß du der Verfasser desselben seiest: ‚Dialogo di Galileo delle due massimi Sistemi del Mondo, Tolomaico e Copernicano', und zugleich die Heilige Kongregation erfuhr, daß durch die Veröffentlichung obigen Buches die falsche Lehre von der Bewegung der Erde und dem Stillstehen der Sonne täglich mehr um sich greife, so wurde dieses Buch sorgfältig geprüft und in demselben eine offenkundige Übertretung des dir erteilten Befehls gefunden, weil du in diesem Buche die erwähnte und in deiner Gegenwart schon verdammte Lehre verteidigt hast, wenngleich du dich in diesem Buch bemühst, durch verschiedene Wendungen zu überzeugen, sie sei von dir als unentschieden und ausdrücklich nur als wahrscheinlich zugelassen, was gleichfalls ein grober Irrtum ist, da eine Lehre auf keine Weise wahrscheinlich sein kann, die bereits als der Heiligen Schrift widersprechend befunden wurde.«

Galilei hätte am liebsten dazwischengerufen: ‚Bellarmin selber hielt sie für nicht ganz unwahrscheinlich! Auch Papst Urban hatte gegen die Hypothese nichts einzuwenden!' Aber der Greis, der vor dem kleinen Tisch mit den brennenden Kerzen und dem Kruzifix stand, fand nicht den Mut zu solchem Zwischenruf. Er senkte seinen Kopf tief auf die Brust und hörte schweigend zu.

»... Deshalb wurdest du auf Unseren Befehl vor dieses Heilige Offizium zitiert, wo du bei deiner Vernehmung unter Eid bekanntest, das Buch sei von dir geschrieben und in Druck gelegt worden. Ferner bekanntest du, daß du etwa vor zehn oder zwölf Jahren, nachdem dir der obige Befehl erteilt worden war, das genannte Buch zu schreiben angefangen habest; ferner, daß du um die Erlaubnis nachgesucht, dasselbe zu veröffentlichen, ohne denjenigen, die dir dazu die Ermächtigung gaben, mitzuteilen, daß dir befohlen wurde, diese Lehre weder festzuhalten, noch zu verteidigen, noch in irgendeiner Weise zu lehren.

Du bekanntest gleichfalls, das genannte Buch sei an vielen Stellen so verfaßt, daß der Leser sich die Meinung bilden könne: die für die falsche Lehre vorgebrachten Argumente seien so vorgetragen, daß sie vermöge ihrer Beweiskraft den Verstand umstricken könnten; zu deiner Entschuldigung bringst du vor, du seiest dadurch in diesen deiner wahren Ansicht angeblich ganz fernliegenden Irrtum verfallen, weil du das Buch in Gesprächsform abgefaßt habest — verleitet durch das natürliche Wohlgefallen, das jeder an seinen eigenen scharfsinnigen Formulierungen habe, indem man deshalb auch für die falschen Sätze spitzfindige und blendende Wahrscheinlichkeitsgründe zu finden wisse. Nachdem dir ein angemessener Termin zur Abfassung deiner Verteidigungsschrift ausgesetzt worden, brachtest du ein handschriftliches Zeugnis Seiner Eminenz, des Herrn Kardinals Bellarmin, vor. In dieser Erklärung wird nun gesagt, daß du weder abgeschworen habest, noch bestraft wurdest, sondern vom Dekret in Kenntnis gesetzt worden seiest, das von der Kongregation des Index veröffentlicht worden ist, wonach die Lehre von der Bewegung der Erde und dem Stillstand der Sonne der Heiligen Schrift zuwiderlaufe und deswegen nicht verteidigt oder festgehalten werden dürfe. Du sagst, daß im Verlaufe von vierzehn oder sechzehn Jahren zwei Bestimmungen deinem Gedächtnis entfallen seien, und du diesen Befehl deswegen verschwiegen habest, als du um die Druckerlaubnis für dein neuestes Werk, den ‚Dialog', einkamest. Aber gerade diese Erklärung, welche du zu deiner Verteidigung beibrachtest, hat deine Sache noch verschlimmert, insofern darin gesagt wird, die vorerwähnte Meinung sei der Heiligen Schrift zuwider, und daß du es hernach dennoch wagtest, dieselbe zu verteidigen und als wahrscheinlich darzustellen. Dabei spricht die von dir mit allerlei Listen herausgelockte Erlaubnis keineswegs zu deinen Gunsten, da du den erteilten Befehl verschwiegst.

Weil es Uns aber schien, daß du in betreff deiner Gesinnung und Absichten nicht die volle Wahrheit gesagt habest, erachteten Wir eine strenge Untersuchung gegen dich für notwendig, in welcher du dich allerdings zum katholischen Glauben bekannt hast. Deshalb sind Wir nach Betrachtung und reiflicher Erwägung der Akten sowie deiner Bekenntnisse und Entschuldigungen und alles dessen, was nach dem

Rechtswege zu untersuchen war, zu folgendem, endgültigem Urteil gelangt: ...«

In den Bänken entstand Bewegung. Galilei seufzte tief auf, und Ginetti fuhr fort:

»... Unter Anrufung des Allerheiligsten Namens Unseres Herrn Jesu Christi und Seiner glorreichen Mutter und unbefleckten Jungfrau Maria behaupten, verkünden, urteilen und erklären Wir durch diese Unsere definitive Sentenz, die Wir zu Gerichte sitzend ...«

Jetzt kam das Urteil noch immer nicht, sondern es folgte erst eine Aufzählung der Juristen und ihrer Titel, und zwar mit allen Einzelheiten ... Galilei zitterte am ganzen Körper. Wann würde er endlich erfahren, was seiner harrte?

»... daß du dich der Ketzerei sehr verdächtig gemacht habest; das heißt, daß du eine Lehre geglaubt und daran festgehalten hast ...«

Jetzt kam eine lange Erklärung über die kopernikanische Lehre, Sätze, die wohl schon zum zehnten Male wiederholt wurden. Und noch immer nicht das Urteil ... Aber jetzt ... endlich!

»... daß du infolgedessen in alle Zensuren und Strafen verfallen bist, welche durch die Heiligen Gesetze und andere allgemeine und besondere Konstitutionen gegen derartige Verfehlungen bestimmt und verhängt werden. Von diesen wollen wir dich freisprechen, sobald du aufrichtigen Herzens und mit ungeheucheltem Glauben abschwörst, verfluchst und verwünschst die obengenannten Verfehlungen und jeden anderen Irrtum, welcher der Katholischen und Apostolischen Kirche zuwiderläuft.

Damit aber dieser dein schwerer und verderblicher Irrtum und Ungehorsam nicht ganz ungestraft bleibe, und du in Zukunft vorsichtiger seiest, auch anderen zum Beispiel dienest, daß sie sich vor dergleichen Vergehen hüten, so bestimmen wir, daß das Buch ‚Dialoge von Galileo Galilei' durch eine öffentliche Verordnung verboten werde; dich aber verurteilen wir zu förmlicher Kerkerhaft bei diesem Heiligen Offizium für eine nach Unserem Ermessen zu bestimmende Zeitdauer und legen dir als heilsame Buße auf, in den drei folgenden Jahren wöchentlich einmal die sieben Bußpsalmen zu sprechen, wobei wir uns vorbehalten, die genannten Strafen und Bußen zu ermäßigen, umzuändern, ganz oder teilweise aufzuheben ...«

Galilei verspürte ein Taumeln. Sein Herz klopfte zum Zerspringen. Der Kerker der Inquisition... auf unbestimmte Zeit... Das ist das Ende! Das ist der Tod! Damit hatte er nicht gerechnet. Aber er hatte keine Zeit, nicht einmal zum Erschrecken. Firenzuola ergriff das Wort:

»Galileo Galilei, habt Ihr das Urteil vernommen?«

»Ich habe es vernommen.«

»Seid Ihr bereit, Eure Irrtümer in der von den Eminenzen vorgeschriebenen Form abzuschwören?«

»Ich bin bereit.«

»Dann legt Eure linke Hand auf die Heilige Schrift und sprecht laut und vernehmlich den Text. Kniet nieder.«

Galilei legte seine Hand auf die Bibel. Schwerfällig sank er in die Knie. Er wollte schon anfangen zu lesen, aber ein dichter Nebel überzog seine Augen. Er wußte warten. Schließlich begann er zu lesen.

»Ich, Galileo Galilei, Sohn des weiland Vincenzo Galilei aus Florenz, siebzig Jahre alt, persönlich vor Gericht gestellt und kniend vor Euren Eminenzen, den Hochwürdigsten Herren Kardinälen, Generalinquisitoren gegen die Ketzerei in der ganzen christlichen Welt, die Heiligen Evangelien vor Augen und sie mit den Händen berührend: ich schwöre, daß ich immer geglaubt habe, gegenwärtig glaube und mit dem Beistand Gottes in Zukunft alles glauben werde, was die Heilige Katholische Apostolische Römische Kirche für wahr hält, predigt und lehrt. Da mir aber das Heilige Offizium den rechtskräftigen Befehl erteilt hat, ich müsse jene falsche Meinung vollständig aufgeben, laut welcher die Sonne das Zentrum der Welt und unbeweglich, die Erde aber nicht das Zentrum sei und sich bewege, dürfe die genannte falsche Lehre weder festhalten noch verteidigen oder in irgendeiner Weise schriftlich oder mündlich lehren; nachdem mir bedeutet worden, die genannte Lehre stehe mit der Heiligen Schrift in Widerspruch, habe ich ein Buch geschrieben und drucken lassen, in welchem ich diese schon verdammte Lehre erörtere und gewichtige Gründe zu ihren Gunsten vorbringe, ohne eine abschließende Antwort hinzuzufügen: so bin ich als der Ketzerei schwer verdächtig erachtet worden...

Da ich nun Euren Eminenzen und jedem katholischen Christen diesen starken, mit Recht gegen mich gefaßten Verdacht benehmen möchte, so schwöre ich ab, verwünsche und verfluche mit aufrichtigem Herzen und ungeheucheltem Glauben die genannten Verfehlungen und Ketzereien sowie überhaupt jeden anderen der Heiligen Kirche feindlichen Irrtum; auch schwöre ich, fürderhin weder mündlich noch schriftlich etwas zu sagen oder zu behaupten, wodurch ein ähnlicher Verdacht gegen mich entstehen könnte. Vielmehr: wenn ich einen Ketzer oder der Ketzerei Verdächtigen antreffen sollte, werde ich ihn diesem Heiligen Offizium oder dem Inquisitor und dem Bischof meines jeweiligen Wohnortes anzeigen. Außerdem schwöre und verspreche ich, alle Bußen peinlich zu erfüllen, welche mir dieses Heilige Gericht auferlegt hat und noch auferlegen wird. Sollte es geschehen, daß ich irgendeinem dieser meiner Versprechen und Eidschwüre, was Gott verhüten möge, zuwiderhandle, so unterwerfe ich mich im vorhinein allen Bußen und Strafen, welche durch die Heiligen Gesetze und andere Beschlüsse gegen derartige Übeltäter verhängt werden; so wahr mir Gott helfe und die Heiligen Evangelien, die ich mit meinen Händen berühre ...«

Firenzuola bedeutete ihm durch einen Wink, er möge sich erheben. Die beiden Dominikanermönche mit den brennenden Kerzen in der Hand traten wieder zu ihm. Er konnte die vom langen Knien erlahmten Beine kaum bewegen. Durch eine Seitentür der Kirche geleitete man ihn zurück in den Konvent, aber nicht in den unbekannten, gefürchteten Kerker, sondern in seine Wohnräume. Diesmal schloß man die Tür hinter ihm ab. Auf unbestimmte Zeit. Höchstwahrscheinlich bis zum Tode. Celeste, Angela, Nencio, seine Kinder und die beiden Enkelkinder gab es nicht mehr für ihn auf der Welt.

Er legte sich auf das Bett und begann leise zu weinen. Dann immer mehr und heftiger, bis er endlich laut schluchzte.

»Deswegen also hast du alles verraten«, stöhnte er, nach Atem ringend, »dafür? Du Elender, du Elender, du Nichtswürdiger ...«

Mit der Faust schlug er sich gegen die Stirn. Am liebsten hätte er vor sich selbst ausgespien. Er höhnte und schmähte sich selbst. Plötzlich öffnete sich die Tür. Man brachte ihm zu essen. Aber nicht der Diener der Gesandtschaft, sondern ein Dominikaner. Er schüttelte nur den Kopf, zum Zeichen, daß er nichts haben wolle. Dann ließ man ihn wieder allein, und er begann von neuem mit den Selbstvorwürfen. Niemand kam zu ihm, nur abends der Dominikaner, der das unberührte Mittagessen hinausschaffte und dafür das Abendessen hereinbrachte. Galileo nahm keinen Bissen zu sich. Er entkleidete sich, legte sich zu Bett und weinte die ganze Nacht hindurch. Bedrängt von den Gespenstern der Finsternis, verlor er die Selbstbeherrschung endgültig und war der Tobsucht nahe. Erstickungsanfälle würgten ihn, er ohrfeigte sich, schalt sich charakterlos, einen elenden Lumpen, als ob er seinen maßlosen Zorn an einem fremden Menschen austoben müßte. Während der ganzen Nacht schlief er nicht eine einzige Minute.

Am nächsten Vormittag kam Firenzuola zu ihm und ließ ihn den in der Kirche von ihm unter Eid verlesenen Text unterschreiben. Wortlos setzte er seinen Namen unter die Urkunde. Er weinte unaufhörlich.

»Beruhigt Euch doch und seid froh, so glimpflich davongekommen zu sein.«

»Ich will nicht froh sein«, brach es wild aus dem bitter Enttäuschten hervor. »So ist mir das Leben nichts wert! Soll man mich doch zur Folter führen, soll man mich schlagen, quälen, zertreten, ich verdiene ja nichts Besseres! Grauenhaft, grauenhaft ...«

Firenzuola konnte seinen Schrecken nicht verbergen. Er fürchtete, der Kranke würde wahnsinnig werden. Eine ganze Weile versuchte er, ihn zu besänftigen, aber es gelang ihm nicht. Er bat ihn, sich zu sammeln.

»So hört doch, es ist noch Hoffnung, daß Seine Heiligkeit Euch verzeiht. Bedenkt doch, daß ...«

Als er sah, daß er den Rasenden nicht beruhigen konnte, ließ er ihn allein. Kaum hatte der Schlüssel sich im Schloß umgedreht und kaum waren die Schritte verhallt, da richtete der Gefangene sich auf und schrie durch die leeren Zimmer nach der Tür:

»Seine Heiligkeit kann mir verzeihen, ich mir aber nie! Nie! Nie! ...«

Er hörte nicht auf zu schluchzen, und in diesem Schluchzen verströmte sich sein ganzes zertretenes Gewissen. Seit langen, bangen Monaten wurde jetzt zum ersten Male in ihm alles wieder frei, was er zurückgedrängt, mit Gewalt bekämpft hatte. Sechzig Jahre lang hatte er allen Grund gehabt, auf sich stolz zu sein, und jetzt, am Ende seines mühevollen Lebens, hatte er die Achtung vor sich selbst verloren! Die Anfälle wurden immer heftiger. Er lag starr im Bett, und wenn jemand das Zimmer betrat, wandte er sich nicht einmal um. Ratlos flüsternde Stimmen drangen an sein Ohr, er kümmerte sich nicht um sie. Er hatte Augenblicke, in denen er glaubte, sterben zu müssen. Die Gewißheit des Kerkers und die furchtbaren Seelenqualen, seine rasenden Gewissensbisse, all das war mehr, als der von Krankheit und Alter geschwächte Körper aushalten konnte. So litt er, quälte und peinigte sich von Dienstag mittag bis Donnerstag abend. Dann horchte er beim Klang von Niccolinis Stimme auf.

»Messer Galilei, ich bringe Euch eine gute Nachricht. Seine Heiligkeit war so gnädig, zu verfügen, daß Ihr in das Gesandtschaftsgebäude zurückkehren dürft.«

Der Gefangene richtete sich auf und wollte in seiner plötzlichen Freude etwas sagen, aber er brachte keinen Ton über die Lippen. Er sank zurück, seine Sinne schwanden.

XII

Papst Urban hatte das Urteil des Santo Officio sogleich abgeändert. Es war seine Absicht gewesen, mit der Kerkerhaft den Schuldiggesprochenen zu erschrecken, um dann zu beweisen, daß er auch gnädig sein könne, er, der über alle Macht gebot. Galilei blieb zwar noch weiterhin in Haft, aber in der Haft des prächtigen Palastes der Gesandtschaft und ihres Gartens. Hier besserte sich sein körperlicher Zustand etwas, doch seine Gewissensbisse und Seelenqualen hielten an. Jetzt hatten seine Reden wenigstens wieder Sinn und Zusammenhang. Niccolini befaßte sich beinahe nur mit der Angelegenheit seines Schützlings. Da er dessen Zustand täglich vor Augen hatte und befürchten mußte, der Greis könne den Erschütterungen erliegen, suchte er von früh bis abends Kardinäle, ja sogar Inquisitoren auf. Er durfte mit ihnen, da die Angelegenheit inzwischen der Öffentlichkeit bekanntgegeben war, nunmehr verhandeln. Auch der Papst gewährte ihm eine Audienz. Niccolini bat Seine Heiligkeit, man möge dem körperlich und seelisch gebrochenen Greis gestatten, nach Toskana zurückzukehren, und seine Wohnung in Arcetri in der Nähe seiner Töchter als Haftort bestimmen. Aber darein willigte der Papst nicht, sondern entgegnete, der Frevler möge erst sühnen, ihm wäre sowieso schon eine außerordentliche Vergünstigung zuteil geworden. Für die Heimreise sei später noch Zeit genug. Vorerst möge Galilei sich mit der Erlaubnis zufrieden geben, daß er von der Gesandtschaft aus die Heilige Messe in der Kirche besuchen dürfe. Da warf der Gesandte die Frage auf, ob der Verurteilte nicht in Siena interniert werden könnte, wo der Bischof Piccolomini sicherlich gern die Verantwortung für ihn übernehmen würde. Dazu schien der Papst eher geneigt, zögerte aber immer noch, die Erlaubnis auszusprechen.

Während der Gesandte tagtäglich von einer Stelle zur anderen lief, widmete sich Frau Katharina ganz ihrem greisen, unglücklichen Gast. Mit liebender Geduld und Güte versuchte sie, ihn zu beruhigen. Der mit sich selbst Zerfallene erschloß ihr seine ganze Seele und gestand ihr, wie demütigend es sei, das Bewußtsein eines ungeheuren Verrates in seiner Seele zu tragen. Er gab unumwunden zu, in der Todesangst einen Meineid um den andern ausgesprochen zu haben. Seine ausführlichen Geständnisse hätten kaum einen wahren Satz enthalten. Den schwersten Meineid habe er zuletzt in der Kirche geleistet, als er mit der Hand auf der Bibel geschworen habe, daß er diese Lehre mit aufrichtigem Herzen und Glauben verleugne. Er bekenne immer noch, woran er sein ganzes Leben lang geglaubt. Somit habe er sich selbst in der Kirche verflucht und ‚So wahr mir Gott helfe‘ dazu gesagt. Auch anderer Todsünden müsse er sich zeihen: im Hause des Santo Officio habe er gebeichtet und kommuniziert, aber nicht gewagt, den Meineid einzugestehen. Als Unwürdiger habe er also die Heilige Hostie zu sich genommen. Wenn er sechzig Jahre lang ein guter und wahrer Gottgläubiger gewesen sei, so habe ihn das Verfahren der Inquisition jetzt in die schwersten Sünden gedrängt. Niemals könne er Vergebung erlangen, weil er seine falschen Eide nicht zu beichten wage.

»Ein Beichtvater würde das Beichtgeheimnis niemals preisgeben«, sagte Frau Katharina sanft.

»Nein, nein«, rief er verzweifelt, »ich wage es nicht! Man würde mich verbrennen. Ich müßte doch bekennen, daß ich immer noch an mein Weltsystem glaube, das ich so schändlich verraten habe. Ich glaube heute fester daran als je!«

»Quält Euch doch nicht unnötig«, erwiderte die Frau. »Was Ihr getan habt, mußtet Ihr aus Selbsterhaltungstrieb tun. In der Notwehr ist nach göttlichem und irdischem Gesetz manches erlaubt. Denkt nur, welch schweren Kummer Ihr Eurer Tochter bereitet hättet, wenn Euch etwas zugestoßen wäre.«

»Ja, Celeste! Wie quält mich auch dieser Gedanke! Wie soll ich ihr je wieder aufrichtig in die Augen sehen? Wenn sie erfährt, wie dieser Prozeß verlaufen ist, wie ich beim Schwur auf das Kruzifix meineidig wurde, daß ich als Katholik die schwersten Sünden begangen habe und auch heute noch begehe! Sie würde mit sich selbst zerfallen; sie mit ihrer reinen Seele und innigen Liebe zu mir. Ich werde sie immer wieder belügen müssen, damit wenigstens sie ihre Seelenruhe behält. Darauf kommt es bei mir auch wohl nicht mehr an. Ich bin für jeden ehrlichen Katholiken in dem Augenblick zum unheilbar Aussätzigen geworden, da ich nach Meinung des Santo Officio wieder ‚geläutert' wurde. Und mit jeder Sekunde wächst meine Schuld, denn ich beharre ja in meiner Verstocktheit. Vor Gott bin ich verdammt, vor mir selbst ehrlos.«

Niccolini hatte getan, was er konnte: nach kaum zwei Wochen wurde Siena als Haftort für den Verurteilten bestimmt. Schon am sechsten Juli reiste Galileo dorthin ab. Die Sänfte des Bischofs Piccolomini stand seit Wochen bereit. Ergriffen nahm der Greis Abschied von dem Ehepaar Niccolini und umarmte beide herzlich. Auch seine Gastgeber verhehlten ihre tiefe Rührung nicht.

»Auf Wiedersehen«, sagte Frau Katharina.

Er schüttelte den Kopf.

»In meinen Jahren und bei meinem Zustand ist jeder Abschied ein Abschied fürs Leben. Der Herrgott segne Euch mit beiden Händen dafür, daß Ihr mir in der schwersten Zeit so gütig und hilfreich Beistand gabt!«

Die Sänfte setzte sich in Bewegung. Galileo zog die Vorhänge vor, scheinbar um sich vor der Hitze zu schützen, in Wirklichkeit aber wollte er die Ewige Stadt nicht mehr sehen, die ihm so viel Leids zugefügt. Erst als Rom weit hinter ihm lag, fühlte er eine gewisse Erleichterung. Doch was half die Flucht vor diesem Häusermeer mit dem

Papst, den Kardinälen, den Spinnenarmen des Santo Officio? — Die Weltmacht dieser Stadt würde ihn als ein drohender Schatten überallhin verfolgen und ihn niemals wieder aus ihrem Würgegriff freigeben.

Ascanio Piccolomini, der Bischof von Siena, hatte seinen Herrschaftssitz in einem prächtigen Palast nahe der Loggia des Papa, seit langem Wohnsitz seines ehrwürdigen Geschlechts, das seinen Stammbaum bis auf Porsenna, den Etrusker-König, und Tarquinius Superbus, den letzten römischen König, zurückleitete. Der jüngste Nachkomme dieser angesehenen Sippe, den Galilei schon seit seiner Knabenzeit kannte, empfing seinen Gast in herzlicher Freundschaft. Zwar sollte er der Kerkervogt des Greises sein, in Wirklichkeit wurde er ihm der entgegenkommendste und ehrlich zugetane Gastherr.

Im Palast waren für Galilei bereits einige der vornehmsten Gemächer ausersehen; eine ganze Schar von Dienern harrte seines Winks. Wollte man dies schon Gefangenschaft nennen, so war es eine wahrhaft fürstliche Haft.

Der Bischof geleitete den Greis durch das ganze Schloß und zeigte ihm die Erinnerungsstücke seiner stolzen Familie. Aeneas Sylvius hatte als Papst Pius II. ein Familienarchiv gegründet und der Bischof erzählte anschaulich und angeregt von der großen Überlieferung seines Hauses und von dessen lebenden Mitgliedern. Nicht weniger als acht Piccolomini waren von der Kirche heiliggesprochen; beispielsweise der schon im Kindesalter verstorbene Guido Piccolomini. Unzählige Heerführer, Kardinäle, Bischöfe und päpstliche Würdenträger zählten zu der Familie. Giovanni Piccolomini hatte seiner Familie ein neues Wappen verliehen: ein Kreuz mit fünf Halbmonden. Tommaso Piccolomini hatte als Heerführer dem ungarischen König Ludwig dem Großen gedient. Doch jede seiner Erklärungen mündete immer wieder bei Papst Pius II., dem Stolz der Familie, der den Seinen in besonderer Liebe zugetan war und sich den Verwandten stets gütig erwiesen. Er hatte sogar einen aus seiner Verwandtschaft adoptiert, einen Ammanati, dem er sein Wappen übereignete und ihn zum Kardinal machte.

»Ammanati!« rief Galilei überrascht. »Meine Mutter war eine geborene Ammanati. Gott schenke ihr die ewige Ruhe!«

»Ist das möglich? Welchem Zweig der Familie gehört sie denn an?«

Und schon vertieften sie sich in eine eifrige Unterhaltung über den Stammbaum ihrer Familien und stellten eine weitläufige Verwandtschaft fest. In der Tat aber hätte sich der Bischof auch seinem nächsten Verwandten nicht liebenswerter und vor allem feinfühliger erzeigen können. Sorgfältig vermied er Fragen, die das Gespräch auf den Inquisitionsprozeß gelenkt hätten. Bereits am ersten Abend stellte er Galilei einen Gast vor, den Astronomen Marsili, der sich jetzt in Siena ansässig gemacht hatte. Er gehörte zu den alten Freunden Galileis, mit denen ihn ein reger Briefwechsel verband. Es war dabei fast unvermeidlich, daß Galilei seine großen Entdeckungen erwähnte. Sooft aber der Name Kopernikus fiel, griff der Bischof jedesmal ins Gespräch, als wollte er Galilei vor unbedachten Äußerungen bewahren. Nach Aufhebung der Tafel spazierten sie zu dritt durch den schönen, gepflegten Garten; alles zeugte hier von Reichtum und war zur Beruhigung angetan. Doch dann sank die Nacht, mit ihr kam die Einsamkeit und mit der Einsamkeit die Qualen seines Gewissens. Am nächsten Morgen merkte der aufmerksame Gastgeber dem Besuch an, daß er wieder nicht geschlafen hatte.

»Messer Galilei, ich möchte Euch einen guten Rat geben!«

»Monsignore, ich bitte um einen einzigen: Wie könnte ich meine Freiheit wiedererlangen?«

»Verlangt nichts Unmögliches von mir. Aber wenn Ihr mir Gehör schenken wollt, werdet Ihr Eure Lage erleichtern: Ich rate Euch, zu arbeiten.«

»Ich? Arbeiten? Wie könnte ich es denn wagen, auch nur ein einziges Wort niederzuschreiben?«

»Tausend, wenn es Euch Freude macht! Ich hörte gestern beim Abendessen entzückt Eure Darlegungen über die Wärme und die Gravitation; ich würde all dieses nur zu gern gedruckt lesen. Ihr könntet Eure Physik der ganzen Welt bekanntmachen und hier steht Euch alles zur Verfügung, was Ihr für so eine Arbeit benötigt: Ruhe, Bequemlichkeit und meine große Bücherei; auch Marsili besitzt viele Fachbücher. Überlegt es Euch und geht an die Arbeit!«

»Es würde mir sehr schwer fallen, Monsignore. Meine Seele ist so unruhig und gequält!«

»Das weiß ich. Ich weiß aber auch, daß zu gewissen Zeiten harte Arbeit für die Seele Beruhigung und Entspannung bedeutet. Mir ist auch bekannt: gibt man erst einem rastlos grübelnden Geiste Nahrung, dann hört er mit der Selbstpeinigung auf.«

Galilei blickte überrascht auf den jungen Bischof, der ihm so klugen Rat wußte.

»Monsignore, ich danke für Euren Rat, ich werde mich bemühen, ihn zu beherzigen. Noch inniger danke ich für die Güte und Anteilnahme, die Euch diesen Rat eingegeben haben. Aber, um aufrichtig zu sein: ich glaube leider nicht daran, daß er fruchten wird.«

»Versucht es wenigstens, setzt Euch an den Tisch, legt einen Bogen Papier vor Euch hin. Das leere Blatt wird von selbst nach Buchstaben verlangen, verlaßt Euch darauf. Eure Hand, daß Ihr es versucht!«

Galilei lächelte und reichte dem Bischof die Hand. Und er versuchte es. Bar jeder Zuversicht, legte er das Papier vor sich hin und starrte es mit gezücktem Gänsekiel an. Was blieb ihm denn noch zu schreiben übrig, nachdem eine erbarmungslose Strenge ihm die Sprache für Lebzeiten verboten hatte? Sein ganzes Lebenswerk war so abgerundet, so einheitlich, daß man daraus keine einzelnen Teile herausnehmen konnte. Nicht der Schwur hielt ihn zurück, das Geständnis seiner Weltanschauung niederzuschreiben. Das focht ihn nicht mehr an. Ob zu den hundert Eidbrüchen einer mehr dazu kam — das blieb sich zuletzt gleich. Aber die Angst! Die Kirche hatte ihr Ziel erreicht: sie hatte den bedeutendsten Vorkämpfer einer neuen europäischen Wissenschaft eingeschüchtert. Doch als er den leeren, weißen Bogen ansah, mußte er über die grundlegenden Unterschiede zwischen dem alten und dem neuen Lehrsystem nachdenken. Hier walteten eigentlich zwei Übel, von denen das Verbot der kopernikanischen Lehre das geringere war. Am ärgsten wirkte sich der Mangel eines richtigen Denksystems aus. Und Kopernikus war nur eine Nebenfrage in diesem viel größeren, allgemeinen Fragenkomplex. Das Denken der Wissenschaft war in eine Sackgasse geraten; die Kirche hatte die Peripatetiker zu den einzigen berufenen Wächtern ihrer Dogmen erhoben und damit den menschlichen Geist, dessen Erkenntnisdrang doch unbegrenzt ist, in eine Zwangsjacke gebannt. Auf keinem Gebiet der Wissenschaft war eine freie Regung möglich; das galt für die Medizin ebenso wie für die Naturwissenschaft. Seit hunderten, ja seit mehr als tausend Jahren betrieb die Wissenschaft nichts anderes, als die überlieferten Lehrsätze der Antike fortwährend wiederzukäuen; als der größte Lehrer galt jener, der diese Lehrsätze mit den meisten Zitaten auszuschmücken verstand.

Ein neues, ein freies Denken ist notwendig! Man mußte zurück zu den ursprünglichsten Dingen: zur Materie der Kraft und des Lichtes. Sie mußten losgelöst werden von der Metaphysik. Für sie mußte man eben eine Form finden, vorurteilsfrei, daß sie die Theologie rücksichtslos in die Schranken verwies und davor bewahrt blieb, mit der Berechnung der Parabel den Gottesbegriff zu verquicken. Gott hat die Welt so gewaltig und herrlich geschaffen, daß menschliches Denken kaum ein Quentchen all der Wunder zu begreifen und in Gesetze zu fassen vermag. Die Aufgabe des wahren, gläubigen Gelehrten ist es nicht, neugierig dem Geheimnis einer in ihren Urgründen verborgenen Schöpfung nachzuspüren, sondern das Wirken der Natur in seiner Gesetzmäßigkeit zu erforschen und das wunderbare Zusammenspiel ihrer Erscheinungen zu erhellen. Je mehr einer ohne den theologischen Hemmschuh entdeckt, um so mehr wird er von der unermeßlichen Weisheit göttlichen Wirkens erahnen und so weit besser dem Ruhm des Allmächtigen dienen.

Galileo legte die Gänsefeder aus der Hand und beachtete das unbeschriebene Blatt Papier nicht länger. Die seit Monaten stillstehende Mühle begann wieder zu mahlen, obwohl man hätte befürchten können, daß die Glut dieses Denkens in dem vernichtenden Feuer der vielen Heimsuchungen ausgebrannt sei.

»Nun, seid Ihr schon etwas vorwärtsgekommen mit der Arbeit?« fragte ihn eines Abends der Bischof.

»Zwar habe ich noch keine einzige Zeile geschrieben«, entgegnete sein Gast, »doch ich bin von Gedanken trächtig, die sehr wohl ein ganzes Buch füllen könnten.«

»Bravo! Da bin ich aber froh! Und der Titel?«

»Der muß noch überlegt werden. Doch darüber bin ich mir schon im klaren, daß der Ausdruck ‚Neue Wissenschaft' darin enthalten sein wird.«

Marsili erschien und wußte sich vor Staunen nicht zu fassen, so völlig hatte sich Galileis Wesen von heute auf morgen gewandelt.

»Ich habe noch ein großes, wissenschaftliches Verlangen«, erklärte Galilei, »das möchte ich erfüllt sehen.«

»Wollt Ihr etwas erfinden?«

»Ja, ich möchte Mittel und Wege finden, die Geschwindigkeit des Lichtes zu messen.«

Nach und nach begann er eine Gliederung seiner Gedanken aufzuzeichnen und alle Fragen anzuführen, die in dem neuen Buch zu berücksichtigen waren. Eine Anzahl zu lösender Aufgaben fiel ihm ein, die er bereits vor Jahren und Jahrzehnten angemerkt und wieder beiseitegelegt hatte, weil seine astronomischen Forschungen ihm keine Zeit ließen, sich mit der Physik zu befassen. Diese Notizen lagen noch alle in seiner Villa unter Schloß und Riegel. Befanden sie sich aber überhaupt noch dort?

Einer seiner Bekannten namens Rondinelli wohnte vorübergehend in seiner Villa. Er schrieb ihm allerdings selten; um so häufiger aber sandte ihm Celeste Briefe. Porzia, die Wirtschafterin, und sein Diener besuchten sie regelmäßig im Kloster. Sie verwaltete das Geld, verteilte die Arbeitsaufträge, leitete die Post weiter, sie war die Seele der ganzen Familie. Auch Geri Bocchinieri, der Schwager Nencios, berichtete ihm jetzt häufiger und teilte unter anderem mit, die Inquisition lasse alle Freunde in Florenz beobachten, besonders jene, die im Verdacht standen, Kopernikaner zu sein. Das zeigte erneut, daß die Inquisition wachsam blieb, und ließ befürchten, daß eines Tages in Galileis Wohnung Inquisitoren erscheinen würden, um eine Hausdurchsuchung vorzunehmen und die Notizen aus fünfzig arbeitsreichen Jahren nebst dem gesamten wissenschaftlichen Briefwechsel zu beschlagnahmen. Doch Geri wußte darüber nichts und Celeste hatte nie dergleichen erwähnt. Er scheute eine briefliche Anfrage, weil er nicht wußte, ob die Inquisition seinen gesamten Briefverkehr überwachte.

Diese Sorge bedrückte ihn sehr. Am meisten aber peinigte ihn das Bewußtsein, ein Verbannter und Gefangener zu sein. Er empfand zwar keine Neigung, durch die Straßen Sienas zu gehen, damit die Leute wispernd auf ihn zeigten; auf ihn, das Opfer des weltberühmten Prozesses — doch die Vorstellung, daß es ihm verboten war, die Schwelle seines eigenen Hauses zu überschreiten, steigerte seine Empfindlichkeit oft bis zur Raserei. Gerne hätte er an Papst Urban die Bitte gerichtet:

er möge ihn ferner als Gefangenen behandeln, aber als Kerker seine Villa in Florenz bestimmen. Er sandte deswegen auch Briefe an den Gesandten und an den Hof von Florenz. Piccolomini bemühte sich ebenfalls als Fürsprecher und richtete einmal nach Rom die Anfrage, ob er Galilei auf eine kleine Reise in die Umgebung mitnehmen dürfe. Doch auf jede Anfrage erfolgte aus Rom immer wieder die Antwort: nein! Der Häftling möge sich bescheiden und die bisherigen Gnadenbeweise nicht geringschätzen; für Erleichterungen sei es noch viel zu früh.

Es schien, als hätte es das Geschick darauf abgesehen, sein Heimweh durch immer neue Unruhe anzufachen, und als ob böse Geister die Schwierigkeiten daheim während seiner Abwesenheit auftürmten, um ihm das Dasein vollends zu verbittern.

Über Celestes Gesundheitszustand trafen beunruhigende Nachrichten ein. Immer schon war sie zart und anfällig gewesen, häufiger krank als gesund. Dazu hatte sie lange Monate die quälende Angst durchlebt, man könnte ihren Vater hinrichten. Jetzt waren obendrein im Kloster San Matteo Seuchenkranke untergebracht; man pflegte acht erkrankte Frauen. Es stand nicht fest, ob sie an der Pest litten oder nicht. In jedem Brief von daheim suchte der Greis mißtrauisch zwischen den Zeilen zu lesen, was man ihm vielleicht aus Schonung verschwieg. Hundertmal des Tages befiel ihn der Gedanke, auch seine Töchter könnten von der Pest befallen sein. Vielleicht trugen sie schon den tödlichen Krankheitskeim in sich, ohne daß sie etwas davon wußten.

Ein Familienmitglied hatte die Seuche schon hinweggerafft; die auffallend schöne Frau seines Neffen, des jungen Landucci, Anna Diocianti, war an ihr gestorben. Zwei kleine Halbwaisen blieben zurück und finanzielle Schwierigkeiten traten auf. Seinerzeit hatte Galilei der Frau seines Neffen einen monatlichen Zuschuß von sechs Goldgulden schriftlich versprochen. Nun trat der junge Witwer an ihn heran und forderte diese Summe auch für die Zukunft. Celeste hatte das Geld zunächst auf eigene Verantwortung weiter bezahlt, Landucci zugleich aber mitgeteilt, daß er auf diese Summe keinen Anspruch mehr erheben könne. Der aber gab sich damit nicht zufrieden und behauptete, seine Kinder hätten ein Anrecht auf weitere Unterstützung. Es war sogar zu vermuten, daß er sich nicht schämen würde, gegen seinen Onkel gerichtlich zu klagen.

Dann erreichte Galileo die peinliche Nachricht: Der Sohn Nencio hatte sich in seinem Dienst nicht gut geführt. Ein Disziplinarverfahren wurde gegen ihn eröffnet. Der Schwager Geri, selbst ein Beamter des Hofes, schrieb aufgeregt nach Siena: Man müsse unbedingt etwas unternehmen; denn sein Vorgesetzter mache kein Hehl daraus, daß er Galileis Sohn einfach entlassen wolle. Der Kanzler Cioli habe inzwischen persönlich eingreifen müssen, um seine Stellung zu retten. Doch über kurz oder lang würde Nencio doch entlassen werden. Der Sohn selbst nahm diese Gefahr nicht ernst. Er wußte, daß sein Vater hinter ihm stand, und kümmerte sich um nichts weiter. Seine Gedanken kreisten um ganz andere Dinge. Das Nachbarhaus an der Costa San Giorgio hatte sein Gefallen erregt und nun wollte er es mit Unterstützung seines Vaters kaufen. Seit Monaten hatte er es nicht für nötig befunden, diesem zu schreiben; plötzlich wandte er sich mit jener Bitte an ihn. Offenbar hatte er auch Celeste umschmeichelt; denn diese gute Seele legte für ihn beim Vater ein gutes Wort ein. Ihn aber, durch seine Haft an den zugewiesenen Aufenthaltsort gefesselt, packte Verzweiflung. Wie, wenn der Sohn seine Anstellung verlor? Kürzlich erst, in den schrecklichen Tagen nach dem Inquisitionsprozeß, hatte er für ihn Schulden bezahlen müssen, insgesamt zweihundertfünfzig Gulden. Statt aber auf dem Lande seinen Amtspflichten nachzugehen, trieb er sich in dem pestverseuchten Florenz herum, um seinen Besitz noch um ein weiteres Haus zu vermehren...

Galileo vermochte nichts andres, als immer neue Bittgesuche zu schreiben, man möge beim Papst die Genehmigung einholen, daß er seine Haft in Florenz verbringen dürfe. Dem Papst aber ging es nicht darum, dem Gefangenen seine Lage zu erleichtern; er wollte einzig und allein die Vorkämpfer der kopernikanischen Lehre mundtot machen.

Guiducci, einer der treuesten Freunde und Schüler Galileis zu Florenz, schrieb dem Meister, daß ihn eines Tages der Vikar im Namen des Großinquisitors von Florenz zu einer Besprechung geladen habe. Das Thema wollte er vorerst nicht verraten. Er sei der Ladung gefolgt und habe zu seiner Überraschung eine ganze Gesellschaft von Inquisitoren, Prälaten, Mönchen und Leuten, die als Freunde Galileis bekannt waren, angetroffen. Der Großinquisitor habe den geladenen Gästen eröffnet, daß er, einem Befehl des Heiligen Offiziums zu Rom gemäß, das im Prozeß gegen Galilei gefällte Urteil und Galileis Erklärung, in der dieser sein Lebenswerk abschwor, verlesen werde. Nach Mitteilung des Urteils habe er die Sitzung geschlossen. Er, Guiducci, habe sich nach dem Grund dieser Vorladung erkundigt. Der Großinquisitor habe zur Antwort gegeben: getreu dem Befehl aus Rom habe er zu dieser Verlesung so viel Fachgelehrte als nur möglich eingeladen.

Galilei zeigte diesen Brief dem Bischof. Der lächelte gezwungen.

»War Euch denn nicht bewußt, daß das folgen würde? In dem ganzen christlichen Erdkreis, in jeder Stadt, in der ein Inquisitor oder Bischof lebt, vollzieht man diesen Befehl; auch in Amerika und Japan. Was die Weltberühmtheit anbelangt, könnt Ihr Euch nicht beklagen.«

»Und hier in Siena?«

»Ebenfalls. Erst vor kurzem hat hier die Verlesung stattgefunden. Ich habe es Euch verheimlicht, um Euch nicht unnötig aufzuregen. Mir selbst wurde dieser Befehl zugestellt und deshalb kann ich Euch verraten, was in der Begleiturkunde stand: es sei dafür Sorge zu tragen, daß der Inhalt dieses Urteils und der Widerruf jedem Gelehrten in dieser Welt bekanntgemacht werde, damit alle zu der Einsicht gelangten, es sei ratsam, sich in dieser Frage vorzusehen.«

Galilei stieg das Blut zu Kopf. Daß seine Schande sich zu einer Weltschande weitete, hatte er nicht vermutet. Er suchte in den Jahrhunderten der Weltgeschichte vergeblich ein Seitenstück zu seinem Fall. Die Vorstellung bedrängte ihn, wo man überall seinen Widerruf verlesen hatte. Seinen Satz: ‚Aufrichtigen Herzens und mit ungeheucheltem Bekenntnis verdamme und schwöre ich ab, so wahr mir Gott helfe', hörten in Venedig Micanzio, alle seine alten Freunde, die Geistlichen und Senatoren. In Padua hörten diesen Schwur die Professoren des Bo, in Bologna seine zahlreichen gelehrten Freunde, darunter Cavalieri. In Pisa lachten wohl Graf d'Elzi und seine neidischen Kollegen hämisch darüber. Wie erst mußte Pater Scheiner triumphiert haben, als sein Schwur in Ingolstadt verlesen wurde? Was hatten wohl Keplers Schüler in Prag dazu gesagt? Was mochte Gassendi in Frankreich, katholischer Geistlicher, aber entschiedener Kopernikaner, dazu geäußert haben? Und all die tausend und aber tausend Schüler aus seiner jahrzehntelangen Lehrtätigkeit, die heute über ganz Europa verstreut lebten, von Torricelli bis zum Grafen Noailles?

Die schon halb verharschte Wunde brach wieder auf. Galileo mußte unablässig an diesen Schimpf, den man ihm angetan und den er sich selbst zugefügt hatte, denken. Mit Danteschen Maßen wog er sein Geschick. Das Schicksal hatte ihn mit ungeahnten Ehren überhäuft. Aus der gesamten Menschheit war er auserwählt gewesen, als erster neue Sterne zu entdecken, physikalische Gesetze von epochemachender Bedeutung, um die Jahrtausende gerungen, zuerst eindeutig zu formulieren. Vom Scheitelpunkt des Ruhmes aber wurde er durch seinen Widerruf und Verrat jählings in den Abgrund gestürzt, wo sein Name neben dem des bestraften Himmelsstürmers Ephialtes stehen würde! Doch die Meinung der gesamten gelehrten Welt, ja selbst das Urteil der Geschichte darüber erschienen ihm nebensächlich im Vergleich zu der Meinung Celestes. Bisher war ihr bloß bekannt, daß man ihn verurteilt hatte. Doch wie erschüttert, wie enttäuscht mußte ihre Seele sein, wenn sie von diesem ruchlosen Schwur ihres angebeteten Vaters, des vergötterten Idols, das gleich nach Gott kam, erfuhr?

Der Bischof gab sich die größte Mühe, Galileis Seelenpein zu lindern. Sie waren inzwischen schon so vertraut miteinander, daß sie sich über Kopernikus ziemlich offenherzig unterhielten. Der Bischof ersuchte den Gelehrten sogar, ihm dieses verdammte kopernikanische System zu erläutern, da er neugierig sei, es kennenzulernen. Galilei zögerte. Nachdem er seinen Zuhörer ermahnt, an nichts zu glauben, was er ihm nun erklären werde, da er selbst, als Urheber dieser Lehre, sie unter einem feierlichen Eid abgeschworen, bot er eine gründliche Darstellung der kopernikanischen Weltauffassung und ihrer wichtigsten Beweise.

»Das klingt recht überzeugend«, sagte der Bischof ruhig, »mir scheint, man hat Euch zu Unrecht verurteilt.«

»Monsignore«, stammelte Galilei. »Habt Ihr denn keine Angst vor dem Papst?«

»Nein«, entgegnete der Bischof gleichgültig, »mir könnte er nichts anhaben. Es ist nicht ratsam, das Geschlecht derer von Piccolomini anzutasten, das weiß er sehr gut. Ich sitze hier in Siena ziemlich sicher. Siena gehört uns, den Piccolomini! Sollte mir etwas geschehen, hier bräche der Aufruhr los. Siena ist eine Welt für sich, Ihr hättet es eigentlich schon bemerken müssen. Wir leben hier nicht in Florenz, unsere Stadt ist toskanischer als Florenz. Dazu habe ich als alter Etrusker allen Grund, für Unseren Herrn nicht sonderlich zu schwärmen.«

»Warum denn, Monsignore?«

»Das fragt Ihr noch? Ich hielt Euch für einen begeisterten Patrioten. Habt Ihr noch nie darüber nachgedacht, was mit Urbino geschehen ist . . .?«

»Ich hörte wohl etwas davon, doch ich verstehe nichts von Politik.«

»Ich um so mehr. Nach dem Tode des Herzogs von Urbino gehörte Urbino nach allen göttlichen und irdischen Gesetzen uns. Es war ein Teil Toskanas. Da trat Urban auf, bemächtigte sich Urbinos und erklärte, es falle dem Kirchenstaat zu. Wißt Ihr, was für ein weites Gebiet, wie viele Burgen wir dabei verloren haben? Man mag gar nicht darüber reden! Was aber sagte Florenz dazu? Verzweifelt wandte man sich um einen guten Rat an Cioli. Der Kanzler aber fügte sich untertänig dem Anspruch des Pontifex. Seine Hoheit, der Großherzog Fernando, von seinen Erziehern belehrt, schluckte die Kränkung und schwieg. Ein Glück, daß den Heiligen Vater nicht auch noch nach Siena gelüstete. Man hätte ihm auch das noch ausgeliefert. Allerdings, so einfach wäre das nicht abgegangen. Politik ist eine hohe Kunst. Mein Vetter Ottavio, der Euch gut bekannt ist, schlägt sich jetzt im großen Krieg auf der Seite der Kaiserlichen und schreibt mir oft. Ich unterhalte auch mit vielen anderen Personen einen umfangreichen Briefwechsel und erfahre mancherlei. Ihr seid beneidenswert, daß Ihr Euch Eurer Wissenschaft so völlig hingeben könnt.«

»Ich habe in der Wissenschaft nicht mehr mitzureden; ich habe das Spiel verloren.«

»Ach, redet doch keinen Unsinn — selbstverständlich habt Ihr noch sehr viel zu sagen! Ihr bildet Euch doch nicht ernstlich ein, daß auch nur eine Menschenseele an Euren Widerruf glaubt?«

»Monsignore, ich habe doch geschworen! Mit der Hand an der Bibel!«

»Natürlich. Aber jedermann weiß, daß Ihr zwischen dem Scheiterhaufen und diesem Schwur zu wählen hattet. Freilich wäre es erhabener gewesen, als Märtyrer zu sterben. Doch es ist durchaus zu verstehen, wenn jemand keine Neigung verspürt, sich bei lebendigem Leibe rösten zu lassen. Das ist ein erzwungener Schwur, tröstet Euch! Habt Ihr denn nicht auch eidlich ausgesagt, daß Ihr jeden Kopernikaner, wo immer Ihr einen trefft, sogleich anzeigen würdet?«

»Das habe ich allerdings beschworen.«

»Glaubt Ihr denn, daß auch nur jemand ernstlich erwartet, daß Ihr so etwas tut? Bildet Ihr Euch etwa ein, Unser Herr selbst glaubte daran? Seht Ihr! Beruhigt also Euer geängstigtes Gewissen und arbeitet so, daß Ihr der Inquisition nicht in die Quere kommt. Ihr könnt bei mir bleiben, solange es Euch gefällt. Ich kenne Eure Sehnsucht, heimzukehren; doch überlegt wohl, daß Ihr jetzt ebensogut im Kerker der Engelsburg oder in einem Verlies der Sopra Minerva schmachten könntet. Bei mir lebt es sich immer noch bequemer und unterhaltsamer. Nebenbei: morgen werden wir einen beachtenswerten Gast haben, einen französischen Dichter, namens Saint-Amant. Er kommt aus Rom mit einem Empfehlungsschreiben an mich. Den werden wir gründlich aushorchen. Doch jetzt wünsche ich eine gute Nacht und laßt alle unnützen Gedanken!«

Der französische Dichter war eine stolze, strenge Erscheinung, ungefähr vierzig Jahre alt und erweckte gar nicht den Eindruck eines Dichters. Saint-Amant gehörte zum Gefolge des beim Vatikan beglaubigten Gesandten Créqui de Blancheflor; da der Kardinal Richelieu den französischen Gesandten nach Venedig beordert hatte, fuhr ihm Saint-Amant voraus. So kam er unterwegs durch Siena. Mit großer Freude begrüßte er Galilei und verlieh seiner Genugtuung Ausdruck, den weltberühmten Gelehrten kennenzulernen. Aus Höflichkeit antwortete Galilei lateinisch. Doch Saint-Amant lächelte und sprach weiter italienisch:

»Die lateinische Sprache ist mir nicht sehr geläufig, Euer Gnaden, ich war immer ein schlechter Schüler. Ich zog es vor, moderne Sprachen zu erlernen; für einen Soldaten wie mich taugen sie besser.«

»Soldaten? Seid Ihr denn kein Dichter?«

»Beides. Ich war Geschützmeister in der französischen Artillerie. So kam ich zu dem Gesandten, der als Kommandeur der Garde diente. So nebenbei verfasse ich auch Gedichte, leider nur in französischer Sprache. Ihr fändet zweifellos Gefallen an ihnen, weil ich darin über Aristoteles herziehe. Seinetwegen ist doch heute eine freie Dichtkunst nicht möglich! Seine veraltete Weisheit legt sich wie Mehltau auf die Seele unserer Zeitgenossen!«

»Empfindet man diesen Druck auch bei Euch in Frankreich?« fragte Galilei beglückt und verwundert.

Gleich schloß er den soldatischen Dichter ins Herz. Dieser entpuppte sich auch als unterhaltsamer Gesellschafter. So konnte er meisterhaft die Laute schlagen und ließ sich nach dem Abendessen nicht erst lange dazu bitten. Auch Marsili erschien zu Besuch, und die beiden musizierten eine geraume Weile. Der Franzose war auch über den großen Krieg und die europäische Politik im Bilde. Ihn erfüllte eine abenteuerliche, fast zynische Verwegenheit. Als Protestant geboren, hatte er sich um persönlicher Vorteile willen zum Katholizismus bekehrt. Dementsprechend beurteilte er den großen Krieg und erklärte, es handle sich längst um keinen Glaubenskrieg mehr. Frankreich verfolge zwar die Hugenotten im Landesinneren, an der Front aber sei es der Verbündete der Protestanten. Andererseits stünde eine ganze Reihe protestantischer Fürsten als Bundesgenossen zum katholischen Kaiser. Der Papst also mußte es erleben, daß Ketzer für ihn in die Bresche sprangen, während ihn das katholische Frankreich und sein Allerchristlichster König bekämpften. Was einst unter der Fahne des Glaubens vor fünfzehn Jahren zu Felde gezogen, habe sich nun zu einem unentwirrbaren Knäuel von hunderterlei Interessen verfilzt.

»Wie mag es jetzt wohl in München aussehen?« erkundigte sich Galilei.

»Darüber weiß ich nichts. Doch auch diese Stadt hat viel gelitten.«

»Was habt Ihr von meinem Vetter gehört?« fragte der Bischof.

»Ein bedeutender Mann! Er wird das Ziel, das sich Wallenstein gesteckt hatte, erreichen: er wird Reichsfürst werden. Wallenstein ist schon eine abgetane Größe. Sein Nachfolger wird Ottavio Piccolomini oder Gallas heißen.«

Der Bischof wandte sich an Galilei:

»Was sagen Euer Gnaden dazu? Erinnert Ihr Euch noch an den kleinen Ottavio? In einer Ecke lauschte er als Knabe, als Ihr mit meinem Onkel über die Bahn der Kanonenkugel ein Gespräch führtet.«

»Ja, inzwischen habe ich die physikalische Antwort für die Flugbahn der Kanonenkugel gefunden: die Kugel beschreibt eine Parabel. Nach mir, aber völlig unabhängig, hat das auch einer meiner Schüler berechnet, Cavalieri in Bologna.«

Jetzt wurde Saint-Amant mit einem Male lebhaft, da er von Haus aus Artillerist war. Es entspann sich eine lange, fachkundige Unterhaltung über Ballistik; sie berührten auch die Festungslehre. Der Franzose nahm Galileis Aussprüche wie eine Offenbarung hin, nannte ihn ein Genie und lobte ihn überschwenglich.

»Ihr seht«, warf der Bischof ein, »als Gelehrter habt Ihr immer noch Euren Rang. Jeder achtet Euch.«

»Jeder? Mir wäre wichtig, was meine Tochter von mir hält.«

Kurze Zeit später erschien im bischöflichen Palast ein Gast von weit geringerer Vornehmheit, der aber dem Gefangenen noch viel mehr Freude bereitete: Gepe, sein kleiner Diener. Celeste hatte irgendwie erfahren, daß der Wagen eines Bekannten nach Siena fuhr, und hatte es schließlich erreicht, daß Gepe mitfahren durfte. So stand der junge Florentiner unvermutet vor seinem Herrn, der ihn seit acht Monaten nicht gesehen hatte. Sie fielen einander in die Arme. Galilei schämte sich nicht, den Burschen zu küssen. Gepe überbrachte ein Schreiben, eine von Celeste gebackene Torte, heimatlichen Wein und eine Unmenge Neuigkeiten — von dem Maulesel, dem kleinen Kirschbaum, dem eisernen Haken des Fischbrunnens bis zu dem Marder im Hühnerstall und zahllosen kleinen Geschehnissen in der Vaterstadt.

»Haben Geistliche mein Haus in Florenz aufgesucht?«

»Nein, Euer Gnaden, weshalb sollten sie da gewesen sein?«

»Nicht ein einziges Mal?«

»Nicht ein einziges Mal.«

»In meinen Manuskripten hat niemand herumgestöbert?«

»Wieso auch nur? Nicht einmal Messer Rondinelli kam dazu. Schlüssel zu der Schublade besitzen nur Euer Gnaden und Suor Celeste.«

»Was erzählt man sich bei euch über mich?«

»Daß Euer Gnaden gar zu gern wieder nach Hause kommen würden, aber die Geistlichen hindern Euer Gnaden daran. Anderes erzählt man nicht.«

Gepe weilte drei Tage lang als Gast im bischöflichen Schloß, und ihm widerfuhr eine Behandlung, wie er sie niemals erträumt hätte. Der Bischof schenkte ihm ein Sonntagsgewand. In der Küche hatte er sich den Bauch so vollgestopft, daß man allgemein befürchtete, er müsse davon krank werden. Als er seinem Herrn nichts mehr über dessen Töchter, die Wirtschafterin, über Giuseppe, den Diener, vom Hof und Garten berichten konnte, machte er sich wieder auf den Weg nach Florenz. Galilei sah ihm nach, als sich hinter ihm das Tor schloß, und beneidete ihn wehmütigen Herzens.

Bald traf ein zweiter Brief von Celeste ein, in dem der Vater folgendes lesen konnte:

»Ich möchte nicht, daß Ihr an mir zweifelt und des Glaubens wäret, ich hörte auch nur eine Sekunde auf, für Euch aus ganzer Seele zu unserem Herrgott zu beten; denn das liegt mir sehr am Herzen, und Euer leibliches und seelisches Wohlbehagen ist Gegenstand meiner bangen Sorge. Wieviel Ihr mir bedeutet, mögt Ihr daraus entnehmen, daß ich mir das Urteil über Euch beschaffte und die Erlaubnis einholte, es zu lesen. Es tat mir zwar sehr weh, aber ich bin zugleich glücklich, daß ich es lesen konnte und dadurch Gelegenheit fand, Euch in einem geringen Maß dienlich zu sein: überlaßt mir die Pflicht, einmal wöchentlich die Psalmen zu beten! Ich habe damit schon begonnen, und es bereitet mir innige Freude. Einmal, weil ich glaube, daß ein demütiges und gehorsames Gebet Erhörung findet, und außerdem, weil ich Euch diese Last von den Schultern nehmen kann. Könnte ich das doch auch sonst! Ich würde mich auch in einer viel engeren Zelle als der meinen wohlfühlen, wenn Ihr bloß frei werden könntet.«

Diesen Brief drückte Galilei lange an seine Wangen und schob ihn unter sein Kissen, wenn er sich zur Ruhe legte. Seit seiner Verurteilung hatte er die Psalmen kein einziges Mal gebetet. Diese Verpflichtung war seinem Gedächtnis völlig entfallen, weil er bestrebt war, so selten wie möglich an sein Urteil zu denken. Aber schließlich hatte er gelobt, auch diese Pflicht zu erfüllen. Und Celeste, die keine Pflicht auf sich genommen und keinen Schwur abgelegt hatte — um wieviel reiner und besser war sie als er! Für wen dieses jungfräuliche Herz Fürsprache bei dem Allmächtigen tat, dem konnte wohl der liebe Gott nicht zürnen.

XIII

Endlich, an einem Dezembertag, konnte man ihm von Niccolini eine frohe Botschaft übermitteln! Eine völlige Freilassung habe er für seinen Schützling zwar nicht erreicht, doch der Papst wolle dem Gefangenen der Inquisition die sofortige Übersiedlung nach Arcetri gestatten. Seine Villa dürfe er freilich nur verlassen, um seine Töchter im Kloster zu besuchen. Es werde ihm auch gestattet, Freunde und Verwandte bei sich zu sehen, doch immer nur wenige zugleich, um einem Verdacht vorzubeugen, daß er wissenschaftliche Beratungen abhielte.

Überglücklich richtete Galilei sein Reisegepäck. Der Bischof mahnte ihn bis zur letzten Minute zu fleißiger Arbeit. Doch Galileis Gedanken weilten jetzt nicht bei seiner Wissenschaft, sondern eilten ihm voraus, in das Schmuckkästchen seiner Villa und zur Familie. Im Winter hatte er einst die verhängnisvolle Reise angetreten, und jetzt, zur Heimreise, war es inzwischen wieder Winter geworden. Elf Monate hatte der Leidensweg gedauert. Dann aber fand er daheim alles vor, wie er es verlassen. Der Besen lehnte noch immer in der gleichen Hofecke; Porzias Küchenreich entströmte der nämliche Speisenduft, das treue Maultier kaute sein Heu behaglich in dem warmen Stall. Eilends schloß Galileo alle Schubladen auf, um sich zu überzeugen, daß seine Schriften unberührt geblieben waren. Dann eilte er, so rasch es seine alten Beine gestatteten, zum Kloster hinüber. Er wurde schon erwartet. Galileo und Celeste umarmten einander herzlich. Auch Angela bezeugte dem Vater ihre Freude, doch dann war sie plötzlich verschwunden. So blieben der Vater und seine Lieblingstochter für sich, eins des anderen Sonne in diesem Erdental.

»Wie ist es dir denn ergangen?« fragte der Vater in liebevoller Sorge bei ihrem Anblick.

»Wieso, mein Herr Vater? Sehe ich nicht wohl aus?«

»Du bist so sehr schmal geworden! Warst du krank?«

»Ja, ich hatte wohl mancherlei Not zu bestehen. Aber reden wir

Jetzt nicht von mir. Um Euer Wohlergehen geht meine Sorge. Ich werde Euch selbst einiges erzählen, nur weiß ich nicht, wo beginnen. Tausenderlei wäre zu berichten. Vincenzo Landucci mit seiner Forderung auf sechs Gulden monatlich, Nencios« — sie stockte verlegen — »Hauskauf. Doch wartet, ich habe mir auf einem Zettel alles für Euch aufgeschrieben ...«

So erzählte sie ihm von den kleinen Sorgen des Haushalts, von dem Ergehen aller Familienmitglieder; sie saßen Hand in Hand in dem kahlen weißgetünchten Sprechsaal des Klosters. Galileo folgte ihrem Bericht nur mit halbem Ohr und beobachtete erschreckt seine Tochter. Mit stockendem Herzen stellte er fest, daß Celeste sehr krank sein müsse. Ihr bleiches, fahles Antlitz sah alt aus, und dabei zählte sie erst dreiunddreißig Jahre. Ihr liebes Haupt verschwand beinahe unter der weißen Nonnenhaube; ihre rauhe Kutte schien keinen irdischen Leib mehr zu umhüllen. Sie erwähnte weder den Prozeß noch das Urteil und alle anderen Unannehmlichkeiten. Darüber ließ sie den Vater nicht einmal zu Wort kommen.

»Erzählt mir das später, wenn Ihr wieder zu Kräften gekommen seid. Jetzt würden Euch diese Erinnerungen zu sehr aufregen. Unterhalten wir uns über unsere Weinstöcke. Wißt Ihr, auf welchen Einfall ich kam? Porzia mußte mir ein Fernrohr bringen, und damit beobachtete ich, ob Giuseppe auch jeden Rebenstock richtig pflegte. Man kann gerade bis zum Weinberg sehen. Mit Eurer wunderbaren Erfindung könnte man sogar die Trauben zählen. Oh, welch herrliches Gefühl ist es, einen so klugen und weltberühmten Mann zum Vater zu haben!«

Galilei hielt schweigend die Hand seiner Tochter und machte sich insgeheim geradezu Vorwürfe, daß er an der unwandelbaren Liebe Celestes — trotz seines falschen Eides auf die Bibel — auch nur einen Augenblick zweifeln konnte. Als der sinkende Abend zum Gehen mahnte, nahm er Abschied und versprach sein Wiederkommen für den nächsten Tag. Doch etwas später schlich er wieder zurück durchs Tor und bat um eine Rücksprache mit der Äbtissin.

»Gnädige Frau Äbtissin, was hat sich mit meiner Tochter begeben? Sie ist während dieses einen Jahres um zehn Jahre älter geworden. Ist sie krank?«

»Ich kann es Euch sagen, Messer Galilei. Wohl hat sie sich sehr abgeplagt und war auch in der Krankenpflege stets so vorbildlich und aufopfernd, daß sie ihre Nachtruhe dafür hergab. Es ist schon ein reines Gotteswunder, daß sie nicht an der Pest erkrankt ist. Denn die arme Suor Katharina, die von Suor Celeste gepflegt wurde, starb an dieser Seuche. Nächtelang wachte Eure Tochter durch Wochen an ihrem Krankenlager. Trotzdem habe ich den Eindruck, daß ihr die Sorge um Euch mehr zugesetzt hat als die Gefährdung ihrer Gesundheit oder die schwere Arbeit.«

»Wie hat sie das Warten ertragen?«

»Betend und hoffend! Wir haben sie alle bewundert. Sie ist uns allen ein wahrer Engel, und ich selbst habe immer wieder das Gefühl, als strahlte aus ihrem Antlitz ein inneres Leuchten, das sie mit einem lichten Schein umgibt. Wenn jemand auf dieser Welt von Herzen fromm ist, dann Eure Tochter.«

»Hat sie während meines Prozesses niemals Befürchtungen geäußert?«

»Niemals, sie sprach im Gegenteil sogar uns Trost zu, wenn wir um Euer Schicksal bangten. Die zarte, schwache Frau hat einen bergeversetzenden Glauben. Ich hoffe nur, daß sie sich jetzt nach Eurer glücklichen Heimkehr auch körperlich etwas erholt. Die Arbeit im Spital drängt nicht mehr, und die Pest scheint endgültig überwunden zu sein. Für Euch aber lag im Übel etwas Gutes verborgen: Ihr konntet die gefährlichsten Zeiten weit weg von diesem Seuchenherd verbringen.«

»Ich wohl, aber sie nicht. Jetzt noch befällt mich ein Schauder bei dem Gedanken, daß Celeste der Seuche zum Opfer hätte fallen können. Und wie steht es mit meiner Tochter Angela?«

Die Äbtissin hob die Schultern.

»Sie lebt wie immer sehr zurückgezogen und nimmt an unserer Gemeinschaft kaum Anteil. Auch vernachlässigt sie die heiligen Exerzitien, so daß ich sie öfter ermahnen muß. Sie zeigt sich hin und wieder auch recht streitsüchtig und erfüllt das ganze Kloster mit Zank und Unruhe. Ist aber dann ihr Zorn verflogen, kann man sie für eine Weile ganz gut leiden. Sie war ebenfalls kränklich, doch ihre Natur ist viel widerstandsfähiger. Beruhigt Euch also, Messer Galilei, jetzt wird alles gut werden.«

Galilei ging tatsächlich beruhigt heimwärts, fand dort zur freudigen Überraschung seine Sachen bereits ausgepackt und ordnete seine in Siena gemachten Aufzeichnungen zu den übrigen Unterlagen. Seine jüngste Arbeit näherte sich rach ihrer Vollendung. Die ‚Neuen Wissenschaften' reiften zu einem schönen, wegweisenden Buch. Er behielt die Form des ‚Dialoges' auch in diesem Werk bei. Die Gesprächsteilnehmer des ‚Dialoges' hatten sowieso vereinbart, wieder zusammenzukommen. In den Schreckensstunden des Prozesses hatte ihn zwar die feige Versuchung angewandelt, Kopernikus in einer Fortsetzung des ‚Dialoges' zu verleugnen. Doch war dieses Angebot durch seinen Schwur in der Kirche Sopra Minerva hinfällig geworden. Diesmal sollten aber Sagredo, Salviati und Simplicio nicht über Astronomie reden, sondern die Grundlagen einer neuen physikalischen Weltlehre entwickeln. Galilei hatte auch schon überlegt, daß sich die drei Personen im Arsenal von Venedig treffen würden. Dort standen und lagen so viele Maschinen, Kranwerkzeuge, Hebel und andere Instrumente, daß man in diesem Rahmen alle möglichen Themen zur Sprache bringen konnte. Das Buch sollte den Naturwissenschaften neue Ausblicke bieten, und vielleicht konnte es auch sein wissenschaftliches Ansehen wieder herstellen — er glaubte nämlich, sein Ruf habe in den Augen aller Gelehrten der Welt Einbuße erlitten. Diese Hoffnung, dann die friedvolle und trauliche Stille seines Heimes und die Nähe seiner Lieblingstochter wurden ihm für Leib und Seele die beste Arznei. Zu seiner Zufriedenheit fehlte nur noch die Erlaubnis, daß er die Stadt Florenz betreten durfte. Er hätte seiner zahlreichen Beschwerden wegen unbedingt einen Arzt aufsuchen müssen und sollte außerdem in einigen Familienangelegenheiten hier und dort persönlich vorsprechen. Als er gerade über eine passende Begründung für einen neuen päpstlichen Gnadenerweis nachdachte, stürzte sein junger Diener Gepe atemlos in sein Arbeitszimmer:

»Seine Hoheit, der Großherzog!«

Wirklich beehrte Fernando II. in Begleitung des Kanzlers Cioli, eines Adjutanten und des Hofkaplans den greisen Hofgelehrten mit seinem Besuch. Während des Prozesses hatte sich der Großherzog um ihn wenig gekümmert und beim Papst keine Fürbitte eingelegt; vielleicht hatte ihn jetzt sein Gewissen hierher geführt. Ergebenst bot Galilei der erlauchten Gesellschaft Platz und mühte sich verlegen um den Besuch, seinen Dank für die hohe Ehre beteuernd. Fernando weilte jetzt zum zweitenmal unter Galileos Dach. Der erste Besuch hatte nach dem Tode des unvergeßlichen Cosimo stattgefunden, als der Großherzog zehn Jahre zählte; jetzt war er ein einundzwanzigjähriger Mann mit leiser Stimme, unbeholfenen Bewegungen und mit einem Betragen, das den Eindruck der Ängstlichkeit erweckte. Wenn ihn jemand anredete, fuhr er zusammen, und bevor er selbst ein Wort äußerte, tat er einen Blick auf Cioli und den Geistlichen, um in ihren Mienen Zustimmung oder Ablehnung zu erforschen.

Der hohe Besuch währte nur einige Minuten. Der Herrscher erkundigte sich nach dem Wohlbefinden seines Hofgelehrten, versicherte Galilei seiner unveränderten Zuneigung und legte ihm sehr ans Herz, stets ein treuer und reumütiger Sohn der Kirche zu sein. Zuletzt fragte er ihn, ob er ihm eine Gunst erweisen könne.

»Eure Hoheit, ich hätte ein großes Anliegen. Ich bitte Eure Hoheit, zu erwirken, daß man mir das Betreten der Stadt erlaubt. Während der Wintermonate kommt kein Arzt zu Fuß hierher, und die Kosten für eine Kutsche zu tragen, bin ich nicht in der Lage. Wenn Eure Hoheit an Kardinal Barberini schreiben wollten, der als Neffe bei Seiner Heiligkeit großen Einfluß besitzt, würden mich Eure Hoheit zu unendlichem Dank verpflichten.«

»Wir wollen es versuchen«, erwiderte der Großherzog mit einem Seitenblick auf Cioli. »Wir würden es schmerzlich bedauern, wenn Ihr, ein so bevorzugtes Mitglied unseres Hofstaates, an unseren Vermählungsfeierlichkeiten nicht teilnehmen könntet.«

Damit reichte der Großherzog seinem Hofastronomen die Hand zum Kuß und erhob sich. Der Greis geleitete die Gäste hinaus und benutzte noch rasch die Gelegenheit, mit einigen Worten um Nachsicht für seinen Sohn zu bitten. Dann fuhren die beiden von müßigen Gaffern bestaunten Galakutschen davon und entschwanden an der nächsten Wegbiegung mit dem erlauchten Bräutigam und seinem Gefolge den Blicken. Fernando hatte sich mit der Herzogin von Urbino, Vittoria delle Rovere, die jetzt vierzehn Jahre alt war, verlobt. Seinerzeit war ihm das ganze Urbino als Mitgift zugesagt worden. Doch inzwischen hatte der Papst das gesamte Gebiet an sich gerissen, und der Herzogin Vittoria verblieb nur eine sehr bescheidene Mitgift.

Von nun an lebte der greise Gelehrte in der stillen Hoffnung, in absehbarer Zeit wieder in die Stadt gehen zu dürfen. Ein Besuch in Florenz war schon deswegen geboten, weil ihn sein Neffe inzwischen wegen der Monatsrente von sechs Gulden geklagt hatte und er bisher nicht vor Gericht erscheinen konnte. Immer wieder hatten ihn Freunde vertreten müssen, und er hatte die Angelegenheit nur mit Celeste besprechen können.

Bald aber mußte ihm daran gelegen sein, Celeste auch in ihren gemeinsamen Gesprächen möglichst zu schonen. Mit ihr trat nämlich nach der Heimkehr des Vaters eine bedenkliche Wandlung ein. Man hätte annehmen sollen, daß die Freude des Wiedersehens auch ihr körperliches Wohlbefinden bessern würde. Doch das Gegenteil trat ein: sie verfiel von Tag zu Tag. Und es wurde offenbar, daß sie sich seit einem Jahr nur mit übermenschlicher Kraft aufrechterhalten hatte; jetzt, da die Sorge um den Vater aufgehört, versagte ihre seelische Spannkraft. Ohne eigentlich an einer Krankheit zu leiden, magerte sie mehr und mehr ab, und ihre Lebensglut schien nur noch in den schönen, blauen und unergründlichen Augen zu flackern. Bald mußte sie auch den Tag über das Bett hüten und erhob sich nur noch für die Zeit des väterlichen Besuchs. Ihre Stimme konnte nur noch flüstern, und die kleinen, wächsernen Finger erwiderten den Händedruck des Vaters kaum noch. Jede Woche lasen Vater und Tochter gemeinsam die Psalmen, mußten aber zwischen den Strophen immer wieder einhalten, weil Celeste der Atem ausging.

Dennoch gab der Vater die Hoffnung nicht auf. War doch Celeste erst dreiunddreißig Jahre alt und nach diesem Jahr seelischer Spannung der Rückschlag durchaus begreiflich. Allmählich mußte sie doch wieder zu Kräften kommen und genesen. Freilich durfte sie in ihrer jetzigen Schwäche von keiner Krankheit befallen werden; denn schon der leiseste Windhauch hätte dieses welke Blatt vom Lebensbaum geweht.

Der Vater mühte sich, sie durch angenehme Neuigkeiten zu zerstreuen und aufzurichten. Er verschwieg dabei alles Unangenehme, wie jenen Gerichtsbescheid, der dem jungen Neffen Landucci mit seiner Forderung auf sechs Goldstücke Monatsrente recht gegeben. Dafür erzählte er ihr hunderterlei erfreuliche Begebenheiten. So hörte ihm

Celeste drei Monate lang still mit sanfter Heiterkeit zu und schwand mehr und mehr dahin. Eines Tages, es war Ende März, durfte sich Galileo nicht mehr mit ihr im Sprechzimmer treffen, weil seine Tochter sich so schlecht fühlte, daß sie die Zelle nicht mehr verlassen konnte. Der Vater erschrak, aber Angela beruhigte ihn: es handle sich nur um eine einfache Magenverstimmung. Galileo wollte in einer merkwürdigen Unruhe gerade jetzt die Lieblingstochter sehen, doch außer dem Arzt und einem Geistlichen durfte kein Mann die Klausur übertreten.

Am andern Tage teilte man ihm mit, es sei kein Anlaß zu Besorgnis, der Zustand der Kranken halte unverändert an und vielleicht könnten sie einander schon morgen wieder treffen. Als ihm auch am vierten Tage derselbe Bescheid wurde, litt es ihn nicht länger und er flehte die Äbtissin an, man möge ihn an das Krankenbett seiner Tochter lassen. Die Äbtissin erwiderte:

»Macht mir das Herz nicht schwer, Euer Gnaden! Ihr wißt, daß ein Besuch unmöglich ist. Wenn Euch freilich die kirchlichen Behörden ausnahmsweise die Erlaubnis erteilten, hätte ich selbst nichts dagegen.«

»Aber mir ist es doch untersagt, in die Stadt zu gehen, versteht mich doch! Wie könnte ich so ein Gesuch brieflich erledigen? Jede bange Minute läßt mich fast verzweifeln. Ich bitte Euch bei den Sieben Wunden Christi, laßt mich zu meiner Tochter ein! Nehmt mich doch für einen Arzt.«

»Gut, sollte sich der Zustand Suor Celestes bis morgen nicht bessern, will ich es auf mich nehmen.«

Einen Tag später wurde er eingelassen. Die Äbtissin hatte jede Nonne in ihre Zelle befohlen. Zum erstenmal betrat Galileo die Klosterzelle seiner Tochter. Es war der erbärmlichste, kahlste Raum, den man sich vorstellen konnte, eng wie ein Verließ. Über ihrem Bett hing das Kruzifix, darunter ein Kupferstich mit dem Bildnis des Vaters, seinem Werk über die Sonnenflecken entnommen. Unter diesem himmlischen und irdischen Idol ihres Daseins lag Celeste. Sie hatte die Nonnenhaube abgelegt und lag mit einem durchscheinenden Gesicht auf dem grobleinenen Kissen. Die Umrisse ihrer Gestalt ließ die Decke nur ahnen. Angela saß neben dem Krankenbett auf einem Stuhl, überließ bei seinem Eintritt den Platz ihrem Vater, um inzwischen auszuruhen, da sie die ganze Nacht bei der Kranken durchgewacht hatte.

Galilei setzte sich nicht auf den Stuhl, sondern sank vor dem Kopfende des Bettes in die Knie und umarmte die mageren Schultern der Tochter voll Zärtlichkeit.

»Mein Kleines, mein Einziges ... du mußt wieder gesund werden ... ich bange sehr um dich ... was fehlt dir denn?«

Mit einer schwachen Geste legte Celeste ihre Hand auf das Greisenhaupt, und vermochte kaum, es zu streicheln.

»Die Ruhr«, flüsterte sie leise, schon fast entrückt, »ich bin in Gottes Hand.«

Dann schloß sie ihre Augen und schwieg lange, so daß man ungewiß war, ob sie wach oder ohne Besinnung lag. Mit einemmal lächelte sie.

»Was ist, mein Herz?« fragte der Vater.

»Ich träumte und sah die Mutter und sie war schön wie einst in Padua und begegnete mir voll Liebe.«

Nach einer kleinen Pause fragte sie mit geschlossenen Augen:

»Mein Herr Vater, was lehrt Aristoteles über Gott?«

»Mein Engel, du fühlst dich doch jetzt nicht wohl... wird dich so ein Gespräch nicht ermüden?«

»Nein, nein, erklärt es mir nur, ich höre genau zu.«

»Aristoteles lehrt, daß Gott ohne Materie sei und die Welt nicht auf physikalischem Wege, sondern durch die Macht seines Geistes in Gang hält. Daß er in jedes Geschöpf Sehnsucht und Liebe gelegt hat. Wenn wir Gott lieben, vermögen wir in uns wiederzufinden, was gut, vollkommen und ewig ist.«

»Wie schön! Aristoteles war ein Christ. Wollt ihm in Zukunft nicht mehr so zürnen.«

»Ja, mein Liebling, ich verspreche dir, daß ich ihm gegenüber geduldiger sein werde.«

Wieder wurde es still in der Zelle, und nachdem sie lange so verharrt, flüsterte die Kranke kaum hörbar:

»Mein Herr Vater... ich habe Euch unsagbar lieb...«

Und wieder begann das große Schweigen.

Bald darauf erschien die Äbtissin mit dem Arzt in der Zelle. Galilei erhob sich und die Männer grüßten einander mit stummem Kopfnicken. Auf einen Wink entfernte sich der Vater, damit der Arzt Celeste untersuche. Draußen auf dem Gang schwanden Galilei fast die Sinne. Erst nach längerer Zeit trat der Arzt zu ihm hinaus.

»Sie liegt jetzt ohne Besinnung und wir wollen sie jetzt am besten ungestört lassen. Auch für Euer Gnaden ist es an der Zeit, heimzugehen. Die Frau Äbtissin möchte Euch nicht dazu mahnen.«

»Ja, ich gehe sogleich«, versetzte Galileo, »ich möchte Celeste bloß noch einmal sehen.«

Er trat an das Bett, neigte sich über die Kranke und küßte sie auf die Stirn. Sie rührte sich nicht. Galileo wandte sich an die Äbtissin.

»Wollte sie nicht beichten?«

»Sie hat schon gebeichtet und kommuniziert... bereits am Nachmittag... und...«

»Ich weiß, sie hat die Sterbesakramente empfangen«, sagte er merkwürdig gefaßt. »Ich will jetzt... ich werde jetzt...« Er verstummte und verlor den Faden seiner Rede. Sanft schob ihn die Äbtissin aus der Zelle, auf dem Gang nahm der Arzt seinen Arm und zog ihn mit sich fort. Sie sprachen kein Wort. Vor dem Kloster erwartete den Arzt ein zweirädiger Karren mit einem Maulesel.

»Ist keine Hoffnung, Doktor?«

»Leider keine. Sie wird wahrscheinlich nicht mehr die Besinnung wiedererlangen und den Morgen kaum mehr erleben. Ich fühle aus ganzem Herzen mit Euch, Messer Galilei.«

Der gramgebeugte Vater antwortete nicht. Der Karren des Arztes rollte davon; Galilei trat zu Fuß den Heimweg an. Als er den Garten betrat, stürzte ihm Porzia entgegen.

»Ein geistlicher Herr wartet auf Euch, er sitzt schon eineinhalb Stunden hier.«

»Was für ein Geistlicher?«

»Ich weiß es nicht; er behauptet, im Auftrag der Heiligen Inquisition zu kommen. Die Schubladen sind versperrt, Giuseppe hat ihn Platz nehmen lassen.«

»Schon gut. Ihr, Porzia, geht jetzt flugs zum Kloster. Suor Celeste ist sehr krank. Wartet dort und eilt sogleich hierher, wenn sich etwas ereignen sollte.«

Porzia schrie auf, holte eilig ihr Schultertuch und lief in das Kloster ...

Beim Eintritt des Hausherrn erhob sich der wartende Besucher.

»Laudetur. Mein Name ist Padre Fanano, vom Santo Officio.«

»Gott zum Gruß, womit kann ich Euch dienen?«

»Ich habe Euch einen Befehl vorzulegen. Er lautet wörtlich: Ihr möget das Santo Officio fürder nicht mit Bittgesuchen behelligen, sonst könnte die Heilige Inquisition darüber die Geduld verlieren. Werdet Ihr nicht Ruhe geben, so lauft Ihr Gefahr, anderswo eingekerkert zu werden. Habt die Güte, diese Erklärung als Bestätigung zu unterschreiben, daß Ihr von diesem Befehl Kenntnis genommen habt.«

Gehorsam setzte Galilei seinen Namen unter das Schriftstück.

»Ich bitte, dem Allergnädigsten Großinquisitor in Rom zu vermelden, daß nur noch ein Arzt meinen Bruch zu verbinden in der Lage ist. Deshalb wagte ich ...«

»Das ist kein Grund«, schnitt ihm der Geistliche das Wort ab.

»Die Stadt liegt nahe, Arzt und Arznei können leicht hierher geschafft werden. Laudetur.«

»In aeternum.«

Padre Fanano war gegangen.

Der Greis zuckte unbekümmert und abwesend die Achseln. Er wartete auf Porzia. Den Diener, der seinem Herrn das Abendessen auftragen wollte, schickte Galilei wieder hinaus. Er setzte sich an ein Fenster, von wo aus man das Klostergebäude am besten sehen konnte. Unentwegt blickte er zu einem erleuchteten Fenster hinüber. So wartete er bis zum Morgen um die dritte Stunde. Dann hörte er eine Tür gehen und das verzweifelte Schluchzen der heimkehrenden Porzia. Celeste war in die ewige Heimat eingegangen.

XIV

Monatelang dauerte es, bis sich der Vereinsamte von diesem Schlage erholt hatte. Als er endlich wieder soweit bei Kräften war, um zu arbeiten, wußte er in den wenigen Jahren, die ihm das Leben noch vergönnte, würde er sich als gebrochener, bresthafter Mensch fühlen. Seine beiden überlebenden Kinder kümmerten sich wenig um ihn. Suor Angela machte sich nicht viel aus den Besuchen ihres Vaters; sie wußte nicht, was sie mit ihm reden sollte, und verhehlte nicht, daß seine Gesellschaft sie langweilte. So ging Galilei zwar ins Kloster, aber nach wie vor zu Celeste: er saß in der Kapelle, in der die Nonnen beigesetzt wurden. Dort war auch der frische Gedenkstein für Celeste in die Mauer eingelassen. Nencio kümmerte sich ebenfalls nicht viel um seinen Vater. Seine Anstellung hatte er tatsächlich verloren, und nur mit größter Mühe gelang es, ihn anderweitig unterzubringen: nämlich als Sekretär des Vikars von San Giovanni. Während der Zeit seiner Mißhelligkeiten besuchte er seinen Vater allerdings häufig, brachte sogar die beiden Enkelkinder mit und bewog auch Sestilia, den langen Weg nach Arcetri zu machen. Das währte aber nur so lange, bis Galilei seinem Drängen nachgegeben und das zum Hauskauf erforderliche Geld erlegt hatte. Nencio erwarb das Grundstück und ließ nun die beiden Gebäude miteinander verbinden. Er wohnte bequem und vornehm, und als er seine neue Stellung angetreten hatte, dachte er kaum noch an seinen Vater.

Der aber sehnte sich unendlich danach, geliebt zu werden. Wenigstens den tausendsten Teil jener tiefen Liebe wollte er ersetzt haben, die er durch Celestes Hinscheiden verloren. Er fühlte sich so einsam, daß er sich vor Angela und Nencio fast erniedrigte; so eifrig warb er um ihre Zuneigung. Es konnte ihm aber nicht entgehen, daß er ihnen damit lästig fiel. Sie wollten ihr eigenes Leben führen. Von ihm wußten sie, daß er versorgt war, und beruhigten damit ihr Gewissen.

Wieder wurde die Arbeit Galileos bester Trost. Er vollendete sein reifes Werk, und es wurde zu dem, was er schaffen wollte: ein in den Felsen gehauener, neuer Pfad für alle Nachkommenden. Eine abgerundete, neue Anschauung des physikalischen Universums. Das Buch war nicht für die große Menge, sondern den Gelehrten zugedacht. Bislang hatte er sich in seinen Schriften stets der italienischen Sprache bedient, die er über alles wert hielt. Ihm war auch bewußt, daß seine Zeit keinen größeren Schriftsteller in dieser Sprache besaß als ihn. Darüber hinaus hatte es seiner bisherigen Lebensauffassung entsprochen, wissenschaftliche Fragen dem Dunstkreis des Kirchenlateins zu entziehen, um sie jedem vernünftigen Leser in der Muttersprache zugänglich zu machen. Doch jetzt war er auch in der Wissenschaft zum Einsiedler geworden. Er richtete sein Wort an wenige Auserwählte. In seinem neuen Buch wechselten lateinische und italienische Abschnitte miteinander ab. Trotz dieser Zweiteilung aber wurde es eine Schöpfung aus einem Guß. Alle Lehrsätze, die er darin aufstellte, gründeten in Erkenntnissen, die er dieser Welt als erster geschenkt.

Wiederum traten hier Sagredo und Salviati als Gesprächsteilnehmer auf. Sie unterhielten sich im Arsenal zu Venedig über die Maschinen. Die Gestalt des Simplicio ließ er bald verschwinden; der Papst mochte sonst am Ende glauben, daß der Greis ihn wieder mit herausforderndem Eigensinn verhöhnen wolle. Die verbleibenden Gestalten Sagredos und Salviatis sprachen über die merkwürdige Tatsache, daß kleinere Maschinen, aus dem nämlichen Material und nach dem gleichen Plan erbaut, besser arbeiten als solche größerer Konstruktion. Schon allein dieses Problem hatte noch niemand vor ihm aufgeworfen. Er behandelte es jedoch nur kurz, weil er noch nicht so viel zu sagen hatte. Die beiden Gesprächspartner redeten dann über die Widerstandsfähigkeit der Materie. Welcher Umstand bedingt das unterschiedliche Verhalten einer Säule, einer Stange, eines Balkens oder eines Strickes gegenüber zerstörenden Einwirkungen? Warum ein Tau, mit dem man einen Marmorblock hochzieht, nicht reißt? Offenbar hängen die einzelnen Fasern so zusammen, daß dieses Tau auch dann noch standhält, wenn einzelne dieser Fasern reißen. Wie läßt sich der gleiche Widerstand bei einem Stein oder Eisenstück erklären, die keine Fasern haben? Ferner: wie verhält sich die Materie, die aus aber Tausenden von Atomen besteht? Wie bringt man sie beispielsweise zum Schmelzen? Durch eine gesteigerte Geschwindigkeit der Atombewegungen, die das menschliche Auge nicht wahrnehmen kann? Sagredo und Salviati debattierten sodann über die Geschwindigkeit des Lichtes. Seit seiner ehrenvollen Haft in Siena hatte Galilei unablässig über seinen Beweis nachgedacht, der aufzeigen konnte, daß das Licht auf seinem Weg eine gewisse Zeitdauer benötigt. Schließlich löste er das Problem durch einen höchst einfachen Versuch: zwei Menschen halten je eine Lampe in der Hand, ein dritter beobachtet sie aus einer gewissen Entfernung. Nach vorheriger Übereinkunft löscht einer seine Lampe und der andere tut, sobald er das Auslöschen wahrnimmt, mit seiner Lampe dasselbe. Zunächst entfernen sich die beiden Männer voneinander auf eine Meile, dann auf fünf und schließlich auf zwanzig Meilen Abstand. Der Beobachter auf seinem unveränderten Standplatz stellt fest, daß das Auslöschen der zweiten Lampe um so viel später erfolgt, als die beiden Versuchspersonen weiter voneinander entfernt stehen. Demnach benötigt das Licht für einen gewissen Weg eine gewisse Zeit; es bewegt sich demnach mit einer Geschwindigkeit fort, die meßbar ist. Auch für diese Entdeckung konnte er den Ruhm des Bahnbrechers für sich in Anspruch nehmen. Dann folgte das weitgespannte Gebiet der Schallehre, und auch auf diesem Felde zog die Pflugschar seines Geistes viele neue Furchen. Der freie Fall, das spezifische Gewicht kamen an die Reihe — eine Erkenntnis und Entdeckung wunderbarer als die andere! Dabei streifte seine Beweisführung auch Kopernikus. Doch der Greis zögerte dabei nicht mehr ängstlich, weil er wohl die Macht seiner Feinde, nicht aber ihren Geist fürchtete. Er allein und wenige seiner Getreuen wußten darum, daß dieses Buch grundsätzlich ebenso auf der Theorie von der Bewegung der Erde beruhte, wie sich die Finger betender Hände ineinanderfügen. Dem Betenden ist die Beweglichkeit der Gelenke auch dann bewußt, wenn die Hände unbewegt verharren.

Nun war das Buch abgeschlossen und sein Verfasser überlegte hin und her, wem er es in seiner Widmung zueignen sollte. Er wußte niemanden, bis ihm zuletzt der Zufall zu Hilfe kam.

Zwei seiner einstigen Schüler aus vergangenen Zeiten gaben ein Lebenszeichen. Obzwar der eine, Nicolo Peiresc, nur wenige Monate sein Hörer gewesen, erinnerte sich der Lehrer seiner nach dreißig Jahren des Schweigens ganz genau. Er meldete sich jetzt aus einem merkwürdigen Anlaß. Campanella, der ruhelos schweifende Geist, war nach einem Streit mit Papst Urban aus Rom nach Frankreich geflüchtet, und zwar zu dem hervorragendsten französischen Mathematiker Gassendi in Aix. Gassendi bekleidete zwar als Geistlicher die Würde eines Propstes von Digne, bekannte sich aber trotzdem immer noch als Kopernikaner. Gassendi und Campanella gedachten häufig Galileis, und als dritter gesellte sich nun Peiresc zu ihnen: Parlamentsrat der Provence, ein hochgebildeter und einflußreicher Staatsmann. Als er von Campanella erfuhr, wie das Heilige Offizium gegen seinen einstigen, weltberühmten Professor verfahren war, beschloß er sogleich, dem Greis zu helfen. In einem Brief nach Arcetri brachte er sich Galilei in Erinnerung und er bot sich an, seinen gewichtigen Einfluß für ihn geltend zu machen. Gleichzeitig richtete er auch mehrere Briefe an den jüngeren Bruder des Papstes, Kardinal Barberini. Aus den Abschriften dieser Briefe, die er Galilei zukommen ließ, ergab sich, daß Peiresc eine unerhört kühne und offene Sprache führte. So erkühnte er sich unter anderem etwa zu folgenden Worten:

»... Wahrlich, man wird ein solches Vorgehen sehr hart finden, und zwar die Nachwelt noch weit mehr als unsere Gegenwart, in der anscheinend jeder einzig und allein auf seinen eigenen Nutzen bedacht ist. Ja, es wird sogar ein Schatten den Ruhm und Glanz des Pontifikates Urbans VIII. verdunkeln, sollten sich Eure Eminenz nicht entschließen, sich dieser Angelegenheit ernsthaft anzunehmen ...«

In einem anderen Briefe sagte er:

»... denn meine Fürsprache entspringt ebensosehr der Liebe zu dem ehrwürdigen, berühmten Greis Galilei, wie der Sorge um die Ehre und den guten Ruf des gegenwärtigen Pontifikats. Sollte das strenge Verfahren gegen Galilei fortgesetzt werden, so könnte die Nachwelt sein Geschick leicht mit dem des unschuldig verfolgten Sokrates vergleichen ...«

Peiresc war ein guter Katholik, aber mutig und unabhängig. Seine Briefe, die bis an die Grenze erlaubter Offenheit gingen, blieben jedoch zunächst ohne Widerhall.

Der andere Schüler war Graf Noailles, der einst immer fröhliche Student, der an der Abendtafel im großen Hause zu Padua stets an der rechten Seite des Meisters gesessen hatte. Auch er stand jetzt in den besten Mannesjahren, und der Kardinal Richelieu hatte ihn als Nachfolger Créquis zum Gesandten in Rom ernannt. Auch Graf Noailles richtete an seinen alten Professor einen freundschaftlichen Brief. Als französischer Gesandter konnte er sich bei dem Papst für Galilei einsetzen wie kein anderer. Wozu sich keiner erkühnt, das wagte er: er unterhielt sich mit Urban über die Verdächtigungen um die Gestalt Simplicios. Er äußerte frei heraus, in Rom gehe ein Gerücht um, wonach Galilei mit Simplicio die Person Seiner Heiligkeit verspottet habe. Dieser Verdacht jedoch sei völlig haltlos! Er bewies dem Papst die Torheit einer solchen Unterstellung, nachdem der Verfasser, Galilei, keinerlei Grund gehabt, den Papst zu verhöhnen. Im Gegenteil hatte er gute Ursache, Seiner Heiligkeit gefällig zu sein. Zum Abschluß dieser Unterredung erklärte der Papst, daß er nunmehr von Galileis lauterem Charakter und seiner Schuldlosigkeit in dieser Frage überzeugt sei. Er habe Galilei immer hochgeschätzt und tue es auch jetzt noch. Freilich beschwöre die Lehre von der neuen Weltordnung eine große Gefahr für die Kirche herauf und daher dürfe sie nicht geduldet werden. Trotz dieses strengen Hinweises gab Graf Noailles seine Bemühungen nicht auf. Er wurde Niccolinis Verbündeter und trat bei jeder Gelegenheit so überzeugt und selbstlos für Galilei ein, daß dieser beschloß, ihm sein Buch zu widmen. Er betonte in der Zueignung nachdrücklich, ‚welch wohltuendes Gefühl es für ihn sei, Schutz und Wohlwollen eines hochgeborenen ausländischen Diplomaten zu genießen'. Die Anspielung war unverkennbar, daß er als Untertan des Großherzogs von Toskana von dessen Schutz und Wohlwollen nur sehr wenig halten könne.

Jetzt fehlte nur noch ein Verleger für das Buch. Ursprünglich hatte Galileo den Gedanken erwogen, das Werk in Wien drucken zu lassen. Zu dem Zweck wollte er ein Bittschreiben an Kaiser Ferdinand richten, den er in Florenz seinerzeit als Thronfolger kennengelernt hatte. Auf eine Anfrage bei einem einstigen Schüler, Pieroni, in Wien erhielt er jedoch den Rat, von diesem Vorhaben abzustehen. Am Wiener Hof seien die Jesuiten allmächtig und hätten auch in jeder wissenschaftlichen

Frage das letzte Wort. Zu allem Überfluß lebe in der unmittelbaren Umgebung des Kaisers auch Pater Scheiner aus Ingolstadt, der nach Wien berufen worden war.

Da diese Möglichkeit ausschied, gedachte Galileo sich mit den berühmten holländischen Buchdruckern Elzevier in Verbindung zu setzen. Einer der Brüder weilte gerade auf einer Studienreise in Venedig. Deshalb wandte sich Galilei an Micanzio, den einstigen Sekretär Fra Paolos, und bat ihn, zu vermitteln. Doch auch dieser Plan scheiterte. Rom kam von vornherein als Druckort nicht in Frage, da dort schwerlich jemand den Mut aufbrachte, das Werk eines von der Inquisition verdammten Gelehrten zu verlegen. Ebenso konnte man von der Zensur nichts erhoffen, da der jetzige Zensor sicherlich in Erinnerung behielt, daß Papst Urban den Vorgänger, Pater Riccardi, Galileis wegen seines Amtes enthoben hatte. Der Zensor zu Florenz war ebenfalls bestraft worden, so daß Galileo auch in seiner Heimatstadt mit keiner Förderung rechnen durfte. Sein Werk lag fertig vor und der greise Verfasser befand sich in der Lage eines unbekannten Anfängers, den jeder geringschätzig abweist.

Zu dieser Zeit besuchte ihn der Bischof Piccolomini. Auch jetzt unterhielt er sich mit dem Freund in einer unbekümmerten und selbstsicheren Art. Er enthüllte ihm Tatsachen, von denen sich Galilei niemals hätte träumen lassen.

»Euer ärgster Fehler war, daß Ihr keinen geschickten Rechtskundigen der Kirche zu Rate zogt. Ihr seid zu Unrecht verurteilt! Das Kardinalskollegium durfte über Euch gar kein Urteil fällen.«

»Wieso?«

»Warum seid Ihr denn verurteilt worden? Daß die Lehre des Kopernikus der Bibel widerspräche, hat die Kirche niemals behauptet. Unterbrecht mich nicht! Die Kirche hat einen diesbezüglichen Erlaß niemals verlautbart. Die sechzehn Kardinäle des Kollegiums mögen es während Eures Prozesses erklärt haben, niemals aber die Kirche als Gesetzgeberin. Weder Papst Paul noch ein Konzil oder eine Synode haben jemals verkündet, daß die Weltlehre des Kopernikus im Gegensatz zur Heiligen Schrift steht. Somit seid Ihr der Kirche niemals ungehorsam gewesen, und deshalb durfte man Euch nicht bestrafen. Eine Verurteilung wäre möglich gewesen, wenn Ihr Euch den Geboten des Heiligen Offiziums nicht gefügt, wenn Ihr Euer Werk dem Heiligen Offizium nicht vorgelegt hättet. Nachdem bereits die Druckerlaubnis der Zensur vorlag, lastete die gesamte Verantwortung dafür einzig und allein auf dem Zensor, und das Santo Offizio hätte sich demnach nur selbst verurteilen können. Da es sich somit um ein Fehlurteil de jure handelt, ist auch Euer abgelegter Schwur null und nichtig. Beruhigt also Euer Gewissen. Ich habe diese Gegengründe in Siena schon einigen Bekannten dargelegt und wurde deswegen angezeigt.«

»Was ist daraufhin geschehen? Hoffentlich habt Ihr meinetwegen keine Unannehmlichkeiten gehabt, Monsignore?«

»Keineswegs. Ich habe es geleugnet. Das war am einfachsten. Doch eines will ich Euch noch eröffnen: Das Urteil besitzt schon deswegen keine Rechtskraft, weil es mit groben Formfehlern behaftet ist. Von den zehn Kardinälen haben drei ihre Unterschrift verweigert.«

Entgeistert blickte Galilei den Bischof an. Dann erhob er sich, trat zu seinem Schreibtisch und suchte das Urteil hervor.

»Zeigt es einmal her!« rief der Bischof. »Seht Ihr, hier! Ich habe mir die Urkunde genau angesehen. Das Urteil beginnt mit der Aufzählung sämtlicher Richter. ‚Wir, Caspare Borgia...' und so weiter alle zehn Kardinäle. Jetzt betrachtet Euch die letzten Zeilen und zählt nach, wie viele richterliche Unterschriften das Dokument aufweist! Wie viele? Sieben! Wer hat nicht unterschrieben? Die wichtigsten Kardinäle: es fehlen die Unterschriften Borgias, Zacchias und des päpstlichen Neffen, Francesco Barberinis. Ich kenne alle drei als kluge und anständige Männer, die mächtigsten Stützen der Kurie. Offenbar konnten sie ihre Unterschrift mit ihrem Gewissen nicht vereinbaren und boten dem Papst die Stirn. Bei Barberini gilt das noch weniger, weil er der heißgeliebte Neffe ist, der sich alles erlauben darf. Er nimmt ja darum auch an keiner Sitzung der Inquisition teil, weil er sie langweilig findet. Ein Wunder, daß er an Eurem Prozesse so viel Anteilnahme zeigte. Auch Borgia konnte sich eine Weigerung leisten, weil er neben seiner Kardinalswürde auch die des Vizekönigs von Neapel innehat. Aber Zacchia! Ahnt Ihr, was das heißt, eine Unterschrift zu verweigern, die Papst Urban befohlen hat? Kurz: ein Teil der Richter hat das Urteil nicht unterzeichnet.«

»Und deshalb...«

»...deshalb ist es ungültig! Das behaupte ich ja. Was aber bedeutet diese Rechtsungültigkeit? Natürlich wäre Euch der Scheiterhaufen sicher, wenn Ihr jetzt darüber Lärm schlagt. Ich erkläre Euch all das lediglich um Eures Gewissens willen, weil ich in Siena feststellen mußte, was für bittere Vorwürfe Ihr Euch als Gelehrter und als gläubiger Katholik macht. Soll ich noch weiter über Kirchenrecht dozieren? Auch heute steht Kopernikus in keinerlei Gegensatz zur öffentlichen Meinung der Kirche. Kein einziger Papst hat sich in einer Bulle gegen Kopernikus ausgesprochen, kein Konzil hat ihn verdammt. Allein das Santo Officio stellt sich gegen Kopernikus. Ihr werdet zwar auch weiterhin, sei es aus Angst oder Klugheit, darüber schweigen und die Leute denken lassen, was sie mögen. Doch vor Eurer eigenen Seele besteht Ihr als der treueste Katholik, selbst wenn Ihr weiter auf den Lehren beharrt, von denen Ihr bis heute überzeugt wart. Das ist meine Auffassung. Doch fragt jetzt nicht etwa einen anderen Kirchenrechtler um seine Meinung, sonst zeigt man Euch an.«

Damit ging der Bischof in weltmännischer Gewandtheit zu anderen

Themen über und erzählte, daß sein Vetter nach Wallensteins Ermordung, wie vorhergesehen, kaiserlicher Generalissimus geworden war. Doch Galilei hatte jetzt dafür wenig Sinn. Diese sachkundige Kritik an seiner Verurteilung bedeutete für seine Seele Balsam. Im tiefsten Herzenswinkel hatte er sich stets für einen guten Christen und Katholiken gehalten. Jedes Vergehen gegen kirchliche Gebote hatte sein Gewissen wie eine schwere Last bedrückt. Nun fühlte sich seine Seele mit einem Male wieder frei und beschwingt. Er betrachtete fortab seinen Prozeß mit ganz anderen Augen. Buchstaben und Paragraphen belasteten sein Gewissen nicht länger; als Ergebnis blieb: er durfte sich als getreuer Christ fühlen, der zum Ruhme Gottes immer nur seine ehrliche Überzeugung verkündet hatte. Das aber war keine Sünde! Die Sünde begann erst, als er unter Eid hatte lügen müssen. Die Schlußfolgerung des Bischofs Piccolomini aber, daß das Fehlurteil eines Gerichtes ohne jede Rechtsgrundlage sein Gewissen nicht ängstigen dürfe, war ihm ein großer Trost. Zwar redete eine innere Stimme auch dagegen und sagte, diese Auslegung sei willkürlich; doch empfand er zugleich, daß sein ehrliches, wissenschaftliches Mühen vor dem Antlitz des allmächtigen Gottes rein und makellos bestehen mochte, so daß er sich über diese Stimme leicht hinwegsetzte. Seine Lebensfreude und sein Selbstvertrauen kehrten wieder. Alles Gemeine und Erniedrigende in seinem großen Prozeß prüfte er und wog sorgfältig jedes Wort seines Eides noch einmal ... ‚Ich verwünsche und verfluche die der Heiligen Kirche feindliche Sekte.' Nein, von jetzt ab band ihn dieser Schwur nicht mehr! Konnte er denn dem Gedächtnis Keplers fluchen? Es war unmöglich, daß dem Herrgott eine solche Lieblosigkeit wohlgefällig war. Sollte er den Augsburger Bürgermeister, der sich ihm stets gütig und aufrecht gezeigt, verwünschen und verfluchen? Sollte er den Straßburger Professor Bernegger, seinen begeisterten Anhänger, verwünschen und verfluchen, weil er ein führender Protestant im Elsaß war? Kann es denn Gott gefallen, daß man jemandem Gutes mit Bösem vergilt?

‚Dabei stimmt etwas nicht!' sagte sich Galileo. ‚Wie kann denn die Heilige Kirche Christi bewaffnete Söldner und Geschütze gegen Urbino schicken? Wie kommt es denn, daß die Kirche von den Beamten der Florentiner Gesundheitsbehörde eine offizielle Entschuldigung verlangt, weil der Großherzog gegen die Pest wohlüberlegte Verfügungen traf und deshalb jede Menschenansammlung und jedweden Auflauf strengstens verbot? Warum ließ die Kirche dann durch die Stadt das Muttergottesbild der Madonna dell'Impruneta vor einer feierlichen Prozession zahlreicher Menschen einhertragen, die zum Teil schon von der Pest gezeichnet waren? Es ist doch wohl nicht die rechte Ordnung, daß in grundsätzlichen wissenschaftlichen Fragen ohne jede religiöse Beziehung fachkundige Gelehrte nicht das abschließende Urteil abgeben dürfen. In den Jahrzehnten eines Kolumbus behauptete man ja von kirchlicher Seite ebenfalls, daß die Erde nicht rund sein könne, weil doch dann menschliche Wesen auf der unteren Hälfte dieser närrischen Kugel mit dem Kopf nach unten leben müßten. Heute hat die Kirche jenen Irrtum längst eingestanden. Sie würde nach hundert Jahren ebenso einbekennen, daß sie auch bezüglich des Kopernikus irrte! Genau so', sann Galilei weiter, ,wie man Kolumbus nicht als Ketzer verdächtigen konnte, obwohl ihn Torquemada ohne weiteres auf dem Scheiterhaufen hingerichtet hätte, wird man in hundert Jahren mich, der ich die Überzeugung vertrete, daß die Erde sich um ihre Achse und gleichzeitig um die Sonne dreht, für einen frommen Katholiken halten. Liegen alle diese Irrtümer vor, dann kann die geistige Herrschaft des Papstes in dieser Welt wohl nicht von ihren Schlacken befreit sein. Woran diese Verstöße gegen Gottes Freiheit liegen, das sagten einst ein Dominikaner in Venedig und ein peripatetischer Professor in Padua: Fra Paolo Sarpis Leitsatz lautete, das Papsttum solle ausschließlich in Belangen des Glaubens, nicht aber in weltlichen Belangen herrschen. Cremonini wieder erklärte, die Theologie habe sich nur mit ihrer eigenen Wissenschaft zu befassen und solle die übrigen Wissenschaften unbeeinflußt lassen.

,Bin ich jetzt am Ende gar ein Protestant?' fragte sich Galilei nach solchen Überlegungen, innerlich aufgewühlt. Doch er verwarf den Gedanken sogleich. Glaubte er doch an alle Dogmen, die die Reformation ablehnte. Der Glaube an die mystische Transsubstantiation im Heiligen Abendmahl ließ seine Seele erschauern. Die künstlerische Pracht der Kirchen, den vollen Ton der Orgel und den Weihrauch, der vor farbenbunten Kirchenfenstern aufstieg, die Meßglocke, die in dem großen gotischen Raum das große Mysterium verkündete — all das hätte er um nichts in der Welt preisgeben wollen! Auch nicht die heiligen Reliquien, die goldgleißenden Meßgewänder und den Gottesfrieden der Klöster. Doch an der kopernikanischen Welterkenntnis ließ er nicht rütteln, selbst wenn darüber Himmel und Erde einstürzten. Solange er Atem hatte, würde er davon nicht lassen. Wenn ihm schon verwehrt war, offen für Kopernikus einzutreten, mußte er in Zukunft eben heimlich daran weiterformen und durfte dennoch das gerechte Bewußtsein eines guten katholischen Glaubens mit sich tragen. Ohne Zweifel machte ein Märtyrertod einen erhabenen und erschütternden Eindruck. War ihm aber nicht zu leben geboten? All sein wissenschaftliches Forschen der kommenden Jahre, dieses verhohlene, schweigende Schaffen sollte einzig und allein dem Nachweis dienen: Gottes Welt ist viel schöner und herrlicher, als sie sich ein Ptolemäus vorzustellen vermochte. Wer sich zu Kopernikus bekannte, durfte der wunderbaren Weisheit dieser Schöpfung andächtiger huldigen als die Menschen früherer Zeiten. War die Erkenntnis des Kosmos nicht die echte Pflicht eines Gelehrten? Und wenn er sich dieser Verpflichtung verband, war er wohl ein besserer Katholik als ein Kardinalskollegium, das aus hochmütigen Besserwissern bestand, die Protokolle fälschten, Widersinn für Wahrheit erklärten, Gesetze umstießen und nicht einmal sämtliche Richter zu zwingen vermochten, die Verurteilung zu unterschreiben.

Endlich wagte er auch, sich seine Freude darüber einzugestehen, daß er mit Diodati in Paris so herzlich befreundet war. Diodati aber war Protestant und Kopernikaner. Galileis Buch, das die Inquisition verboten hatte, gelangte in Diodatis Hände und entzückte ihn so, daß er beschloß, die ‚Dialoge' auch der protestantischen Gelehrtenwelt zugänglich zu machen. Der Straßburger Bernegger übersetzte das Werk ins Lateinische. Das wirklich weltberühmte und heißumstrittene Buch fand mit einem Male ohne jede Behinderung den Weg an die Weltöffentlichkeit. Die rächenden Arme des Santo Officio reichten nicht bis Leyden, und in den abgefallenen Ländern besaß Papst Urban keine Macht. Er konnte nicht einmal über jedes katholische Land frei schalten und walten. Den französischen Protestanten durfte er zum Beispiel nicht zu nahe treten.

So lebte der Greis in seiner nahe Florenz gelegenen Villa als Gefangener. Das italienische Original der ‚Dialoge' war längst beschlagnahmt und auf den Index gesetzt; er selbst hatte sich zu unverbrüchlichem Schweigen verpflichten müssen. Aber die Exemplare der holländischen Ausgabe von Elzevier verbreiteten sich überallhin. Man las das Dreigespräch Salviatis, Sagredos und Simplicios in London ebenso wie in Paris, in Breslau wie in Krakau, in Lissabon wie in Augsburg. Jedermann konnte es aufschlagen und darin blättern; bloß der Verfasser nicht. Wegen der Übertragung ins Lateinische hatte er nur ganz im geheimen über eine dritte Person Briefe wechseln können. Die lateinische Ausgabe vermerkte Bernegger als den Herausgeber des Buches. Galilei aber durfte sich sein eigenes Werk nicht zukommen lassen. Wäre es ruchbar geworden, daß er an den Vorarbeiten zu dieser Ausgabe beteiligt war, hätte man ihn zweifellos sogleich nach Rom befohlen, und sein Schicksal wäre besiegelt gewesen. So tat er, als ob er von dieser lateinischen Ausgabe der ‚Dialoge' überhaupt nichts wüßte. Und er wartete in unruhiger Spannung, ob die Inquisition in dieser Angelegenheit eine neue Untersuchung einleiten würde. Er war fest entschlossen, im Notfall sogar die Sterne vom Himmel zu leugnen. Doch es erfolgte nichts. Er seufzte wie erlöst auf: ‚Die Welterkenntnis, die ich verraten habe, erweist sich stärker als ich! Sie wird überdauern, und auch mich vermag niemand mehr ins Vergessen zu stoßen!'

In dieser inneren Befreiung erlebte er die Geburt seines dritten Enkels. Es war wieder ein Knabe, und da der Großvater der Taufe nicht beiwohnen durfte, freute er sich schon über die Zusage, daß man dieses Kind auf seinen Wunsch ‚Cosimo' taufen würde. Der Säugling war bereits drei Monate alt, als ihn der Großvater zu Gesicht bekam.

Sestilia führte ihn selbst im Kutschwagen zum Großvater. Der staunte wieder über ein kleines Geschöpf, hielt ihm voll Ergötzen einen Zeigefinger zum Spielen hin. Aber plötzlich sagte er bedrückt:

»Ich kann das Kind leider gar nicht gut sehen; mein Augenlicht wird immer schwächer.«

»Wieso denn?« fragte Sestilia, nur um etwas zu sagen.

»Von Tag zu Tag sehe ich weniger. Das Schreiben ist mir zur Qual geworden. Ich bestelle bei Meister Torto immer schärfere Linsen für meine Brille, doch auch das ist keine Abhilfe mehr. Besonders mein rechtes Auge versagt. Ich kann damit kaum noch etwas erkennen.«

»Kränkt Euch nicht darüber, es wird schon wieder besser.«

»Das glaube ich kaum. Doch vielleicht bleibt mir das Licht des Tages einigermaßen erhalten, solange ich Tage habe. Konnte sich übrigens Nencio keine Zeit nehmen, dich, meine Tochter, zu begleiten?«

»Er ist mit Arbeit überhäuft und läßt sich gehorsamst empfehlen.«

Nencio kam tatsächlich nur sehr selten nach Arcetri. Zwar wäre ihm dieser Ausflug eine kleine Mühe gewesen, aber der Sohn entzog sich diesen Besuchen wie einer unangenehmen Verpflichtung. Im allgemeinen zeigte er sich nur, wenn er etwas nötig hatte, und der Vater wußte dann jedesmal, daß es entweder um eine Anleihe ging, oder ihn der Sohn ersuchen wollte, bei jemandem Fürsprache einzulegen. Als daher Nencio kurz nach dem Besuch Sestilias und des kleinen Cosimo unvermutet bei Galileo erschien, beugte er sogleich einer solchen Vermutung vor und erklärte, diesmal wolle er etwas bringen. Er tat sehr aufgeregt.

»Mein Herr Vater, ich bringe Euch etwas wirklich Bedeutendes: dreißigtausend Goldstücke!«

»Eine hübsche Summe! Leg sie nur rasch auf den Tisch, wenn du sie mitgebracht hast«, scherzte Galilei.

»Spottet nicht, es ist mir ernst. Die Regierung der Niederlande hat demjenigen, der das richtige Verfahren für die Bestimmung der geographischen Länge auf offener See entdecken würde, eine Belohnung von dreißigtausend Goldstücken ausgesetzt. Nun habt Ihr, mein Herr Vater, das doch längst einwandfrei festgestellt und darüber sogar seinerzeit mit den Spaniern verhandelt, ließet aber dann die Angelegenheit einschlafen.«

In dem Tonfall des Sohnes schwang ein versteckter Vorwurf mit: sein Vater mühte sich nicht entsprechend um Einkünfte, obwohl er doch für zahlreiche Menschen seiner Verwandtschaft zu sorgen hatte.

»Gemach, gemach! Was erzählst du da? Handelt es sich wirklich um die Bestimmung der geographischen Länge? Stimmt diese Nachricht überhaupt?«

»Ich vernahm sie von einem Freund, der Aufruf ist in seinen Händen. Wenn es Euch genehm ist, will ich ihn mir für Euch besorgen. Ich wollte nur jede Auffälligkeit vermeiden.«

»Weshalb denn? Wer will uns hindern?«

»Holland ist ein protestantischer Staat, und Ihr habt doch beschworen, daß Ihr mit Ketzern ...«

»Schon gut. Fertige mir eine Abschrift und sprich mit keinem Menschen darüber. Es wäre übel, wenn die Inquisition davon Wind bekäme.«

»Das soll meine Sorge sein. Traut Ihr Euch die Lösung dieser Aufgabe zu? Das wäre großartig! Ich möchte so gerne eine Kutsche anschaffen, damit die Kinder in der frischen Luft spazierenfahren können. Gütiger Gott, dreißigtausend Goldstücke! Aber ich will Euch nicht länger von der Arbeit abhalten. Nicht wahr, Ihr fangt doch gleich damit an?«

Galilei setzte sich sogleich hin und verfaßte eine Schrift, in der die Berechnung der Längengrade und des eigenen Standortes mit Hilfe der Jupitermonde auf offener See beschrieben war. Die Arbeit umfaßte nur wenige Seiten. Doch für eine seefahrende Nation war sie wohl nicht bloß dreißigtausend, sondern hundertmal dreißigtausend Goldstücke wert. Inzwischen brachte Nencio auch eine Abschrift des Aufrufs. Es stimmte schon: die Regierung der Niederlande hatte für diesen wissenschaftlichen Wettbewerb einen Preis ausgesetzt, der von den reichen Reedern der Handelsflotte gestiftet war. Durch zuverlässige Mittelsmänner gelangte Galileis Abhandlung nach Livorno, von dort zu Diodati nach Paris, der sich um die Weitersendung bemühte. Bald erhielt Galilei auch die Bestätigung vom Eintreffen der Schrift in Holland.

Seit Galilei als Prophet im eigenen Vaterlande nichts mehr galt, schweiften seine Hoffnungen über Italiens Grenzen hinaus. Seine Blicke richteten sich besonders auf Frankreich, die deutschen Staaten und Holland. Mit befriedigtem Stolz erfuhr er, daß sein Ruf im fernen Auslande noch einen reinen Klang besaß. Die Elzevier hatten mit der Herausgabe der ‚Dialoge' einen solchen Erfolg gehabt, daß sie kurz darauf ein weiteres Buch verlegten, und zwar jene umfangreiche Denkschrift, in der Galilei seinerzeit der Großherzogin-Mutter Christina nachgewiesen hatte, daß die kopernikanische Weltlehre nicht im Widerspruch zur Bibel stehe. Europas Aufhorchen und begeisterte Anerkennung für die Lehren des Florentiner Mathematikers, Physikers und Astronomen wurden größer und größer. Wieder bestätigte es sich, daß ein Verbot jede Sache nur noch begehrenswerter macht.

Galilei wartete geradezu darauf, daß nun die Inquisition erneut ihre Zornesschalen über ihn ausgießen würde. Doch wiederum geschah nichts dergleichen. Seine Verurteilung lautete auf Haft für unbestimmte Zeit. Doch nicht einmal vom Papst selber konnte man über die Befristung der ‚unbestimmten Zeit' etwas erfahren. Galileo brachte keine Bittschriften mehr vor; an dem Abend, bevor Celeste heimging, hatte man ihm das strengstens untersagt. Bloß seine Gönner, Graf Noailles und Peiresc, verwendeten sich noch unermüdlich für ihn — allerdings ohne Erfolg; schon die Genehmigung zweier Gesuche, die man nicht gut ablehnen konnte, hatte Papst Urban als außerordentliche Gnade bezeichnet.

Einmal wurde dem Gefangenen die Erlaubnis gegeben, für einen Tag Arcetri zu verlassen: der Großherzog hatte ihn in seine Sommervilla eingeladen. In der Frühe holte ihn die Hofkutsche ab und brachte ihn am Abend wieder heim. So verließ Galilei zum erstenmal nach drei Jahren sein Haus. Doch nur dieser kurzen Freiheit, nicht des Anblicks der Welt konnte er sich freuen. Seine Augen waren inzwischen so trüb geworden, daß er kaum noch drei Schritte weit sah. Die Landschaft zerfloß vor ihm zu einem nebligen Schleier.

Die Familie des Großherzogs empfing ihn mit ausnehmender Liebenswürdigkeit. Das Hoftreiben war seit Jahren still geworden, der bunte Lärm rauschender Feste verstummt. Jetzt gerade herrschte auch Hoftrauer um den jüngeren Bruder des Herrschers, der im Vorjahr der Pest erlegen war. Man konnte den einst glänzenden Hofstaat der Medici kaum wiedererkennen; als hätte die Witwe des verstorbenen Cosimo den unbarmherzigen Glauben des finsteren Philipp II. von Spanien hierher verpflanzt! An Stelle der andächtigen Frömmigkeit von einst war die düstere Gesetzlichkeit des Buchstabens getreten, und man atmete hier eine beklemmend dumpfe Luft.

Galilei wurde der neuen Großherzogin vorgestellt — der gebeugte Greis einem fünfzehnjährigen Kinde. Sein ältester Enkel war fast ebenso alt. Diese erlauchte Dame aber war schon seit Jahresfrist verheiratet, allerdings nur dem Namen nach. Nach den Hochzeitsfeierlichkeiten wohnte das junge Paar noch in getrennten Gemächern, und in den Prunksälen der jungen Großherzogin lagen noch viele Puppen und allerlei Kinderspielzeug umher. Der greise Gelehrte und die minderjährige Großherzogin waren verlegen, worüber sie ein Gespräch führen sollten. Hauptsächlich unterhielt sich dann die Großherzogin-Mutter Christina, Großmutter des jungen Herrschers, mit Galilei. Es war jene Christina, die der Gelehrte vor vierzig Jahren als junge Frau in Pisa kennengelernt hatte, als er sein Gutachten über Giovanni Medicis Baggermaschine abgab. Seither war viel Wasser den Arno flußab geströmt, und der Silberglanz des Alters bedeckte Christinas Haupt. Wie der Greis und die Greisin, abgesondert von der übrigen Gesellschaft, auf einer Gartenbank der Villa saßen, ließ die Gleichheit des Alters zwischen ihnen sogar eine vertrauliche Stimmung aufkommen. Sie gedachten vor allem Cosimos und führten dabei das Taschentuch an die Augen.

Beim Abschied sagte die alte Großherzogin-Mutter zu ihm:

»Ich habe das Gefühl, daß ich Euch zum letztenmal gesehen habe.

Wenn es an dem sein sollte, seid fürder meines Segens und meiner Liebe versichert; denn mein Sohn liebte Euch sehr. Beobachtet Ihr wohl noch gelegentlich die Medici-Sterne?«

»Eüre Hoheit, wie gerne täte ich's, doch ich sehe sie nicht mehr. Seit Monaten habe ich mein Fernrohr nicht mehr angerührt; meine Sehkraft ist sehr geschwächt.«

Nachdem ihn die Hofkutsche wieder heimgeführt und das Traben der Schimmel in der Dunkelheit verhallt war, fühlte sich Galilei wieder als Gefangener. Noch einmal suchte er die Sterne der Medici, aber nicht am nächtlichen Himmelsgewölbe, sondern auf der Sternkarte. Er arbeitete noch immer an der Preisfrage der Niederlande, um mit einer genauen Fassung vielleicht auch die Aufmerksamkeit deutscher Reeder zu wecken. Es ging ihm nicht um bares Geld; aber der Gedanke, daß er von seinem Arbeitszimmer aus das ganze Orientierungssystem der Schiffe auf den Weltmeeren verbessern könnte, ließ sein Herz höher schlagen.

Die zweite Genehmigung eines Gesuches durch den Papst bestand in der Erlaubnis, daß sich Galileo mit dem Grafen Noailles außerhalb Arcetris treffen durfte. Nach seiner Abberufung aus Rom hatte der Graf den Papst in der Abschiedsaudienz gebeten, ihm mit Galilei in einem kleinen Dorfe an der Straße Rom—Livorno eine Begegnung zu gestatten; er brenne darauf, den einstigen, geliebten Professor wiederzusehen — sei es auch nur für wenige Stunden. Diese Bitte konnte der Papst nicht abschlagen, und so teilte der Graf dem Gefangenen noch am selben Tage frohbewegt Zeit und Ort der Begegnung mit: am sechzehnten Oktober in dem Dörfchen Poggibonsi.

Galilei war in einer Sänfte des Hofes als erster an dem Treffpunkt angelangt. Mit einem Male stand jemand vor ihm und sagte:

»Ihr erkennt mich nicht, Meister? Das habe ich nicht erwartet!«

»Vergebt«, sagte Galilei traurig, »ich habe mein Augenlicht fast verloren und danke Gott, daß es mir vergönnt ist, Euch wenigstens vor mir zu wissen ...«

Sie lagen sich in den Armen. Der Graf bestellte ein Zimmer, in dem sie sich unbelauscht unterhalten konnten. Nachdem sie es sich bequem gemacht, zog Galilei aus seiner Tasche ein umfangreiches Manuskript hervor.

»Die Widmung meines neuesten Werkes war schon während ich daran schrieb, Euch zugedacht. Wollt nun, ich bitte Euch, die Handschrift Diodati einhändigen, sofern Ihr es nicht ablehnt, mit einem Ketzer zusammenzutreffen. Er ist mein treuer und geneigter Freund und weiß genau Bescheid darüber. Euer Gepäck wird doch sicherlich keiner Untersuchung unterzogen?«

»Handelt etwa Euer neues Werk wieder von verbotenen Themen?«

»Keineswegs. Doch die Inquisition darf nicht erfahren, daß Diodati mein Beauftragter in Paris ist.«

»Gut, wird erledigt. Unterwegs darf ich wohl darin lesen? Leider müssen wir uns kurz fassen, weil die Zeit drängt. Laßt Euch vor allem über den Papst berichten.«

Dann schilderte der Graf eingehend seine Audienz bei Urban. Von einer vollen Begnadigung wollte der Papst nichts hören. Eine Erleichterung der Haft aber könnte man erst nach einer längeren Frist verfügen.

»... einer längeren Frist«, flüsterte Galilei, »wo werde ich dann sein? Was aber ist inzwischen aus unseren Bekannten geworden? Ich hörte, daß Castelli endlich nach Rom zurückkehren durfte.«

»Ja, er hat wieder seinen Lehrstuhl eingenommen. Ich habe mit ihm bereits gesprochen und er läßt Euch eine erfreuliche Neuigkeit übermitteln. Er unterhielt sich mit einem gewissen ... wie heißt er denn nur gleich, ein Jesuit aus Tirol ...«

»Grienberger?«

»Das ist der Name. Also, mit ihm hatte Castelli eine Begegnung. Grienberger zeigte sich sehr verständnisvoll und bedauert Euch von Herzen. Er äußerte zu Castelli unter anderem: ‚Hätte sich Galilei die Gunst der Väter des Jesuitenkollegiums zu erhalten gewußt, er könnte heute ruhmvoll vor der Weltöffentlichkeit dastehen; der Schicksalsschlag wäre ihm erspart geblieben und er hätte jedwedes Thema behandeln können, sogar die Bewegung der Erde ...‘ Ist das nicht seltsam? Mit scheint auch, daß die Jesuiten Euch zu Fall brachten.«

Galilei schüttelte den Kopf.

»Jesuiten wohl, aber nicht ‚die Jesuiten‘ in ihrer Gesamtheit. Nein, nein, Herr Graf, mein Verhängnis wurde, daß ein Mann, dem nur geistliche Führung zusteht, sich weltlichen Richterspruch anmaßte. Mich aber stürzten jene ins Unglück, die diese weltliche Vorherrschaft unterstützen; darunter auch die Jesuiten. Vielleicht sogar in der Hauptsache Jesuiten, doch nicht der Orden. Nun ist ja der Streitfall entschieden und mich läßt alles kalt.«

»Leider seid Ihr besiegt.«

»In keiner Weise! Ich, Herr Graf, habe gesiegt und nicht meine Feinde. Mein Sieg wäre auch dann unbestritten, wenn man mich bis zu meiner letzten Stunde als Gefangenen erniedrigen wollte.«

»Ihr seid immer noch der alte Feuergeist«, schloß Graf Noailles ihre Unterredung. »Ich habe mich wieder als Euer Jünger gefühlt, der Eurer Weisheit lauschte. Doch die Zeit drängt, ich muß weiter. Gottes Segen!«

Bald war die gräfliche Kutsche in einer Staubwolke Livorno zu verschwunden; die Sänfte trug den Greis zurück in die Haft.

Binnen weniger Tage traf von Diodati ein neuer Bescheid ein. Die Niederländer hatten seine Preisschrift mit unverhohlener Freude begrüßt und sogleich eine Kommission zur Begutachtung einberufen. Die Angelegenheit entwickle sich günstig. Diodati hatte inzwischen auch das Manuskript, welches Graf Noailles übernommen, empfangen und weitergeleitet. Die Elzevier begannen bereits mit dem Satz.

Mehr denn je war Galilei nun um seine Gesundheit besorgt. Er wollte das Erscheinen seines jüngsten Werkes noch erleben. Zu derselben Zeit starb die Großherzogin-Mutter Christina — ihre Ahnung hatte sie nicht getrogen —, Galilei aber griff diese Todesnachricht ans Herz. Seit einigen Wochen war er allabendlich ein eifriger Beter geworden. Sein Flehen aber enthielt stets die kurzen Worte: »Noch nicht, lieber Herrgott, jetzt noch nicht!«

Die Pariser Druckerei arbeitete langsam, doch sorgfältig. Die Sachverständigen-Kommission der niederländischen Regierung teilte ihm nach der Begutachtung mit, die Regierung stimme seinen Gedanken grundsätzlich zu, doch müsse man über die Anwendung seines Verfahrens einige Einzelheiten verhandeln, die in der Schrift unklar geblieben seien. Die Regierung schätze seine Preisarbeit hoch ein und wolle zum Abschluß der Verhandlungen einen der Sachverständigen nach Florenz zur persönlichen Rücksprache entsenden. Der weltberühmte Gelehrte dürfe jetzt schon des Dankes der Niederlande versichert sein.

Diesen Brief mußte sich Galilei vorlesen lassen. Auch die schärfste Linse besserte die Sehkraft nicht mehr. Vor seinem linken Auge lag ein trüber Schleier und das rechte Auge konnte nur noch hell und dunkel und die groben Umrisse der Gegenstände unterscheiden. Seine Angehörigen erkannte er an ihren Schritten und einigen vertrauten Bewegungen.

Als er vier Monate darauf eines Tages im Garten spazieren ging, rieb er sich das linke Auge und mit einem Male wurde die Welt dunkel, obwohl sein rechtes Auge geöffnet blieb. Er schloß nun abwechselnd das linke und das rechte — es gab keinen Zweifel mehr: das rechte Auge war völlig erblindet!

Verzweifelt bestellte er Nencio zu sich. Er mußte dreimal nach ihm schicken, bevor der Sohn es für nötig befand, zu erscheinen. Galilei vereinbarte mit ihm, Nencio solle dem Vater gegen ein besonderes Entgelt zwei Tage in der Woche als Schreiber dienen, Briefe vorlesen und auf Diktat schreiben. Nencio behagte dieser Vorschlag erst gar nicht. Doch da ein fremder Sekretär schließlich mehr Geld gekostet hätte, ging er darauf ein. Ungeduldig befragte er seinen Vater über den Stand der niederländischen Verhandlungen. Diese Angelegenheit beunruhigte ihn mehr als die Erblindung des Vaters.

Galilei schmerzte diese Kaltherzigkeit des Sohnes, die übrigens auch Angela zur Schau trug, sobald er mit ihr ein herzliches Gespräch beginnen wollte. Und er sehnte sich doch nach liebevoller Zuneigung der Seinen, die stets sein Glück bedeutet hatte. In dieser neuen Vereinsamung gedachte er auch wieder der Hinterbliebenen seines Bruders Michelagnolo. Welches Schicksal mochte inzwischen dessen Witwe mit den vielen Kindern erfahren haben? Galileo schätzte den Neffen Cencio jetzt auf dreißig Jahre, und die jüngste Nichte, Fulvia, auf zehn. Am Ende litten sie Not, wollten zu ihm und wagten bloß die Bitte nicht?

Gelegentlich eines neuen Besuchs, den Nencio abstattete, erwähnte der Vater Michelagnolos Familie; er wollte nach ihrem Verbleib forschen lassen. Doch darüber geriet er mit dem Sohn fast in Streit. Nencio lehnte jeden Gedanken an diese Verwandtschaft ab. Doch Galilei beharrte auf seinem Wunsch und eines Tages empfing er eine Antwort aus München. Alberto, der zweite Sohn Michelagnolos, berichtete in seinem Brief dem Onkel, daß inzwischen seine Mutter und alle drei Schwestern gestorben waren. Von der zahlreichen Familie waren bloß noch die Söhne am Leben und führten in einem bescheidenen Heim ein behagliches Dasein, das sie dem Wohlwollen des bayrischen Hofes zu danken hatten.

Celeste war dieser Vetter Alberto stets am liebsten gewesen. Mochte Nencio noch so dagegen sein — Galilei bestand auf dem Besuch seines Neffen in Arcetri. Vater und Sohn erhitzten sich gegeneinander, und Nencio machte seinem Ärger rücksichtslos Luft. Allerdings hielt er es dann für angebracht, um Verzeihung zu bitten, und Galilei vergab ihm seine Beleidigungen. Aber ein Stachel blieb in seinem Herzen. Zu deutlich hatte sich die Lieblosigkeit seines Sohnes enthüllt.

Galilei ließ sich durch seinen jungen Diener zum Kloster führen. Er meldete sich bei Angela nicht an, sondern trat sogleich in die Kapelle an Celestes Grab. Der fast Erblindete liebkoste mit der welken Hand den Grabstein und klagte der Heimgegangenen seine trostlose Verlassenheit.

An einem Septembertage traf Alberto aus München ein. Er hatte ein frisches Wesen, war bescheiden, fröhlich und voll zarter Aufmerksamkeit. Galilei konnte zwar die Gesichtszüge des Neffen nicht mehr erkennen, doch Porzia flüsterte ihm zu, seit langem sei ihr nicht mehr so ein wohlgestalteter, hübscher junger Mann begegnet; Alberto glich seinem Onkel auffallend. Der junge Mann fand sich im Hauswesen bald zurecht und gewann jeden durch seine Liebenswürdigkeit. Sein erster Weg führte in die Klosterkapelle und er schmückte Celestes Grab mit Blumen. Seinem Onkel ging er bereitwillig an die Hand und erwies ihm jede Gefälligkeit. Doch Nencios Mißtrauen blieb rege, und erst als Alberto ihn, Sestilia und die Kinder besucht und deren Herzen im Sturm erobert hatte, mäßigte sich Nencios Mißmut ein wenig.

»Sonderbar«, sagte Porzia zu Galilei, »dieser Alberto ist ein so liebenswerter Mensch; mich deucht, ich sehe Euch noch einmal als jungen Mann vor mir.«

»Wirklich«, fragte Galilei freudebewegt, »ist er ein stattlicher Jüngling? Wie schade, daß ich mich an seinem Anblick nicht erfreuen darf.«

Von Woche zu Woche aber verringerte sich nun auch die Sehkraft des linken Auges, und an einem Dezembermorgen mußte Galileo feststellen, daß er völlig erblindet war. Doch die Nacht der Blindheit bedrückte ihn nicht mehr. Er hatte sich seit Monaten allmählich damit abgefunden und wollte auch ohne das Licht der Augen arbeiten und schaffen.

Da Nencio an den kalten Wintertagen immer seltener erschien, übernahm Alberto dessen Schreiberdienst. Sobald der Neffe einige andere Hauspflichten erledigt hatte, ging er in des Onkels Arbeitszimmer. Galilei setzte sich behaglich in den Lehnstuhl am Kamin, blickte aus leeren Augen in das Dunkel, das ihn umgab, und diktierte Alberto seine Briefe. »Du mußt recht schön schreiben, mein Sohn«, mahnte er ihn etwas scherzhaft, »denn dieser Brief geht an Diodati, den ich überaus hochschätze:

‚... In Beantwortung Eurer teilnahmsvollen Frage nach meiner Gesundheit in Eurem werten Schreiben vom zwanzigsten November sechzehnhundertsiebenunddreißig teile ich Euch mit, daß mein kranker Leib in der jüngsten Zeit wieder etwas zu Kräften kam, aber: Euer ergebener Freund und Diener Galilei ist seit einem Monat für immer erblindet! Der weite Himmel, unsere Erde, das Weltall, deren Grenzen ich durch meine Beobachtungen und Darlegungen gegenüber allen früheren Jahrhunderten unendlich erweitert habe, sie sind für mich auf einmal so eng geworden, daß mein bresthafter Leib in dieser Welt kaum noch Platz findet ...‘«

XV

Nencio hatte wieder einmal sein Ziel erreicht. Seine fortwährenden boshaften und mißgünstigen Anspielungen blieben nicht ohne Wirkung: eines Tages reiste Alberto ab, so sehr ihn sein Onkel auch bat, noch zu bleiben. Nencio hatte in letzter Zeit Alberto gegenüber ein neues, durchsichtiges Verhalten gezeigt. Er hielt es durchaus für möglich, daß sein Vater die dreißigtausend Dukaten erhielt, und wollte nicht, daß dann in dessen Nähe ein Verwandter weilte, den der Greis von ganzem Herzen liebte. Alberto war also fort, jeden Nachmittag diente jetzt wieder Nencio dem Vater als Sekretär. Er bemühte sich sogar eifrig darum, seinen Vater zu sich in die Stadt zu holen.

‚Er will, daß das Geld in sein Haus kommt‘, dachte der Blinde voll Bitterkeit. Aber das sagte er nur leise vor sich hin; denn er hatte selbst viel zu große Sehnsucht nach der Gesellschaft seiner Enkel, und so überließ er es Nencio, die Erlaubnis der Inquisition zu erwirken.

Der Sohn schrieb an Castelli nach Rom und bat ihn, Fühlung zu nehmen, ob ein Gesuch auf Erfolg rechnen könne. Von Castelli war überraschend schnell die Antwort da: beim Santo Officio habe man ihm erwidert, daß anscheinend ein Mißverständnis vorliege; denn es sei Galilei niemals verboten worden, selbst ein Gesuch einzureichen, sondern nur sich der Vermittlung einflußreicher Herren zu bedienen, die dann das Santo Officio, die Kardinäle oder gar den Papst behelligten. Er möge also ruhig seine Bitte stellen, alles andere würde sich finden. Stolz las Nencio seinem Vater diesen Brief vor.

»Seht Ihr, mein Herr Vater, man muß nur — wie ich es tat — eine Sache am richtigen Ende anpacken, und schon gelingt sie.«

»Das ist tatsächlich eine bedeutsame Wendung. Aber man scheint Castelli nicht die Wahrheit gesagt zu haben. Ich kann mich ganz deutlich an die Botschaft erinnern, die Pater Fanano mir brachte, am Abend bevor Celeste starb. Doch das Santo Officio wird nichts ohne Grund sagen. Höchstwahrscheinlich ist die Zeit der Milde angebrochen. Vielleicht sind sie jetzt eher geneigt, Gnade walten zu lassen, und suchen goldene Brücken zu bauen. Sieh nur zu, was du am besten daraus machen kannst.«

Nencio ließ sich nicht bitten. Er wollte unter allen Umständen erreichen, daß sein Vater bei ihm wohnen durfte. Er schickte ein Gesuch an Castelli ab, in dem er bat, Galileo Galilei auf Grund des beigefügten ärztlichen Attests die Erlaubnis zur Übersiedlung in die Stadt zu erteilen, da er sorgfältiger Pflege bedürfe. Wochen vergingen, aber es kam keine Antwort. Eines Tages jedoch fand sich Pater Fanano unerwartet in Arcetri ein. Er brachte noch einen Arzt mit; offenbar schenkte die Heilige Inquisition dem eingereichten Attest keinen Glauben. Fanano, der inzwischen Oberinquisitor geworden war, leitete ein förmliches Verhör ein. Als Nencio von diesem Besuch erfuhr, rieb er sich erfreut die Hände.

»Gott ist weise, es wird zu unserem Vorteil gereichen, daß Ihr so kränklich ausseht.«

Drei Wochen später traf ein Brief von der Inquisition aus Florenz ein, worin dem Kranken erlaubt wurde, in die Stadt zu ziehen. Es wurde nur von ihm verlangt, daß er zuvor im Gebäude der Inquisition vorspreche, um verschiedene Anweisungen entgegenzunehmen.

Sofort ließ Galilei seine Sachen packen, bestellte eine Sänfte und ließ sich geradenwegs zur Inquisition tragen. Sein Sohn half ihm, die Treppen hinaufzusteigen. Mit der einen Hand hielt der Greis sich am Geländer fest, die andere tastete mit einem Krückstock die Stufen ab. Als sie oben angelangt waren, schob man ihm einen Stuhl hin, auf den er sich vorsichtig niederließ.

»Gelobt sei Jesus Christus!« ertönte Fananos Stimme in seiner unmittelbaren Nähe. »Ich habe Euch einige strenge Befehle der Heiligen Inquisition zu übermitteln. Hört sie mit untertäniger Seele an. Könnt Ihr mich gut verstehen?«

»Jawohl.«

»Soviel mir bekannt, wollt Ihr zu Eurem Sohn auf die Costa San Giorgio ziehen. Ich mache Euch darauf aufmerksam, daß Ihr dieses Haus nicht verlassen dürft, ausgenommen am Osterfest zum Besuch der Kirche. Noch wichtiger ist jedoch, daß Ihr über die verfemte kopernikanische Lehre mit niemandem sprecht. Hütet Euch, Besucher zu empfangen, die den Verdacht erwecken könnten, daß Ihr mit ihnen über diese Dinge sprecht. Verstoßt Ihr gegen diesen Befehl, so steht Euch lebenslängliches Gefängnis bevor und außerdem der Kirchenbann. Achtet also zu Eurem eigenen Besten darauf. Und jetzt geht hinaus auf den Gang, ich habe noch mit Eurem Sohn zu reden.«

Man geleitete Galileo hinaus. Nach wenigen Minuten kam auch Nencio; der Vater erfuhr jedoch erst zu Hause, worüber Fanano mit dem Sohne gesprochen hatte.

»Der Großinquisitor hat mich beauftragt«, erklärte Nencio flüsternd, »strengstens über die Einhaltung der Befehle zu wachen. Die ganze Heilige Inquisition zittert geradezu vor Furcht, daß Ihr diese Lehre weiterverbreiten könntet. Wenn man es richtig bedenkt, hätten wir eigentlich alle Ursache, stolz darauf zu sein, daß die Kirche solche Angst vor Euch hat.«

»Eine Angst, die zu spät kommt«, erwiderte der Blinde, »mein Werk liest die ganze Welt in lateinischer Sprache. Und mein neuestes Buch über die Wissenszweige muß auch in den allernächsten Tagen erscheinen. Jetzt bringe mir aber meine Enkel!«

Nencio ließ den Vater gern mit Sestilia plaudern oder mit den Kindern spielen; denn er widmete seine ganze Aufmerksamkeit der niederländischen Angelegenheit. Die dreißigtausend Dukaten ließen ihm keine Ruhe. Er traf umfassende Vorsichtsmaßnahmen, daß kein Mensch irgend etwas über den Briefwechsel mit den Niederländern erfuhr. Nicht einmal Sestilia gegenüber erwähnte er die Sache. Endlich kam die Nachricht, daß einer der niederländischen Gelehrten, Hortensius, unterwegs nach Italien sei, um mit dem Florentiner Kollegen persönlich zu sprechen. Nencio war die Liebe und Aufmerksamkeit selbst.

Da erschien eines Tages unerwartet und ohne vorherige Anmeldung der Oberinquisitor. Überrascht geleitete ihn Nencio zu seinem blinden Vater, der wegen einer Unpäßlichkeit im Bett lag.

»Was ich zu sagen habe«, sagte der Oberinquisitor, »sind nur wenige Worte. Wir haben erfahren, daß dieses Haus niederländische Gäste erwartet.«

»Wir erwarten niemanden«, erwiderte Nencio erschrocken.

»Müßig, darüber zu streiten«, entgegnete der Oberinquisitor. »Ich habe meine Feststellung auf alle Fälle nach Rom gemeldet und soeben die Verfügung des Santo Officio erhalten. Es ist meine Pflicht, dieses Edikt persönlich zu überbringen. Es lautet: wenn aus einem katholischen Lande ein katholischer Gast kommt, so dürft Ihr diesen selbstverständlich empfangen; es ist jedoch strengstens untersagt, mit ihm über Eure Lehre von der Bewegung der Erde um die Sonne zu sprechen. Wenn der Gast aber ein Protestant ist oder auch ein Katholik aus einem protestantischen Lande, so ist es verboten, ihn zu empfangen. Die Zuwiderhandlung gegen diesen Befehl kann die schwersten Folgen nach sich ziehen. Gelobt sei Jesus Christus!«

Der Blinde lauschte den sich entfernenden Schritten des Oberinquisitors und hörte, wie sich die Tür hinter ihm schloß. Kurz darauf kam Nencio, der dem Geistlichen das Geleit gegeben hatte, aufgeregt hereingestürzt.

»Mein Herr Vater«, rief er verzweifelt, »was war das? Jetzt sind wir zugrunde gerichtet. Woher mögen sie das erfahren haben? Es ist einfach unbegreiflich... Ich habe unverbrüchlich geschwiegen, so sehr achtgegeben... Da steht einem wahrhaftig der Verstand still.«

»Merke dir, mein Sohn, daß die Inquisition durch die Wände sehen kann. Ich wundere mich gar nicht.«

»Das ist aber doch entsetzlich! Was soll jetzt geschehen?«

Sie berieten lange. Schließlich beschloß Galilei, Hortensius zu bitten, von seiner Reise abzusehen.

In Florenz lebten zwei Brüder, zwei deutsche Kaufleute namens Ebers, die sich schon vor vielen Jahren in dieser Stadt niedergelassen hatten und allgemeine Achtung genossen. Eines Tages besuchten ihn diese beiden Brüder und erklärten, sie brächten aus deutschen Landen einen Brief und ein Geschenk für Galileo Galilei. Nencio führte sie zu seinem Vater. Der alte Mann lag im Bett; es ging ihm schlechter denn je, da man eine Arznei, die ihm verschrieben worden war, in der Apotheke verwechselt und er vom Genuß des falschen Medikaments an einer schweren Darmerkrankung litt. Der blinde Greis stöhnte vor Schmerzen.

Die beiden Kaufleute stellten sich dem Gelehrten vor. Er reichte ihnen die Hand, und sie berichteten von dem Zweck ihres Besuches. Einer ihrer Geschäftsfreunde in Deutschland habe ihnen von einem Fremden ein Geschenk und einen Brief zukommen lassen. Nencio öffnete begierig den Brief und las ihn laut vor. Hortensius, denn kein andrer als er war der Schreiber, erwähnte darin nichts von seinem Besuch, schrieb aber, daß er im Namen der niederländischen Regierung ein Geschenk schicke als Beweis dafür, daß die Verhandlungen den denkbar günstigsten Verlauf nahmen.

»Was ist es für ein Geschenk?« fragte Nencio neugierig.

Der Blinde hörte, daß man eine Schachtel aufmachte, dann vernahm er die Stimme seines Sohnes:

»Eine Kette, eine schwere Halskette, aus purem Golde, mit einer schönen Schaumünze daran. Herrlich! Faßt sie einmal an, Herr Vater, wie schwer sie ist.«

Galileos Hand wog die schwere und dicke Goldkette. Er tastete die Ziselierungen mit den Fingerspitzen ab, dann das mächtige Medaillon, das am Ende der Kette hing. Wahrlich, ein fürstliches Geschenk! Sie schwiegen alle vier. In der Stille konnte man Nencios erregten Atem hören. Der Kranke dachte ein wenig nach, dann erklärte er:

»Ich danke Euch ergebenst für Eure Mühewaltung. Wollt Ihr einem schwerkranken und dem Tode geweihten Manne zu Diensten sein?«

Die beiden deutschen Brüder versicherten dies.

»Dann vergeßt den Inhalt dieses Briefes. Nimm ihn, Nencio, und verbrenne ihn sogleich! Euch aber, meine Herren, möchte ich bitten, Eurem Auftraggeber zu melden, daß ich sehr krank sei und mein Ende nahen fühle. Deswegen könne ich auch nicht versprechen, die gewissen Verhandlungen in Ehren zu beenden. Aus diesem Grunde möchte ich die Kette lieber nicht annehmen. Schickt sie bitte Eurem Auftraggeber wieder zurück.«

»Aber mein Herr Vater!« rief Nencio verdutzt.

»Schickt sie zurück!« wiederholte der Greis mit erhobener Stimme.

Die Brüder nahmen sie ihm aus der Hand, wünschten noch höflich gute Besserung und verabschiedeten sich.

»Mein Herr Vater«, rief Nencio außer sich, »was habt Ihr getan? Wißt Ihr, was diese Kette wert war? Ein ganzes Vermögen. Wir hätten die Deutschen bitten können, zu schweigen. Es sind zuverlässige Leute, sie hätten bestimmt geschwiegen. Denkt Ihr denn nie an Eure Enkelkinder? So ein sträflicher Leichtsinn ist mir noch nie vorgekommen.«

»Es war genug«, sagte der Kranke laut, »ich habe Schluß gemacht. Die ganze niederländische Angelegenheit ist für mich für immer abgetan.«

»Abgetan?« schrie der Sohn entsetzt.

»Begreife endlich, daß ich mich sehr schlecht fühle, ich leide unsäglich. Wenn plötzlich Hortensius hier einträte, würde ich ebenso reden. Jetzt laßt mich ruhen, ich bin einer Ohnmacht nahe.«

Nencio ging aus dem Zimmer und schlug die Türe krachend zu. Von diesem Tag an trug er eine abweisende Kälte gegen seinen Vater zur Schau. Nur hin und wieder ging er zu ihm hinein, um dessen Post zu erledigen. Die Kinder rief er aus dem Krankenzimmer und schickte sie an die frische Luft. Frostige Gleichgültigkeit löste die liebenswürdige Pflege ab, die man dem Vater zuvor hatte angedeihen lassen. Fast immer saß der Kranke allein in seinem Zimmer. Wenn er darum bat, man möge ihm ein wenig vorlesen, so hatte meistens niemand Zeit dazu. Weder Leid noch Freude konnte er mit jemandem teilen. Bei den Elzevier war inzwischen sein neues Buch erschienen. Auf Umwegen hatte man dem Verfasser sogar ein Exemplar zugestellt. Lange hielt Galileo es in der Hand, betastete es und versuchte, sich sein Äußeres vorzustellen. Er schlug es auf und fuhr mit den Fingerspitzen zärtlich über die Seiten. Er sehnte sich unbändig danach, daß ihm jemand etwas daraus vorlas. Er wollte sich an seinen eigenen Gedanken ergötzen und dieses Buch liebhaben. Aber Nencio hatte ständig außer Hause zu tun, und Sestilia war stets mit den Kindern beschäftigt. Kurze Zeit nach dem Besuch der beiden Brüder Ebers erschien abermals der Oberinquisitor Pater Fanano.

»Ich bin genauestens unterrichtet«, sagte er, sich am Krankenbett niederlassend, »daß Ihr jenes Geschenk zurückgewiesen habt, das Euch die Regierung eines ketzerischen Landes geschickt hat.«

»Bewunderungswürdig!« entfuhr es den Lippen des Kranken. »Woher habt Ihr das erfahren?«

»Das ist ohne Bedeutung. Ich habe die Angelegenheit jedenfalls nach Rom gemeldet, und Euer Verhalten hat dort einen recht guten Eindruck erweckt. Seine Heiligkeit haben selbst befohlen, ich möge Euer Gnaden mitteilen, daß Seine Heiligkeit der Papst Euer Verhalten in allerhöchstem Maße billige. Ich richte dies hiermit aus und erlaube mir, zu dieser seltenen Gnade Seiner Heiligkeit meine besten Glückwünsche auszusprechen.«

»Herzlichen Dank, Hochwürden. Und da die Heilige Inquisition eine so gute Meinung von mir hat, möchte ich gleich um etwas bitten. Laßt mich zurück nach Arcetri. Mir kann kein Arzt mehr helfen, ich möchte dort sterben.«

»Sehr wohl, ich nehme Euer Gnaden Wunsch zur Kenntnis. Ich werde ihn nach Rom berichten und Euch Bescheid zukommen lassen.«

Fanano ging. Anscheinend hatte er ohne Verzug nach Rom geschrieben; denn kurze Zeit darauf war schon eine neue Verfügung da, in der als Aufenthaltsort für den Häftling die Ortschaft Arcetri bestimmt wurde. Nencio verhehlte seine Erleichterung nicht im geringsten.

»Leider, mein Herr Vater, machen uns die drei Kinder so viel zu schaffen, daß wir Euch gar nicht ordentlich pflegen können, wie es Euch gebührt. Porzia vermag das viel besser. Wegen der Briefe seid unbesorgt, ich werde die Nachmittage wieder bei Euch verbringen. Wann wollt Ihr umziehen?«

»Jetzt gleich. Sobald du eine Sänfte besorgt hast.«

Am anderen Tage war Galileo schon wieder in Arcetri in seiner Villa. Der Darmkatarrh war im Abflauen. Galileo litt keine so großen Schmerzen mehr, war aber noch immer bettlägrig. Es schien, als ob ihn eine Art Betäubung befallen hätte; er kümmerte sich um nichts, lag regungslos, und weil auch kein Schlaf in seine Augen kam, verbrachte er die ganze Zeit in einer Art Dämmerzustand. Nencio kam, um Briefe zu erledigen, aber der Kranke hatte nicht einmal mehr Kraft zum Diktieren.

»Ich möchte mein Testament machen«, sagte er eines Tages zu seinem Sohn. »Bestelle einen Notar und Zeugen. Und vereinbare mit ihnen eine Zeit, die dir angenehm ist.«

»Ich halte das für verfrüht«, erwiderte Nencio, »Ihr habt doch keinen Grund, Schlimmes zu befürchten. Wenn Ihr aber meint, jetzt Euren letzten Willen schriftlich niederlegen zu müssen, so werde ich das Nötige veranlassen. Fühlt Ihr Euch tatsächlich so schlecht?« Aus seiner Stimme klang aufrichtige Besorgnis.

Früher hätte dieser Ton die Gefühle des Vaters sofort beeinflußt, und er hätte sich selbst Vorwürfe gemacht daß er seinen Sohn ungerechterweise der Lieblosigkeit bezichtigte. Das viele Leid und die unzähligen Enttäuschungen hatten Galilei jedoch mißtrauisch gemacht: natürlich erschrak Nencio, denn wenn der Vater starb, gab es keine Pension, und die bedeutende monatliche Unterstützung, die der Sohn bislang erhalten hatte, würde auch wegfallen.

»Ich fühle mich nicht wohl, vielleicht wird es aber besser, wenn ich mich hier in dieser Einsamkeit ausruhe. Nicht einmal zur Arbeit verspüre ich Lust. Du brauchst vorderhand nicht mehr zu kommen, außer wenn ich dir Nachricht gebe. Vergiß aber nicht, den Notar zu bestellen.«

Eines Tages, im August, meldete sich ein Besucher. Schon fürchtete der Greis, daß Fanano abermals eine unangenehme Nachricht überbringen wolle, aber der Besucher war nicht der Pater, sondern ein junger Ausländer aus London, der darum bat, die Bekanntschaft des weltberühmten Gelehrten machen zu dürfen.

»Was ist es für ein Mensch?« fragte Galilei seine Haushälterin.

»Ein sehr hübscher Mann, etwa dreißig Jahre alt. Er hat ein feines Gesicht und trägt teure Kleider. Seinen Namen habe ich nicht verstanden.«

»Gut, führe ihn herein, aber sage ihm zuvor, daß ich blind bin.«

»Ich bitte ergebenst um Nachsicht, Euer Gnaden«, sagte eine weiche, sehr angenehme Stimme auf Lateinisch, »ich habe nicht gewußt, daß Ihr bettlägrig seid. Obwohl ich fürchte, daß ich meine Sehnsucht, Euch kennenzulernen, auch dann nicht hätte meistern können.«

»Nehmt Platz, mit wem habe ich die Ehre?«

»Ich bin ein englischer Dichter, mein Herr. Mein Name ist zwar jetzt noch unbekannt, einst aber wird er, dessen bin ich gewiß, weltberühmt sein wie der Eure. Ich heiße Milton, John Milton. Warum beliebt Ihr zu lächeln? Weil ich überzeugt von mir bin? Haltet Ihr das tatsächlich für einen Fehler bei jemandem, der begabt ist?«

»Ich halte ein starkes Selbstvertrauen überhaupt nie für einen Fehler, sondern im Gegenteil für ein gutes Zeichen. Als ich jung war, genoß ich auf der Universität zu Pisa den Ruf, mit mir sei einfach nicht auszukommen, so überzeugt sei ich von mir.«

Der Besucher lachte. Ein angenehmes, fröhliches Lachen.

»Darin erkenne ich mich selbst. In mein Doktordiplom schrieben meine Professoren auf der Universität zu Cambridge: ‚Eine tugendhafte und nüchterne Persönlichkeit, kann jedoch nicht bezichtigt werden, seine eigenen Werte nicht zu kennen.'«

»Köstlich!« lachte Galileo. »Wie klingt das doch auf englisch? Seit vierzig Jahren habe ich nicht mehr Englisch sprechen hören. Seit Padua, wo ich schottische Studenten unterrichtete.«

»Gerne. ,Virtuous and sober person, yet not to be ignorant of his own parts.'«

»Es klingt sonderbar. Mit welcher Art Dichtungen befaßt Ihr Euch?«

Der junge Mann begann zu reden wie ein Buch. Er trug zwei Gedichte vor: »Auf den Tod eines blonden Kindes« und »Am Weihnachtsmorgen'. Dann berichtete er in allen Einzelheiten über sein Schauspiel »Comus«, das man im Schlosse des Grafen Bridgewater aufgeführt habe. Endlich trug er eine Ode vor, die auch im Druck erschienen war, und zwar in der kürzlich erschienenen zweiten Folioausgabe der Werke des größten Schauspieldichters seiner Heimat: Shakespeare.

»Wie heißt der Dichter? Wie sagtet Ihr eben, Domine?«

»Shakespeare. William Shakespeare. William heißt auf italienisch Guglielmo.«

»Scierxpiro«, wiederholte der Greis mit italienischer Betonung, »ein sonderbarer Name. Seid Ihr schon lange auf Reisen, Domine?«

»Ende April bin ich von daheim fortgefahren. Mein erstes Ziel war Paris. Ich habe dort viele bemerkenswerte Persönlichkeiten kennengelernt, zum Beispiel: Hugo Grotius. Wißt Ihr vielleicht, wer das ist?«

»Natürlich weiß ich das. Seid Ihr auch einem Gelehrten namens Diodati begegnet?«

»O ja. Er hat oft von Euch gesprochen. Sein Neffe war mein bester Freund in Cambridge. Ihr müßt nämlich wissen, daß Diodati einen Bruder in London hat, der Arzt ist, und dessen Sohn war mein Studiengenosse.«

Schon sprachen sie von gemeinsamen Bekannten, das Gespräch begann vertraulich zu werden. Der junge Poet schilderte seine Familienverhältnisse und berichtete von den sonderbaren Gepflogenheiten des Universitätslebens in Cambridge, wo man zum Beispiel erst neuerdings die Prügelstrafe verboten habe. Er erzählte von allerlei Reiseabenteuern und von den spaßigen Fehlgriffen seines einfältigen Dieners. Die Zeit verging, ohne daß sie es merkten.

»Und welches sind Eure Pläne, mein junger Freund? Was werdet Ihr beginnen, wenn Ihr nach Hause kommt? Wodurch gedenkt Ihr weltberühmt zu werden?«

»Das weiß ich noch nicht. Ich trage nur die Sehnsucht in mir, etwas Großes zu schaffen wie ein Dante. Ich will von Gott dem Allmächtigen künden und davon, welch innige Verbindung zwischen Ihm und den Menschen besteht. Es schweben mir wunderschöne, edle

Motive vor. Die Vorstellung von Gott hat mich immer am meisten gefesselt.«

Der junge Engländer begann von Gott zu reden, und bald sprach er begeistert über seinen Glauben. Dann fügte er hinzu: »Als Kind wollte ich am liebsten Geistlicher werden, aber dann bin ich doch Schriftsteller geworden.«

»Ganz wie ich. Wie ich überhaupt feststellen kann, hat unser beider Katholizismus viel Gemeinsames.«

»Verzeihung«, wandte der Fremde ziemlich verlegen ein, »ich bin kein Katholik, sondern Protestant.«

»Was Ihr nicht sagt! Natürlich, Ihr seid ja Engländer. Daran habe ich gar nicht gedacht. Wie Ihr aber von Gott sprecht, das klingt so katholisch ... Sonderbar ...«

»Was ist sonderbar?«

»Daß der wahre Glaube keinen Unterschied unter den Menschen macht. Den Unterschied machen die Menschen selbst. Sie sagen: Dogmen. Und dann sagen sie auch noch: Ketzer. Sie sehen sich untereinander mit Argwohn an, anstatt zu Gott aufzusehen.«

Beide unterhielten sich noch lange. Der junge Milton war eine große Seele und ein kluger Kopf. Endlich erhob er sich mit Bedauern.

»Es wird dunkel, ich muß gehen.«

»Das bedauere vor allem ich aufrichtig. Seht, in mir und um mich ist es immer gleichmäßig finster. Bewahre Euch Gott davor, mein lieber Sohn, daß Ihr in Eurem Alter erblindet.«

»Das glaube ich nicht«, lachte Milton fröhlich, »ich habe Augen wie ein Adler. Jetzt aber segnet mich, mein Herr! Mir wird zumute sein, als habe mich Homer gesegnet.«

Galilei legte seine Hand auf das Haupt des jungen Mannes. Seidiges, gepflegtes Haar fühlte er zwischen seinen Fingerspitzen. Dann ging John Milton, der Ketzer. Galilei hatte wider das Gebot einen Ketzer empfangen. Er hatte gegen seinen Schwur gehandelt. Er hatte geschworen, alle Ketzer zu verfluchen. Diesen hatte er gesegnet. Mochte er seinen Weg zum Weltruhm mit dem Segen eines Pilgers beginnen, der im Begriff stand, seine irdische Wallfahrt zu beenden.

Die Verfügung über seinen letzten Willen ging nicht ganz glatt vonstatten. Der Notar lehnte jegliche Hilfeleistung ab und berief sich auf die kirchenrechtlichen Bestimmungen, wonach die vom Santo Officio Verurteilten über ihr Vermögen nicht mehr verfügen dürften. Hierzu sei vorerst die Genehmigung der Inquisition erforderlich. Nencio beschaffte diese Erlaubnis von Pater Fanano. Am Ende des Monats endlich erschien der Notar mit Nencio in Arcetri. Als Zeugen brachten sie zwei Nachbarn mit.

»Setzt den Text auf, wie es üblich ist«, sagte der Blinde. »Alles soll meinem Sohn gehören; nur zwei Verfügungen will ich zusätzlich treffen. Ich vermache eine lebenslängliche Rente von fünfundzwanzig

Goldgulden jährlich meiner Tochter Suor Arcangela, des weiteren den drei Söhnen meines verstorbenen Bruders Michelagnolo einmal tausend Goldgulden.«

»Wieviel?« rief Nencio und sprang in die Höhe, als hätte ihn eine Natter gebissen.

»Tausend Gulden«, erwiderte der Greis nachdrücklich, »ich will kein Wort weiter darüber hören.«

Das Testament wurde aufgesetzt, vorgelesen und beglaubigt. Man gab dem Blinden einen Gänsekiel in die Hand und führte sie an die richtige Stelle. So unterzeichnete Galilei sein Testament. Dann verließen ihn alle. Auch Nencio blieb nicht länger. Er küßte dem Vater nicht einmal die Hand, er grüßte nur unter der Tür stehend. Im Klang seiner Stimme lag sein ganzer ohnmächtiger Zorn.

Der Greis blieb nach wie vor bettlägrig. Sein Sohn besuchte ihn nun überhaupt nicht mehr. Er spielte den Beleidigten. Statt seiner trat eines Nachmittags unerwartet der Großherzog bei dem Gelehrten ein. Diesmal befand sich nur ein Geistlicher in seiner Begleitung, und auch diesen ließ der Monarch im Vorzimmer warten. Daß Fernando mit seinem Besuch eine besondere Absicht verfolgte, sollte sich bald herausstellen. Nachdem er sich die Klagen des Kranken angehört und auch Worte des Trostes gespendet hatte, begann er von dem eigentlichen Zweck seines Kommens zu sprechen.

»Hört einmal zu, mein Lieber. Wir haben erfahren, daß Ihr mit den Niederlanden wegen einer die Schiffahrt betreffenden Angelegenheit in Verhandlungen steht. Fragt nicht, woher Wir das wissen, es ist unwichtig. Der Herzog Carlo, den Wir zum Admiral der Flotte von Livorno ernannt haben, hat Uns gebeten, von Euch zu erfahren, worin Eure Entdeckung besteht.«

Galilei erklärte ihm den Sachverhalt, und der Großherzog bemühte sich, seinen Worten aufmerksam zu folgen.

»Ihr laßt also diese Angelegenheit mit den Niederlanden unerledigt und werft sozusagen die dreißigtausend Goldstücke einfach fort?«

»Ich kann nicht anders, Hoheit. Die Inquisition schleppt mich sonst in ihre Kerker. Und Geld macht mich jetzt wirklich nicht mehr glücklich. Ich erhalte von Eurer Hoheit tausend Goldgulden jährlich, davon kann ich meinen Unterhalt sehr gut bestreiten. Ich hätte gern meinen Enkelkindern ein Vermögen hinterlassen, aber was nicht geht, geht eben nicht.«

»Und wie wollt Ihr sonst diese Entdeckung verwerten?«

»Überhaupt nicht!«

»Wir machen Euch einen Vorschlag. Wir wollen die Sache in die Hand nehmen. Vielleicht haben Wir mehr Erfolg als Seine Hoheit, Unser seliger Vater. Herzog Carlo ist bereit, persönlich mit der spanischen Regierung zu verhandeln. Spanien ist ein katholisches Land, folglich wird die Heilige Inquisition nichts einzuwenden haben. Der Fehler liegt nur darin, daß der Herzog nichts von Astronomie versteht, und Wir auch nicht. Es müßte also jemand da sein, dem Ihr diese Angelegenheit genau erklären könntet, für den Fall, daß ... wenn ... möge Gott es nicht zulassen ...«

»Eure Hoheit können es ruhig aussprechen. Ich habe erst vor einigen Tagen mein Testament gemacht. Kurz und gut also, es sollte jemand da sein, der über die Sache Bescheid weiß, wenn ich sterbe. Da gibt es nur einen Menschen. Seit Jahren bemühe ich mich vergebens darum, daß er mich besuchen darf. Wenn Eurer Hoheit diese Angelegenheit am Herzen liegt, so bittet doch Seine Heiligkeit den Papst, er möge Castelli die Erlaubnis erteilen, mich aufzusuchen. Ich möchte noch bemerken, daß ich meinem Vaterland diese Entdeckung selbstverständlich ohne Gegenleistung anbiete, für den Fall, daß sie überhaupt praktisch verwertbar ist. Dieses Angebot hatte ich seinerzeit Seiner Hoheit, dem seligen Großherzog Cosimo, schon gemacht, und ich möchte es jetzt wiederholen.«

Der Herrscher verbrachte zwei Stunden bei dem Kranken. Er ging mit der Versicherung fort, daß er Castellis wegen ganz Rom in Bewegung setzen würde. Galilei aber ließ sogleich seinen Sohn rufen. Er hatte sich fest vorgenommen, mit ihm während seines nur noch kurzen Erdendaseins gütlich auszukommen. Über die Nachricht, daß aus Spanien vielleicht doch noch eine Entschädigung für das abgelehnte niederländische Geld zu erwarten stand, würde dem Sohne das Herz vor Freude im Leibe hüpfen.

»Wenn wir nun schon vom Gelde sprechen, mein Herr Vater«, sagte Nencio, »so kann ich Euch einen Vorwurf nicht ersparen. Ich hätte es von mir aus nicht zur Sprache gebracht, aber jetzt bietet sich ohne mein Zutun die Gelegenheit dazu. Ich meine das Testament. Ich frage Euch: wieso haben Eure armen Enkelkinder es verdient, daß Ihr ihnen das Erbteil um tausend Goldstücke schmälert? Ich habe zu Hause von dem Testament erzählt. Sestilia hat drei Tage lang geweint. Der kleine Galileo sagte fortwährend: ‚Der Großvater liebt mich nicht!' Allerdings läßt sich nun daran nichts mehr ändern, das Testament ist unterschrieben. Doch es schadet nichts, wenn Ihr wüßt, welchen Schmerz Ihr Euren Enkelkindern bereitet habt.«

Galilei antwortete sehr vorsichtig. Er traute dieser gefühlvollen Rede nicht. Er lobte Alberto und betonte seine Verpflichtung gegenüber den Söhnen des Bruders Michelagnolo. Nencio aber rechnete ihm vor: wenn sie den Nachlaß, der aus Liegenschaften und den Geschenken des Herzogs von Mantua bestand, zu Gelde machten, müßten davon sehr viele Abzüge vorgenommen werden.

»Ihr habt hier und da auch einige Schulden. Und dann sollen wir auch noch tausend Goldstücke in bar auszahlen. Deswegen müssen wir also alles verkaufen. Ein schneller Verkauf bedingt aber stets niedrige Preise. Ihr dürft auch nicht vergessen, welche Kosten mit dem Begräbnis verbunden sein werden. Verzeiht mir, das hätte ich nicht sagen sollen. Aber was wahr ist, muß wahr bleiben. Wie soll ich denn dem kleinen Galileo klarmachen, daß ihn sein Großvater trotzdem liebt?«

»Schon gut«, erwiderte der Großvater nach einem Schweigen, »ich will es mir noch überlegen. Im Augenblick bin ich wirklich gespannt, ob Castelli kommt oder nicht. Und auch dich geht das an, denn sein Besuch kann viel Geld bedeuten.«

Jetzt brauchte man Nencio nicht erst gut zuzureden. Seine Besuche wurden wieder häufiger. Der Gesundheitszustand seines Vaters besserte sich ein wenig, und es gab eine Flut von Briefen zu beantworten, die ihm aus ganz Europa zuströmten: die berühmtesten Persönlichkeiten ließen es sich nicht nehmen, dem Florentiner Gelehrten ihre Glückwünsche zum Erscheinen seines Buches über die ‚Neuen Wissenschaften' zu senden. Sie nannten es glänzend, epochemachend, genial. Der Verfasser freute sich unbändig über die Anerkennungen. Sätze, die ihm besonders gefielen, ließ er sich unter dem Vorwand, sie nicht richtig verstanden zu haben, noch einmal vorlesen und dann zum zweiten und dritten Male wiederholen, wenn er die Antwort diktierte.

Castelli durfte nach Florenz kommen. Man hätte meinen können, daß alles das, was der Großherzog von Toskana ernstlich erreichen wollte, gelingen müsse. Auch im Galilei-Prozeß hätte sich wohl manches anders gewendet, hätte der Großherzog gewagt, für den Gelehrten offen einzutreten. Die Freude über Castellis Ankunft wurde aber wesentlich gedämpft, denn er kam nicht allein, sondern in Begleitung eines unbekannten Geistlichen. Es stellte sich heraus, daß das Heilige Officium eine Unterredung unter vier Augen verboten hatte. Nicht eine Minute war es den beiden Freunden vergönnt, anders als in Anwesenheit eines Zeugen miteinander zu sprechen, und auch dies nur abends eine Viertelstunde lang.

Nencio eilte an den Hof. Gereizt erkundigte sich der Großherzog bei Niccolini, was das für eine merkwürdige Erlaubnis sei? Es läge im Staatsinteresse, daß die beiden Gelehrten sich eingehend aussprächen. Castelli schrieb eigenhändig an die Heilige Inquisition und schwor, er beabsichtige keinesfalls, mit Galilei über die Bewegung der Erde zu sprechen. Umsonst! Das Santo Officio gab nicht nach: Graf Castelli, der katholische Geistliche, durfte nur in Anwesenheit eines Zeugen und auch nur eine Viertelstunde mit Galileo Galilei sprechen. Die im Zusammenhang mit den Medici-Sternen stehenden nautischen Probleme ließen sich zwar auf diese Weise durchsprechen und klären, die beiden hatten aber schließlich tausenderlei persönliche Dinge zu bereden. Der blinde Greis war äußerst verbittert. So war es beinahe schlimmer, als wenn Castelli überhaupt nicht gekommen wäre!

Die auferlegte Einsamkeit quälte ihn nun mehr denn je. Er brauchte aber jemanden, mit dem er wenigstens ein gutes Wort wechseln konnte. Zuletzt blieb ihm nichts übrig, als sich die scheinbare Liebe seines Sohnes zu erkaufen. Er ließ den Notar abermals kommen und änderte das Testament dahin ab, daß jenes den Söhnen Michelagnolos zugedachte Vermächtnis wieder für nichtig erklärt wurde.

Tags darauf brachte Sestilia selbst die drei Enkelkinder zum Großvater. Der kleine Galileo umklammerte den Hals des Greises:

»Ich freue mich so, daß Großvater mich so liebhat! Ich habe ihn auch sehr lieb!«

Man hörte an dem Tonfall, daß das Kind eingelernte Worte sprach. Aber Galileo, diesem blinden Bettler des Lebens, war auch das recht. Es galt ihm ganz gleich, ob seine Angehörigen ihn wahrhaft liebten oder nicht, wesentlich blieb nur, daß sie ihm Liebe zeigten. Glückselig drückte er den Enkel an sich.

XVI

Castelli wurde nach Rom zurückbeordert. Er war ein Galilei-Schüler, am Bo erzogen, man traute ihm nicht über den Weg. Der Großherzog von Toskana war der Heiligen Inquisition gegenüber tatsächlich machtlos. Man mußte also einen neuen Mann suchen, der noch zu Lebzeiten Galileis dessen nautische Entdeckung auszuwerten vermochte. Die Wahl fiel auf einen jungen Florentiner Gelehrten, Vincenzo Renieri, der beim Santo Officio sehr gut angeschrieben war und deshalb ohne Zeugen mit dem Greis verhandeln durfte. Nun fühlte sich der Blinde nicht mehr allein. Es kam sogar noch mehr Besuch: eines Tages trat ein schüchterner Jüngling vor ihn und stammelte mit bebender Stimme:

»Euer Gnaden ... Euer Gnaden ...«

Weiter kam er nicht. Galilei ermutigte ihn.

»So rede doch, mein Sohn, ich fresse dich nicht. Wer bist du und was willst du? Nenne mir deinen Namen. Den wirst du doch noch wissen, wie?«

»Jawohl. Ich heiße Vincenzo Viviani.«

»Und was wünschest du?«

»Ich möchte Euer Schüler werden.«

»Was?«

»Laßt mich doch hier bei Euch bleiben, Euer Gnaden! Ich will gern im Holzschuppen schlafen, und ich esse auch sehr wenig. Aber ich will Euer Schüler werden! Von niemandem sonst will ich Mathematik erlernen als von Euch. Ich möchte Euer Famulus werden.«

»Wie alt bist du denn?«

»Siebzehn.«

»Wer ist dein Vater? Wo hast du bisher gelernt? Erzähle!«

Der junge Mensch berichtete, daß er aus einer florentinischen

Patrizierfamilie stamme, sein Vater sei jedoch verarmt. Bis jetzt habe er bei einem Franziskanermönch gelernt, doch habe ihm dieser kürzlich eröffnet, er könne ihm nun nichts mehr beibringen und ihm empfohlen, zu Galilei zu gehen. Nun wäre er also hier und bäte mit gefalteten Händen, ihn als Famulus aufzunehmen. Seine Eltern seien einverstanden. Er könne auch gleich hierbleiben, sein Bündel habe er mitgebracht. es läge draußen in der Küche. Die Begeisterung des Jünglings rührte Galilei. Er prüfte die Kenntnisse Vivianis. Und schon nach den ersten Fragen merkte er, daß ein ausnehmend gescheiter Jüngling mit glänzender Auffassungsgabe vor ihm stand, dessen Hauptstärke die Geometrie war. Darin wußte er schon besser Bescheid als mancher Sachverständige des Heiligen Offiziums. Galilei rief Porzia herein und teilte ihr mit, der junge Mensch werde von heute an im Hause wohnen. Man möchte ihm im Vorzimmer ein Bett aufstellen, und wenn er hungrig sei, solle er zu essen erhalten. Der Jüngling war aber nicht hungrig, er wollte sofort mit dem Lernen beginnen. Er hatte sich eingebildet, ein so großer und berühmter Gelehrter wie Galilei erwache beim ersten Hahnenschrei, beginne sofort zu lehren, unterrichte bis zum Sonnenuntergang alle Welt und lege sich dann mit der Sonne zur Ruhe.

Der große Gelehrte hatte seine Gedanken augenblicklich aber ganz woanders. Er fühlte deutlich, daß ihm nicht mehr viel Zeit beschieden war. Seine Hoffnung, als freier Mann zu sterben, schwand mit jedem Tag mehr. Wie gern hätte er für die kurze Zeit seines verlöschenden Lebens eine Erleichterung gehabt! Es wäre so schön, ab und zu den Dom zu betreten, einer Messe beizuwohnen, oder das Grab der Eltern in der Kirche Santa Croce zu besuchen. Sestilias Verwandte wohnten in der Nähe des Prato, wie sehnte er sich bei großer Hitze für einige Tage dorthin! Aus solchen Kleinigkeiten bestanden seine Wünsche. Da faßte er eines Tages einen kühnen Entschluß und wandte sich an den Papst persönlich. Auf die einstige Freundschaft in diesem Briefe anzuspielen hütete er sich wohlweislich. Er schrieb nur von seinem traurigen Alter, von seiner Blindheit, von seinem durch hunderterlei Krankheiten heimgesuchten, gebrechlichen Körper. Er bat um Gnade für die ihm noch vergönnte kurze Lebenszeit, um etwas mehr Bewegungsfreiheit, um eine ganz bescheidene Erleichterung. Er brachte auch zum Ausdruck, daß dies wahrscheinlich seine letzte Bitte am Rande des Grabes sei.

Galilei hatte wohl damit gerechnet, daß man das Gesuch ablehnte, nicht aber, daß die Ablehnung so hart ausfallen würde. Pater Fanano, der Oberinquisitor von Florenz, teilte ihm mit, daß man nunmehr seiner ewigen Klagen müde sei. Er erhalte nicht nur keinerlei Vergünstigungen mehr, sondern man wolle ihn künftig in strengerem Gewahrsam halten: er dürfte die Kirche des Klosters nicht betreten, wenn sich dort Gläubige aufhielten. Habe er die Absicht, dort zu verweilen, so sei dies der Äbtissin rechtzeitig mitzuteilen, die dafür zu sorgen habe, daß die Kirche leer sei.

Galilei beugte sein Haupt und nahm diesen harten Spruch zur Kenntnis. Er begriff, daß er in diesem Leben auf nichts mehr hoffen durfte. Er suchte Trost bei seinem Sohn. Vergeblich! Nencio brachte ihm keineswegs Gefühle entgegen, nach denen seine liebebedürftige Seele sich sehnte.

»Piace così a Dio«, meinte Galilei achselzuckend, »deve piacere così ancora a noi.«

Das wurde sein geflügeltes Wort am Abend seines Lebens. »Gefällt es Gott so, muß es auch uns so gefallen.« Er gebrauchte es häufig; es bot sich nur allzuoft Gelegenheit dazu. Sein Körper ging unaufhaltsam dem Verfall entgegen. Vier oder fünf Krankheiten befielen ihn zu gleicher Zeit, und wenn eine überwunden schien, suchten ihn zwei neue heim. Sein Geist aber blieb klar. Es war beinahe, als ob das Erdenschicksal seinen Körper dem langsamen Siechtum preisgab, damit es das Licht seines Verstandes um so ungetrübter erhielte. Wenn Galileo darüber nachsann, konnte er mit Genugtuung feststellen, daß seine geistige Spannkraft seit der Jugend in nichts nachgelassen hatte.

Und bald bot sich Gelegenheit, seinen Erfindergeist noch einmal, zum letzten Male, spielen zu lassen. Bei der Berechnung der geographischen Längen mit Hilfe der Jupitertrabanten war eine Schwierigkeit aufgetaucht. Sie bestand in dem Mangel an einem präzisen Instrument zur Messung der Zeit. Wie ein Posaunenton rüttelte es ihn auf, daß er noch etwas erfinden müsse. Und er geriet in Feuer, wie ein Schlachtroß beim Trompetensignal. An Stelle der Sand- und Sonnenuhr und anderer derartiger Instrumente mußte man einen neuartigen Zeitmesser erfinden! Der blinde Greis machte sich an die Konstruktion. Er ging an diese Aufgabe genau so methodisch und systematisch heran wie einst: gespannt richtete er alle seine Gedanken auf das eine Ziel und schaltete alles andere aus. Nur wenige Tage währten die Überlegungen, dann rief er seinen Famulus und diktierte ihm eine kleine Studie, in der er klarlegte, daß eine neuartige Uhr auf dem Prinzip des Pendels beruhen müsse. Nachdem Viviani diese Abhandlung niedergeschrieben hatte, mußte er anschließend nach des Meisters Anleitung eine Skizze entwerfen. Das war keine leichte Sache. Nur ganz langsam kam die Zeichnung zustande. Dann mußte schnell jemand in die Stadt laufen, um die für das Modell erforderlichen Bestandteile bei einem Feinmechaniker anfertigen zu lassen. Das war erst recht eine langwierige Arbeit! Der Feinmechaniker mußte Teile für ein Instrument anfertigen, von dessen Aussehen und Verwendungszweck er nicht die geringste Ahnung besaß. Wenn auch erst nach vielen Wochen, wurden die Bestandteile dennoch fertig. Der blinde Greis steckte und schraubte sie mit tastenden Fingern zusammen. Lange wollte es nicht gelingen, er mußte die Versuche immer von neuem wiederholen, schließlich aber gelang es. Das Instrument war fertig. Ein langes Pendel hing daran. Es wurde von einem kleinen Hammer bewegt, der in ein Zahnrad griff. Dieses brachte durch Übersetzungen andere Räder in Bewegung, und diese trieben den Zeiger auf dem Zifferblatt im Kreise herum.

Und der es erfunden hatte, war ein blinder Greis! Er konnte seine Erfindung nicht sehen. Er setzte das Pendel in Bewegung, und eine ganze Zeitlang schwang es mit lautem Ticktack hin und her, dann blieb es wieder stehen. Er setzte es von neuem in Bewegung, ticktack... ticktack..., dann war wieder Ruhe.

»Es ist gut«, meinte der Gelehrte, »nur das wollte ich erreichen.«

»Aber was ist denn eine Uhr wert, die man immer wieder vorwärtsstoßen muß?« erkundigte sich Viviani.

»Ich wollte nur das Prinzip der Pendeluhr festlegen, damit sie ein Instrument für den täglichen Gebrauch werde. Hierzu ist nun noch ein Bestandteil erforderlich: irgendeine unablässig treibende Kraft, die dieses Pendel nicht zur Ruhe kommen läßt. Aber das mag ein anderer erfinden. Ich habe meine Aufgabe erfüllt.«

Ruhig und friedlich lebte Galilei in der Gesellschaft seines anhänglichen Famulus, den er täglich unterrichtete, dem er täglich neue Aufgaben zu lösen gab und den er logisch denken lehrte. Es schien zweifelsfrei, daß aus dem jungen Menschen später ein berühmter Gelehrter wurde, ein Gelehrter, der nicht nur seiner Zeit etwas bedeutete, sondern in die Geschichte der Geometrie eingehen würde. Und damit die allerletzten Tage seines Lebens nicht ganz so einsam verliefen, zog zu seiner größten Freude auch noch der Physiker Torricelli zu ihm, welcher bisher in Rom neben seinem Professor Castelli gelebt und gewirkt hatte. Da es aber Castelli nicht mehr vergönnt war, seinen Meister zu sehen, wenigstens nicht ohne Zeugen, schickte er dem gelehrten Greis seinen besten Schüler: der möge ihn unterhalten und zerstreuen, ihm bei der Abfassung seiner wissenschaftlichen Briefe behilflich sein und ihn von trüben Gedanken ablenken.

Torricelli genoß als Gelehrter bereits einen hohen Ruf. Er war über dreißig Jahre alt, hatte einige Entdeckungen gemacht und mehrere Schriften veröffentlicht. Auch für ihn war der tägliche Umgang und Gedankenaustausch mit dem ersten Naturforscher der Welt eine unerschöpfliche Quelle des Genusses und der Freude. Er erhielt gleichfalls ein Zimmer in der Villa Arcetri eingerichtet. So wurde diese Villa eine regelrechte kleine Akademie, gebildet von dem siebenundsiebzigjährigen Astronomen, dem einunddreißigjährigen Physiker und dem achtzehnjährigen Mathematiker. Galilei gewann seine Lebenslust wieder. Den ganzen Tag konnte er lehren und disputieren. Der junge Viviani beschäftigte sich damit, ein neues geometrisches System aufzustellen, indem er jahrhundertealte geometrische Systeme verwarf, bis auf Euklid zurückging, und von dort aus mit den Überlegungen begann. Torricelli hatte sich die nicht minder große Aufgabe gestellt, das Gewicht der Luft zu messen. Im Prinzip lag sein Weg, auf dem er zum Ziele gelangen wollte, schon fest. Er hatte sich mit Galilei oft darüber unterhalten, daß der Wasserstand der Zisterne im großherzoglichen Garten der Druckkraft des Wassers nicht entspräche. Der Wasserspiegel sei viel zu niedrig. Ob eine entgegengesetzt wirkende Kraft die Wassermasse zurückdränge? Das konnte dann nichts anderes sein, als das Gewicht der Luftmasse, die über der Wasserfläche der Zisterne lastete. Man müßte also das Gewicht der Luft auf irgendeine Weise in einer mit Flüssigkeit gefüllten Röhre messen können.

»Ihr werdet es herausfinden«, sagte Galilei, »ich bin überzeugt, Ihr werdet es finden! Eine einzige Idee fehlt noch, ja nur noch der Funke einer Idee. Eine wunderschöne Aufgabe ist die Messung des Gewichtes der Luft, fast beneide ich Euch darum. Nein, nein, habt keine Angst, ich zerbreche mir den Kopf nicht darüber. Ich werde in diesem Leben nichts mehr erfinden.«

Die Post der drei Gelehrten wurde immer umfangreicher. Jeden Brief lasen sie einander laut vor und erörterten lebhaft die gemeldeten Neuigkeiten. Im Augenblick sprachen sie viel von einem Franzosen namens Descartes, der sich mit Gassendi in eine wissenschaftliche Auseinandersetzung eingelassen hatte.

»Ein eigenartiger Philosoph!« sagte Torricelli. »Er hat einen sehr merkwürdigen Ausspruch getan, mit dem er sein Hauptwerk einleitet, ‚Cogito, ergo sum' (Ich denke, also bin ich).«

»Das Zitat ist nicht sein Eigentum«, erwiderte der Greis, »sondern es stammt von meinem Freunde Campanella, der erst kürzlich im Exil starb. Er drückte es so aus: ‚Cognoscere est esse.'«

»Nicht deswegen ist dieser Mensch so bedeutend«, warf Viviani ein, »sondern weil er die Lehrsätze der Geometrie auf algebraische Formeln zurückzuführen vermag. Für jede krumme Linie, jede Kurve hat er eine algebraische Formel. Wenn er diese Formel hinschreibt, kann man danach sofort die Kurve aufzeichnen. Das ist einzigartig! Die Zeit kommt noch einmal, da wir alles algebraisch ausdrücken werden, die geheimnisvollsten Vorgänge, das Leben selbst.«

»Warum nicht?« entgegnete Galilei. »Ich hatte einen Bekannten, der war ein gebürtiger Neapolitaner und Mitglied der römischen Akademie der ‚Luchse', und hieß Giambattista Porta. Der dachte immer nur darüber nach, welche Wunder die Menschheit noch erfinden werde. Er behauptete zum Beispiel, es könnte einmal eine Zeit geben, da zwei Menschen aus einer Entfernung von tausend Meilen sich miteinander unterhalten und einer die Stimme des anderen vernehmen werde. Wenn man mit Hilfe von Spiegeln den Lichtstrahl über große Entfernung leiten könne, warum solle man dann einst nicht auch einen Tonspiegel erfinden? Er schrieb darüber ganz ausführlich in seinem

Buche. Es trägt den Titel: ‚Magia Naturalis.' Ein jeder lachte ihn damals aus. Ich nicht. Für das menschliche Gehirn gibt es nichts Unmögliches.«

So plauderten sie von früh bis spät. Torricelli war an einem Oktobertage nach Arcetri gezogen, und der Spätherbst dieses Jahres wurde einer der schönsten in Galileis Leben. Frühmorgens, wenn er erwachte, freute er sich auf den bevorstehenden Tag. Wenn er sich abends niedergelegt hatte, so half ihm der Vorgenuß des neuen schönen Tags in der Gesellschaft der beiden Hausgenossen über die Stunden quälender Schlaflosigkeit hinweg.

An einem der letzten Novembertage fühlte er sich mit einem Male ohne jeden Übergang recht krank. Er bekam hohes Fieber. Mit kurzem Atem lag er keuchend in seinem Bett. Da wußte er, daß die Stunde des großen Abschieds geschlagen hatte.

XVII

Sechs Wochen lang war er krank. Seine sämtlichen Leiden überfielen ihn auf einmal, als wenn sie dieses zähe Leben mit vereinter Kraft auslöschen wollten. Das Gelenkleiden kehrte wieder, Hand und Fuß schwollen an, jede Bewegung bereitete namenlose Schmerzen. Die Nieren funktionierten nicht, das Herz begann abwechselnd auszusetzen und dann wieder heftig zu schlagen. In der Stadt verbreitete sich die Kunde, daß es mit Galilei wohl zu Ende gehe. Der großherzogliche Hof versäumte nicht, sich regelmäßig nach dem Befinden seines Hofastronomen zu erkundigen. Einige Tage darauf erschien der Oberinquisitor und fragte, nachdem er sich über den Zustand des Leidens vergewissert, ob er ihm einen Wunsch erfüllen könne. Galilei schüttelte das Haupt:

»Zu spät. Jetzt habe ich keine Bitte mehr!«

Pater Fanano ging. Torricelli und Viviani wichen nicht vom Krankenlager. Auch in die Nachtwachen teilten sie sich. Galileis Schlaflosigkeit nahm ein solches Ausmaß an, daß er im Verlaufe von sechs Wochen kaum während einiger Stunden Schlummer fand. Der Arzt meinte, einen ähnlichen Fall noch nie erlebt zu haben. Jetzt ließ sich auch Nencio wieder öfter blicken. Jeden Augenblick konnte der Greis sterben, aber der göttliche Funke seines Lebens hielt zäh an seiner irdischen Hülle fest.

Auch jetzt war er noch bei völlig klarem Verstand. Wenn er schlaflos lag, arbeitete sein Gehirn angespannt und ununterbrochen. Er begann, sich mit ganz sonderbaren Gedanken zu befassen. Er fragte seine Pfleger zum Beispiel, ob unter den bronzenen Ornamenten des großen eisernen Domtores sich nicht noch ein Ornament befände und welche Zeichnung jenes Ornament unten abschließe. Niemand konnte ihm diese Frage beantworten. Nencio mußte eigens hingehen, um nachzusehen.

»Drei Engel befinden sich dort«, erzählte er, als er wieder daheim war, »gleich einer Vignette unter einer biblischen Zeichnung.«

»Ja, ja«, erwiderte lebhaft der blinde Greis, »jetzt sehe ich es wieder. Das hat mir in der Struktur gefehlt.«

Dann ließ er sich eines Morgens, ganz frühzeitig, von Viviani aus seinen sorgfältig gebündelten Schriften die ältesten heraussuchen, die Aufzeichnungen seiner Jugend. Daraus las man ihm stundenlang vor. Auch Gedichte befanden sich darunter. Gedichte aus seiner Kindheit. Sie gefielen ihm und er lobte sie. Am anderen Tage grübelte er wieder darüber nach, wie eigentlich der junge Mann geheißen habe, der aus Siebenbürgen gekommen und in Padua während seiner Professur gestorben war. Torricelli hatte stundenlang in den Paduaner Aufzeichnungen geblättert, aber keinerlei diesbezüglichen Vermerk gefunden. Schon hatte er sich entschlossen, an den Bo zu schreiben und um dringende Nachricht zu bitten, als dem Kranken der Name von selbst einfiel: Giorgio Korniß. Dann erinnerte er sich, daß er in seiner Jugend einmal ein Schauspiel zu schreiben angefangen hatte. Jetzt bat er, ihm auch dieses Manuskript hervorzusuchen. Sie fanden es und lasen es ihm vor. Zufrieden nickte er.

Je näher es dem Ende zuging, desto mehr dachte er nach und um so weniger sprach er. Nur ganz selten äußerte er noch hin und wieder einen Wunsch oder einen Gedanken.

»Sonderbar, der Kronleuchter in Pisa und die Pendeluhr. Mit dem Pendel habe ich mein Werk begonnen und beende es mit dem Pendel.«

Ein anderes Mal meinte er:

»Der große Krieg dauert schon vierundzwanzig Jahre! Ob das Christus gefällt?«

Und wieder ein anderes Mal:

»Ich wurde geboren, als Michelangelo starb. Ich bin achtundsiebzig Jahre alt. Wer wird wohl zur Welt kommen im Augenblick, da ich meine Augen für immer schließe?«

Am achten Januar, nach einer eingehenden Untersuchung, riet der Arzt, einen Geistlichen zu rufen. Hier sei ein Arzt nicht mehr vonnöten. Gefaßt nahm der Kranke dies zur Kenntnis. Er bat Viviani, einen Priester zu holen. Nencio schickte sofort den Diener Gepe in die Stadt: seine Frau möge unverzüglich kommen. Bald darauf trat der Plebanus von Arcetri ins Zimmer, das alle anderen sogleich verließen. Der Sterbende beichtete. Er gestand, daß er seit acht Jahren, also seit seinem Prozeß, in Sünden gelebt habe; denn er habe seine wiederholten Eidbrüche niemals gebeichtet und trotzdem kommuniziert.

»Es schmerzt mich tief, daß ich so vor Gottes Antlitz treten muß.«

Der Plebanus erteilte ihm die Absolution. Der Sterbende empfing die letzte Ölung. Dann betraten die anderen wieder den Raum. Ein Leutpriester blieb, um zu trösten. Es war abends um zehn Uhr. Wenige Minuten nach zehn trat Fanano, der Oberinquisitor, in Begleitung eines anderen Jesuitenpaters ein. Er erkundigte sich, ob der Kranke die letzten Sakramente schon erhalten habe. Als man ihm dies bejahte, trat er an das Lager des blinden Greises.

»Galileo Galilei, ich habe Vollmacht erhalten, Euch den Segen Seiner Heiligkeit, Unseres Herrn, des Papstes Urban VIII., zu erteilen.«

»Danke«, flüsterte der Sterbende.

Die beiden Geistlichen der Inquisition blieben da. Bald kam auch Sestilia. Schluchzend kniete sie neben dem Bett nieder und ergriff die Hand des Schwiegervaters, um sie zu küssen. Man beruhigte sie und geleitete sie zu einem Stuhl. Da war es elf Uhr.

»Was für ein Tag ist heute?« fragte Galileo plötzlich.

»Mittwoch«, antworteten alle Anwesenden fast gleichzeitig.

»Geht morgen zu Angela. Sagt ihr, sie möge für mich beten.«

Später sagte er noch etwas, aber so leise, daß man es nicht mehr verstehen konnte. Keiner wich von seinem Sterbelager, weder Nencio noch Sestilia, weder Torricelli noch Viviani oder der Plebanus; auch die beiden Inquisitoren nicht. Sie saßen schweigend da und warteten. Wahrscheinlich, um die Nachricht von Galileis Ableben sofort an zuständiger Stelle zu melden. Im Vorzimmer warteten Porzia und die beiden Diener. Der Kranke hielt seine blinden Augen offen und atmete in kurzen, keuchenden Stößen. Außer diesen Atemzügen und dem Knacken des Stuhles konnte man keinen Laut im Zimmer vernehmen. Das währte bis frühmorgens um vier Uhr.

Dann löste sich Galileos Seele, hob sich empor, und schneller denn der Lauf der Himmelskörper glitt sie in die Unendlichkeit. Er sah alles und wußte alles. Er wußte, daß sich in dieser Sekunde ein Teilchen seiner Unvergänglichkeit weit, weit entfernt, in England auf einem einsamen Bauernhaus niederließ. Dort schenkte in dieser Sekunde eine Witwe einem Sohn das Leben, dessen Vater erst vor kurzem gestorben war. Er hieß Newton. Diese Vision währte nur den Bruchteil einer Sekunde und war dann schon nicht mehr wesentlich. Die Unendlichkeit tat sich auf. Und an einem winzigen Punkt dieser Unendlichkeit glitt er in die Ewigkeit und wurde eins mit Gott.

Dort unten lag ein bärtiger Leichnam auf einem Bett — seine abgestreifte irdische Hülle. Die Inquisitoren bekreuzigten sich und schritten in den frostigen Morgen hinaus, um zu melden: der Häftling des Santo Officio ist gestorben!

Nencio tröstete Sestilia:

»Wir haben uns in Gottes Willen zu fügen. Legen wir uns jetzt zur Ruhe; denn morgen wird mit der Vorbereitung des Begräbnisses und mit der Aufnahme des Besitzes sehr viel zu tun sein.«

Auch der Plebanus ging. Aber Viviani und Torricelli konnten sich nicht von dem entseelten Leichnam trennen. Sie sanken vor dem Sterbebett einander schluchzend in die Arme.